U0314721

普通高等教育"十三五"规划教材

环境材料学

主　编　黄占斌
副主编　马　妍　贾建丽　竹　涛
　　　　侯　嫔　于　妍　孙志明

北　京
冶金工业出版社
2023

内 容 提 要

本书共分两部分。第1~8章为环境材料的理论和原理部分：在对环境材料学概述的基础上，主要介绍了环境材料与资源、能源和环境的相互关系，环境材料的生命周期评价，环境材料的生态设计，环境材料的环境友好加工与清洁生产，以及环境材料在土壤污染、大气污染、水污染治理中的应用。第9~13章为环境材料在环境治理中的应用部分：主要结合矿业特点，对腐植酸、炭基材料、可降解塑料和高分子保水材料，以及矿物材料等环境材料的特性及其在环境治理中的应用进行了介绍和分析，对矿业院校和相关研究具有较强的理论性和指导性。

本书可作为环境科学、环境工程和材料学等相关专业的教学用书，也可供有关科研人员和工程技术人员参考。

图书在版编目(CIP)数据

环境材料学/黄占斌主编 . —北京：冶金工业出版社，2017. 11
(2023. 1 重印)

普通高等教育"十三五"规划教材

ISBN 978-7-5024-7655-7

Ⅰ.①环… Ⅱ.①黄… Ⅲ.①环境科学—材料科学—高等学校—教材
Ⅳ.①TB39

中国版本图书馆 CIP 数据核字（2017）第 257933 号

环境材料学

出版发行	冶金工业出版社	**电　话**	(010)64027926
地　址	北京市东城区嵩祝院北巷 39 号	**邮　编**	100009
网　址	www.mip1953.com	**电子信箱**	service@ mip1953.com

责任编辑　于昕蕾　美术编辑　吕欣童　版式设计　孙跃红
责任校对　郭惠兰　责任印制　窦　唯
北京印刷集团有限责任公司印刷
2017 年 11 月第 1 版，2023 年 1 月第 6 次印刷
787mm×1092mm　1/16；16. 25 印张；394 千字；246 页
定价 **40. 00** 元

投稿电话　(010)64027932　投稿信箱　tougao@cnmip. com. cn
营销中心电话　(010)64044283
冶金工业出版社天猫旗舰店　yjgycbs. tmall. com
(本书如有印装质量问题，本社营销中心负责退换)

序　言

材料支撑着人类社会的发展，为人类带来了便利和好处，但在材料生产、加工、使用和再生的过程中，也给环境带来沉重压力。20世纪90年代环境材料概念诞生，并逐渐形成一门学科——环境材料学，这是以材料学和环境学为主的多学科综合和交叉的新领域。

环境材料要求材料要具有最大的使用功能以及最小的环境负荷，它强调材料不仅要具有更多的功能性，还要有环境友好性、无二次污染，同时要物美价廉、具有较好的经济型。我国是一个资源、能源消耗大国，同时也是一个环境问题与生态问题十分严重的国家。发展环境材料及其学科是促进循环经济、贯彻和落实科学发展观的客观要求。我国高科技发展计划中，环境材料已经成为其中一个重要的主题。

本书主编黄占斌教授是国内从事植物生理生态、环境材料在水肥增效和土壤改良与污染治理中应用研究的知名专家，多项科研成果获国家和省部级以上奖励。同时，他也是国内较早认识"环境材料"重要性的科研学者和应用推动者之一。黄教授的编写团队成员均为环境科学与工程领域优秀的中青年学者，在水处理、土壤修复和大气污染治理等方面取得了一系列创新性成果。

教材是传授知识和技术的主要工具，也是学校教学和科研水平的重要反映，因此教材选用的优劣将直接影响到教学质量的高低。黄占斌教授主编的这本《环境材料学》是一部系统阐述环境材料学科理论最新进展，并突出矿区环境治理应用特色的教材，特别对用于水土保持、土壤污染修复、盐碱地改良、大气污染控制、水处理和低阶煤利用等方面的环境材料的研发及应用进行了介绍，反映出作者较好的理论工作成就和丰富的实践经验。

该书在编者和出版社共同努力下，经过多次审稿和修订，整体达到较高的质量水平。这是一本具创新性、内容丰富、特色明显的教材，同时也是环境科学与工程领域具有重要价值的参考用书。

中国工程院院士　彭苏萍

2017 年 10 月

前　言

　　材料是国民经济和社会发展的基础和先导，与能源、信息并称为现代高科技的三大支柱。环境材料是指具有最大使用功能和最低环境负荷的材料。环境材料对资源、能源消耗少，对生态环境污染小，废弃后循环再生利用率高，也称为"绿色材料"或者"生态材料"。随着环境问题的不断增加和可持续发展思想的普及，国际材料界对环境材料越来越关注。随着我国社会经济的快速发展，对环境材料展开了积极的研究，开发了一些性能优良、工艺简单、成本低廉、无二次污染的环境材料，并应用于水、大气、土壤及固体废弃物等环境污染问题的治理，这是从整个地球环境、社会发展、人类生存出发，对材料产业和环境工程领域结合和发展做出的选择。在环境治理研究和应用实践中，如何将资源、能源和环境相统一，实现社会和经济的可持续发展，是推动环境材料学产生的重要原因。

　　环境材料学是一门研究材料的生产与开发同环境之间相互适应和相互协调的学科，也是材料学与环境工程相结合的交叉学科，其研究目的是寻找在加工、制造、使用和再生过程中具有最大使用功能和最低环境负担的人类所需的材料，以满足人类生存与发展需要。研究内容涉及原材料开采、分离与制备、生产与制造、运输与贮存、使用与维护、废弃与再生的全过程。学习该课程是为了培养具有环境意识的科研工作者和管理人才，在今后进行材料的生产、使用时，能够首先从人类的长远利益出发，从构建资源节约型和环境友好型社会的角度来发展新材料和解决目前材料使用方面出现的问题。由于环境材料在社会生产活动中承担着越来越重要的角色，学习并掌握环境材料学的基本知识，对于环境科学与工程专业的学生是十分有必要的。国内外很多高等院校已将"环境材料学"（或称"环境工程材料学""生态环境材料学"）课程设置为环境科学与工程专业的一门十分重要的基础课。

　　国内外有关环境材料及环境材料学的图书较多，各具时代特点和不同专业特点，本书在此基础上，强调环境材料研究的最新基础理论，突出矿物材料及其矿区环境治理等实践，并结合多年教学和研究进展进行编写。本书共13章，可分为两个部分。第一部分为环境材料的理论和原理部分，共5章，主要介绍了环境材料与资源、能源和环境的相互关系，生命周期评价，生态设计与加工及清洁生产等；第二部分为环境材料在污染治理方面的应用与研究部分，共8章，主要结合废弃矿物再生利用及其矿区环境治理，对重金属污染治理、盐碱地改良和废水处理等方面的环境材料研究与应用，以及活性炭、腐植酸和高分子保水材料等环境材料的研究与应用分别进行了介绍。在编写中，注重每章节内容的关联与层次，由浅入深，循序渐进，文字表达力求简洁无误，图文并茂。每章节作者在保证基本理论系统性和完整性的同时，也充分考虑到国内外相关领域的新材料、新理论、新技术和新成果，突出实用性，力求反映新时代下环境材料学科的发展趋势。因此，本书既加强了环境材料学方面的内容，使学生更好地掌握基础知识，也注重环境材料学理论与工程应用的结合，引入了大量的实际案例。同时，每章节所附思考题可更好地启发学生，拓宽学生视野，提高学生分析问题和解决问题的能力。本书可作为环境科学与工程和材料学等专业的教学用书，也可作为有关学科工作者的科研参考用书。

为加强学生对环境材料这门新兴学科的理解，培养学生的实践能力、创新能力和自学能力，在教学过程中授课教师可根据新的教学计划或结合自己的科研经历酌情对本书内容进行增加或删减。

全书共13章，编撰分工为：黄占斌编写第1章和第11章，竹涛编写第2章和第7章，贾建丽编写第3章和第6章，于妍编写第4章和第9章，马妍编写第5章和第12章，侯嫔编写第8章和第10章，孙志明编写第13章。全书由黄占斌和马妍统稿。编写过程中，研究生史妍君、张博伦等同学对稿件整理等做了大量工作，在此一并表示感谢。

本书编写和出版得到国家自然科学基金（41571303）和中央高校基本科研业务专项资金（2010YH04，2016QH02）的部分资助，还得到中国工程院彭苏萍院士的热情作序，在此表示衷心的感谢。

由于编者水平所限，书中不足之处，敬请广大读者批评与指正。

编　者

2017 年 8 月

目　　录

1 绪 论

1.1 环境材料概述及其学科发展

人口膨胀、资源短缺、环境恶化是当今社会可持续发展面临的重大问题。材料是人类赖以生活和生产的物质基础，新材料的研发和应用是人类文明进步的重要标志之一。随着科学技术发展，高性能、高质量和低成本的新材料不断出现。但是，由于对材料质量和性能的过度片面追求，伴随着材料的加工、制备、生产制造、使用和废弃过程，资源、能源产生大量消耗，大量的废气、废水和废渣的排放加重，这是造成能源短缺、资源过度消耗和枯竭及环境污染的重要原因之一。联合国《2003 年中国人类发展报告》指出，环境问题造成的损失占中国 GDP 的 3.5%~8%。可见，环境污染和生态平衡破坏已严重制约我国经济的发展，这其中与材料有关的环境污染占到了一半以上。因此，材料产业只有走与资源、能源和环境相协调的道路才是可持续发展的。在这样的背景下，如何将资源、能源和环境问题统一，寻求材料的可持续发展途径，正是环境材料学产生的重要原因。

环境材料学是材料科学与环境科学交叉的一门新兴学科。该学科主要致力于研究保持资源平衡、能量平衡和环境平衡，实现社会和经济的可持续发展，将环境性能研究融入新材料开发，完善材料环境协调性评价的理论体系，开发各种环境相容性新材料及绿色产品，研究降低材料环境负荷的新工艺、新技术和新方法等。

1.1.1 环境材料的概念

目前，环境材料和产品还没有一个确切定义。20 世纪 90 年代初，日本学者山本良一等提出新研究领域"环境材料"（environmental conscious materials，简称 Eco-materials），认为环境材料是赋予传统结构材料、功能材料以特别优异的环境协调性的材料，或指直接具有净化环境、修复等功能的材料。国内学者认为，环境材料是具有良好性能或功能并与环境协调的材料。从产业技术应用要求角度出发，环境协调性材料及产品在满足性能要求的前提下，还应当具有三个特征：(1) 产品或材料在生产过程中消耗资源最少；(2) 产生的副产物不污染环境并尽可能全部资源化；(3) 产品或材料本身在废弃后仍可循环再生利用或与环境协调。因此，环境材料是考虑了资源和环境问题后研制出的一大类材料的总称。那些具有净化环境、修复环境功能的材料，自然是环境材料的重要组成部分。事实上，对目前使用的任何一种材料，只要从资源和环境角度出发加以改造，使之完全具备或基本具备上述三个基本特征，则可称为"环境材料"。而要开发使用新材料，从开始就要进行材料环境影响评价，包括材料整个寿命周期的每一阶段（生产、使用、再循环直至最后处理）所造成的环境负担。环境协调性材料及产品的最佳研究模式应当是通过具体的系统工程过程进行产品及材料设计，从而避免破坏生态环境和不可再生循环使用的产品的出现或使其数量降到极限。

经过研究，一些学者认为环境材料是赋予传统结构材料、功能材料以优异的环境协调性的材料；或者指直接具有净化和修复环境等功能的材料，即环境材料是具有系统功能的一大类新型材料的总称。还有一些专家认为，环境材料是指同时具有优良使用性能和最佳环境协调性的一大类材料。

综合目前研究进展，环境材料的概念可概括为：环境材料是指在加工、制造、使用和再生过程中具有最低环境负荷、最大使用功能的人类所需材料，既包括经改造后的现有传统材料也包括新开发的环境材料。

环境材料的三个主要特点：

（1）功能性：是指为人类开拓更广阔的活动范围和环境，材料本身所具有的最优异的性能，也称为材料的先进性。如水泥的最优异的功能为强度，而它在使用过程中往往还表现出其他功能，如抗渗性、抗硫酸盐侵蚀性等。所以，材料的功能性并不是单一的，材料的功能性越多，其适应范围和价值就会越大。

（2）环境协调性（优先争取的目标）：是指材料在生产、加工、使用和再生等环节中，使人类的活动范围同外部环境协调，不会产生二次污染，或可再生利用，减轻环境的负担，使枯竭性资源完全循环利用。这是环境材料区别于传统材料概念的关键之一。

（3）舒适性：可理解为经济性（性价比），这有利于环境材料的评判，符合现实情况。使活动范围中的人类生活环境更繁荣、舒适，人们乐于接受和使用。

环境材料的功能性、环境协调性和舒适性，在不同范围和条件下有不同理解，在实践中需要灵活地判断与把握，它只是一个定性的标准。因此认为环境材料的特征可以具体改为功能性、经济性和环境协调性等，这有利于环境材料的评判，也符合现实情况。

1.1.2　环境材料学的形成

刘江龙、丁培道、左铁镛[1]等提出环境材料意识材料学概念，认为环境意识材料学是一门研究材料的生产、开发同环境之间相互适应和相互协调的科学，它的研究目的是寻找在加工、制造、使用和再生过程中具有最低环境负担的人类所需材料，以满足人类生存和发展的需要。

1994年重庆大学在研究和开发环境材料的基础上提出了环境材料学的概念，指出在材料传统的四大要素——成分、结构、性能和工艺基础上，应加上材料的环境指标或环境负荷。他们认为，材料科学与工程是关于材料成分、结构、工艺和性能与用途，以及它们与环境的协调性之间的有关知识的开发和应用的科学。由此定义派生出一门新的材料科学分支——环境材料学。环境材料学是一门正在发展和形成的新生学科，它是研究材料的生产与开发、使用与废弃同环境之间的协调性的科学。它的目的是寻找在加工、制造、使用和再生过程中具有相对最低的环境负荷的材料，以满足人类文明社会的持续发展需要。这门新学科的最重要特征在于从环保的角度重新考虑和评价过去的材料科学与工程学，并指导新材料的研究和开发及传统材料的改造和相关加工和制备技术。

环境材料学不仅有其独特的研究对象，还具有明确的研究方法。它的理论基础由三部分组成：一部分来自材料科学，一部分来自环境科学，还有一部分是其独有的。目前来看，环境材料学框架主要包括基础研究、应用研究和评价研究三部分。其中关于环境材料的评价方法研究至关重要，在环境材料研究领域里，目前趋向于将寿命全程评价方法作为一种度量材料环境负荷大小的方法。寿命全程评价方法即 Life Cycle Assessment，简称 LCA 图。所谓材料的寿命全程是指材料从来自自然资源，经过加工成为材料，供人类使用后又回到自然这样一个封闭的流动过程。环境材料概念一经提出，人们自然考虑到 LCA 用于环境材料的评估和表征。自 1994 年在日本召开的国际环境平衡会议以来，派生出的材料生态环境评估 MICA-Material LCA 已被国际材料学会认可。

1.1.3 环境材料学形成是实现可持续发展的必然要求

可持续发展包括经济、社会的人类发展，还包括生态环境的自然发展。这两个方面互相依存、相辅相成，任何一方的非持续发展都将导致另一方的非持续发展。

材料是构成社会的物质基础之一，而环境材料对社会发展的重要性更是不言而喻。因此，环境材料必须具有可持续发展性，才能保证人类的可持续发展。实现可持续发展与开展环境材料的研究、应用是统一的，它们有着共同的目标，即改善人类的生存状况，使之利于全人类现在和未来的发展。

可持续发展有两个关键内容：一是人类发展，二是自然发展。这实际上是一个问题的两个方面。首先，人类依赖自然满足其发展的需求；其次，自然环境满足人类发展的需求能力有一定限度，如该限度被突破，自然发展将被破坏，必将影响自然界支持当代和后代人生存的能力。国内一些学者[2, 3]对可持续发展的基本思想和内涵作过理论上的探讨，其理论框架可归纳为以下方面：

（1）可持续发展不否定社会经济发展，但强调自然界本身也具有发展权，只有在尊重自然的前提下考虑人类的发展，维护"人-自然"系统的整体利益，才能真正导致人类社会自身的永续发展。

（2）可持续发展以提高人类生活质量为目标，同社会进步相适应。单纯追求产值和人均实际收入的经济增长不能体现发展的内涵。不能使与经济发展相适应的社会发展目标得以实现，因此也不能使人的实际生活质量得以提高，就不能承认其为发展。

（3）可持续发展以自然资产为基础，强调人类发展必须考虑自然成本。应当把经济活动中资源、环境的投入和服务计入生产成本和产品价格之中，否则人类单方面征服自然所获得的经济利润会掩盖自然资源环境上的巨大成本和不可低估的亏损。

1.2　环境材料学主要内容

环境材料学是一门研究材料的生产与开发同环境之间相互适应和相互协调的科学。它的研究目的是寻找在加工、制造、使用和再生过程中具有最低环境负担的人类所需材料，以满足人类生存与发展的需要。

环境材料学的核心在于研究材料的功能性、环境协调性、经济性的内在关系，这三者的关系构成材料三角形[4]。环境材料学追求的就是如何实现材料三角形的平衡，即力求在材料高的性能价格比与高的性能环境负荷比之间取得平衡。

从资源利用和环境保护的角度研究材料的成分、结构、工艺、性能和用途与其环境负担之间的关系，是环境材料学的主要内涵。因而环境材料学区别于通常意义下材料科学与环境工程的显著特征是，注重材料开发的可持续性和环境协调性。应该指出，环境材料学并不是材料科学与工程的一个分支，而是材料科学与工程内涵的交叉与升华。其研究对象、内容及方法理所当然应当包含以往材料科学与工程的全部，此外还有其独特的研究内容和方法。文献［1］对环境材料学进行系统的思考，并将其研究内容及方法概括为：（1）环境材料学的基础理论，即材料的开发、应用、再生过程与生态环境间相互作用和相互制约的关系的理论研究。（2）环境材料学应用研究，即具有最低环境负担的材料工程技术。它包括 Eco-materials 和 ECP 的设计、生产、加工和制造技术等。（3）环境材料学的评价系统，即生态环境与材料相互作用的程度和生态环境对材料的开发、应用、再生过程及其结果的负担程度的评价方式和评价标准。其核心是寿命周期评估（life cycle assessment，LCA）。

据此，环境材料学的研究内容应当分三个层次：

（1）基础研究。这是环境材料的理论研究，主要是研究材料的开发、应用、再生过程与生态环境间相互作用和相互制约的关系；环境材料生命周期评价；环境材料生态设计方法；环境材料加工与清洁生产等。

（2）应用研究。研究具有最低环境负担的材料工程学和替代技术的基础。

（3）评价系统。研究生态环境与材料相互作用的程度和生态环境对材料的开发、应用、再生过程及其结果的负担程度的评价方式和评价标准。

1.3　环境材料学的学习方法

1.3.1　环境材料学课程的特点

环境材料学是跨材料学和环境工程学两大领域的一门新兴的交叉学科，包括物理、化学、生物、医药等学科的综合知识，涉及农业、生物和几乎所有主要工业，如钢铁、非金属、石油化工、矿产和建筑等。课程的性质和任务是将环境意识引入材料科学与工程，赋予传统结构材料、功能材料以特别优异的环境协调性，倡导材料工作者在环境意识指导下，或开发新型材料，或改进、改造传统材料。

因此，在内容安排上突出材料科学的基础理论，更加强调材料与环境的协调性，同时尽量结合我国目前材料生产、环境问题与环境治理及材料科学的研究状况，帮助学生掌握材料与环境关系、材料的环境性能评价和环境性能数据库、材料的生态设计、降低材料环境负担性的工艺和技术、开发与环境相容的新材料和绿色产品、发展环境降解新材料以及治理环境的高效工程材料等知识。

由于课程涉及知识面广，传统教学方式在 30 学时教学计划中，各知识点难以深入展开，而采用自学讨论方式，学生可充分利用课余时间，以教材为基础，在教师指导下广泛检索文献资料，组织讨论讲稿，充分调动学生自学的主观能动性。

1.3.2　学习方法

（1）改变观念，认识应用。环境材料学是环境工程学和材料学交叉的学科，可以作为环境工程专业的专业基础课。掌握材料学的基本原理，结合环境工程的应用，包括废水、废固、废气和综合治理中的应用途径和商业发展前景，提高学生对治理环境中材料的功能性、环境友好型和经济性等特点的认识，将会提升环境工程的质量和工程健康发展，了解这些会增强学生学习本课程的积极性。

（2）扩展相关学科知识。环境材料学的学习中，环境工程专业学生对与材料学相关的有机化学、高分子化学等课程掌握程度不深，在有限课堂教学内，学生知识结构和体系需要补充，这就要求学生扩展知识，补充学习材料学等相关知识，扩展知识面。

（3）正确学习和教学方法。环境材料学讲授主要为课堂讲授，根据学校和实习条件，结合环境工程专业课程的学习，可以与专业实践教学环节相结合，如大气污染治理材料中涉及多种过滤及吸附用纤维材料的类型、特点、功效等，这些内容要求学生对大气污染的产生机理、过程、治理方法等有深入的学习和理解，这样可以结合大气污染治理课程，为学生设立一些实践参观和讨论，增加学生学习理解深度。此外，课堂教学中，结合实践设立专题讨论和引导学生梳理教学重点，加强理论原理和实际技术结合，结合实践应用实例，也是激发学生自觉学习的重要手段。

1.4 环境材料应用与矿物环境材料

环境材料的应用涉及日常生活、生产的各个方面，以及工业、农业、环保、建筑、医药等各个领域。在矿业生产和应用领域中，矿业生产及其废弃物的再生利用，特别是矿物材料在农业和环境污染治理中等方面的应用，是矿业院校学生必须掌握和了解的特有知识，也是环境材料应用的重要方面。

1.4.1 矿物环境材料

天然矿物是与环境协调性最佳的环境材料。矿物材料是以天然矿物（主要是非金属矿物，也包括金属矿物）和岩石为主要原料，以矿产资源的有效利用为目的，直接或经过加工合成后获得的制品。它是由矿物及其改性产物组成的与生态环境具有良好协调性或直接具有防治污染和修复环境功能的一类矿物材料[5]。

非金属矿物种类繁多、储量丰富、价格低廉，用作环保材料具有投资少、处理效果好、二次污染小及可以重复使用等优点。因此，包括我国在内的世界上许多国家对非金属矿物环保材料的研究与开发都非常重视。我国非金属矿资源丰富，已探明储量的93种（按亚矿种计160种）非金属矿产资源中，大部分都已开采利用。其中石膏、石灰石、菱镁矿、膨润土和重晶石等矿种的储量居世界首位；滑石、萤石、硅灰石、石棉和芒硝等居第二位；石墨、珍珠岩、沸石、硼矿居第三位；高岭土、铝土矿、天青石等储量居世界前列。进入21世纪后，随着我国战略性新兴产业的发展，"节能、环保、减排""太阳能、动力电池"新能源材料等的市场需求和传统应用行业的产业升级，为非金属矿产业结构调整和新产品的开发利用带来机遇。"十二五"时期，非金属矿工业大力发展非金属矿物材料产业，调整产业与产品结构，提高资源利用率，进行由原料工业向材料工业发展方式的转变。非金属矿物材料已经成为无机非金属新材料的重要组成部分，成为"新能源、环保"等高新技术产业发展的重要支撑材料[6]。

天然矿物之所以能够处理环境污染，绝不仅仅是矿物所表现出的简单的吸附作用。非金属矿物环境材料对污染物的净化功能主要体现在其基本性能方面,除了矿物表面吸附,还有孔道过滤、结构调整、离子交换、化学活性、物理效应、纳米效应及与生物交互作用等诸多优良的物理化学性能,使得非金属矿物能够广泛应用于水、土壤、大气污染处理和其他领域。

1.4.2 矿物材料特性

除用作燃煤锅炉烟气脱硫的碳酸盐矿物外,非金属环保功能材料有以下相同或相似特点:

(1) 多为硅酸盐矿物,如硅藻土、沸石、海泡石、凹凸棒石、膨润土、蛭石、膨胀珍珠岩等,主要化学成分为 SiO_2、Al_2O_3、CaO、MgO 等,具有良好的化学稳定性。

(2) 具有孔或层状结构,其晶体层间或纳米级孔空间可以提供特殊的微化学吸附或微化学反应场所。

(3) 具有较大的比表面积和优良的吸附性能,如天然沸石的比表面积 $500 \sim 1000 m^2/g$、海泡石比表面积 $50 \sim 150 m^2/g$、凹凸棒石比表面积 $30 \sim 40 m^2/g$、硅藻土的比表面积 $20 \sim 100 m^2/g$、蒙脱石的比表面积 $100 m^2/g$ 以上。

(4) 具有离子交换性特性,如膨润土、皂土、高岭土等的晶体层间有可交换的 Ca、Mg、Na、K 等金属阳离子,可在晶层间进行特殊的离子交换反应,可用于重金属废水和土壤污染治理。

(5) 具有较好的吸水性和保湿性。大多可吸收和保存自身质量的 $30 \sim 50$ 倍的水分,这在土壤改良和室内除湿等方面具有很好用途。

此外,这些非金属矿物环境材料原料来源广泛、单位加工成本较低、加工、使用过程和使用结束后对环境友好等特点,在治理空气和水污染的新型绿色环保材料等方面研发和应用潜力巨大。

1.4.3 非金属矿物材料的种类及制备

1.4.3.1 膨润土

膨润土是以蒙脱石为主要矿物成分的非金属矿产,一般为白色、淡黄色,因含铁量变化又呈浅灰、浅绿、粉红、褐红、砖红、灰黑色等;具蜡状、土状或油脂光泽;膨润土有的松散如土,也有的致密坚硬。其主要化学成分是二氧化硅、三氧化二铝和水,还含有铁、镁、钙、钠、钾等元素,Na_2O 和 CaO 含量对膨润土的物理化学性质和工艺技术性能影响很大。蒙脱石含量在 $85\% \sim 90\%$,膨润土的一些性质也都是由蒙脱石所决定的。蒙脱石结构是由两个硅氧四面体夹一层铝氧八面体组成的 2∶1 型晶体结构。由于蒙脱石晶胞形成的层状结构存在某些阳离子,如 Cu、Mg、Na、K 等,且这些阳离子与蒙脱石晶胞的作用很不稳定,易被其他阳离子交换,故具有较好的离子交换性。国外已在工农业生产24 个领域 100 多个部门中应用,有 300 多个产品,因而人们称之为"万能土"。

膨润土层间阳离子为 Na^+ 时称为钠基膨润土;层间阳离子为 Ca^{2+} 时称为钙基膨润土;层间阳离子为 H^+ 时称为氢基膨润土(活性白土、天然漂白土-酸性白土);层间阳离子为有机阳离子时称为有机膨润土。根据实际需要对天然膨润土进行人工钠化、酸化或有机化处理,改变层间阳离子的类型,进行膨润土的深度开发,以满足工农业生产和科学研究的要求。膨润土具有强的吸湿性和膨胀性，可吸附 8~15 倍于自身体积的水量，体积膨胀可达数倍至 30 倍；在水介质中能分散成胶凝状和悬浮状，这种介质溶液具有一定的黏滞性、触变性和润滑性；有较强的阳离子交换能力；对各种气体、液体、有机物质有一定的吸附能力，最大吸附量可达 5 倍于自身的重量；它与水、泥或细沙的掺和物具有可塑性和黏结性；具有表面活性的酸性漂白土（活性白土、天然漂白土-酸性白土）能吸附有色离子。对于有机污染物来讲，有机膨润土较其他膨润土具有更强的吸附能力。

钙基膨润土的膨胀性较小，有时需要改成钠基膨润土，以提高其经济价值和应用价值。钙基膨润土的钠化改型工艺有干法和湿法两种。其改型原理是，以钠离子与蒙脱石中的可交换阳离子发生离子交换反应，大部分的 Ca^{2+} 被 Na^+ 置换，获得性能优异的钠基土。

尽管钠基膨润土的物化性能较钙基膨润土好，但是比表面积和吸附性都比不上活性白土。活性白土是一种具有微孔网络结构、比表面积很大的白色或灰白色粉末，具有很强的吸附性。膨润土的比表面积一般在 80m²/g 左右，而活性白土的比表面积为 200~400m²/g，这是由于膨润土酸化处理后其中杂质的溶出和离子交换形成孔道的结果。一般用硫酸、盐酸和磷酸等无机酸活化膨润土制备活性白土，其中最常用的为硫酸，其制备原理是以氢离子与蒙脱石中的可交换阳离子发生离子交换反应。

天然膨润土均属于无机膨润土，天然膨润土经过无机化学处理或机械加工的膨润土产品也属于无机膨润土。另外，利用膨润土的阳离子交换性，可以加入有机阳离子，置换蒙脱石粒子表面原先吸附的阳离子，经过如此有机化处理后的膨润土，称为有机膨润土。有机膨润土是有机季铵盐与天然膨润土的复合物，是近些年开发的一种精细化工产品。合成有机膨润土的基本原理是，以有机季铵盐阳离子与蒙脱石中的可交换阳离子（主要是钠离子）发生离子交换反应。

1.4.3.2 沸石

沸石是沸石族矿物的总称，是一种含水的碱金属或碱土金属的铝硅酸矿物。按沸石矿物特征分为架状、片状、纤维状及未分类四种，按孔道体系特征分为一维、二维、三维体系。任何沸石都是由硅氧四面体和铝氧四面体组成的。由于沸石独特的化学结构，沸石硅氧四面体中有一个氧原子的电价没有得到中和，而产生电荷不平衡，使整个铝氧四面体带负电。为了保持中性，必须有带正电的离子来抵消，一般是由碱金属和碱土金属离子来补偿，如 Na、Ca 及 Sr、Ba、K、Mg 等金属离子。沸石的比表面积较大，可达 400~800mg/g，内部充满了细微的孔穴和通道，根据沸石的这一特性，人们用它来筛选分子，获得很好的效果。这对在工业废液中回收铜、铅、镉、镍、钼等金属微粒具有特别重要的意义。沸石的稳定性也较好，一般在 600~700℃的温度下晶体结构不发生变化，天然沸石的热稳定性取决于沸石中的硅与铝和平衡阳离子的比率，一般在其组成变化范围内，硅含量越高，则热稳定性越好。沸石还具有吸附性强、吸附选择性高等特性。同时，沸石也可被用做催化剂载体。

由于天然沸石孔径和通道易堵塞，并且相互连通的程度也较差，其表面硅氧结构有极强的亲水性，故天然沸石吸附处理有机物的性能极差；由于硅氧结构本身带负电荷，故天然沸石很难去除水中的阴离子污染物[7]。为进一步提高天然沸石的吸附、离子交换等性能，一般要对天然沸石进行改性或改型处理。改性时，可用酸、氧化剂、还原剂等或通过加热使沸石活化或用金属盐等无机物对其进行改性，进一步改善其性能。天然沸石的改型主要是改变沸石中阳离子类型，以提高其离子交换、吸附等性能。改性沸石包括范围很广，从经简单的离子交换处理直到结构完全崩塌而得到的产品都属改性沸石范围。对沸石的改性处理的报道很多，然而，常见的天然沸石改性包括结构改性、内孔结构改性和沸石晶体表面改性三大类，改性方法有高温焙烧、无机酸改性、无机盐改性、改变硅铝比和有机改性等[8]。改性天然沸石应用于污染物处理是沸石在环境保护中的重要应用领域，需要针对不同的污染物来设计沸石产品，对于不同成分、不同结构的沸石应采用经济、有效、适宜的改性方法。

1.4.3.3　海泡石

海泡石是一种具层链状结构的含水富镁硅酸盐黏土矿物，斜方晶系或单斜晶系，一般呈块状、土状或纤维状集合体。海泡石化学式为 $Mg_8Si_{12}O_{30}(OH)_4(OH_2)_4 \cdot 8H_2O$。在其结构单元中，硅氧四面体和镁氧八面体相互交替，硅氧四面体单元通过氧原子连接在中央镁八面体上而连续排列。这种独特的结构使海泡石具有高比表面积、大的孔隙率和优异的吸附性能，在水处理和环境修复方面有着较好的应用。其硬度 2～3，密度 2～2.5g/cm^3；具有滑感和涩感，粘舌；干燥状态下性脆；收缩率低，可塑性好，比表面大，吸附性强；溶于盐酸，质轻。海泡石本身的特殊结构决定了它具有 3 种特性：吸附性、流变性和催化性。而所有这些性能均可通过加工处理进行改善。海泡石的吸附能力使其成为极有价值的漂白剂、净化剂、过滤剂、工业剂、废油吸附回收剂以及医药、农药载体；流变性使其成为有价值的增稠剂、悬浮剂、触变剂以及各色各样的化妆品、牙膏、肥皂、油漆、涂料等；催化剂性质可用于加氢、氧化、裂解、异构化、聚合等催化反应。

由于天然海泡石存在表面酸性弱、通道小、热稳定不好等缺陷，因此，对天然海泡石的改性是一项十分有意义的工作。目前对海泡石进行活化改性的方法有酸改性法、离子交换法、水热处理法、焙烧法、有机金属配合物改性法、矿物改性法等。酸改性可增强海泡石的孔隙率，增大比表面，减少通道内部酸中心在形成无水相海泡石时被"封闭"的可能性，从而提高酸中心的热稳定性。通过离子交换，还可使其结构中的镁离子或硅离子被其他离子替代，使海泡石产生中等强度的酸性或碱性，从而改善海泡石的吸附和催化性能。海泡石的有机改性目前主要有硅烷偶联剂表面改性和有机金属配合物改性，改性的原理主要是利用海泡石表面的酸活性中心和活性 Si—OH 基团，处理剂有有机硅烷或有机硅偶联剂、有机酞酸酯偶联剂、有机酸和有机醛、吡啶及其衍生物、阳离子表面活性剂等。

1.4.3.4　硅藻土

硅藻土属于生物成因的硅质沉积岩，主要由古代地质时期硅藻、海绵及放射虫的遗骸所形成，其主要化学成分为 SiO_2，矿物成分为蛋白石及其变种。硅藻土资源是一种由大小几微米至几十微米的单细胞植物硅藻联结而成的具有多种形态的群体沉积于水底，夹杂着黏土、石英等矿物，经过亿万年的地质变迁而形成的不可再生非金属矿产资源。硅藻土折射率低，具有较高的液体吸附能力、大的表面积和适中的摩擦性能，对声、热、电具有低传导性，还具有细腻、松散、质轻、多孔、吸水性和渗透性强等特性。此外，硅藻土表面为大量的硅羟基所覆盖，并有氢键存在。这些—OH 基团是使硅藻土具有表面活性、吸附性以及酸性的根本原因。硅藻土具有的强大的吸附性使得其在污水处理过程中不但能去除颗粒态和胶体态的污染物质，而且能有效地去除色度和以溶解态存在的磷和金属离子等。

硅藻土原矿一般都含有较多的杂质，这些杂质一部分包裹在硅藻土壳的外表面，另一部分则隐藏在硅藻土骨架之中，这些杂质堵塞了硅藻土微孔，降低了硅藻土的比表面积，占据了硅藻土吸附点位，阻碍了溶液中的离子进入硅藻土骨架，同时硅藻土还存在较为明显的理化构造缺陷，这些都极大地限制了硅藻土的吸附能力。因此，需要对硅藻土进行改性以提高其吸附能力。目前国内外研究人员主要采用常规物理法或化学法对硅藻土进行了改性研究。

（1）常规改性。1）擦洗法，就是在不破坏硅藻壳的前提下对硅藻土进行研磨，打细原料颗粒，以剥离固结在硅藻壳上的黏土等矿物杂质，提高 SiO_2 含量，改善硅藻土颗粒表面性质，进而提高硅藻土的吸附能力。郑水林等研究表明，擦洗能够有效去除硅藻土壳表面的黏土，明显提高硅藻土中 SiO_2 的含量。2）焙烧法。高温煅烧可显著提高硅藻土 SiO_2 含量，增大孔径，增加表面酸强度。郑水林等研究表明，在焙烧温度低于 450℃ 时，焙烧温度的提高有利于增加硅藻土的比表面积，在 450℃ 时比表面积达最大值，此后，随焙烧温度的升高，比表面积不断下降。当温度超过 900℃ 时，焙烧会破坏硅藻骨架结构。

（2）无机改性。硅藻土无机改性主要是通过加入无机大分子改性剂，使其均匀分散在硅藻土孔道间，形成柱层状缔合结构，疏通或拓展硅藻土孔道，并在缔合颗粒之间形成较大的空间，以容纳更多的吸附质，最终达到提高硅藻土吸附能力的目的。向红霞等人用碳酸钠与饱和氯化钙对硅藻土进行改性，然后将改性硅藻土与抗锰细菌结合制成复合体对 Mn（Ⅱ）进行吸附研究表明，复合体对 Mn（Ⅱ）吸附效果明显提高，饱和吸附量可达 56.18mg/g。

（3）有机改性。硅藻土有机改性主要是指在硅藻土表面接枝功能性大分子，对其表面实施改性处理，以达到提高硅藻土吸附能力的目的。李门楼采用 10% 的溴化十六烷基三甲铵对硅藻土进行了有机改性，经改性后的硅藻土吸附量由原来的 39.3mg/g 提高到 61.1mg/g，提高了 35.68 %。

（4）柱撑改性。柱撑改性是一种通过向硅藻土的层间植入金属氧化物的聚合体，再通过烧结形成柱状体，并缔结层状物质上下薄层，以此来增大硅藻土的层间距、稳定性、比表面积及表面活性等的一种改性技术。

1.4.3.5 凹凸棒石黏土

凹凸棒石黏土是以凹凸棒石为主要矿物组成的一种天然非金属黏土。凹凸棒石，又称坡缕石或坡缕缟石，是具层链状结构的含水富镁铝硅酸盐黏土矿物，属硅酸盐类，层状硅酸盐亚类，黏土矿物族。凹凸棒石的理想结构式是 $Si_8Mg_5O_{20}(OH)_2(OH_2)_4 \cdot 4H_2O$，具 2:1 型结构，内部多孔道，内外表面发达，但它没有连续的八面体片，与典型的 2:1 型结构不同，它的主要特性是具有平行纤维隧道孔隙，且孔隙体积占纤维体积的 1/2 以上，这种独特的层链状晶体结构和十分细小的棒状、纤维状晶体形态，使其具有较高的比表面积，有一定的吸附性能，持水性强，但不具膨胀性，阳离子交换量也非常低[9]。

凹凸棒石存在着一定的矿物学局限性，因矿物中含有相当比例的共生杂质，削弱了整体的物化性能，从而使凹凸棒石黏土的胶体性、吸附性等在工业使用中受到很大的影响。为了提高凹凸棒石黏土的质量或满足工业上的需要，通常在使用前对其进行前处理及改性处理。对凹凸棒石黏土进行改性处理，可大大地提高其吸附性能，改性方法有热处理、酸处理、碱处理和有机改性。

1.4.3.6 腐植酸

腐植酸（humic acid，HA）是动、植物遗骸，主要是植物遗骸经过微生物的分解和转化，以及地球化学的一系列过程形成和积累起来的一类有机物质。它广泛存在于风化煤、泥炭和褐煤中。腐植酸主要由 C、H、O、N、S 等元素组成，除了含碳水化合物、氨基酸等含氮物质、芳香族化合物外，还有各种含氧功能团，这些基团决定了其酸性、浸水性、鞣剂性质、阳离子交换性能和较高的吸附和络合能力，使得腐植酸及腐植酸产品被广泛应用于农、林、牧、石油、化工、建材、医药卫生、环保等各个领域，尤其是现在提倡生态农业建设、无公害农业生产、绿色食品、无污染环保等，更使腐植酸这类环境友好型功能材料备受推崇。

1.4.4 非金属矿物环境材料的应用

非金属矿物在环境治理和生态修复等方面的应用，随着近年的材料研发和应用进展很快。郑水林总结指出，非金属矿物材料在水污染治理、空气污染治理、垃圾填埋场防渗、沙漠治理与沙化土地生态修复和放射性废物的处置等方面都取得一定进展。例如：硅藻土、沸石、膨润土等经加工处理后可用在废水（重金属、有机污染物、氨氮等）处理和废气（硫化物、氮化物、甲醛、苯等）处理，脱硫石膏是一般燃煤电厂利用石灰石脱硫（SO_2）后的产物，可用于盐碱地的改良和治理；膨润土、珍珠岩、蛭石等可用于防风固沙和改良土壤、垃圾填埋场（防止垃圾污水渗透）及放射性废料的处置等。这些材料基本具备无二次污染的特点，其功能性和经济性也非常好。

1.4.4.1 水污染治理

经过选矿提纯、表面或界面处理、复合、改型等加工后的硅藻土、膨润土、沸石、海泡石、凹凸棒石、绿泥石、高岭土、云母、蛭石、电气石等非金属矿物材料具有良好的处理工业废水（无机重金属离子及有机物污染）和城市生活污水的功能，部分已得到工业化应用。

膨润土在废水处理中主要用作吸附剂和絮凝剂，可用于废水中重金属、有机物等污染物的吸附处理。在实际应用中常常对膨润土改性处理以增强其水处理效果。张建英等[10]用酸性膨润土，添加聚合氯化铝（PAC）及羧甲基纤维素钠（SCMC）制得改性膨润土混凝剂 Scpb 来处理印染废水，COD 去除率达到 60%以上，去浊率达 70%以上，脱色率高于60%。硅藻土污水处理剂及其配套技术具有处理效果好（出水达到国家标准 GB18918—2002 一级 A 标中水回用标准）、工程投资少（仅是其他工艺的 50%左右）、占地面积小（仅是其他工艺的 60%左右）、运行成本低（仅是其他工艺的 70%左右）、无二次污染（污泥可回收利用）、重金属离子去除率高（去除率达 99%）、适用性强（城市污水、工业废水及高浓度垃圾渗滤液等高浓度废水）等显著特点。特别近年来，利用硅藻土壳体的生物属性，在其中培养生化法所需的细菌，在去除废水中无机重金属离子和有机污染物的同时，深度除去城市污水中的氨氮，展现出硅藻土作为污水处理剂优良的特性[11]。谢淑州等[12]考察了铁锰磁性海泡石吸附剂对活性艳兰染料的吸附情况，结果表明，其在较强酸或碱性条件下具有良好的吸附效果。

1.4.4.2 在土壤改良和修复中的应用

A 土壤改良

改良土壤的方法有多种方法，主要途径之一就是科学地施用有效的矿物肥料，提高土壤肥力；二是给土壤添加某些岩石或矿物制品，改变土壤结构、酸碱度和含水性能。某些非金属矿物除了本身含有改善土壤所必需的钙、氮、磷、钾以及各种微量元素之外，同时还具有一些特殊的性质，使用后可以明显改良土壤的结构与性能，改善土壤的通透性，改变酸碱度，增加保水性等，使土壤能更好地适合作物生长。

李吉进等[13~15]研究发现，在沙土中施入膨润土和有机物料能显著地提高沙土土壤的水分含量和有机质的含量，且两者存在明显的交互作用，差异达显著水平。施用膨润土后，膨润土可与有机物料形成的腐植质形成有机无机复合体。从而降低了有机物料的分解速率，提高了其腐殖化系数，增加了土壤有机质的累积量。同时，他们通过盆栽试验研究了不同膨润土施用量对土壤水分和玉米植株生育性状的影响，结果证实：膨润土的施用对玉米秸秆粗度的增加和株高的生长有很好的促进作用，能提高玉米的生物产量。腐植酸是一种在自然界中大量存在的多元有机酸，其优良的保水改土性能使得对腐植酸及其衍生物的研究与应用有着重要的理论和现实意义。目前国内腐植酸土壤改良产品包括土壤抗旱节水改土的腐殖酸保水剂、腐植酸多功能可降解液态地膜，以及用于盐碱地改良的腐植酸复合改良剂等。

B 土壤修复

黏土矿物钝化修复土壤重金属污染具有不同于其他修复技术的优点，如原位、廉价、易操作、见效快、不易改变土壤结构、不破坏土壤生态环境等，并且能增强土壤的自净能力[16]。

在湖南省某地酸性 Cd 污染水稻田钝化修复试验中，稻田施用海泡石和坡缕石进行钝化稳定化，在水稻收获时，测定的土壤中脲酶、蔗糖酶、过氧化氢酶和酸性磷酸酶活性均有不同程度的提高，钝化修复明显有利于土壤中相关代谢反应的恢复，两种黏土矿物对土壤中水解氮含量无明显影响，但对土壤有效磷含量有一定的降低作用[17]。彭丽成等[18]盆栽试验发现，对 Pb-Cd 复合污染土壤中施用腐植酸材料、高分子材料和粉质矿物材料复合材料，能抑制 Pb 向玉米地上部分迁移，对 Pb 在土壤中固定效果显著。单瑞娟等[19]对土壤重金属镉 Cd 通过土柱淋溶和吸附解吸实验发现，不同用量腐植酸在酸性条件下对Cd 吸附性显著，pH 值为 11 时，对 Cd 吸附量达到最大且稳定。随 pH 值增加，各处理对Cd 解吸量不断减小，当 pH 值为 11 时，解吸量达到最小。

1.4.4.3 在空气污染中的应用

甲醛、苯、硫化氢、氨等是目前室内的主要污染物，这些污染物来自两大部分：一类是人类和宠物活动所产生的废气，另一类是室内装饰材料所散发的有毒和有害气体。

中国矿业大学（北京）研发的硅藻精土/纳米二氧化钛复合型室内空气污染治理材料，经中国建筑材料环境监测中心监测，硅藻土负载纳米二氧化钛复合材料对甲醛的降解性能优良，24h 的甲醛去除率可达到 80%。该产品生产成本低，加工和使用过程对环境友好，是一种极具有市场前景的室内空气污染治理材料[11]。此外，沸石、膨润土、海泡石、凹凸棒石、煅烧高岭土等经过适当的加工处理后可用于臭气、毒气及有毒气体，如H_2S、NO_x 的吸附过滤。目前，以沸石为主要组分负载银离子的复合型抗菌材料已在家用冰箱除味保鲜中得到商业化应用；膨润土为主要组分的宠物间室内除臭、除味剂也已得到广泛的商业化应用[20]。

1.4.4.4　在固废处理中的应用

A　固废的二次资源化

除了城市生活垃圾以外，大多数工业废渣为可利用的二次资源，如炉渣、粉煤灰、冶金渣、煤矸石、尾矿、赤泥等，它们的组成绝大部分是非金属矿物，对于此类污染物的治理主要是使其二次资源化。

粉煤灰在环境材料方面利用方法有两种：一种是将其制备成烟气和污水中污染物的吸附剂，实现污染物的脱除，减少其对环境的污染；另一种是经过化学处理转化成沸石，进行污染物控制[21]。陈彦广等[22]以粉煤灰为原料，通过添加高分子模板剂定向控制合成沸石，然后通过浸渍法制备成负载 Ce、Mg、Cu 等金属活性组分的高效 DeNO$_x$ 添加剂，应用于 FCC 再生过程 NO$_x$ 的脱除。模拟 FCC 实验研究结果表明，当 DeNO$_x$ 添加剂中 Ce 含量为 2.0% 时，FCC 再生过程 NO 去除率可达 80%，同时由于 Ce 对 CO 有氧化作用，可使 CO 浓度降低到 0.5% 以下。氧化铝生产过程中产生的赤泥可以用于生产建筑材料、陶瓷制品、微晶玻璃、路基及防渗材料、硅钙肥、吸附材料和提取有价金属。蒋述兴等[23]利用赤泥、高岭土和石英砂，经压制成型制备出抗压强度为 144.4MPa 的建筑陶瓷。徐晓虹等[24]以赤泥为主要原料，制备出高性能的赤泥质陶瓷内墙砖，性能达到《白色陶质釉面砖》（GB 4100—1983）标准要求。

B　垃圾填埋场防渗

城市生活垃圾的处理处置方法有焚烧、堆肥和填埋等。由于填埋方法处理量大、处理成本低，在我国得到广泛应用。垃圾渗滤液会对地下水产生严重的危害，因此必须对垃圾填埋场设置防渗衬层，以阻止垃圾渗滤液污染地下水。防渗材料多种多样，目前常用的无机天然防渗材料包括黏土、膨润土等，主要有天然黏土材料和人工改性防渗材料。其中天然黏土材料包括碳酸钙、沸石、坡缕石、硅藻土等，它们都具有以下两种特性中的一种，或二者兼而有之：（1）具有良好的孔隙结构，能吸附垃圾渗滤液中的污染物质；（2）能和垃圾渗滤液中的物质发生反应，从而将这些污染物质固定而不会造成污染。人工改性材料有改性膨润土、改性粉煤灰和活化海泡石等，它们的实质就是人工强化处理后的黏土或亚砂石[25]。

C　放射性废物处置

放射性废物处置的任务是在废物可能对人类造成不可接受的危险的时间内，将废物中的放射性核素限制在处置场范围内，防止核素以不可接受的浓度或数量向环境释放而影响人类的健康与安全。目前大多数国家初步选择凝灰岩和花岗岩作为具有天然屏障功能的处置库围岩[26]。

1.4.4.5　在建筑材料中的应用

非金属矿产具有一系列优异性能，是城市建设、玻璃及制瓷工业、填料工业、钢铁工业和环境保护发展不可缺少的资源。一些非金属矿物和岩石（如硅灰石、长石、透辉石、霞石、正长岩、玄武岩等）具有促使建材制品低温快烧的功能，是研究、开发和生产节能型生态建材的重要原材料。还有一些非金属矿山废弃的大量尾矿及一些非金属矿物和岩石（如白云岩、石灰岩等）也是研究、开发和生产利废环保型生态建材的重要来源[27]。

1.4.5 金属矿物材料的应用

非金属矿物材料在环境污染中的治理已得到不同程度的利用，同时，一些金属矿物如铁矿物、锰矿物等由于具有吸附某些重金属和阴离子的能力，利用它们进行污染治理的研究也日益增多。常用的金属矿物有赤铁矿、磁铁矿、黄铁矿、氧化铝和软锰矿等，还有一些工业废弃物如红泥、钢渣、粉煤灰等也可以用做吸附剂或建筑材料，以达到废物资源化的目的。鲁安怀[28]认为，铁锰铝氧化物及氢氧化物的表面具有明显的化学吸附性特征，锰氧化物与氢氧化物还具有较完善的孔道特性，尤其是 Fe、Mn 为自然界中少数的但属于常见的变价元素，其氧化物及氢氧化物化合物往往可表现出一定的氧化还原作用。因此，铁锰铝氧化物及氢氧化物具有潜在的净化重金属污染物的功能，能成为土壤环境中吸附固定态重金属污染物的有效物质。另外，在常规污水处理过程中，铁盐和铝盐由于比表面积和表面电荷密度均较高而具有絮凝作用得到普遍采用。同时，国内外不少学者也对软锰矿浆烟气脱硫并资源化技术进行研究，取得了一定进展。

1.5 环境材料学的发展趋势

环境材料是国际出现的一个研究新热点。1993 年 5 月国际材联（IUMRS）在日本东京召开先进材料国际会议第一次专门组织环境材料研讨会；1994 年 10 月在日本筑波召开"International Conference on Ecobalance"，其主题是材料及技术的寿命周期评估（MLCA）。《中国 21 世纪议程》在"自然资源保护与可持续利用"部分将"推行可持续发展影响评价（SDIA）制度"作为重要方案领域之一。而 MLCA 的目的及内容与 SDIA 是完全一致的，应该说是 SDIA 的重要组成部分。

中国在环境材料方面研究起步迅速，上述两个国际会议都有中国学者参与。兰州大学 1995 年 4 月组织召开了"甘肃省环境材料研讨会"，这是国内第一个关于环境材料的专题讨论会。中国材料研究学会（CMRS）于 1995 年 10 月在西安交通大学组织了首次"国际环境材料研讨会"，并在 1996 年 11 月召开"'96 中国材料研讨会"中设立"环境材料"专题。2017 年 7 月在银川召开的中国材料大会中，将环境工程材料列入分会。

可持续发展是一个巨大系统工程，环境材料的研究是可持续发展的组成部分，那么强调在环境材料研究这个子系统中，政府作为决策者职能。B. Barker 阐述工业界和政府在环境材料研究中的作用与地位指出：在有些领域工业自身在材料循环中起着先导作用，在另一些领域政府则必须起重要作用。政府可以采取一系列的政策来支持环境材料的研究开发。这些政策可概括为：法规引导，市场调节，项目策划以及宣传报道。很难相信，没有政府的鼎力提倡，环境材料的研究会顺利地发展起来。在消费者和产业界还未建立完善的、自觉的环境意识之前，市场对环境材料的需求主要来自政策法规的驱使与引导，如果引导得当，则法则可获得正面的经济效益——通过强迫绿色技术的开发以取得今后对外贸易上的竞争优势。在这一点上，日本和德国已从早期的严厉法规中获得了显著利益。政府还可通过直接资助环境材料的研究和开发，或通过策划环境材料研究的样板计划，来大力宣传这一新的材料研究系统。

一些发达国家政府部门和国际机构都在积极支持这一领域研究。例如：日本科学技术厅就组织了"与环境和谐的材料技术的开发"国家研究计划。联合国环境计划（UNEP）SPD（sustainable product development，即可持续产品开发）工作组已进行有关全世界 ECP 计划情报收集及交流等方面工作；IEC（国际电器技术委员会）正着手进行电器产品环境要素标准化工作；国际标准化机构 ISO/TC207 也已开始进行环境标记国际标准化的工作。这就意味着不但科学工作者要注意环境材料研究，商业活动也将面临"绿色标志"的挑战。企业必须大力开发 ECP，否则，一旦国际实行"绿色标志"，将大大抑制我国产品出口。

1.6　环境材料对可持续发展的影响和作用

材料是经济和社会发展的基础和先导，是现代高新技术发展的三大支柱之一，为人类社会的发展做出了巨大的贡献。然而材料产业又是资源、能源的主要消耗者和环境污染的主要责任者之一。

随着人类进入可持续发展阶段，在有效地利用资源和能源及有效地减少废弃物、污染物的前提下，在可持续发展的指导思想下，尽量开发和制备出更多的与环境协调的、性能优异的材料，是材料科学领域的新的追求目标之一。

环境材料对社会发展的相对重要性如图 1-1 所示[3]。

环境材料也必须具有可持续发展性，才能保证社会的可持续发展。

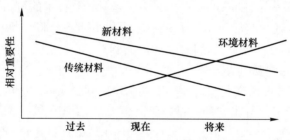

图 1-1　各种材料对社会发展的相对重要性

思　考　题

1-1　简述环境材料定义及其三个主要特征。

1-2　环境材料学的主要基础理论有哪些？

1-3　矿业环境材料特点和应用领域有哪些？

1-4　结合实际，谈谈环境材料的发展趋势。

参 考 文 献

[1] 刘江龙，丁培道，左铁镛. 环境协调材料的现状及其发展 [J]. 材料导报，1995（3）：6~11.

[2] 王志宏，杨晓鸿，王齐祖. 可持续发展与环境材料 [J]. 大自然探索，1996（3）：30~35.

[3] 霍宝锋，刘伯莹. 可持续发展与环境材料 [J]. 天津大学学报，2001（1）：90~94.

[4] 刘江龙，李辉，丁培道. 工程材料的环境影响定量评价研究 [J]. 环境科学进展，1999（2）：98~103.

[5] 刘力章，马少健，乔红光．环境矿物材料在环境保护中的应用现状与前景 [C] //第十届全国粉体工程学术会暨相关设备、产品交流会，2004.

[6] 王丹，董煜．我国非金属矿产资源利用形势及管理建议 [J]．中国非金属矿工业导刊，2017 (2)：2~4.

[7] 张晖．沸石改性和去除水中氮磷的研究 [O]．长沙：中南大学，2005.

[8] 梁凯．非金属矿物材料在环境保护中的应用 [J]．地质与资源，2011 (6)：458~461.

[9] 干方群，周健民，王火焰，等．凹凸棒石环境矿物材料的制备及应用 [J]．土壤，2009 (4)：525~533.

[10] 张建英，朱利中，占启范，等．改性膨润土混凝剂 Scpb 处理印染废水 [J]．环境污染与防治，1994 (2)：18，19.

[11] 郑水林．非金属矿物环境污染治理与生态修复材料应用研究进展 [J]．中国非金属矿工业导刊，2008 (2)：3~7.

[12] 谢淑州，龚小兵．铁锰磁性海泡石吸附剂的吸附性实验室研究 [J]．中国高新技术企业，2008 (9)：97~100.

[13] 李吉进，徐秋明，倪小会，等．施用膨润土对土壤含水量和有机质含量的影响 [J]．华北农学报，2002 (2)：88~91.

[14] 李吉进，张琳，倪小会，等．膨润土对有机物料腐殖化系数的影响 [J]．北京农业科学，2001 (5)：22~24.

[15] 李吉进，徐秋明，张宜霞，等．膨润土对土壤水分和玉米植株生育性状的影响 [J]．北京农业科学，2001 (6)：18~20.

[16] 徐奕，梁学峰，彭亮，等．农田土壤重金属污染黏土矿物钝化修复研究进展 [J]．山东农业科学，2017 (2)：156~162.

[17] 韩君，梁学峰，徐应明，等．黏土矿物原位修复镉污染稻田及其对土壤氮磷和酶活性的影响 [J]．环境科学学报，2014 (11)：2853~2860.

[18] 彭丽成，黄占斌，石宇，等．环境材料对 Pb、Cd 污染土壤玉米生长及土壤改良效果的影响 [J]．中国生态农业学报，2011 (6)：1386~1392.

[19] 单瑞娟，黄占斌，柯超，等．腐植酸对土壤重金属镉的淋溶效果及吸附解吸机制研究 [J]．腐植酸，2015 (1)：12~17.

[20] 彭勇军，李晔．膨润土改性技术及其除臭机理研究 [J]．化工矿山技术，1998 (2)：33~35.

[21] 陈彦广，陆佳，韩洪晶，等．粉煤灰在环境材料中利用的研究进展 [J]．化学通报，2013 (9)：811~821.

[22] 陈彦广，陆佳，韩洪晶，等．流化催化裂化再生过程 NO_x 控制技术研究进展 [J]．化学通报，2013 (4)：326~331.

[23] 蒋述兴，贺深阳．利用赤泥制备建筑陶瓷 [J]．桂林工学院学报，2008 (3)：385~388.

[24] 徐晓虹，滕方雄，吴建锋，等．赤泥质陶瓷内墙砖的制备及结构研究 [J]．陶瓷学报，2007 (3)：164~170.

[25] 陈振雄，李景达，邓小利，等．城市生活垃圾填埋场防渗研究进展 [J]．广东化工，2007 (7)：74~77.

[26] 戴瑞，郑水林，贾建丽，等．非金属矿物环境材料的研究进展 [J]．中国非金属矿工业导刊，2009 (6)：3~9.

[27] 袁楚雄．生态建材——二十一世纪中国非金属矿产品的重要应用领域 [J]．中国建材，1997 (8)：40~41.

[28] 鲁安怀．环境矿物材料在土壤、水体、大气污染治理中的利用 [J]．岩石矿物学杂志，1999 (4)：292~300.

2 环境材料与资源、能源和环境的相互影响

2.1 材料在国民经济中的地位与发展

材料、能源和信息工程是当代社会发展的三大支柱，被誉为现代文明的标志。材料作为人类社会文明的物质基础，对人类社会的发展起着基础和技术先导的作用。统计表明，材料及其制品的制造、使用及废弃过程是造成能源短缺、资源过度消耗、环境污染的主要原因之一。目前，我国正在探索走循环经济的可持续发展之路，材料产业应适应新形势的需要，积极发展环境材料，提高材料产业资源及能源的利用效率、降低生产和制造过程中环境负担，走循环经济与可持续发展之路。改革开放以来，随着我国国民经济的高速发展，各产业部门对环境材料的需求量与日俱增。

我国正处于人口、资源、环境等瓶颈约束最为严重的时期，并面临着全面建设小康社会的历史重任。我国的资源相对紧缺，人均资源占有量大大低于世界平均水平。我国资源消耗大，每万美元消耗的铜、铝、铅、锡、镍合计70.47kg，是日本的7.1倍、美国的5.7倍、印度的2.8倍。预计到2030年，我国45种主要矿产资源中，可能只有2~3种能依靠国内保障供应，铁矿石、氧化铝等关系国家经济安全的重要矿产资源将长期短缺。在国际上，资源已经成为各国之间相互竞争与牵制的一种手段。与此同时，国际上"绿色壁垒"为代表的新贸易保护日渐兴起，严重威胁着我国的外贸环境。所有这些都迫切要求我们创新发展思路，发展环境材料，促进循环经济发展。

因此，发展环境材料、促进循环经济是缓解我国资源短缺矛盾，保障国家经济安全的必要选择。从现实情况看，我国资源短缺的矛盾非常尖锐，问题相当严重，甚至威胁国家的长期经济安全。由于我国人口密度高，人均资源匮乏，人均资源占有量只有世界人均水平的三分之一；由于我国资金、技术、管理等原因造成资源的不合理开发和利用，使资源的产生率、回收率和综合利用率低，生产、流通、生活和消费的浪费惊人，我国主要产品单位能耗平均比国外先进水平高40%。

发展环境材料、促进循环经济是贯彻落实科学发展观，全面建设小康社会的客观要求。大力发展环境材料，促进发展循环经济，搞好资源节约和综合利用，加强生态建设和环境保护，走出一条科技含量高、经济效益好、资源消耗低、环境污染少、人力资源优势得到充分发挥的新型工业化道路，以最少的资源消耗、最小的环境代价实现经济社会的可持续增长。我们相信，随着环境材料自身不断地发展，它将在国民经济中发挥更重要的作用。

2.2 资源使用与环境影响

2.2.1 我国资源种类与分布

2.2.1.1 我国水资源种类与分布

虽然地球表面的72%被水覆盖,但是淡水资源仅仅占到所有水资源的2.5%,而实际能够被人们利用的淡水资源仅占到地球水资源总量的0.26%。我国的淡水资源要供给占世界上7%左右的土地以及21%以上的人口,对我国的水资源也造成了很大的压力[1]。2009年我国淡水资源总量在$2.8×10^{12}m^3$左右,但是在众多土地以及人口的压力下,我国成为了全球13个人均水资源最贫乏的国家之一。事实上我国的淡水资源中并不是所有都能够得到有效的开发与利用,如洪水径流和散布在人类活动较少的区域内的地下水资源,我国能够实现被利用的水资源仅为$1.1×10^{12}m^3$左右。到20世纪末,全国600多座城市中存在供水不足的城市已经达到400多个,其中存在严重缺水问题的城市达到了110个。而随着我国的发展,水资源的供给将会面临更大压力并且开发难度也会继续加大。

按照国际公认的标准,人均水资源低于$3000m^3$为轻度缺水;人均水资源低于$2000m^3$为中度缺水;人均水资源低于$1000m^3$为重度缺水;人均水资源低于$500m^3$为极度缺水。中国目前有16个省(区、市)人均水资源量(不包括过境水)低于严重缺水线,6个省、区(宁夏、河北、山东、河南、山西、江苏)人均水资源量低于$500m^3$,为极度缺水地区。

2.2.1.2 我国土地种类资源与分布

我国的人均耕地面积仅为$0.1hm^2$($1hm^2 = 10^4m^2$,余同),是世界人均耕地的44%,现在的人均耕地相比1952年减少40%以上。我们用不足世界10%的耕地,养活世界22%的人口。我国森林资源人均占有量为$0.12hm^2$,是世界人均占有量的14%。草场资源人均占有量$0.33hm^2$,是世界人均占有量的50%。

我国土地资源区域分布极其不平衡[2],全国东、中、西三个地带土地资源状况存在较大差异。其中东部地区12个省市区,占全国土地总面积的13.9%,东部地区水热条件优越、人口密集、经济发达、土地利用程度高;中部地区9个省区,占全国土地总面积的29.6%,中部地区多为山地、丘陵,土地利用率较高;西部地区10个省区,占全国土地总面积的56.5%,但西部地区大部分是高寒山地、沙漠、戈壁区,土地利用率极低[3]。

除了土地资源分布不平衡外,我国在土地资源利用过程中还存在较多问题[5]。目前存在的主要土地资源利用问题见表2-1。

表2-1 中国土地资源利用过程中存在的问题

问题	水土流失	土地荒漠化	土地的次生盐碱化	酸化	污染
原因	自然:气候、地形、植被等; 人为:滥砍滥伐	自然:气候变暖、干旱、风沙侵蚀等; 人为:滥垦草原或过度放牧	自然:气候干旱; 人为:漫灌地下水位上升、沿海抽取地下水、海水倒灌	酸雨、大量使用化肥	大气、水、工业、生活污水污染,农业使用化肥、除草剂

续表2-1

问题	水土流失	土地荒漠化	土地的次生盐碱化	酸化	污染
危害	生产力下降、农业减产	沙漠扩大、耕地减少、风沙危害	耕地退化、农业减产	土壤酸度增大、板结	间接污染水源、食品，危害人类健康
对策	因地制宜、发展生态农业	植树种草、退耕还林（牧）	完善排灌系统、利用水利和生物配套技术	施有机肥、加熟石灰	预防为主、治理污染源

2.2.1.3　我国矿产种类资源与分布

中国是世界矿产种类多、分布广、储量大、大部分矿产资源能够自给的少数国家之一。截至目前，中国已探明有一定储量的矿种达158种。其中，以有色金属居优势，钨、锑、锡、汞、钼、锌、铜、铋、钒、钛、稀土、锂等均占世界前列。例如，钨的储量为其余世界各国总储量的3倍多，稀土金属储量占世界总储量的50%以上，锑的储量占世界储量的44%。铅、铁、银、锰、镍等的储量也具世界意义。铁和锰的储量虽均占世界第3位，但贫矿多、富矿少。此外，还多伴生矿，如攀枝花铁矿中，有钒、钛、镍等伴生。非金属矿中的硫铁矿、菱镁矿也居世界首位，磷矿居第2位，石棉等居世界前列[6]。

中国矿产资源分布情况如下：石油、天然气主要分布在东北、华北和西北。煤主要分布在华北和西北。铁主要分布在东北、华北和西南。铜主要分布在西南、西北、华东。铅锌矿遍布全国。钨、锡、钼、锑、稀土矿主要分布在华南、华北。金银矿分布在全国，台湾也有重要产地。磷矿以华南为主。

中国矿产资源有以下特点：

（1）矿产资源总量丰富，人均资源相对不足；

（2）矿产品种齐全配套，资源丰度不一；

（3）矿产质量贫富不均，贫矿多，富矿少；

（4）超大型矿床少，中小型矿床多；

（5）共生伴生矿多，单矿种矿床少。

2.2.2　环境材料的使用对水资源的影响

水是农业的命脉。我国有近90%的农业用水被用于农田灌溉。但是，农业灌溉用水存在很大的问题，水资源的短缺限制了农田灌溉的进一步扩大，干旱问题严重；而且已经利用的灌溉水利用率低，水资源得到很严重的浪费，且水资源的污染现象严重。

环境材料在农业抗旱节水中的应用主要是土壤保水剂和作物叶面抗蒸腾剂。

2.2.2.1　土壤保水剂

土壤保水剂是通过改善植物根土界面环境，从而供给植物水分的化学节水技术。土壤保水剂本身是一种超高吸水保水能力的高分子聚合物，它能迅速吸收比自身重数百倍甚至上千倍的纯水，且有反复吸水功能，所吸的水可缓慢释放供作物利用。土壤保水剂能变更植物根土原始的界面环境，供应可用的生长水分，被看成化学特性的节水试剂。土壤保水剂凸显出超高层级的吸水、存留水分的特性，是高分子态势的聚合物。这样的试剂，能吸纳质量偏大的纯水，在偏短时段内，还能反复去吸纳水分。这些吸纳过来的水分，可用于浇灌[7]作物。

2.2.2.2 作物叶面抗蒸腾剂

由于作物光合作用和生长保存在干物质中的水分仅占其耗水量的 1% 左右，90% 以上水分为蒸腾消耗，因而降低作物蒸腾耗水是节水和抗旱的重要环节。农作物叶片固有的表层，要抵挡平日以内的蒸腾。抗蒸腾剂能限缩植被蒸腾出来的水分量，缩减耗费掉的水分损失。作物在惯常的光合作用以下，仅仅存留偏少的水体。90% 以上的水分，都经由蒸腾而耗费掉。由此可见，缩减蒸腾时段耗费掉的水分是抗旱及关涉的节水重点。

作物叶面抗蒸腾剂作为降低植物蒸腾减少水分损失的一类化学物质，能控制气孔开张度而减少水分蒸腾损失。比较有效的有 2，4-二硝基酚、整形素和甲草胺等。还有一类是 K 螯合剂，叶面喷施能影响保卫细胞的膨压而调节气孔运动，降低叶片蒸腾的效果明显，如地衣酸、藻酸和环己基 18-冠-6 等在极低浓度下使大麦叶片蒸腾下降 50%，环己基 18-冠-6 在低浓度下的效果比脱落酸还高 1~2 个数量级。薄膜型抗蒸腾剂，是应用单分子膜覆盖叶面，阻止水分子向大气中扩散。薄膜型抗蒸腾剂还可用于树苗移栽。用丁二烯酸对欧洲白桦、小叶椴、挪威槭和钻天杨等树苗进行处理，叶片上形成的薄腊使蒸腾在 8~12d 内下降 30%~70%。该技术可使春季造林的季节延长 2 周。反射型抗蒸腾剂是利用反光物质反射部分光能，达到降低叶面温度减少蒸腾损失的目的[8]。

2.2.3 环境材料对土壤资源的影响

2.2.3.1 治理土壤重金属污染

化学固化修复是化学修复技术之一，其原理是向土壤中加入重金属固化剂或钝化剂，改变重金属和土壤的理化性质，通过吸附、沉淀等作用降低土壤中重金属的迁移能力和生物有效性。随着可持续发展理论研究和应用的深入，重金属固化材料研究越来越受重视。目前，重金属稳定固化修复的材料主要有黏土矿物、磷酸盐、沸石、无机矿物、有机堆肥及微生物等。

固化修复依托的本源原理，是向地段内土体添加某规格下的固化剂，也即钝化剂，更替了原初的理化属性，也更替了重金属惯常的作用路径。经由沉淀及吸附，限缩了重金属原有的迁移能力，缩减了生物有效特性。带有稳定固化特性的修复原料，包含黏土特性的多样矿物、沸石及某规格下的磷酸盐、无机及对应着的有机堆肥、地段内的微生物。

有机特性的矿物原料，能稳固土体以内的重金属。调研数值表征着：有机质促动了硫化物惯常的沉淀流程，将毒性偏高的物质，经还原得到毒性偏低的新物质。粉煤灰制备出来的钝化污泥，若被添加在培植鸡冠花的地段内，则会限缩土体原初的铜元素、关联的锌及铅。黏土特性的矿物能稳固培植着的菌根，凸显出污染修复这样的特有成效。磷灰石及沸石、含铁特性的矿物、地段内的磷酸盐，都凸显出价低及高效、来源偏广的属性。选出来的这些原料，能管控并修复偏重的土体污染，限缩土体以内的矿物量。例如：沸石存留的孔道构架，包含可交换特性的阳离子，它们能吸纳重金属范畴内铅及关联的镉元素。若把制备好的这种原料，添加在森林特有的土层之内，则重金属原初的数目，就会凸显出明显的缩减倾向。

2.2.3.2 改良盐碱地

施用环境材料改良土壤是现代化学措施的一种，目前用于改良盐碱地的环境材料主要有两类：一类是加钙（代换作用）环境材料，主要有石膏、磷石膏、脱硫石膏、氧化钙、石灰石、磷石膏和煤矸石等。另一类是加酸（化学作用）环境材料，主要有腐殖酸、糠醛渣、硫黄、黑矾（硫酸亚铁）、粗硫酸、硫酸铝及酸性肥料等。

环境材料细分出来的石膏，能改良地段以内的土体。石膏特有的主体成分，包含了偏多的硫酸钙。这种物质存留着的钙离子，能替换掉胶体吸附着的钠离子，让钠离子偏多的土体，替换成钙质特性的新土壤。游离态势下的碳酸氢钠，经由惯常的代谢流程，形成累积着的硫酸钠；它会随同累积着的灌溉水，被慢慢冲掉。这样一来，土壤存留着的盐碱物质，就缩减了固有的毒害特性。除此以外，腐植酸特有的环境材料，也能更替盐碱地固有的土体属性。腐植酸被划归成有机特性的胶体物质，包含惯常提到的大分子。在这之中，阳离子固有的交换量偏大，凸显出缓冲能力，能调和区段的酸碱性[9]。

2.2.4　环境材料对矿产资源的影响

矿物材料又称矿物岩石材料，它以矿产资源的有效利用为目的，从矿物学和岩石学的角度出发，利用天然矿物、岩石及其深加工产物研制和开发新型无机非金属材料，改造传统材料。

一般认为，具有应用价值的天然矿物、岩石及其制品和仿制品均为矿物材料。多数矿物材料通过直接利用或稍经加工处理如破碎、选矿提纯、改性的天然矿物岩石，或者是以天然矿物岩石为主要原料，通过一定的物理化学反应如烧结、熔融等制成成品或半成品材料。这些材料的原料原本是天然产物，与环境有很好的相容性，且许多矿物材料有环境修复、净化功能，属于环境材料的范畴。从这一角度讲，开展矿物环境材料研究可以充分发挥矿物材料本身的特性，建立环境矿物材料分支学科是时代的要求，也是矿物材料的重要发展方向。

根据矿物环境材料的特点，对环境矿物材料可作如下定义：以天然矿物岩石为主要原料，在制备、使用过程中能与环境相容和协调，或在废弃后可被环境降解，或对环境污染有一定净化和修复功能的材料。环境矿物材料的主要发展方向应是环境工程矿物材料，即具有环境修复如大气、水污染治理等，环境净化如杀菌、消毒、分离等，以及环境替代如替代环境负荷大的材料等功能。近年来，矿物材料在环保方面的应用相当广泛，除了在传统的污水处理、大气吸附、过滤脱色等方面的应用水平不断提高外，在生态建材如具有保温、隔热、吸音、调光等功能的建材，杀菌，消毒剂，矿山尾矿综合利用等方面，都有新的应用技术和产品。

许多非金属矿产已被成功地用作环境工程矿物材料，沸石、膨润土、凹凸棒石和海泡石、硅藻土等都是典型的例子。如用沸石烧制的人工轻质骨料，再如以膨润土等为主要原料可生产人工合成沸石，用来代替传统洗涤剂中的三聚磷酸钠，可大大减少洗涤废水中残余磷对环境的污染[10]。

2.3　能源使用与环境影响

2.3.1　我国能源种类与分布

能源是人类赖以生存和发展的不可缺少的物质基础，是材料生产的要素。我国能源结构主要具有以下特点：

（1）就目前而言，中国能源结构仍以煤为主，其份额将逐步减少。2014年中国煤炭探明储量为1145亿吨，占全国能源总量76%。根据国务院煤炭行业"十二五"规划和能源发展战略行动计划（2014~2020年），2015年和2020年煤炭消费比重分别控制在65%和62%以内。事实上，1990~2014年煤炭占比每5年分别下降1.6、6.1、-3.9、3.2和3.2个百分点，近两年煤炭市场持续低迷，主要原因为整体宏观经济下行，而煤炭在能源结构中的比例下降相较"十一五"阶段并未有明显加速。预计"十三五"煤炭占能源消费比重仍将下降，但煤炭仍将是能源消费的主体，而根据规划预计煤炭消费比例年均下降幅度约0.6个百分点。

（2）油气自给率低，需求日益增大，将更多地依赖进口。自1993年以来，受资源等因素的制约，中国石油产量增长率低于石油消费量的增长率。2009年，中国进口了2.04多亿吨石油，出口约516万吨。据预测，到2020年、2030年和2050年，中国石油自给能力将持续下降到30%以下。根据IEA的预测，2030年前，中国的石油产量增长潜力不大，但消费与进口将同步增长，对外依存度2015年将上升到63%、2030年上升到77%，超过OECD国家65%的平均水平。

（3）水能资源在中国能源结构中的比重将会下降，发展空间有限。中国水能资源总量十分丰富，总量居世界第一，但人均资源量不富裕，资源分布不均。随着中国能源消耗量的迅速增长，水电在能源结构中的比重还将会日渐下降。水电是清洁的可再生能源，世界各国，不论是发达国家还是发展中国家，在其经济发展进程中，都优先开发利用廉价的水能资源。应当把开发水电作为供应电力和保护环境的基本战略，优先开发，加快开发，以取得最大经济效益和社会效益。中国水能资源理论蕴藏量达676GW，年发电量5922.2TW·h；技术可开发水能资源为379GW，年发电量1923.3TW·h，居世界首位。但中国水能资源地区分布极不均衡，从技术可开发资源量看，主要集中在西南地区，占67.8%；其次是华中地区和西北地区分别占15.5%和9.9%；经济发达的东部地区水能资源较少，而在东部地区水能资源最为缺乏。西南和西北地区水能资源开发难度较大，且由于中国工业布局和交通条件等原因，西藏、云南等将有部分水能资源无法开发，其余可供利用的水能资源全部开发，装机容量最多可达240~260GW，可见水电的开发量是有限的。

（4）清洁可再生资源比重将上升，核电将成为替代煤电的主要能源之一，发展潜力很大。太阳能、风能、海洋能和地热能等新能源是清洁的可再生能源，但从目前利用技术的水平来看，近期还难以提供大规模稳定的工业电力。从能源安全、环境和经济性等方面考虑，核电是中国最具发展潜力的能源。首先，化石能源面临枯竭，核电等新能源和生物能等可再生能源将成为替代能源。其次，化石燃料给环境和可持续发展带来很大的压力，而核电是清洁能源。最后，从能源安全角度来讲，中国必须发展多元化的能源结构，不管是从短期、中期还是长期来看，发展核电和改善能源结构是中国确保能源安全的重要战略。

2.3.1.1　我国煤炭资源及其分布

我国是煤炭大国，不但煤炭的蕴藏非常丰富，已探明的煤炭储量占世界煤炭储量的33.8%，而且煤炭的生产数量和消费数量也居世界各国的前列。据相关部门数据分析，预计到2050年，煤炭所占比例不会低于50%，可以预见，在未来几十年内煤炭仍将是我国主要能源和重要的战略物资，具有不可替代性[11]。

我国煤炭资源的地理分布极不平衡，西部地区最为丰富，东部地区贫缺，中部地区居中，而东部长江以南省、区最为贫缺。我国主要的煤田矿区约为 47 个，长江以北共有 34 个，其储煤量约占全国储煤总量的 91.6%，其中包括我国最大的煤炭产场——大同煤矿区，而长江以南的主要煤田、矿区却只有 13 个，储煤量约为 8.4%，煤炭资源的分布与消费区分布极不协调。从各大行政区内部看，煤炭资源分布也不平衡，如华东地区的煤炭资源储量的 87% 集中在安徽、山东，而工业主要在以上海为中心的长江三角洲地区；中南地区煤炭资源的 72% 集中在河南，而工业主要在武汉和珠江三角洲地区；西南煤炭资源的 67% 集中在贵州，而工业主要在四川；东北地区相对好一些，但也有 52% 的煤炭资源集中在北部黑龙江，而工业集中在辽宁[12]。

我国煤炭储量巨大，但是各地区煤炭品种和质量变化较大，分布也不理想。中国炼焦煤在地区上分布不平衡，4 种主要炼焦煤种中，瘦煤、焦煤、肥煤有一半左右集中在山西，而拥有大型钢铁企业的华东、中南、东北地区，炼焦煤很少；在东北地区，钢铁工业在辽宁，炼焦煤大多在黑龙江；西南地区，钢铁工业在四川，而炼焦煤主要集中在贵州。

2.3.1.2　我国天然气资源及其分布

天然气是存在于地下岩石储集层中以烃类为主的混合气体的统称。包括油田气、气田气、煤层气、泥火山气和生物生成气等。主要成分为甲烷，其次为乙烷、丙烷、丁烷等。

中国沉积岩分布面积广，有形成优越的多种天然气储藏的地质条件。截止到 2001 年底，我国累计探明储量 $30023.88 \times 10^8 \, m^3$（不包括溶解气），可采储量 $19904.08 \times 10^8 \, m^3$。且我国天然气探明储量速度逐年增长、储采比高、煤成气比例逐渐增高，尽管天然气探明储量增长速度较快，但是我国天然气资源的探明程度仍然较低，全国天然气探明率仅为 6.4%，比世界主要产油气国家天然气探明率低得多。

我国陆上天然气主要分布在中部和西部地区，分别占陆上资源量的 42.3% 和 39.0%。中国天然气资源的层系分布以新生界第 3 系和古生界地层为主，在总资源量中，新生界占 37.3%、中生界占 11.1%、上古生界占 25.5%、下古生界占 26.1%。

全国天然气探明储量的 80% 以上分布在鄂尔多斯、四川、塔里木、柴达木和莺-琼 5 大盆地，其中前 3 个盆地天然气探明储量超过了 $5000 \times 10^8 \, m^3$。在上述 5 大盆地中，天然气勘探取得较大进展并已形成了一定储量规模的地区主要有：鄂尔多斯盆地上古生界、塔里木盆地库车地区、四川盆地川东地区、柴达木盆地三湖地区和莺歌海盆地。这 5 大气区基本代表了我国天然气勘探的基本面貌。

2.3.1.3　我国石油资源及其分布

按照世界权威机构的统计，我国石油可采资源量（$111.8 \times 10^8 \, t$）居世界第 9 位。我国石油资源可分为常规石油资源和非常规石油资源[13]。

（1）常规石油资源。根据新一轮全国油气资源评价结果统计，我国石油地质资源量为 $765 \times 10^8 \, t$、可采资源量为 $212 \times 10^8 \, t$。石油资源的分布呈极不均衡态势。从地区上看，我国石油资源集中分布在东部、西部和近海 3 个大区，其可采资源量分别为 $100.25 \times 10^8 \, t$、$47.87 \times 10^8 \, t$ 和 $29.27 \times 10^8 \, t$，合计 $177.39 \times 10^8 \, t$，占全国可采资源量的 83.7%；从分布的盆地上看，我国石油资源集中分布在渤海湾、松辽、塔里木、鄂尔多斯、准噶尔、珠江口、柴达木和东海陆架等 8 大盆地，其可采资源量为 $182.31×10^8t$，占全国可采资源量的 86%，而其他 100 多个盆地可采资源量都不多，合计起来也只占全国的 14%。截至 2007 年年底，全国拥有待发现的常规石油地质资源量约 $490×10^8t$，待发现的常规石油地质可采资源量 $136×10^8t$。

（2）非常规石油资源。

1）油砂油。我国具有比较丰富的油砂资源。全国新一轮油气资源评价结果表明，我国油砂油地质资源量 $59.70×10^8t$，可采资源量 $22.58×10^8t$。其中西部地区油砂资源最多；其次是青藏地区；再次是中部地区；东部和南方地区较少[14]。

我国油砂资源主要分布在准噶尔、塔里木、羌塘、鄂尔多斯、柴达木、松辽和四川等 7 大盆地中。7 个盆地的油砂油地质资源量为 $52.92×10^8t$，占全国油砂油地质资源量的 88.6%；可采资源量为 $19.87×10^8t$，占全国油砂油可采资源量的 88%。

2）油页岩、页岩油。据全国新一轮油气资源评价，我国油页岩资源量为 $7199.37×10^8t$，技术可采资源量为 $2432.36×10^8t$；页岩油资源量为 $476.44×10^8t$，可回收的资源量为 $159.72×10^8t$。从大区分布看，油页岩、页岩油资源主要分布在东部、中部和青藏等地区；其次是西部地区；南方地区油页岩、页岩油资源相对较少。从盆地分布看，油页岩、页岩油资源主要分布在东部的松辽、渤海湾、南襄等盆地，中部的鄂尔多斯、四川、六盘山、河套等盆地，以及西部的准噶尔、塔里木、羌塘、柴达木等盆地中。

数据显示，2016 年，我国石油新增探明地质储量 10 年来首次降至 $10×10^8t$ 以下，天然气连续 14 年超过 $5000×10^8m^3$。石油产量下降明显，仍保持在 $2.0×10^8t$ 水平；天然气产量小幅下降，煤层气、页岩气产量均创历史新高。我国油页岩、油砂等非常规石油资源勘探程度低，目前还没有页岩油、油砂油储量的系统数据。

截至 2016 年底，全国石油累计探明地质储量 $381.02×10^8t$，剩余技术可采储量 $35.01×10^8t$，剩余经济可采储量 $25.36×10^8t$，储采比 12.7。累计探明石油地质储量超过 $1×10^8t$ 的 15 个盆地的石油地质资源和可采资源平均探明程度分别为 43.5% 和 42.1%。其中，南襄盆地探明程度最高，石油地质资源和可采资源探明程度分别为 69.7% 和 55.0%；塔里木盆地探明程度最低，石油地质资源和可采资源探明程度分别为 14.4% 和 8.0%。

2.3.1.4 我国新能源种类与分布

新能源是指传统能源之外的各种能源形势。它的各种形式都是直接或间接地来自于太阳或地球内部深处所产生的热能，包括了太阳能、风能、生物质能、地热能、水能和海洋能以及由可再生能源衍生出来的生物燃料和氢所产生的能量。

A 太阳能

太阳能利用指太阳能的直接转化和利用。利用半导体器件的光伏效应原理，把太阳辐射能转换成电能的称为太阳能光伏技术。把太阳辐射能转换成热能的属于太阳能热利用技术，再利用热能进行发电的称为太阳能热发电，也属于这一技术领域。太阳能作为一种可再生的新能源，具有清洁、环保、持续、长久的优势，成为人们应对能源短缺、气候变化与节能减排的重要选择之一，越来越受到世人的强烈关注[18]。

我国陆地面积每年接收的太阳辐射总量在 $3.3×10^3 \sim 8.4×10^6 kJ/(m^2 \cdot a)$ 之间，相当于 $2.4×10^4$ 亿吨标准煤，属太阳能资源丰富的国家之一。全国总面积 2/3 以上地区年日照时数大于 2000h, 日照在 5×10^6 kJ/($m^2 \cdot a$) 以上。我国西藏、青海、新疆、甘肃、宁夏、内蒙古高原的总辐射量和日照时数均为全国最高, 属太阳能资源丰富地区; 除四川盆地、贵州资源稍差外, 东部、南部及东北等其他地区为资源较富和中等区。

我国太阳能热利用工程主要包括太阳热水、太阳房、太阳灶、采暖与空调、制冷、太阳能干燥、海水淡化和工业用热等领域。其中, 太阳能热水器在我国得到了快速发展和推广应用, 是我国可再生能源领域中产业化发展最成功的范例[19]。

B   风能

风的能量来源于太阳辐射。当太阳光照射到地球表面, 地表各处受热不同, 产生温差, 引起大气的对流运动, 从而形成风。可见风的能量是来自太阳的, 太阳辐射出来的光和热是地球上风形成的源泉。风能是一种前途广阔的可再生能源, 是地球上重要的能源之一。

据估计, 到达地球的太阳能中只有大约 2% 转化为风能, 但其总量仍是十分可观的。我国位于亚洲大陆东南, 濒临太平洋西岸, 季风强盛。季风是我国气候的基本特征; 如冬季季风在华北长达 6 个月, 东北长达 7 个月, 东南季风则遍及我国的东部半壁江山。

据报道, 我国风能资源理论蕴藏量为 32.26 亿千瓦, 加上近岸海域可利用风能资源共计约 10 亿千瓦, 初步估算可开发的装机容量逾 2.53 亿千瓦, 居世界首位。风能资源主要分布在"三北"(东北、华北北部、西北地区), 以及东部沿海陆地、岛屿及近岸海域。另外, 内陆还有局部风能丰富区。

目前我国已研制出 100 多种不同型式、不同容量的风力发电机组, 并初步形成了风力机电产业。近几年发展较为迅速, 自 2004 年以来, 每年新增装机容量增速均超过 100%。2006 年新增装机容量同比大幅增长 166%, 达到 134 万千瓦, 装机容量同比大幅增长 105%, 达到 267 万千瓦, 位居世界第十位, 亚洲第三位, 成为继欧洲、美国和印度之后发展风力发电的主要市场之一。尽管如此, 与发达国家相比, 我国风能的开发技术与利用程度还比较落后, 不但发展速度缓慢而且设施落后, 远没有形成规模[20]。

C   可燃冰

可燃冰学名天然气水合物, 主要成分是甲烷, 又称气冰或固体瓦斯, 是一种白色或浅灰色结晶[15]。作为燃料能源, 可燃冰清洁无污染, 燃烧放热量大, $1 m^3$ 可燃冰相当于 $164 m^3$ 的天然气燃烧释放的热量。可燃冰分布广储量大, 可作为石油及天然气等的替代能源。可燃冰分子中, 甲烷分子与水分子间通过范德瓦耳斯力形成稳定结构, 在点燃条件下甲烷分子被释放。

国土资源部地质调查局近日表示, 目前我国已经初步查明可燃冰的资源潜力。2016 年, 在我国海域, 已圈定了 6 个可燃冰成矿远景区, 在青南藏北已优选了 9 个有利区块, 据预测, 我国可燃冰远景资源量超过 1000 亿吨油当量, 潜力巨大。

据现有资料和研究, 我国可燃冰资源主要分布于南海海域、东海海域及青藏地区, 黄海海域及靠近北极圈的黑龙江漠河盆地可燃冰成矿条件正在探测研究中。其中, 南海北部坡陆 (水深 550~600m) 可燃冰资源量约 185 亿吨油当量, 相当于该区已探明油气地质储备的 6 倍。特别是东沙群岛以东海底坡陆 $4.3 \times 10^6 km^2$ 公里的可燃冰"冷泉"巨型碳酸盐岩喷溢区——九龙甲烷礁, 是目前世界最大的"冷泉"喷溢区。西沙海槽圈定的可燃冰分布面积为 5242km^2，资源量约 4.1×10^{8}m^3。此外，在东海和台湾省海域也存在大量可燃冰，海内外专家学者证实，台湾省西南面积约 77000km^2 的海域蕴藏着极为丰富的可燃冰。黄海大陆架及其深海也可能存在可燃冰，目前正在调查中。除海域以外，中国冻土区总面积 2.15×10^{6}km^2，可燃冰资源前景广阔[16]。

专家估计，青藏高原可燃冰远景储量约 350 亿吨油当量。其中青藏高原五道梁多年冻土区（海拔 4700m）远景储量可供应 90 年。青海省祁连山南缘天峻县木里盆地（海拔 4062m）储量占陆域总储量的 1/4。

D 生物质能

生物质能是蕴藏在生物质中的能量，是绿色植物通过叶绿素将太阳能转化为化学能而贮存在生物质内部的能量。它一直是人类赖以生存的重要能源，仅次于煤炭、石油和天然气，居于世界能源消费总量第 4 位，在整个能源系统中占有重要的地位。据预测，到 21世纪中叶，采用新技术生产的各种生物质替代燃料将占全球总能耗的 40% 以上。生物质能通常包括：木材及森林工业废弃物、农业废弃物、水生植物、油料植物、城市和工业有机废弃物、动物粪便[17]。

我国幅员辽阔，人口众多，生物质分布十分广泛，约有 50.32% 的人口居住在农村；太阳能资源丰富，全国各地太阳能年辐射总量在 335～835kJ/cm^2 之间。因此，通过光合作用产生的生物质能储量大、分布广。但从全国范围来看，各省分布不平衡，1/2 以上的生物质资源集中在四川、河南、山东、安徽、河北、江苏、湖南、湖北、浙江 9 个省，广大的西北地区和其他省区相对较少。据统计，全国近几年秸秆年产量约 6 亿吨，目前除少量生物质被用于农村家庭燃料或饲料外，绝大多数生物质被露天焚烧、填埋，或直接丢弃在田间地头进行生物降解。薪柴年产量（包括木材砍伐的废弃物）为 2 亿吨左右，还有大量的人畜粪便及工业排放的有机废料、废渣。每年生物质资源总量折合成标准煤为 2 亿～4 亿吨。

E 其他新能源

海洋能指蕴藏于海水中的各种可再生能源，包括潮汐能、波浪能、海水温差能、海水盐度差能等。目前，对海洋能的利用主要是将其用于发电以提供人类需求。

2.3.2 我国能源使用与环境

能源利用和环境保护是实现可持续发展的重要战略，关系到人类的生存和发展。能源作为人类赖以生存的基础，在其开采、输送、加工、转换、利用和消费过程中，都直接或间接地改变着地球上的物质平衡和能量平衡，必然对生态系统产生各种影响，成为环境污染的主要根源。能源对环境的污染主要表现在如下几方面[21]。

（1）大气污染。化石燃料的大规模开发和广泛应用，已经严重影响了人类生存环境的质量。

同发达国家相比，中国能源利用的总体结构仍然处在相当不合理的状态。从国际上看，随着战后经济发展，能源消费结构已经发生重大变化，石油、天然气等清洁能源在能源结构中的比重不断增大，煤炭早已退出主导地位。然而，迄今为止，煤炭在中国能源生产和消费中的比重还很大，即使近年来大力压缩了煤炭产量，煤炭占能源生产和消费中的比重仍然超过 70%，煤炭用于发电的比重只占 30% 左右，大量原煤直接燃烧，能源效率平均只有30%，比发达国家要低10%左右。在这种状态下，严重的大气环境污染就在所难免[22]。

1）温室效应。化石燃料燃烧首先会造成温室效应增强。地球表面温度直接受大气中的 CO_2 含量的影响。CO_2 太多，地球就会变成一个温室；CO_2 太少，地球就会变冷。由于燃烧化石燃料，实际的 CO_2 排放量已经超过了自然界对 CO_2 固定和吸收的自然速率，大气中的 CO_2 含量开始上升。国际能源机构指出，到2010年，化石燃料将提供90%世界能源需求量，这意味着今后温室气体的排放量将进一步增加，2010年世界 CO_2 排放量预计将比1990年增加30%~42%，这是非常危险的。

2）酸雨。化石燃料所产生的 SO_2 和 NO_2 是产生酸雨的主要原因。近一个多世纪以来，全球的 SO_2 排放量一直在上升，我国的能源消耗以煤为主，因此 SO_2 的排放更加严重。由于酸雨会以不同的方式危害水生生态系统、陆生生态系统、腐蚀材料和影响人体健康，其危害性极大，所以目前酸雨已成为全球面临的主要环境问题之一。

3）臭氧层破坏。燃料燃烧产生的 NO_x 是造成臭氧层破坏的主要原因之一。研究结果表明，臭氧浓度降低1%，地面紫外辐射强度将提高2%，皮肤癌患者的数量必将增加。目前大气中的 NO_x 浓度正以每年0.12%~0.3%的速度增长，这必将导致臭氧层变薄[23]。

（2）水污染。水是生命的源泉。随着工业的发展，生产用水量越来越大。然而，人们更多的考虑到对水的依赖性，而忽视了工业三废的排放，对水造成了严重的污染，进而危害着人体的健康。

根据研究表明，近几十年来，由于化学工业和其他现代工业的飞速发展，人工合成化学物已经超过了10万种，而且目前仍然以每年5000种以上的速度在发展，这些化学物质的相当部分通过人类活动进入到水体，并使水的性质发生变化。

能源的利用还会引起热污染。热污染会破坏自然水域的生态平衡[24]。火电厂和核电站是热污染的主要来源。提高电厂和一切用热设备的热效率，不仅能量有效利用率提高，而且由于排热量减少，对环境的热污染也可随之减轻。

（3）新能源利用对气候的影响。在海洋能利用过程中，海水温差能和海水盐度差是差值变化的利用，对深海的生态环境产生破坏，但对气候的作用影响有限，因此主要探究海流能的开发利用对全球的气候环境的影响。地球上，表面净热量差异由海洋和大气共同运输调节。海洋的流动使地球气候系统趋于稳定，阻止突然的扰动和气候变化，而海洋能的开发会大大削弱洋流强度。在大规模利用的假定前提下，海流能的利用对全球热量迁移将会产生巨大的削弱作用。

人们可以用风车把风的动能转化为旋转动力，将转子的旋转动力传送至发电机去推动发电机，以产生电力。从风能的产生原因和消耗方式可以看出，风能为调节地区间热量不均的迁移能量。风能的开发利用除了陆上范围，还有海上范围，即利用海上风能资源丰富的特点获取可观的发电量。而海面风的应力作用是产生风生海流的主要动力，而风生海流是大洋的上中层海流的主要海流形式。从而，对海上风能的利用不仅会影响大气自身的热输送效果，而且会减少海洋能的能量输入。随着风能利用的程度的增大，风能的利用对大气热量传递的削弱效果将更加明显[25]。

发展核能技术，尽管在反应堆方面已有了安全保障，但是，世界范围内的民用核能计划的实施，已产生了上千吨的核废料。这些核废料的最终处理问题并没有完全解决。这些废料在数百年里仍将保持着有危害的放射性[26]。

2.3.3 材料与能源、环境的相互关系

材料与能源是推动社会文明进步的车轮，是社会发展的重要标志。当代社会所使用的材料、能源日益增多，其结果是给环境带来的压力越来越大，对环境造成的污染越来越严重。

首先，从工业产品的传统生产流程来分析材料、资源和环境间的关系。任何一个有形的物品，其生产过程都是一个从材料、资源和能源的输入到产品、废物的输出过程，并产生污染物，对其周围的人类、农作物和环境构成了危害。

其次，就材料的生产过程而言，从资源和环境的角度分析，在材料的采矿、选矿、冶炼、轧制、热处理及其运输、使用和废弃过程中，需耗费大量的原料、资源和煤、电能源，并排放出大量的废气、污水和固体烟尘矿渣等。人们一方面可利用这些废物，变废为宝；另一方面这些废物对人、畜、作物构成了危害，并污染了环境。

因此，环境、材料、能源间的关系是一方面材料给人类带来了物质财富并推动着人类社会的物质文明的进步，而另一方面在开发与生产新材料过程中又消耗大量能源并给环境带来污染。因此在材料推动现代化发展的同时保护环境开发绿色环保材料成为当前的主题，这就是近几十年来发展起来的环境材料，即是指在加工制造使用和再生过程中具有最低环境负荷和最大使用功能的人类所需材料环境材料。环境材料应具有以下三大特征：（1）环境材料应具有先进性，即它可以拓展人类的生活领域，也能为人类拓展广阔的活动范围；（2）环境协调性，即能减少对环境的危害，从社会持久发展及进步的观点出发使人类活动范围和外部环境尽可能协调在制造过程中材料与能源的消耗废弃物的产生和回收处理应降低到最低产生的废弃物也能被处理回收再生利用而且这一过程也无污染产生；（3）舒适性，即能创造一个与大自然和谐的健康生活环境使人类生活环境更加美好舒适。

2.4 材料的环境负荷

对不同类型材料而言，其对环境的损伤或影响程度不同。为定量描述这种损伤或影响程度，需引入一个物理量——材料的环境负荷[28]。

材料的环境负荷是指某一具体材料在其生产、使用、消费或再生过程中耗用的自然资源数量和能源数量，以及其向环境体系排放的各种废弃物，如气态、固态和液态废弃物的总量。

在材料环境负荷评价过程中，主要有以下两点内容[27]：

（1）能源消耗。材料产业是能源主要消耗者，其能耗占工业总能耗 30% ~ 40%；

（2）污染物排放。污染物排放包括废水、废固、废气等污染物，这些废弃物排放到环境，需要进行处理需要消耗能量。

2.4.1 材料生产中的资源消耗

一般工业产品的链式生产流程如图 2-1 所示。

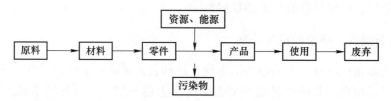

图 2-1　工业产品链式生产流程

材料的寿命周期是从原材料获取、材料生产、加工、产品使用、再生和废弃这样一个完整的过程。环境材料实质上是给传统的结构材料、功能材料赋予良好的环境协调性。它指导材料研究者根据环境材料的特点改进现有的材料或开发全新的材料使其达到环境要求的标准。因此，可以这样认为，环境材料是一大类既考虑到材料的经济效益又兼顾对环境的影响的材料总称，是材料科学发展的必然趋势。

我国是一个材料生产和消费大国，由于资金、技术、管理等原因造成资源的不合理开发和利用，使资源效率低下，资源浪费严重。

我国几种主要原材料如钢材、铜、铝、铅、锌等单位国民生产总值 GNP 资源消耗率远高于世界平均水平（表 2-2）。不合理的开采和浪费，更加剧了资源的短缺。资源消耗一般可分为直接消耗和间接消耗两类。

（1）直接消耗。直接消耗指将资源直接用于材料的生产和使用材料加工和使用过程中的资源消耗。

显然，从资源效率来看，材料的生产和使用对环境造成很大的影响。甚至常用的原材料如钢铁、水泥的生产效率都低于 50%，即每生产 1t 的原材料要向环境排放一半以上的废弃物，给环境带来难以承受的负担，远超出了环境的容纳和消化能力。

（2）间接消耗。材料的生产和使用对资源的间接消耗指在材料的运输、储藏、包装、管理、流通、人工、环境迁移等环节造成的资源消耗。例如，材料的运输需要运输工具；储藏需要占地、建造仓库；材料产品需要包装材料；材料产品的流通需要相应的各种辅助设施等。

表 2-2　几种材料单位产量的资源消耗情况

类　别	煤	铁	钢	铝	水泥	铑	防水涂料	磷化膜
资源消耗量/t·t^{-1}	1.9	7.9	12.1	15.5	1.7	540000	1.27	5330
资源效率/%	52.6	12.7	8.3	6.45	58.8	$1.85×10^{-6}$	78.7	$1.88×10^{-4}$

2.4.2　材料生产中的污染物排放

除对资源和能源的消耗外，在材料的生产和使用过程中，不可避免地要向环境排放大量的各种污染物，这些污染物主要包括废气、废水和固体污染物，它们对环境产生很大的影响[30]。表 2-3 列出了 2015 年我国主要原材料工业环境污染物排放量统计。

2.4.2.1　材料生产中气体污染物的排放

材料生产和使用过程中要消耗大量的能源，产生的主要大气污染物有 SO_2 及 NO_x。

表 2-3 2015 年我国主要原材料工业环境污染物排放统计

行　业	工业废水排放量/万吨	工业废气排放量/亿立方米	一般工业固体废物产生量/万吨
煤炭开采和洗选业	148138	1908	39045.4
黑色金属矿采选业	18753	3002	60707.3
有色金属矿采选业	45494	920	38510.7
非金属矿采选业	6848	958	2564.9
木材加工业	5446	5685	239.1
造纸及纸质品业	236684	6657	2248.3
化学纤维制造业	37763	2050	399.4
橡胶和塑料制品业	12606	4311	225
黑色金属冶炼工业	91159	173826	42733.5
有色金属冶炼工业	32106	39807	13180.2
金属制品业	33556	6445	725.9
非金属矿物制品业	28421	124687	7550.8
合　计	696974	370256	208130.5

SO_2 主要来自矿物燃料的燃烧和材料的生产过程以及许多金属矿物，特别是有色金属矿如 CuS、PbS、NiS、ZnS 等含硫化合物。

NO_x 主要是通过以下两条途径形成：（1）空气中的氮分子在高温状态下氧化成 NO_x；（2）燃料中各种氮的化合物经燃烧形成 NO_x。最近的研究表明，燃料中 N 的燃烧形成的 NO_x 对大气的影响是主要的[29]。

2.4.2.2 材料生产中水体污染物的排放

水域中被稀释的污染物在自然界生物体内会被浓缩和富集，如果这些物质在生物体内不能分解，则会累积起来，产生非常严重的连锁性反应和后果，例如 Hg 或 Cd 等难分解的有害物质就是如此。在食物链中，元素的浓缩系数是逐渐增加的。当浓度为 $5×10^{-11}$ 的 Cr 从海水中转换到鱼类体内时，其浓度可达 $3.5×10^{-2}$，即浓缩了 1000 万倍。表 2-4 列出部分水体污染物的主要来源。

表 2-4 部分水体污染物的主要来源

有害物质	主　要　来　源
苯	化工、橡胶、颜料
硝基苯	染料、炸药生产
酚	煤气制造、焦化、炼油、化工、塑料、染料、木材防腐
吡啶	焦化、煤气制造、制药、化工
氰化物	煤气制造、焦化、炼油、化工、有机玻璃制造、金属处理、电镀
氟化物	磷肥、炼铝、氟矿、烟气净化、玻璃生产、氟塑料生产
硫化物	炼油、造纸、染料、印染、制革、粘胶纤维生产
亚硫酸盐	纸浆生产、粘胶纤维生产

有害物质	主　要　来　源
氨	煤气制造、焦化、化工、氮肥厂
聚氯联苯	电器工业、合成橡胶、塑料
胺基化合物	化工厂、染料厂、炸药厂、石油化工厂
油	炼油厂（石油）、机械厂（机油）、选矿厂（煤油）、食品厂（油脂）
酸	化工、矿山、电镀、金属酸洗
碱	造纸、化纤、制碱、印染、制革、电镀、化工
汞	化工、电解食盐、含汞农药、制汞化合物、用汞计量仪表、冶炼
铅	颜料、涂料、铅蓄电池、有色金属矿山与冶炼、印刷厂
铬	电镀、制革、颜料、催化剂、冶炼
镉	锌厂、炼锌、电镀

由表 2-4 可见，许多有害物质是在材料的生产和应用过程中引入的，特别是一些重金属污染物，如汞、铅、铬、镉、铜、锌、镍、矾、砷、硒，一些剧毒化合物，如氰化物、氟化物、硫化物等主要是在钢铁、有色金属加工和表面处理过程中引入水体，造成水污染。

2.4.2.3　材料生产中固体污染物的排放

固体污染物是指在生产活动及其他活动过程中产生的各种固态、半固态和高浓度液态废弃物统称。材料生产过程中固体污染物主要来源于工业废弃物、矿业废弃物、城市固体废弃物及放射性废弃物。其对环境同样具有巨大的危害，主要体现在以下几方面：

（1）固体污染物的主要危害形式有侵占土地、污染土壤、污染水体、污染大气、影响环境卫生等。我国固体废弃物的排放量已超过 6 亿吨/a。固态废弃物的堆存占地面积已超过 100 万亩（1 亩＝666.6m²），其中农田 25 万亩。这些固体废弃物被雨雪淋湿，浸出大量毒物和有害物，使土地毒化、酸化、碱化，污染面积往往超过所占土地数倍；进入土壤中的各种有害成分还会导致水体污染。

（2）在材料生产中排放的固体废弃物对大气造成的污染。例如，尾矿和粉煤灰在 4 级以上风力作用下，可飞扬 40～50m，使其周围灰砂弥漫；长期堆放的煤矸石因含硫量高可引起自燃，向大气中散发大量的二氧化硫气体。

（3）固体废弃物造成最为严重的是危险废物的污染。易燃、易爆、腐蚀性、剧毒性和放射性固体废弃物既易造成即时性危害，又易产生持续性危害，如我国有色金属冶炼过程中，每年从固体废物中约流失上千吨砷、上百吨镉、几十吨汞，其危害无法估计。

思 考 题

2-1　用于水资源保护的环境材料有哪几种？并简述其保护机理。

2-2　作物叶面抗蒸腾剂大致可以分为几类？每一种的作用是什么？

2-3　环境矿物材料的定义和在环保领域的具体应用有哪些？

2-4　简述能源生产与利用对环境的影响。

2-5　试用物质不灭和能量守恒的理论来说明材料与资源、环境的关系。

参 考 文 献

[1] 杨志清. 21 世纪水资源展望 [J]. 水资源保护, 2004, 20 (4)：66, 68.

[2] 武文慧. 浅析我国水资源现状 [J]. 国土资源科技管理, 2005, 22 (4)：71~74.

[3] 余谋昌. 中国资源现状 [J]. 中国城市经济, 2004 (8)：4~9.

[4] 李元. 中国土地资源 [M]. 北京：中国大地出版社, 2000.

[5] 谭焱恒. 浅谈我国土地资源的现状及其保护 [J]. 法制与社会, 2007 (1)：709~710.

[6] 杨永刚, 赵济洋. 解析环境材料在农业生产与环境治理中的作用 [J]. 资源节约与环保, 2014 (12)：170~171.

[7] 黄占斌, 孙在金. 环境材料在农业生产及其环境治理中的应用 [J]. 中国生态农业学报, 2013, 21 (1)：88~95.

[8] 杨赞中, 杨赞国, 任京城. 资源、环境及环境材料刍议 [J]. 建材技术与应用, 1999 (2)：4~6.

[9] 左铁镛. 材料产业可持续发展与环境保护 [J]. 科学中国人, 1997 (5)：7~12.

[10] 崔村丽. 我国煤炭资源及其分布特征 [J]. 科技情报开发与经济, 2011 (24)：181~182.

[11] 刘毅, 沈斐敏, 陈明生. 我国煤炭地域分布差异分析与问题研究 [J]. 能源与环境, 2011 (3)：11~13.

[12] 周庆凡. 我国石油资源分布与勘探状况 [J]. 石油科技论坛, 2008, 27 (6)：13~17.

[13] 薛錞锴. 论述我国石油资源分布概况 [J]. 软件：电子版, 2013 (7).

[14] 西南证券. 新能源：可燃冰概念股前景美好 [J]. 股市动态分析, 2013 (14)：59.

[15] 王智明, 曲海乐, 菅志军. 中国可燃冰开发现状及应用前景 [J]. 节能, 2010, 29 (5)：4~6.

[16] 李桦. 我国油气资源现状及其分布 [J]. 地理教育, 2006 (5)：30.

[17] 赵玉文. 21 世纪我国太阳能利用发展趋势 [J]. 中国电力, 2000, 33 (9)：73~77.

[18] 孟浩, 陈颖健. 我国太阳能利用技术现状及其对策 [J]. 中国科技论坛, 2009 (5)：96~101.

[19] 林秀华, 林彦. 我国风能利用的现状与展望 [J]. 厦门科技, 2010 (1)：38~40.

[20] 朱瑞兆, 薛桁. 我国风能资源 [J]. 太阳能学报, 1981 (2)：3~10.

[21] 刘国喜, 赵爱群, 刘晓霞. 风能利用技术讲座（一）我国风能资源及开发利用现状 [J]. 可再生能源, 2001 (4)：22~25.

[22] 朱光俊, 廖建云, 张生芹. 浅析我国能源与环境污染问题 [J]. 重庆科技学院学报（社会科学版）, 2002, 17 (4)：48~51.

[23] 刘明. 关于我国能源利用与环境保护的现状分析 [J]. 能源与节能, 2002 (3)：17~18.

[24] 赵军, 王述洋. 我国生物质能资源与利用 [J]. 太阳能学报, 2008, 29 (1)：90~94.

[25] 陈益华, 李志红, 沈彤. 我国生物质能利用的现状及发展对策 [J]. 农机化研究, 2006 (1)：25~27.

[26] 吕重犁, 杨敏. 中国新能源行业发展现状分析 [J]. 中国经贸, 2009 (24)：20~21.

[27] 王民. 环境意识及测评方法研究 [M]. 北京：中国环境科学出版社, 1999：149~154

[28] 孙铁英. 材料环境负荷评价的方法研究及软件开发 [D]. 重庆：重庆大学, 2002.

[29] 刘江龙. 环境材料导论 [M]. 北京：冶金工业出版社, 1999：8~9.

3 环境材料的生命周期评价

3.1 材料的环境负荷与环境指标

对于不同类型的材料而言,其对环境的影响和损伤是不相同的,为了定量描述这种损伤或影响的程度,需要引入一个物理量,这就是材料的环境负荷。所谓环境负荷是指某一具体材料在其生产、使用或者消费过程中耗用的自然资源数量和能源数量,以及其向环境体系排放的各种废弃物,如气态、固态和液态废弃物的总量。

3.1.1 材料的环境负荷评价

任何材料在生产中都需要消耗大量的能量和资源,能量通常来源于化石能源。资源消耗为主原料和辅料,如碳钢生产过程中需要消耗铁矿石并消耗脱硫剂、脱氧剂、铁合金等。材料的环境负荷的另一个因子是材料寿命周期中向环境的排放物,它包括污染物和排放物两大部分。通常将排放物按其存在的物理特征分为大气污染物、水污染物、固体污染物及能量 4 种类型。

大气污染物按照其来源可以分为自然污染源和人工污染源两类。自然污染源主要有火山爆发、森林火灾、土壤风化等,一般造成二氧化硫、一氧化碳及沙尘等污染。人工污染源主要来自于工业、交通运输以及居民生活等方面。各国普遍列入影响空气质量标准的污染物除颗粒物外,主要是二氧化硫、一氧化碳、二氧化碳、碳氢化合物、臭氧 5 种气体污染物。一般情况下大气污染物中的颗粒物与二氧化硫占 40%,一氧化碳占 30%,二氧化碳、碳氢化合物以及其他废物占 30%。通常材料的生产过程中会消耗化石能源,而化石能源的燃烧会产生硫氧化物、氮氧化物、一氧化碳和二氧化碳等。建筑材料如水泥等生产过程中会产生大量的颗粒物,材料在使用的过程中也会释放污染气体,如装修过程中的黏合剂会释放甲醛等有毒气体。

水污染物主要有两个来源:一是生活废水,一般来自居民住宅、医院、学校、商业等生活活动;二是工业废水,主要是工业生产中一些有害物如重金属有机物、碱、盐、油、放射性物质等。通常生产或者使用材料会对水体造成污染,主要分为悬浮物固体物质、无机污染物、重金属污染物、耗氧有机物等。冶金和金属加工会造成水体酸污染,碱法造纸、化学材料纤维等工业废水则会造成水体的碱污染;常见的重金属污染有汞、镉、铅、铬、铜、钴、锌等,主要来自采矿、冶炼、电镀、化工等工业废水。耗氧有机物通常来自于城镇生活污水、制革废水等。

固体污染物的来源可以分为工业、矿业、城市等。工业废弃物主要有冶金钢渣、硫铁矿渣、碱渣、含油污泥、木屑以及各种机械加工产生的固体边角料等;矿业废气物主要来自采、选过程中的废弃的尾矿;城市固体废物主要有生活垃圾、城建渣土以及商业固态废弃物等；放射性废弃物主要有核电站运行排放的废弃核物质、核燃料及旧的核电设备等。

3.1.2 材料的环境指标

在进行材料的环境影响评价过程之前，确定用何种指标来衡量材料的环境负担性显得尤为必要。衡量材料环境影响的定量指标，已提出的表达方法有能耗、环境影响因子、环境负荷单位、单位服务的材料消耗、生态指数、生态因子等，这些环境指标的建立对材料的环境协调性评价起很大的促进作用。

（1）能耗。能耗即能源的消耗，其中的单位能耗是反应能源消耗水平和节能降耗状况的主要指标，是一次能源供应总量与国内生产总值（GDP）的比率，是表示能源利用效率的指标。该指标说明一个国家经济活动中对能源的利用程度，反映经济结构和能源利用效率的变化。早在20世纪90年代初，欧洲的一些旅行社为了推行绿色旅游和满足环保人士的度假需求，曾用能耗来表达旅游过程的环境影响。例如，对某条旅游路线，坐飞机的能耗是多少、坐火车的能耗是多少、自驾车的能耗是多少，这是最早采用能量的消耗来表示过程对环境影响的方法。

（2）环境影响因子。刘江龙、左铁镛等学者在考察金属元素分布的环境特征和生物效应的基础上，定义了环境影响因子EAF（environmental affect factor，EAF），用EAF来表达材料对环境的影响，EAF如式（3-1）所示：

$$EAF = \{ 资源、能源、排放物、生物效应、区域性……\} \quad (3-1)$$

利用EAF值可以定量地对各种金属材料的环境作用进行相互比较，EAF值越大，该材料的环境负荷越重。相对于能耗表示法，环境影响因子考虑了资源、能源、污染物排放、生物影响和区域性的环境影响等因素，把材料的生产和使用过程中原料和能源的投入及废物的产生都考虑进去了，比能耗指标要综合一些。但是，EAF的衡量首先要建立在环境影响因子模型中确定，关于权重的确定仍是难点之一。

（3）环境负荷单位。环境负荷单位（ELU）是指某一具体材料在其生产、使用、消费或再生产过程中耗用的自然资源数量，以及其向环境体系排放的各种废弃物（如气态、固态和液态废物）的总量。这一工作主要是由瑞典环境研究所完成的。现在，在欧美国家，这一方法仍较为流行。

（4）单位服务的材料消耗。德国渥泊塔研究所的斯密特教授（Schmidt）于1994年提出了一种表达材料环境影响的指标方法——单位服务的材料消耗量（materials intensity perunit of serice，MIPS）。MIPS指在某一单位过程中的材料消耗量，这一单位过程可以是生产过程，也可以是消费过程。

（5）生态指数。除上述表示材料的环境影响指标外，国外还有一种生态指数表示法，即对某一过程或产品，根据其污染物的产生量及其他环境作用的大小，综合计算出该成品或过程的生态指数，判断其环境影响程度。例如，根据计算，玻璃的生态指数为148，而在相同条件下，聚乙烯的生态指数为220，由此认为玻璃的环境影响比聚乙烯小。由于同环境负荷单位，环境影响因子相同，指数表示法也是无量纲单位表示法。计算新产品或新工艺的环境影响的生态指数是一个很复杂的过程，因此目前这些表达法都还不是很通用。

（6）生态因子。以上环境的表达指标都只是计算了材料和产品对环境的影响，在这些影响中并未考虑其使用性能。由此，有些学者综合考虑各种材料的实用性能和环境性能，提出了材料的生态因子表示法（Eco-indicator，ECOI），如式（3-2）所示。主要考虑了两部分内容：一部分是材料的环境影响（environmental impact，EI），包括资源、能源的消耗以及排放的废水、废气、废渣等污染物，加上其他环境影响，如温室效应、区域毒性水平，甚至噪声等因素；另一部分是考虑材料的使用或者服务性能（service performance，SP），如强度、韧性、线性膨胀系数、电导率、电极电位等力学、物理和化学性能。

$$ECOI = EI/SP \tag{3-2}$$

式中，$ECOI$ 为材料的生态因子；EI 为材料的环境影响；SP 为材料的使用性能。

因此，对某一材料或产品，用式（3-2）来表示其生态因子，在考虑材料的环境影响时，基本上扣除了其使用性能的影响，在比较客观的基础上进行材料的环境性能比较。

（7）环境熵值。环境熵值（EQ）是综合考虑材料和产品生成过程中产生废弃物量的多少、物化性质及其在环境中的毒性行为等的评价指标，用以衡量合成反应对环境造成影响的程度，也是环境效益的一个评价指标。可用式（3-3）来表示：

$$EQ = E \times Q \tag{3-3}$$

式中，E 为环境因子；Q 为根据废物在环境中的行为给出的废物对环境的不友好程度。

EQ 值的相对大小可以作为考虑材料和产品环境协调性的重要因素。

例如，可以将无毒的氯化钠和硫酸铵的 Q 定义为1。对于有害重金属离子的盐类、有机中间体和含氟化合物等，根据其毒性的大小，Q 的取值为 100～1000。因此，可以用 EQ 的大小来衡量或者选择合理的生产工艺路线，评估不同的生成方法。

（8）生命周期评价。20 世纪 90 年代初，一些专家提出了后来得到全世界认可的综合性评价方法——环境协调评价，即通常所说的生命周期评价（life cycle assessment，LCA）方法。LCA 是一种评价产品在整个寿命周期中所造成的环境影响的方法。这种方法已经广泛地为国际上的研究机构、企业和政府部门所接受，并得到了大量的推广和应用，下面将进行详细的介绍。

3.2　环境材料的生命周期评价与标准（LCA）

评价一种材料是否为环境材料，首先必须确定评价标准。从环境材料的定义看，制定评价标准实际上是对材料的环境协调性、经济性、功能性方面进行标准指标定量。

由于不同种类材料的使用功能和环境影响大小不同，因此不可能对所有材料制定统一的评价标准。而对同类材料而言，尽管其在使用中表现出多种功能，但是往往其中一种或几种是主要的和共有的，可称为基本功能。因此可将材料按基本功能分类，分别制定相应的环境材料评价标准。对每一类别的材料分别进行环境协调性、经济性、功能性的指标化；根据指标化结果，综合考虑边界条件及未来的可能发展来规定相应类别环境材料的评价标准指标。

3.2.1　环境材料的环境协调性指标

环境协调性指材料在整个寿命周期内对环境的综合影响。可以用 LCA 方法定量其指标。LCA 基本框架由研究目标及范围、编目分析、环境影响评估、环境改善评估四部分组成。

研究目标及范围确定 LCA 的目的及边界条件；编目分析确定寿命周期内各阶段资源、能源消耗数据及污染物排放数量；环境影响评估根据编目分析得到的数据对寿命周期的环境综合影响做出评估；环境改善评估则根据寿命期各阶段环境负担确定可能的改善途径。可以看到材料的环境协调性指标应由 LCA 的环境影响评估阶段得到。但是，环境影响评估至今没有统一的方法，且多限于定性分析，就可行的定量方法而言，可将环境影响划分为以下几个指标：

（1）ADP——不可再生的原料消耗；

（2）EDP——不可再生的能源消耗；

（3）GWP——温室效应；

（4）ODP——臭氧层的破坏；

（5）ECA——生物体之损害；

（6）AP——环境酸化；

（7）HT——人类健康损害；

（8）POCP——光化学氧化物生成；

（9）NP——氮化作用。

根据环境影响指标分类，采用相对定量的方法，对每种指标选定一种参照物，将编目分析得到的污染物的环境影响作用以参照物的量表示。因此，各环境指标可以参照物总量表示，并可以将各环境指标占整个研究范围内（地区、国家、世界）相应环境指标比例无量纲化表示，称为标准指标。为得到单一的环境协调性定量指标，可用 AHP 法确定各环境指标的权重系数，将材料的环境协调性指标 e' 描述为：

$$e' = \sum_{i=1}^{n} 标准指标_i \times 权重系数$$

3.2.2 经济性指标

材料经济性表示寿命周期内总的资金耗费，可用 LCCA（life circle costing assessment）方法进行定量。LCCA 可定义为：与产品或工业行为整个寿命期相关的所有内部资金耗费及外部资金耗费的总和。内部资金耗费是指由生产者承担的费用；外部资金耗费是指由社会承担的费用，见表 3-1。

表 3-1　寿命周期资金耗费的构成

常规耗费		可能耗费		环境耗费	
资本投入	空气污染控制	罚金	财产损失	温室效应	人类健康影响
设备	水污染控制	个人伤害	制度审议	臭氧破坏	社会福利影响
劳动力	放射性/危险物管理	经济损失	维修费用	化学烟雾	生物体损伤
能源		公众印象损害	未来市场变化	酸化	
维持费用	原料			资源耗费	水污染
保险/税收	废弃物管理				
制度协调	文献				

由于材料的环境负担已由环境协调性表示，因此材料的经济性不再考虑环境污染耗费。

3.2.3　功能性指标

材料按功能分类主要是指其基本功能，如水泥，其基本功能为强度，而它在使用过程中往往还表现出其他功能，如抗渗性、抗硫酸盐侵蚀性等。因此材料的功能质保 f' 应参考环境材料标准指标，在其基本功能的基础上以各种功能的集合表示。

$$f' = \{ f'_1, f'_2, \cdots, f'_n \}$$

3.3　环境材料生命周期评价（LCA）的框架与过程

LCA 作为对产品环境负荷或环境影响评价的方法，在国际上备受关注。尤其是最近几年，LCA 这一评价产品环境负荷的通用方法具有重要的地位。所谓 LCA，是指对产品的整个生命周期——从原材料获取到设计、制造、使用、循环利用和最终处理等，定量计算和评价产品的实际、潜在消耗的资源和能源以及排出的环境负荷。LCA 由 4 个相互关联的部分组成，即目标定义和范围界定、清单分析、影响评价、结果解释。LCA 作为一种可持续的环境管理工具，同时也是一种定量化的决策工具，其应用领域非常广泛，如产品开发和改善、企业战略计划、公共政策制定、市场营销等，如图 3-1 所示。

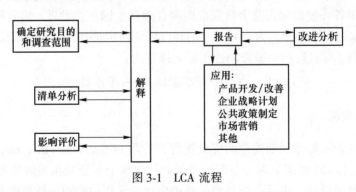

图 3-1　LCA 流程

3.3.1　目的和调查范围设定

定义目标与范围是生命周期评价的第一步，它是清单分析、影响评价和结果解释所依赖的出发点与立足点，决定了后续阶段的进行和 LCA 的评价结果，直接影响到整个评价工作程序和最终的研究结论。既要明确提出 LCA 分析的目的、背景、理由，还要指出分析中涉及的假设条件、约束条件。设定功能单位也是不可缺少的，它是对产品系统输出功能的量度，其基本作用是为有关输入和输出提供参照基准，以保证 LCA 结果的可比性。

3.3.2　清单分析

清单分析是计算符合 LCA 目的的全体边界的资源消耗量和排出物阶段，是目前 LCA 中发展最为完善的一部分，也是相当花费时间和劳力的阶段。其主要是计算产品整个生命周期（原材料的提取、加工、制造和销售、使用和废弃处理）的能源投入和资源消耗，以及排放的各种环境负荷物质（包括废气、废水、固体废弃物）数据。首先收集分析研究对象产品的制造、使用、废弃的数据，这些数据一般称为实景（foreground）数据；接着搜集产品使用的原料数据，包括从资源开采制作成原料使用的电力、燃料等数据，一般称为背景（back-ground）数据。由于这部分数据搜集困难，大多数研究者使用 LCA 软件数据库中的数据。D. M. Menke 等对 LCA 数据软件的发展做了总结，并对 LCA 工具做了详细的对比介绍。

3.3.3　环境影响评价

影响评价建立在生命周期清单分析的基础上，根据生命周期清单分析数据与环境的相关性，评价各种环境问题造成的潜在环境影响的严重程度，把清单分析的数据按照温室效应、臭氧层破坏等环境影响项目进行分类，评价每个类别的影响程度。目前，这个阶段在国际上仍处于研究阶段，有瑞士方法、北欧方法等。国际上对温室效应、酸化效应、臭氧层破坏、生态毒性、光化学烟雾形成、人体健康损害等环境影响类别及其类型参数，以及产生这些影响的相关污染物和作用范围基本上达成了一致。部分污染物的环境影响特征化因子是基于自然科学研究得到的结果，目前已在世界范围内得到了广泛应用。

3.3.4　结果解释

3.3.4.1　生命周期解释概述

A　生命周期解释的目的

生命周期解释的目的是基于生命周期清单分析和（或）影响评价的发现，分析结果、形成结论、解释局限以及提出建议，并以此透明化的方式报告解释结果。

解释环节中可包括一个根据研究目的对 LCA 研究范围、收集数据的性质和质量进行评审与修正的反复过程。

B　生命周期解释的主要特征

（1）为了满足研究目的和范围的要求，在清单分析和影响评价结果的基础上采取系统化的方法辨识、限定、检查、评价与提交最终解释结果。

（2）无论是生命周期解释阶段内部还是生命周期评价或清单研究其他阶段之间，都是一种反复的过程。

（3）通过强调涉及研究目的和范围的生命周期评价或清单研究的优势与局限，提供了 LCA 方法和其他环境管理技术的关联。

C　生命周期解释的主要步骤

（1）在生命周期评价或清单研究结果基础上对重大环境问题的辨识；

（2）在完整性、敏感性和一致性分析基础上对生命周期评价或清单研究结果进行评价；

（3）得出结论、建议和最终报告。

3.3.4.2　重大环境问题的辨识

A　目的

重大环境问题辨识步骤的目的在于组织 LCA 阶段的分析结果，在与研究目的与范围保持一致并与评价部分进行交互作用的前提下，确定环境影响等重大议题。与评价部分进行交互作用的目的在于充分考虑并修正前面阶段所用方法与所假设等产生内涵与推论，如分配与原则、边界划定准则、影响类型选择、类型参数及模型等。

B　相关信息的选择与组织

重大环境问题辨识步骤需要 LCA 研究前面阶段 4 个方面的信息：

（1）LCA 阶段的发现，并需要与数据质量信息汇集与组织。其结果须以适当的方式来组织，如按照生命周期的各个阶段、产品系统的不同工序或单位过程、运输、能量提供以及废弃物管理。这样的结果可用数据清单、表格、柱状图，或者输入输出和（或）类型参数结果的其他适当表现形式。

（2）方法选择信息，如分配原则和产品系统界限。

（3）研究中所采用的价值选择。

（4）该研究所涉及不同团体的任务和职责，以及相关的鉴定评审结果。

C　重大问题的确定

如果 LCA 阶段的结果确定与已确定的研究目的和范围保持一致，就可以确定这些评价结果的相对重要性，从而确定影响显著的重大问题。这个过程同接下来的评价过程一起，都应当是不断反复的过程。

重大议题可以包括：

（1）清单数据类别，如能源、排放、废弃物等；

（2）影响类型，如资源消耗、温室效应潜力等；

（3）各生命周期阶段，如个别操作单元或运输、电力生产之类过程的组合，对 LCA 结果的主要贡献。

确定产品系统的重大议题，可以比较简单，也可以非常复杂，须根据事先确定的研究目的的范围来确定。

3.3.4.3　重大环境问题的辨识

A　目的与要求

评价步骤的目的是建立并加强 LCA 实施结果，包括鉴别出的重大问题的置信度和可靠性。评价步骤应与 LCA 实施的范围和目的相吻合，并考察其最终的预期用途。评价的结果则须以一种清楚易懂的方式来展现。

在评价过程中，通常应考虑采用如下 3 种技术：

（1）完整性检查；

（2）敏感性检查；

（3）一致性检查。

不确定分析及数据质量评价的结果，应当能够支持上述几项检查。

B　完整性检查

完整性检查的目的是确保生命周期解释阶段所需资料都是可提供的而且完整的。

如果任何相关信息有所遗失或不完整，则应对其满足 LCA 实施所设定的目的与范围的必要性予以考虑。如经考虑后发现这项信息并非必要，则应在明确记录后，开始下一步的评价阶段。如果这项信息对重大问题的确定非常必要，则必须重新回到之前的 LCA

实施阶段，或者重新调整事先设定好的研究目的与范围。

C 敏感性检查

敏感性检查的目的是通过确定最终结果及结论是否受到数据不确定性、分配方法或类型参数计算结果等因素的影响，来评估这些结果或结论的可靠性。

敏感分析所需详细程度主要依赖于 LCA 分析的结果，但下面几点应予以考虑：

（1）LCA 实施目的与范围中事先确定的议题。

（2）LCA 实施其他阶段中所得结论。

（3）相关专家的意见及过去的经验。

敏感性检查的结果将用来决定是否需要进行更全面和更精确的敏感性分析，以及其对 LCA 实施结果的明显效应。

当敏感性检查无法体现不同实施方案间的重大差异时，并不能断言各方案的差异一定不存在。这种差异可能确实存在，只不过因为数据和方法的不确定性而无法被鉴别。

D 一致性检查

一致性检查的目的是检查实施过程中所采用的假设、方法和数据是否能与实施目的和范围保持一致。

如果与 LCA 实施相关，或是基于实施目的与范围的要求，下列问题应予以考虑：

（1）产品系统内各生命周期之间以及不同产品系统间的数据质量差异，是否与实施的目的与范围一致。

（2）区域和时间上是否有差异，是否一致性地被应用。

（3）分配规则及系统范畴是否一致性地适用于所有的产品系统。

（4）影响评价的步骤是否一致性被应用。

3.3.4.4 结论与建议

项目实施最终结论的得出，与生命周期解释阶段其他步骤之间应该是相互影响并且不断反复的过程。结论提出的合理顺序应该是这样：

（1）辨识出重大问题。

（2）评估方法与结果的完整性、敏感性及一致性分析。

（3）提出初步结论并检查其各步骤与实施目的及范围的要求是否一致。

（4）结论如果具有一致性，则可以作为完整结论。否则应视具体状况，返回前面步骤（1）～（3）。

只要实施的目的与范围合适，应当对决策者提出具体的建议。该建议应当依据项目实施的最后结论，并应反映由结论所引申的合理结果。

3.3.4.5 报告

最终报告应遵循 ISO14040 的要求，完整、客观地叙述整个 LCA 实施过程。在对生命周期阶段进行报告时，应严格遵循在价值选择、理论依据及专家判断方面的公开透明性。

3.4 环境材料的生命周期评价的应用

生命周期评价（LCA）作为一种产品评价与产品设计的原则和方法，可应用于环境管理，涉及企业、政府与消费者三个层次。

（1）应用于工业企业部门。

1）产品系统的生态辨识与诊断。通过"从摇篮到坟墓"的分析，识别对研究影响最大的工艺过程和产品寿命阶段。不同产品不同的生命周期阶段的环境影响是不同的。另外，也可以评估产品（包括新产品）的资源效益，即对能耗、物耗进行全面平衡，一方面降低能耗、物耗从而降低产品成本；另一方面，帮助设计人员尽可能采用利于环境的原材料和能源。

2）产品环境影响评价与比较。以环境影响最小化为目标，分析比较某一产品系统内的不同方案或者对替代产品（或工艺）进行比较。例如，通过分析燃油汽车和电力汽车，发现电力汽车的环境影响并不像通常认为的很小，而是要大于燃油汽车。

3）生态产品设计与新产品开发，直接将 LCA 应用于新产品的开发与设计中。

4）再循环工艺设计。大量的 LCA 工作结果表明，产品用后处理阶段的问题十分严重，解决这一问题需要从产品的设计阶段就考虑产品用后的拆解和资源回收利用。

（2）应用于政府环境管理部门和国际组织。LCA 应用于环境政策和建立环境产品标准，可借助于 LCA 进行环境立法和制定环境标准和产品环境标志。

1）制定环境政策和建立环境产品标准。在环境政策与立法上，很多发达国家已经借助于 LCA，制定"面向产品"的环境政策。

2）实施生态标志计划，客观上促进了生态产品的设计、制造、技术的发展，为评估和区别普通产品和生态标志产品提供了具体的指标，也刺激了生态产品的消费。

3）优化政府的能源、运输和废物管理方案，LCA 能够很好地支持政府的环境规划。

4）向公众提供有关产品和原材料的资源信息、与产品有关的环境数据和信息，全球尚无统一的来源，各国都在积极展开有关的数据收集、整理工作。

例如，美国国家环保局开展了大量的 LCA 研究，已经积累了一些主要化学品的大量数据，成为产品设计和使用的第一手科学背景资料。河南济源环境部开展了"生态指标"计划，目前已经提出了 100 种原料和工艺的生态指标，直接为设计人员选择原材料和生态工艺提供定量化的支持。

5）国际环境管理体系的建立。LCA 直接促进了国际管理体系的制定。以 1992 年联合国环境与发展大会所通过的国际环境管理纲要为契，国际标准组织（ISO）于 1993 年 6 月成立了"ISO/TC207 环境管理委员会"，开始起草 ISO14000 环境管理体系标准，与已被 80 多个国家和地区所广泛采用的 ISO9000 标准不同，ISO14000 体系不仅关注产品的质量，而且对组织的活动、产品和服务，从原材料的选择、设计、加工、销售、运输、使用到最终废弃物的处理进行全过程的管理。该指标旨在促进全球经济发展的同时，通过环境管理国际标准来协调全球环境问题，试图从全方位着手，通过标准化手段来有效改善和保护环境，满足经济持续增长的需求。

（3）应用于消费者组织。消费者组织主要利用 LCA 知道消费者进行环境产品的消费以及对公众行动进行全过程的环境评价。

在过去的 20 多年中，通过实施 ISO14000 国际管理标准，LCA 的应用已经遍及整个社会、经济的生产、生活的各个方面。在材料领域，LCA 用于环境影响评价更是日臻完善。到目前为止，LCA 在钢铁、有色金属材料、玻璃、水泥、塑料、橡胶、铝合金、镁合金等材料方面，以及容器、包装、复印机、计算机、汽车、轮船、飞机、洗衣机及其他家用电器等方面的环境影响评价应用都有报道。下面以建筑瓷砖为例简单介绍一下生命周期评价的应用。

我国是世界上最大的建材生产国。从资源消耗到环境损害，建材行业一直是污染较严重的产业。为考察建材生产过程对环境的影响，用 LCA 方法评价了某瓷砖生产过程对环境的影响。该瓷砖生产线的年产为 30 万平方米，采用连续性流水线生产，所需原料有钢渣、黏土、硅藻土、石英粉、釉料以及其他添加剂等，消耗一定的燃料、电力和水，排放出一定的废气、废水、废渣。其生产工艺示意图如图 3-2 所示。

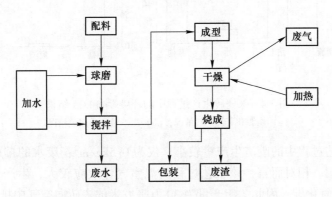

图 3-2　某瓷砖生产工艺示意图

在 LCA 实施过程中，首先是目标定义。对该瓷砖生产过程中的环境影响评价的目标定义为只考察其生产过程对环境的影响；范围界定在直接消耗和直接废物排放，不考虑原料的生产加工过程以及废水、废渣的再处理过程。

对该瓷砖生产过程中的环境影响 LCA 评价的编目分析，主要按照资源和能源消耗。各种废弃物排放及其引起的直接环境影响进行数据分类、编目。例如，能耗可分为加热、照明、取暖等过程进行编目；资源消耗则按照原料配比进行数据分类；污染物排放按废气、废水、废渣等进行编目分析。由于该生产过程排放的有害废气量很小，主要是二氧化碳，故废气排放量可以忽略，而以温室效应指标进行数据编目。另外，在该瓷砖生产过程中其他环境影响指标如人体健康、区域毒性、噪声等也很小，因此在编目分析中也忽略不计。

在环境影响评价过程中采用了输入输出法模型，其输入和输出参数如图 3-3 所示。其中输入参数有能源和原料，输出参数包括产品、废水、废渣以及由二氧化碳排放引起的全球温室效应。

通过输入输出法计算，得到该瓷砖生产过程对环境的影响结果，如图 3-4 所示。其中图 3-4（a）为能源和资源的消耗情况，图 3-4（b）为生产量和排放量情况。由此可见，该瓷砖生产过程的能耗和水的消耗较大。由于采用钢渣为主要

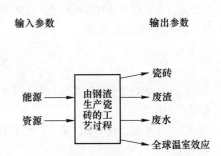

图 3-3　某瓷砖生产线的输入输出法评价模型

原料，这是炼钢过程排放的固态废弃物，因此在资源消耗方面属于再循环利用，这对环境保护是有利的生产工艺。

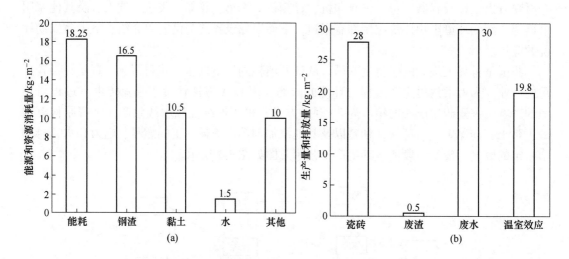

图 3-4　某瓷砖生产过程中的环境影响 LCA 结果

（a）能源和资源消耗情况；（b）生产量和排放量情况

　　另外，该工艺过程中的废渣生产量较小，仅为 $0.5kg/m^2$；废水的排放量为 $30kg/m^2$，且可以循环再利用。相对而言，该工艺过程的温室气体效应较大，生产 $1m^2$ 瓷砖要向大气排放 19.8kg 二氧化碳，因此，年产量为 30 万平方米的瓷砖向空气中排放的二氧化碳总量是相当可观的。

　　对 LCA 结果的解释：除上述的环境影响外，通过对该瓷砖生产过程的评价，提出的改进工艺主要有降低能耗、降低废水排放量、减少温室气体效应影响等。

思 考 题

3-1　环境负荷的定义。

3-2　表达材料的环境影响有许多方法，试对这些方法进行讨论，并提出一种可以表征材料环境性能的无量纲表示方法。

3-3　试给出 LCA 的定义并结合实例给出一个完整的 LCA 分析。

3-4　你认为 LCA 的框架还有哪些不足，怎样改进？

3-5　简单介绍输入输出法模型。

参 考 文 献

［1］杜涛. 不同钢铁生产流程及其能源消耗分析［C］//2007 中国钢铁年会论文集. 北京：冶金工业出版社，2007.

［2］刘江龙，丁培道，钱小蓉，等. 金属材料的环境影响因子及其评价［J］. 环境科学进展，1996（6）：45～50.

［3］Finnveden G, Moberg Å. Environmental systems analysis tools – an overview［J］. Journal of Cleaner Production，2005，13（12）：1165～1173.

［4］Goedkoop M, Hofstetter P, Müller‐wenk R, et al. The ECO‐indicator 98 explained［J］. International Journal of Life Cycle Assessment，1998，3（6）：352～360.

［5］ Sheldon R A. Consider the environmental quotient ［J］. Chemtech, 1994, 24（3）: 38~47.

［6］ ISO 14040. International Standard Organization（ISO）（1997）Environmental management——Life cycle assessment: Principles and framework ［S］. Geneva: International Standards for Business, Government and Society, 1997.

［7］ ISO 14041. Environmental management-Life cycle assessment——Goal and scope definition and inventory analysis ［S］. Geneva: International Standards for Business, Government and Society, 1998.

［8］ ISO 14042. Environmental management-Life cycle assessment——Life cycle impact assessment ［S］. Geneva: International Standards for Business, Government and Society, 2000.

［9］ ISO 14043. Environmental management-Life cycle assessment——Life cycle interpretation ［S］. Geneva: International Standards for Business, Government and Society, 2000.

［10］ Guinee J B, Gorree M, Heijungs R, et al. Handbook on life cycle assessment ［C］//Operational guide to the ISO standards. Dordrecht: Kluwer, 2002.

［11］ Saaty T L. How to make a decision: the analytic hierarchy process ［J］. European journal of operational research, 1990, 48（1）: 9~26.

［12］ Fuller S. Life-cycle cost analysis（LCCA）［J］. National Institute of Building Sciences, An Authoritative Source of Innovative Solutions for the Built Environment, 2010: 1090.

［13］ Menke D M, Davis G A, Vigon B W. Evaluation of life-cycle assessment tools ［M］. Gatineau, Canada: Environment Canada, 1996.

［14］ 郑秀君, 胡彬. 我国生命周期评价（LCA）文献综述及国外最新研究进展 ［J］. 科技进步与对策, 2013, 30（6）: 155~160.

［15］ Hunt R G, Franklin W E, Hunt R G. LCA——How it came about ［J］. The International Journal of Life Cycle Assessment, 1996, 1（1）: 4~7.

［16］ 胡奇, 郑莉. 路用材料生命周期评价方法应用研究 ［J］. 山西科技, 2008（2）: 104~105.

［17］ 曹双安. GCr15 钢快速球化工艺及生命周期评估（LCA）的研究 ［D］. 苏州: 江苏大学, 2005.

［18］ 王爱华. 竹/木质产品生命周期评价及其应用研究 ［D］. 北京: 中国林业科学研究院, 2007.

［19］ 李蔓. 聚乙烯塑料生产和废聚乙烯塑料资源化技术生命周期评价 ［D］. 哈尔滨: 哈尔滨工业大学, 2008.

［20］ 马骉. 棉织品的生命周期评价 ［J］. 中国环保产业, 2007, 34（2）: 22~25.

［21］ 曹利江. 食品生命周期评价及其应用研究 ［D］. 长春: 吉林大学, 2006.

［22］ 李蓓蓓. 绿色包装的评价手段——生命周期评价法 ［J］. 包装工程, 2002, 23（4）: 150~152.

［23］ 霍李江. 纸模包装生命周期评价模式构建 ［J］. 中国包装工业, 2003（2）: 36~39.

4 环境材料的生态设计

4.1 环境材料与可持续发展

4.1.1 可持续发展观点的提出及其内涵

4.1.1.1 可持续发展的提出

可持续发展（sustainable development）的概念最先于 1972 年在斯德哥尔摩举行的联合国人类环境研讨会上被正式讨论。这次研讨会云集了全球的工业化和发展中国家的代表，共同界定人类在缔造一个健康和富有生机的环境上所享有的权利。1980 年国际自然保护同盟在《世界自然资源保护大纲》中提出："必须研究自然的、社会的、生态的、经济的以及利用自然资源过程中的基本关系，以确保全球的可持续发展。"1981 年美国布朗（Lester R. Brown）出版《建设一个可持续发展的社会》，提出以控制人口增长、保护资源基础和开发再生能源来实现可持续发展。1987 年，以挪威首相布伦特兰夫人为首的"世界环境与发展委员会"在《我们共同的未来》将可持续发展定义为："既能满足当代人的需要，又不对后代人满足其需要的能力构成危害的发展。"这个定义强调了可持续发展的持续性、公平性和共同性原则，并被后人广泛采纳引用。

1992 年联合国在巴西里约热内卢召开了"联合国环境与发展会议"，此次会议通过了贯穿着可持续发展思想的三个文件：《里约宣言》、《21 世纪议程》和《森林问题原则声明》，这标志着可持续发展战略的问世。其中，《21 世纪议程》是一份旨在实施可持续发展战略的广泛行动计划。此后，世界各国都努力将可持续发展思想运用到相关计划决策与科技发展中。中国于 1994 年 3 月 25 日在国务院第十六次常务会议上讨论通过了《中国 21 世纪议程》，该议程又称《中国 21 世纪人口、环境与发展白皮书》。《中国 21 世纪议程》是根据中国国情而编制的，广泛吸纳、集中了政府各部门正在组织进行和将要实施的各类计划，提出了促进经济、资源、社会、环境以及教育相互协调、可持续发展的总体战略，具有综合性、指导性和可操作性，是中国政府制定国民经济和社会发展中长期计划的指导性文件。该文件共 20 章，涉及 78 个方案领域，主要内容分为四部分，分别为可持续发展总体战略与政策、社会可持续发展、经济可持续发展以及资源的合理利用与环境保护。

4.1.1.2 可持续发展的内涵

可持续发展是既满足当代人的需求，而又不危及后代人满足其需求的发展。它是一个综合概念，其内涵包括生态可持续发展、经济可持续发展和社会可持续发展三个方面。其中，生态可持续发展是基础，经济可持续发展是保证，社会可持续发展是目的。经济可持续发展已不是传统意义上的经济增长，而是在不破坏资源、不牺牲环境质量的前提下，实现真正意义上的社会财富的增加。这就要求在生产中采取清洁的生产技术、节约资源、减少浪费，将环境成本纳入生产成本核算中等，从根本上转变对生产方式和经济增长的认识。社会可持续发展是指实现人的发展以及解决贫富分化问题。生态可持续发展是要求人类对生物圈的作用必须限制在生物圈的承载力之内，保护生物和维持生态系统的健康发展。发展的主要内涵是使社会、经济与生态、环境的目标相协调，使经济得以发展、社会更加进步、资源利用更为高效。

可持续发展思想认为发展与环境是一个有机的整体，具体而言就是经济发展、保护资源和保护生态环境协调一致，不能以破坏环境或滥开采资源为代价，要让子孙后代能够享受充分的资源和良好的资源环境。因而这种发展观点体现出了环境资源的价值，强调对资源、环境有利的经济活动应给予鼓励，反之则应予以摈弃。可持续发展是发展与可持续的统一，两者相辅相成、互为因果，放弃发展则无可持续性可言。

可持续发展是以保护自然资源环境为基础，以激励经济发展为条件，以改善和提高人类生活质量为目标的发展理论和战略。它是一种新的发展观、道德观和文明观。其内涵为：（1）突出发展的主题，发展与经济增长有根本区别，发展是集社会、科技、文化、环境等多项因素于一体的完整现象，是人类共同的和普遍的权利，发达国家和发展中国家都享有平等的不容剥夺的发展权利；（2）发展的可持续性，人类的经济和社会的发展不能超越资源和环境的承载能力；（3）人与人关系的公平性，当代人在发展与消费时应努力做到使后代人有同样的发展机会，同一代人中一部分人的发展不应当损害另一部分人的利益；（4）人与自然的协调共生，人类必须建立新的道德观念和价值标准，学会尊重自然、师法自然、保护自然，与之和谐相处。中共提出的科学发展观把社会的全面协调发展和可持续发展结合起来，以经济社会全面协调可持续发展为基本要求，指出要促进人与自然的和谐，实现经济发展和人口、资源、环境相协调，坚持走生产发展、生活富裕、生态良好的文明发展道路，保证一代接一代地永续发展。从忽略环境保护受到自然界惩罚，到最终选择可持续发展，是人类文明进化的一次历史性重大转折。

4.1.2 材料产业的可持续发展

传统材料生产工业的生产活动是由"资源—产品—废物"所构成的物质单向流动的生产过程，这是一种线性经济发展模式。这种线性经济发展模式是以高物耗、高污染、低效率为其特征的发展模式，是一种不可持续的发展模式。环境材料将生态环境与经济发展联结为一个互为因果的有机整体，要求经济发展考虑自然生态环境的长期承载能力，即把若干工业生产活动按照自然生态系统的模式，组织成一个"资源—产品—再生资源—再生产品"的物质循环流动生产过程，这是一种循环经济的发展模式。在这个经济发展模式中，没有了废物的概念，每一生产过程的废物都变成下一生产过程的原料，所有的物质都得到了循环往复的利用，从而实现了材料乃至整个人类社会的发展。

材料产业是资源、能源的主要消耗者和环境污染的主要责任者之一。随着地球上人类生态环境的恶化，保护地球，提倡绿色技术及绿色产品的呼声日益高涨。对材料科学工作者来讲，有效地利用有限的资源，减少材料对环境的负担性，在材料的生产、使用和废弃中保持资源平衡、能量平衡和环境平衡，是一项义不容辞的责任。另一方面，21世纪是可持续发展的世纪，社会、经济的可持续发展要求以自然资源为基础，与环境承载能力相协调。研究环境与材料的关系，实现材料的可持续发展，是历史发展的必然，也是材料科学的一种进步。

4.1.2.1　环境材料研究进展

随着生态环境材料概念的不断发展，生态环境材料的研究受到了极大的关注与重视。国际材料标准化组织（ISO）于 1993 年 6 月成立了 ISO/TC207 委员会，起草了 ISO14000 环境管理标准。许多国家成立了环境材料的研究组织，提出以及制定了相关研究实施计划，并频繁组织国际性研讨会，推动环境材料的研究与发展。国际上一些著名的公司，如 IBM、DOW 化学公司都开始进行相关的研究，致力于绿色产品的开发。国际上环境材料的研究，已不仅局限于理论上的探讨，众多材料科技者在研究具有净化环境、防止污染、替代有害物质、减少废弃物以及材料资源化等方面做了大量工作，并取得了重大进展。在环境分解材料方面，有生物降解性塑料和发动机油等；生态资源材料如木材、磷灰石类材料等都在研究之中。

我国是一个资源、能源大国，同时也是一个环境问题十分严重的大国。我国政府已经将环境保护列为我国的基本国策之一，并确定了"在发展中解决环境保护，在保护环境的基础上，实行持续发展"的原则。1995 年由 L-MRS 在西安成功主办了第二届国际环境材料大会，全国有几十家高校及研究院所直接或间接从事有关环境材料及其生态产品的研究和开发。1997 年在日本筑波召开的第三届国际环境材料大会上，我国代表向大会共提交论文 34 篇，介绍了我国有关单位关于环境材料的研究现状和计划，得到了国际同行的好评。颁布的 1996~2000 年国家高技术发展计划（863 计划）新材料研究项目指南中专门列入新型能源及环境材料这一专题；21 世纪初，中国高技术研究发展计划（S863 计划）新材料及其制备领域，也将生态建材与环境材料列为主题项目之一。我国的材料科学工作者在典型材料的环境协调性评价（MLCA）、LCA 的方法学、光催化降解材料及木质陶瓷等方面做了大量扎实的工作，某些方面已取得了丰硕的成果。

4.1.2.2　材料产业可持续发展的关键

材料产业的可持续发展方向：用资源节约型产品代替资源消耗型；用环境协调型工艺替代环境损害型工艺；采用技术先进的生产过程，淘汰技术落后的生产过程；采用现代的科学管理和经营方式，摈弃粗放的经营管理模式。实现材料产业可持续发展的关键可以从技术和管理两方面进行。

（1）技术：开发新材料，满足材料使用性能及可接受的经济性能。同时，注意材料的环境性能，包括降低资源和能源消耗、减小环境污染、提高其循环再利用率。考虑材料设计、生产、使用废弃、回收等全过程的环境问题。提高现有资源效率及减少甚至避免有害污染物向环境排放。

（2）管理：加强资源再生利用研究，特别是废物再生循环利用的研究和应用，提高资源效率。采用清洁生产工艺，向零排放和零污染方向努力。加强环境管理，有助于可持续发展战略的实施。

4.1.3　产品设计的理念变化

产品设计是一个将人的某种目的或需要转换为一个具体的物理形式或工具的过程。传统的产品设计理念以人为中心，以满足人的需求和解决问题为出发点，无视后续的产品生产及使用过程中资源和能源的消耗以及对环境的污染。

传统的产品设计一般包括产品功能需求分析、产品规格定义、设计方案实施、参考产品评价四个阶段。主要考虑的因素有市场消费需求、产品质量、成本、制造技术的可行性等，很少考虑节省能源、资源再生利用以及对生态环境的影响。这种生产方式基础上的工业产品设计，只关心产品本身的属性，当产品达到应有的技术、功能、工艺和市场目标后，产品设计的任务就大功告成。而产品使用后废弃物如何处理，则不在设计者的考虑范围内。这样，产品生产过程会产生废物，产品经消费后，也变为废弃物，废弃物成为物质资源的最后归属，自然资源被一次性消费，从而引发资源和环境问题。无节制消费，形成大量生产、大量消费和大量废弃，这便是传统经济社会的基本特征。在此期间材料科学工作者一直致力于研究和开发高强度、高韧度、更适合在严酷条件下使用的高性能材料，结果在材料的研制开发中忽略了节约资源、材料再生循环和环境保护等问题，这种粗放型传统设计对人类的生存构成了极大的威胁。

为确保人类的生活质量和经济的可持续发展，自 20 世纪 80 年代以来，旨在保护环境的"绿色"行动在世界各国纷纷兴起。"绿色设计"、"绿色产品"、"绿色制造"等新概念、新理论、新方法层出不穷。产品绿色设计是指在产品的设计意识、设计定位及设计方法等问题上，将生态意识、环境因素融入到整个设计理念中，即在产品生命周期内（设计、制造、运输、销售、使用或消费、废弃处理），优先考虑产品的环境属性（可拆卸性、可回收性、可维护性、可重复利用性等），以减少对环境的污染。这在某种程度上遵循了生态学的原理，但其局限性也在此。生态圈是一个有机整体，要使生态系统真正不被破坏，就必须使生态系统中的东西维持原有循环，不能人为创造，也不能人为消灭。绿色设计的"4R"（reduce，reuse，recycle，regeneration）原则集中在"物质循环"和"能量流动"方面，在实际操作过程中宏观规划在微观开发中被肢解，在某种程度上背离了保护生态环境的初衷。

由于绿色设计的局限，为实现现代社会的可持续发展，人类社会正努力向"最优生产、最有消费和最少废弃"的生态循环经济社会转变。建立生态循环型的经济社会，必须在产品和生产技术的设计阶段就考虑到环境因素，进行卓有成效的生态设计。这种设计在产品生命周期内优先考虑产品的环境属性，除了考虑产品的性能、质量和成本外，还考虑产品的回收与处理，以及产品的经济性、功能性和审美等因素，从而设计出既对环境友好又能满足人类需求的产品。

4.2 环境材料的生态设计理论

4.2.1 生态设计的基本概念和内涵

4.2.1.1 生态设计的定义

生态设计是一种全新的设计思想，即从产品的孕育阶段就开始自觉地运用生态学原理，使产品生产进行物质合理转换和能量合理流动，使产品生命阶段的每个环节结合成有机的整体，着重考虑产品或材料在整个生命周期的环境性能（可拆卸性、可回收性、可维护性、可重复利用性等），使之不断改进并达到经济、环境和社会效益的统一。

近年来，有关的设计组织及学者在工业生态设计方面有了很大进展。逐步形成了生态设计的概念。生态设计（Eco-design，ED）是指产品在整个生命周期设计中充分考虑对资源和环境的影响，设法使性能，包括安全性、实用性、美观性和寿命等趋于最大；使成本和对生态环境的影响趋于最小，故又称为生命周期工程设计（life cycle engineering design，LCED）、绿色设计（green design，GD），或称为环境而设计（design for environment，DFE）。

日本山本良一教授于1990年首先提出了环境材料的概念，根据他的观点，生态设计就是设计加LCA。生态设计的概念如图4-1所示。

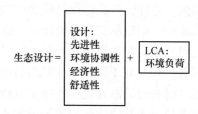

图4-1　生态设计的概念

可以说，随着ISO14000和环境标志在全世界的推行，在材料、产品的设计与开发过程中，不引入LCA的方法是不可能的。生态设计的目标就是降低各个过程综合环境负荷指标和降低总影响评价值。设计者设计完成材料生命周期依据要经过四个过程，即LCA概念（LCA approach）→瓶颈LCA（bottleneck LCA）→合理化LCA（streamlined LCA）→完整LCA（complete LCA）。为此则要求如下：

（1）调查各个生命阶段资源、能源消耗量和排放量清单分析。

（2）掌握消耗量和排放量（环境负载）最大生命阶段。

（3）掌握影响评估的各类目之间负载量相对大的类目。

（4）根据环境负载的空间规模（地球规模或地域规模等）考虑权重系数。

（5）将环境负载的时间非可逆性纳入权重系数。

（6）根据产品销售、使用地区有关政策、法规，决定重点降低的环境负载。

（7）根据总影响评估权重的总和，提出材料、产品环境质量改进方向分析和新产品设计方案。

其中（2）、（3）为研究瓶颈LCA，（4）～（6）为研究合理化LCA，通过（7）提出生态设计方案，设计过程通过LCA的反馈，不断修正，最后达到生态设计标值。

理解生态设计，必须以产品的生命周期为中心认识产品的以下三个要素，即成本（cost，C），包括原料成本、制造成本、运输成本、循环再生成本、处理成本等生命周期全程的费用；环境影响（impact，I），包括地球温室效应、臭氧层破坏、资源枯竭等给地球造成的影响；性能（performance，P），包括安全性、是否方便实用、是否符合审美观、施工难易程度等产品性能。也就是说，产品价值、经济价值和环境价值的总和即为生态设计产品的综合价值指标。由此关系可知，生产设计产品的价值指标可用P/IC表示。因此，当P趋于最大、I和C趋于最小时，就可以实现生态设计。

在这种情况下，成本是一个需要慎重考虑的问题。成本是由市场需求与供给间的关系决定。这里的成本中并不包括对环境破坏的修复成本。也就是说，环境成本并未被全面地包含在市场成本里。

那么，排除成本因素C，用P/I来衡量一下产品的综合价值指标。P/I即产品性能除以环境影响，相当于社会财富和福利除以自然资源的消费，所以将其称为环境效率。反之，排除环境影响I只去考虑P/C，即追求产品的性能最好、成本最低，这正是基于传统经济价值的方法。我们必须摆脱传统经济价值观，设法使 P/IC 趋于最大，这就是生态设计的基础。

4.2.1.2　生态设计的内涵

生态设计涉及面很广，所有的东西都应该成为生态设计的对象。它是关于自然、社会与人的关系的思考在产品设计、生产、流通领域的表现。

狭义的生态设计，是以环境友好技术为前提的工业产品设计。其运用主体是企业或组织里的设计者和决策者，其研究和改进的对象则是企业或组织提供的产品及其采用的技术，其核心是分析并改善为提供单位数量的使用价值所造成的总的环境影响。而广义的生态设计，则从产品制造业延伸到与产品制造密切相关的产品包装、产品宣传及产品营销各个环节，并进一步扩大到全社会的生态环境服务意识、环境友好的文化意识等。

著名的生态设计学家德国德尔夫特理工大学 Han Brezet 教授把生态设计区分为 4 个动态阶段：产品改进、产品再设计、功能创新、系统创新。

（1）第一阶段为产品改进。产品改进就是应用污染预防与清洁生产观念来调整和改进现有产品，而总的产品技术基本维持现状，如组织轮胎回收系统、改变某产品零件的原材料等。

（2）第二阶段为产品再设计，即产品概念将保持不变，但该产品的组成部分被进一步开发或用其他东西代替。从污染预防和清洁生产角度对现有产品结构和零部件重新设计。

（3）第三阶段为功能创新，改变满足产品功能的方式，如用 E-mail 代替纸张传递信息等。

（4）第四阶段为产品系统创新，出现了新的产品和服务，需要改变有关的基础设施和组织，系统创新涉及整个产品与服务的创新，要求相关的基础设施与社会观念发生变革，如用生态建材取代传统建材等。

4.2.1.3　生态设计的特点

（1）扩大了产品的生命周期。传统的产品生命周期是从"产品的生产到投入使用到废弃"为止，有时也称为"从摇篮到坟墓"的过程；而生态设计将产品的生命周期延伸到了"产品使用后的回收利用即处理处置"也即"从摇篮到重生"的过程。这种扩大了的生命周期概念便于在设计过程中从总体的角度理解和掌握与产品有关的环境问题、原材料的循环管理和重复利用，以及废弃物的管理和堆放等。只有对产品生命周期的各个阶段进行总体考虑，才能进行生态设计的整体优化。

（2）生态设计是并行闭环设计。传统设计是串行设计过程，如图 4-2 所示。其生命周期是指从设计、制造直至废弃的各个阶段，而产品废弃后如何进行处理处置则很少考虑，因而是一个开环过程。而生态设计的生命周期除传统生命周期各阶段外，还包括产品废弃后的拆卸回收、处理处置，实现了产品生命周期的闭路循环，而且这些过程在设计时必须被并行考虑，因而生态设计是并行闭环设计。

（3）生态设计有利于保护环境，维护生态系统平衡。设计过程中分析和考虑产品的环境需求是生态设计区别于传统设计的主要特征之一，因而生态设计可从源头上减少废弃物的产生。

（4）生态设计可以防止地球上矿物资源的枯竭。由于生态设计使构成产品的零部件材料可以得到充分而有效的利用，在产品的整个生命周期中能耗最小，因而减少了对材料

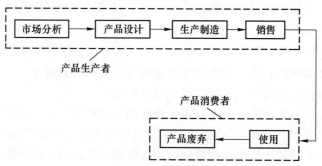

图 4-2　传统产品的设计过程

资源及能源的需求，保护了地球的矿物资源，使其可合理、持续地利用。

（5）生态设计的结果是减少了废弃物数量及其处理的棘手问题。工业化国家每年要生产大量的垃圾，垃圾处理则成为棘手的问题。通常采用的填埋法不仅占用了大量土地，而且还会造成二次污染。据美国科学院的调查，从地下挖掘出的资源矿物有 94% 在几个月之内就被扔进了垃圾堆而回归地下。而发展中国家要处理大量的垃圾，在技术和经济上都有一定的难度。

4.2.1.4　生态设计和传统设计的关系

传统设计是生态设计的基础，因为任何产品首先都必须具有所需要的功能、质量、寿命和经济性，否则即使绿色程度再高也是没有实际意义的。生态设计则是对传统设计的补充和完善，传统设计必须在原有设计的基础上将环境属性也列为产品设计的目标之一，才能使设计的产品满足绿色性能要求，具有市场竞争力。生态设计和传统设计在设计依据、设计人员、设计工艺和技术、设计目的等方面都存在着极大的不同。表 4-1 为传统设计与生态设计的比较。

表 4-1　传统设计与生态设计的比较

比较因素	传 统 设 计	生 态 设 计
设计依据	依据用户对产品提出的功能、性能、质量及成本要求来设计	依据环境效益和生态环境指标与产品功能、性能、质量及成本要求来设计
设计人员	设计人员很少或没有考虑到有效的资源再生利用及对生态环境的影响	要求设计人员在产品构思和设计阶段，必须考虑降低能耗、资源重复利用和保护生态环境
设计技术或工艺	在制造和使用过程中很少考虑产品回收，用完后就被抛弃	在产品制造和使用过程中可拆卸、易回收，不产生毒害和其他副作用并保证产生最少的废弃物
设计目的	为需求而设计	为需求和环境而设计，满足可持续发展要求
产品	传统意义上的产品	绿色产品或绿色标志产品

传统设计是依据技术、经济性能、市场需求和相应的设计规范，着重追求生产效率、保证质量、自动化等以制造为中心的设计思想，将使用的安全、环境影响和废弃后的回收处理留给用户和社会。生态设计的基本思想是在设计过程中考虑材料和产品的整个生命周期对生态环境的副作用，将其控制在最小范围之内或最终消除；要求材料减少对生态环境的影响，同时做到材料设计和结构设计相融合，将局部的设计方法统一为一个有机整体，达到最优化。

4.2.2 生态设计的原则和思路

4.2.2.1 生态设计的原则

A 生态设计的基本原则

生态设计必须在使用资源丰富的材料的同时要有效地利用可再生资源；必须认识到存在隐含于资源中的物质流的问题，尽量设法使用物质集约度（material intensity，MI）更低的物品；必须选择材料环境影响值（eco-indicator）更低的物品。这里的环境影响值是表示综合环境影响的指标，一般而言再生材料的环境影响值要比新鲜材料的小。产品再利用与将构成产品的材料循环再生后再制成产品，在这两种情况下所造成的环境影响，总体而言前者要比后者小。由于循环再生要耗能、要排出，造成环境负荷的物质，因此，希望产品具有长寿命。从生态学观点出发给产品设定适当的寿命也是必要的。

对于在使用状态下负荷大的产品，尤其像家电、汽车、建筑物等，必须采用节能、省资源等一切可以减轻环境负荷的措施，力求彻底降低环境负荷，尽可能不使用有毒物质或者采取替代措施，不得已而使用时必须做到完全循环再生。对于那些还不清楚的人工化合物质，要做到在科学上还未查明、解除疑团之前不使用，要彻底贯彻预防为主的原则。

B 与材料有关的原则

（1）少用短缺或稀有的原材料，多用废料、余料或回收材料作为原材料，尽量寻找短缺或稀有原材料的代用材料，提高产品的可靠性和使用寿命。

（2）尽量减少产品中的材料种类，以利于产品废弃后的有效回收。

（3）尽量采用相容性好的材料，不采用难以回收或无法回收的材料。

（4）尽量少用或不用有毒有害的原材料。美国环保局1988年公布了33/50计划，要求制造业使用的17类有害化学品，于1992年其使用量削减33%，于1995年削减50%，这一计划已经顺利地超额完成。如果必须使用有害材料，尽量在当地生产，避免从外地运来。

（5）优先选择天然材料代替合成材料。法国一家公司开发了竹自行车，其骨架是用束紧的竹子做成的。竹子的主要优点之一是它的强度比较高，可快速再生且广泛易得。

（6）选择低能耗的原材料。

（7）尽量从再循环中获取所需的材料。

C 与产品结构设计有关的原则

产品结构设计是否合理对材料的使用量、产品的维护、产品废弃后的拆卸回收等有着重要的影响。在设计时应遵循以下设计原则：

（1）减量化、轻量化原则。应在结构设计中树立"小而精"的设计思想，在同一性能情况下，无论使用什么材料，用量越少，成品和环境优越性越大，因此，可通过产品的小型化以节约资源的使用量，如采用轻质材料、去除多余的功能、避免过度包装等减轻产品质量。

（2）简化产品结构，提倡"简而美"的设计原则。如减少零部件数目，这样既便于装配、拆卸、重新组装，又便于维修及报废后的分类处理。

（3）采用模块化设计。模块化产品是由各种功能模块组成，既有利于产品的装配、拆卸，也便于废弃后的回收处理。

（4）在保证产品耐用的基础上，赋予产品合理的使用寿命，同时考虑产品报废的因素，努力减少产品使用过程中的能源消耗。

（5）在设计过程中注重产品的多品种及系列化，以满足不同层次的消费需求，避免大材小用，优品劣用。

（6）简化拆卸过程，如结构设计时采用易于拆卸的连接方式、减少紧固件数量、尽量避免破坏性拆卸方式等。

（7）尽可能简化产品包装，采用适度包装，避免过度包装，使包装可以多次重复使用或便于回收，且不会产生二次污染。

D　与制造工艺有关的原则

制造工艺是否合理对加工过程中的能量消耗、材料消耗、废弃物产生量等有着直接的影响，生态制造工艺技术是保证产品绿色属性的重要内容之一。与制造工艺有关的原则包括以下几方面：

（1）优化产品性能，改进工艺、提高产品合格率。

（2）采用合理工艺，简化产品加工流程，减少加工工序，谋求生产过程的废料最小化，消除不安全因素。

（3）减少产品生产和使用过程中的污染物排放，如减少切削液的使用或采用干切削加工技术。

（4）在产品设计中，要考虑到产品废弃后的回收处理工艺，使产品报废后易于处理，且不会产生二次污染。

4.2.2.2　生态设计的思路

（1）低物质化。低物质化指在产业生产过程中，减少物料消耗和降低能量强度的现象，从更广的意义上，低物质化是指提供同样的经济功能的同时相对或绝对地减少物质的量。低物质化应从产品生命周期考虑，如借助于网络实现无纸化办公、交易等。

（2）功能经济。"一种产品代表的是向消费者提供特定功能的一种手段"，即产品不是目的，而是服务手段，实际上消费者关心的不是产品，而是产品提供的功能。这意味着可以引导消费者使其注意力从关注产品的特征转向服务的特征，从而寻求产业生态化的机会和可能。当把产品看成是向最终用户提供某种功能时，资源的使用量和废物排放量将会大大减少，即人们通过服务来代替那些消耗大量物质和能量的活动时，可以减少对单位生活质量不利的环境影响。例如，当人们不买汽车这种产品本身，而只买汽车运送乘客和物品功能时，汽车制造商会想方设法延长汽车的使用寿命，并且提高废旧汽车的回收价值，从而减少资源消耗和废物排放。

（3）物质替代。减少物质使用的一个办法是完全使用新的物质替代旧的物质。新的物质应具有耐用、在获取和加工过程中产生的废物少等特性，如聚合材料代替钢材、光纤代替铜质线等。

4.2.3　生态设计的主要内容

4.2.3.1　原材料的生态设计

（1）减少原材料的使用量。通过生态设计，在为人类提供同样的经济功能的同时相对或绝对地减少原材料的使用量。

（2）采用再循环材料。尽量避免使用不可再生，或者需要很长时间才能再生的原料，如矿物燃料、金属铜等。尽量使用可以再循环利用的原材料，可以减少原料在采掘和生产过程中的能耗。例如，日本的 Beauty 工业利用废旧的玻璃作为原料，生产的免烧瓷砖可以节省大量的资源和能源，而且这种瓷砖可以再利用。

（3）采用低能值原料。在原料的采掘和生产过程中，需要的工艺过程越复杂，所消耗的能源就越多。这种在采掘和生产过程中消耗大量能源的原料称为高耗能原料。但必须注意：必须采用系统和全生命周期的观点，即全局看待其原料采掘、生产和使用过程。例如，碳纤维属于高耗能材料，但是其后续的使用过程中因为具有良好的强度、硬度、抗老化等优良特性而节省能源。

4.2.3.2 产品的生态设计

（1）整合产品功能。将几种功能或产品组合进一个产品中，则可节约大量的原料和空间。例如，德国 Viessmann 公司开发了多功能集成的太阳能收集阳台栏杆，这种栏杆是一种真空管收集器，它可用于取代大的太阳嵌板。厚硼硅酸盐玻璃和耐用的真空管玻璃收集器保证了安全性和长寿命。由于这一创新，阳台栏杆和太阳能收集器不再需要独立的创造，节省了能源和材料，而且这种收集器比平板收集器效率高 30%。

（2）优化产品结构。优化产品结构通过优化产品结构可以达到优化产品功能及延长产品受用寿命的目的。

（3）产品部件的功能优化。产品部件的功能优化通过部件的标准化、规格化，有利于维修、更换、回收再利用。

1）长寿命化，尤其是易损部件的长寿命化可提高产品的整体寿命。

2）连接简化，采用容易拆卸的连接方法。

3）重复利用化。经过翻修可达到原设计要求而再次使用。

（4）模块化设计。模块化设计指对一定范围的不同功能、不同性能、不同规格的产品进行分析、划分并设计出一系列功能模块。通过模块的选择和组合可以组成不同的产品，易满足市场需求。同时，模块化设计也有利于产品使用后的拆卸，最大限度提高产品的可更新性，以满足不断变化的用户需求。模块化的产品设计方法可使新技术能与落后的产品迅速结合，使得在产品生命周期内对部件进行升级以减少用户对新产品的需求。

（5）易于维护和维修。生态设计应保证产品易于清洁、维护和维修，以延长产品的使用寿命。维护和维修包括用户和制造商两方面。对用户，厂家应该提供维护和维修说明。对厂商，在设计时考虑产品的易运输性、维护的技能及有关工具的开发；产品的难易程度；可否进行模块化。

（6）易于再循环。产品设计人员在设计产品的时候，就要考虑产品生命终结后的去处，要充分考虑它们的再利用。例如，废旧轮胎目前被利用主要途径是在回收厂里，被破碎和分解成小的轮胎块、钢丝和碎渣。

4.2.3.3 生产过程的生态设计

（1）尽可能减少生产环节。

（2）选择对环境影响小的生产技术。

（3）使用清洁能源和材料。

（4）建立 ISO14001 环境管理体系。

4.2.3.4　产业生态系统的生态设计

将产业生产过程比拟为一个自然生态系统，对系统的输入（能源与原材料）与产出（产品与废物）进行综合平衡，推动产业系统的演进，使之由低级生态系统向三级生态系统转化。产业生态系统的演进可体现不同的层次，小到工业共生体系，大到整个社会经济体系。

4.2.3.5　材料再生设计

材料再生设计是指在设计阶段就充分考虑材料的循环再生性。金属材料可再生循环设计是通过加入最少循环容许的合金元素，或通过固溶强化、微细化强化、加工强化、相变组织强化等保障材料性能，使材料可以循环再生。

4.3　环境材料的生态设计技术与方法

生态设计的本质就是要在产品的生命周期内，要着重考虑产品的环境性能，要在满足环境要求的同时，做到产品应有的功能、质量和寿命等。生态设计需要面向产品的整个生命周期，是从开始到结束、再到再生的系统设计，要从根本上节约资源、减少污染。

相对传统设计而言，无论在知识领域、设计方法还是设计过程等方面，生态设计均要复杂得多。因此，生态设计是无法由传统的设计方法或某几种方法简单叠加就能够实现的。生态设计应该是现代设计方法和过程的集成。

就目前而言，生态设计的主要方法有系统设计、模块化设计、长寿命设计以及再生设计等。但这些方法还依然处于研究阶段，与其相关的理论还不是很成熟。接下来将结合一些生态设计的实际例子对生态设计方法进行介绍。

4.3.1　系统设计

由于在产品设计过程中，可利用的生产设备、方法、技术、材料加工方法等日渐繁多，工业社会组织与产品形态日趋复杂，而产品的市场需求趋势也随着人们生活水平的提高在不断变化。因此，生态设计随之变得不像传统设计那样单纯。

生态设计要求设计人员在产品开发设计的过程中需要具有系统的观点，充分掌握设计的全盘性以及其相互联系和制约的细节。其特点是采用物料和功能循环的思想，扩大了产品的生命周期，有利于维护生态系统平衡，提高资源效率，减少废物数量及处理成本。其设计思想是整体性、综合性和最优化，核心是把生态设计对象以及有关的设计问题视为系统，然后用系统论、系统分析的概念和方法加以处理和解决。所谓系统的方法，即从系统的观点出发，始终着重于从整体与部分、整体对象与外部环境之间的相互联系、相互作用、相互制约的关系中综合地、精确地考察对象，以达到最佳处理问题的一种方法。

系统论的设计思想主要表现在解决设计问题的指导思想和原则上，就是要从整体上、全局上、相互联系上来研究设计对象及相关问题，从而达到设计总体目标的最优和实现这个目标过程和方式的最优。生态设计就是要在技术与艺术、功能与形式、环境与经济、环境与社会等联系中寻求一种适宜的平衡和优化，片面地研究某一侧面并加以过分地强调都必然会对产品最终的绿色成果产生影响。因此，系统设计要求在产品的设计、生产、管理，以及产品的经济性、维护性、回收处理、安全性等方面，均从系统的高度加以具体分析，确定其各自的地位，在有序和协调的状态下，使得产品达到整体"生态化"。

可将产品的生态设计看成是一个产品系统的设计，其设计包括系统分析和系统综合两方面。系统分析是系统综合的前提，通过分析为设计提供解决问题的依据，同时加深对生态设计问题的认识。分析之后，对分析的结果加以归纳、整理、完善和改进，在新的起点上提高产品的生态化程度，最终达到系统的综合，这才是目的。系统分析和综合是系统论的基本方法，它不要求像传统方法那样，事先把对象分成几个部分，然后再进行综合。而是将对象作为整体对待，其基本原则是局部与整体相结合，从整体和全局上把握系统分析和综合的方向，以实现整体系统的和谐、高效为总目标。反映在生态设计上就是系统地分析产品生命周期的各个阶段，以及产品环境属性的不同方面，进行综合协调，既不过分地强调某一方面，也不忽视其他方面，最终使产品达到综合生态环境最优化。

系统是一系列有序要素的集合，各要素之间具有一定的层次和逻辑关系。发现并揭示要素之间的关系是系统分析的主要任务，除了整体化原则外，还要遵循辩证性原则，把各个部分的各种问题、局部效益与整体效益结合起来。生态设计具有特定的目标和使命，与此相关的各子系统均以整体的、全系统的目的与使命作为决定自身目标的依据。整个设计过程是一个动态的过程，并通过设计因素之间的信息传递而相互调控、修正。因此，对整个设计过程而言，在安排进程和其他设计管理时，也要引用系统的思想和方法加以处理，使得生态设计进程更为高效、合理、科学。

从根本上来讲，系统设计主要是一种观念，一种看问题的立场和观点，它强调我们应该如何认识和创造事物，而不是着重于说明事物本身是什么。从这个意义上讲，系统设计思想是生态设计的基础和立足点。

4.3.2 模块化设计

模块化设计是产品结构设计的一种有效方法，也是生态设计中去认定产品结构方案的常用方法。

4.3.2.1 模块化设计的历史

产品模块化设计始于20世纪初期。1900年，德国的一家家具公司采用模块化设计的思想对书架进行设计，利用几种基本的模块，设计出便于组装成客户所需要的书架。在1920年前后，模块化设计开始用于机床的设计中，采用该技术设计的机床，同一功能的单元不是一种单一的部件，而是由若干可更换的模块组成，从而使得机床在结构和性能上变得更加合理。到了20世纪50年代初期，欧美的一些国家正式提出了"模块化设计"的概念，这标志着模块化设计正式提升成为了理论，供科研人员进行研究。

4.3.2.2 模块化设计的基本概念

由模块所构成的系统称为模块系统，有时也称为组合系统。模块系统的灵感来自于儿童积木，一套积木是由形状、大小、数量以及颜色不同的积木块所构成的，用这些积木块进行不同的搭配、组合就能构成不同的造型，既可以按照固定图样组合，也可以按照个人兴趣自由创造，但无论如何，其基本单元还是那套积木块。这就是最基本的模块化设计。

模块化设计就是在对一定范围内的不同功能或相同功能而不同性能、规格的产品进行功能分析的基础上，划分并设计出一系列功能模块，通过对模块的选择和组合组装成不同的产品，以满足市场的各种需求。模块化设计的典型特点体现在拆卸技术和回收技术等方面。该技术可以很好地解决产品品种、规格与设计制造周期和生产成本之间的矛盾，有利于产品快速更新换代、提高产品质量、便于维修及废弃后的拆卸回收，因而为增强产品的竞争力提供了条件。

4.3.2.3　模块化设计

在模块化设计中，同一功能的模块可在基型、变型以及跨系列、跨类机中使用，所以它具有在较大范围内通用化的特点。同时，将功能单元尽量设计成较小的标准模块，并使用其与其直接相关的模块之间的连接方式及结构要素一致，或使其标准化，以便装配和拆卸、互换。因此，模块化设计能较为经济地用于多种小批量生产，更适合于生态环境产品的结构设计。

模块化设计与传统设计在原则上的区别主要表现在以下几方面：

（1）模块化设计面向产品系统。模块化设计相对于传统设计而言，并不会只针对于某一专项任务，如只针对于产品的具体性能、具体结构等，而是面向某一类产品系统甚至有相似功能的相邻产品系统。

（2）模块化设计是标准化设计。模块化设计的对象是通用性的。传统化设计虽然也需要运用有关的标准化资料，或者采用一些通用件、借用件，但从总体上来讲，它是专用性的特定设计。相较之下，模块化设计需要全面地理解并运用标准化的理论，做到模块是部件级的通用件。

（3）模块化设计程序不是由上而下的。传统设计的程序主要是根据产品的功能要求设计各零部件，然后再由这些零部件拼凑构成整体机。虽然在这过程中也运用到了一些总体的方案及协调要求，但从本质上来看，它主要着眼于功能设计和详细设计，其基本特征是由上而下、由细而总的。模块化设计的程序则与之相反，它最先着眼的不是现象设计，而是概念设计，这也就改变了由上至下的设计基本特征。

（4）模块化设计是组合化设计。传统设计中，产品的构成模式是整体式的，虽然其中也有部件的组合，但其部件及其组合方式是独特的。模块化设计的产品，其构成特点是组合式的，组合的基本单元就是模块，模块常作为独立商品存在。模块化设计中必须充分考虑系统的协调性、互换性和组合性，设计难度较大。

（5）模块化设计需要一定的新理论作为支撑。在传统设计中，只需要凭着扎实的专业知识和一定的设计经验就可以设计出较好的产品。而模块化设计需要的不仅仅是这些，还需要对工程原理、标准化理论、模块化理论以及模块化设计方法等方面有一定深度的理解。

（6）模块化设计有两个对象。传统设计的对象是产品，而模块化设计的对象既可以是产品，也可以是模块。实际生产上经常会形成两个专业化的设计、制造体系，一部分以设计、制造模块为主，而另一部分则是以设计制造产品为主。

由上述的模块化设计特点形成了模块化设计的三个不同特色的层次：模块化产品系统设计、模块系统设计和模块化产品设计。模块化设计的过程如图4-3所示。

4.3.2.4　模块化设计与市场

模块化产品设计是通过合理运用模块，设计出可以满足用户及市场需求目标的产品。设计制造模块系统的最终目标就是为了能以最好的效益推出多样化的产品，若不进行模块

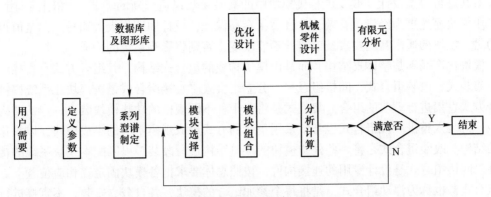

图 4-3 模块化设计过程

化产品设计，那么整个模块化系统就失去了存在的意义。

用户及市场需求分析是模块化设计获取信息和确定开发目标的基本手段。用户及市场的需求分析主要包括：分析市场及用户对同类产品的需求量；确定对同类型产品基型和各种变型的需求比例；了解用户对产品的价格、寿命、功能、维护等方面的具体要求，明确采用模块化设计的可行性以及所引起的产品成本变化等。

产品的参数有三类：尺寸参数、运动参数和动力参数。对这些参数以及其范围必须进行合理确定，不能过高或过宽，以免造成资源的浪费，但是也不能过窄或过低，避免无法满足其使用要求。这些参数的最大值和最小值应当根据用户及市场的需求来确定，一般参数值的分布需要服从等差数列或等比数列。参数值的确定主要是主参数的确定，主参数是用来表示产品主要性能、规格大小的参数值。除主参数外，对其他参数的合理确定，也是保证产品整体性能的重要环节。

系列型谱是用不同的主参数范围去覆盖产品的需求所形成的产品类型。对系列型谱进行合理制定的要点就是合理确定模块化设计的产品种类和规格。系列型谱的制定需要适度：若过大，产品规格、种类增多，产品适应市场的能力增强，但设计工作量增大；若过小，则导致产品规格减少，产品适应市场的能力减弱，但是有利于针对性设计，使设计过程容易进行和控制。

功能模块划分，即按照功能分析的方法，把产品分成若干个不同功能的单元，与这些单元相对应的模块称为功能模块，由功能模块系统实现产品的总功能。对整个产品系列而言，通过对产品功能的分析可将产品功能划分为基本功能、辅助功能、特殊功能、适应功能和用户功能。借助这样的划分，区分出相应的功能模块。较细致的功能分析，并尽可能是功能单元独立化，有助于通过选择不同的功能模块以组成尽可能多的变型品种。由于无论是部件模块化，还是子部件模块化，都是在功能单元独立化的前提下划分模块，因此按模块化设计所划分的功能单元可能不同于传统的部件或子部件。模块的划分是从产品设计的角度来考虑的，而模块的选择是为了构成能满足市场需求的产品。合理的模块就是有效利用各种模块的功能，简单、方便、快捷地生产出用户和市场需要的产品。模块划分完成后，即可进行模块设计，模块设计包括基型模块设计和变型模块设计。

模块系统中的各通用模块的功能反映了该产品的某些典型功能，然而用户的需要是多种多样的，其具体功能、参数不一定与通过模块完全相同，此时若将通用模块当作基型模块，对其进行改型设计（改变或替代模块中的某些参数以适应新的需要），相比于设计新的专用模块显然更为经济、有效，并且质量容易保证，设计周期将大大缩短。但是值得注意的是，模块的通用互换要素及兼容性不能改变，否则将影响系统的构成。

模块化产品不是整体式结构，而是由模块构成的组合式结构，其组合方式有直接组合式、集装式、改装组合式、间接组合式、分立组合式。直接组合式是按模块化系统提供的组合方式直接进行模块的组合。集装式是将若干种不同规格的功能模块装入一定的结构模块中，再装入整机。该组合式也常常采用集装的方式形成规模不同的集成模块，以简化整机的结构。改装组合式是将一些外购模块的接口结构进行改装，以匹配本模块系统的接口构件。间接组合式是设计专用的连接构件，按照总体要求把各模块固定在相应位置上。分立组合式，也称为浮动组合式，是将每个参加组合的模块，各自分立安装，不直接进行机械方面的安装。模块化产品，尤其是大型产品系统的组合安装，通常采用综合上述几种的组合方式。

4.3.2.5   模块化设计对生态设计的意义

按模块化设计开发的产品结构是由便于装配、易于拆卸和维护、有利于回收和重用等的模块单元组成，简化了产品的结构，并能快速组合成用户及市场需要的产品，能够满足绿色产品快速开发的要求。

模块化设计可将产品中对环境和人体健康有害的部分以及使用寿命相近的部分集成在同一模块中，便于拆卸回收和维护更换等。同时，由于产品由相对独立的模块组成，因此便于维修，必要时可以通过对于某个模块的更换，不使整机报废。

按照传统的观点，产品由部件组成，部件由组件构成，组件由零件构成，因此，要生产一种产品就要制造大量的专用零件。而按照模块化的观点，产品由模块构成，模块就是构成产品的单元，从而减少了零部件的数量，简化了产品结构。

模块化设计可根据生态设计的不同目标来进行。例如，在模块化设计以重用性为目标时，则需要考虑两个因素：期望的部件寿命及其可重用性能，应将具有相同重用性的部件集成在同一模块中。或者在考虑部件寿命时，可将长寿命部件集成在相同模块中，以便产品维修和回收后重复使用。

4.3.3   长寿命化设计

按照 LCA 理论，产品的寿命越长，其环境负担越小。因此，在保证材料所必须要求的使用性能的前提下，需要尽可能地延长材料及相关制品的寿命，特别是对于一些影响到人身安全的产品，长寿命更是首选的设计原则，以确保产品能够长周期、安全地使用。

4.3.3.1   耐高温材料

从材料长寿命这一观点出发，考虑材料特性的长期稳定是尤为重要的。例如，制造火力发电设备的材料是在高温下使用，会产生通常在室温下没有的蠕变现象（在高温条件下，材料在一定的外力作用下会随着时间的推移慢慢产生变形，直至最后发生断裂），那么蠕变强度高的材料，在相同的温度和应力条件下，具有较长的蠕变断裂寿命。因此，对高温条件下使用的材料进行长寿命设计，开发出能够长时间维持稳定的高温强度，对减少环境负荷、提高资源有效利用率具有极大的意义。

近年来，人们尝试通过开发耐热材料等途径，实现机器的长寿命和高性能化，以求能节省资源和能源。随着能源产业、宇航产业等领域的发展，从耐热性、耐高温腐蚀性、耐高温摩擦性等方面，对开发新型耐热材料提出了更为迫切的要求。现有的火力发电设备，一般发电效率均不足 40%，如果能够开发出长时间稳定维持优良高温强度特性的耐热材料，就有可能建造出发电效率高、使用寿命长的发电设备。因此，开发这种材料对减轻环境负荷，改善环境平衡有着重大的意义。类似做法也可以用于其他领域，使得所使用的材料具有长期稳定的优良特性，符合生态环境材料的概念和思想。

经过反复对于高温耐热合金材料设计的研究，人们得出了两条设计准则：第一，对于使用耐热钢整体蠕变强度即可满足使用要求的构件，在进行材料设计时，只添加为了发挥基体蠕变强度所需的最低限度的合金元素，此即为合金化概念；第二，对于要求高于基本蠕变强度水平以上的高强度构件的材料设计，不仅要考虑短时间蠕变强度的特性，而且还要着眼于获得长时强度稳定性的同时，从材料高强度化所引起的环境负荷增大和由于使用材料时提高效率、延长使用寿命带来的环境负荷减轻这两方面的效应是否平衡的观点进行评价。当然，仅从上述观点出发未必能进行材料设计，实际开发材料时，不仅要考虑蠕变强度特性，而且必须考虑抗氧化性、焊接性等多种材料特性，并进行综合评价。为了改善材料的环境特性，必须将上述合金化的概念和准则以及重视材料长期稳定性的这种观点积极地引入到材料的设计中去，以此为指导思想，就可以推进传统材料的环境材料化。

作为结构材料所要求的主要性能有强度、弹性、断裂韧度等，除了需要有效利用能源之外，还要求具有优异的耐热性能。一般来讲，金属材料具有优良的力学性能，而陶瓷材料却不具备。虽然将耐热性较好的陶瓷材料用做结构材料的研究已经进行了很长时间，尽管近年来关于陶瓷材料的研究成果优异，但是如果想让陶瓷材料作为结构材料依然需要更深层次的研究。陶瓷材料具有制作成本较高、延展性较低、脆性较高、力学性能分散性较大等特性，导致其实用研究还没有取得较大进展。

由于单一材料难以同时满足力学性能和耐热性能两方面的要求，因此综合了金属材料和陶瓷材料特性的复合材料受到了人们越来越多的重视，其核心为提高材料耐热性、耐蚀性和耐磨性等性能。人们在尝试创造一种在力学性能优良的金属材料表面涂覆一层耐热性能优异的陶瓷材料的复合技术，称为陶瓷涂层技术。该技术目前广泛运用于锅炉传热管陶瓷涂层和飞机发动机陶瓷涂层。

4.3.3.2 高强度材料

与金属、高分子材料相比，陶瓷材料化学性质很稳定，即使在高温和腐蚀极限环境中也可以保证部件的长寿命。陶瓷是硅、铝、镁等元素的氧化物、碳化物、氮化物，在地球表面含量丰富，是受资源制约小的材料。陶瓷具有高强度、高硬度、高熔点等特点，作为耐热结构材料被广泛利用。

若想进行以高温结构陶瓷长寿命为目标的材料设计，首先需要搞清影响材料性能的因素：

（1）抗氧化性能。固体的热力学稳定性决定了物质的极限使用温度。例如，ZrO_2 的临界温度是 2500℃，Al_2O_3 的临界温度是 2072℃，氮化硅临界温度低于氧化物，所以没有氧化物稳定，在大气中就会发生表面氧化反应。

（2）晶界滑移和空洞。在高温、应力条件下，多晶体由于晶界滑移而产生空洞，随着晶界滑移，在三叉晶界处发生应力集中，由此产生空洞核心，而空洞的连接则导致微裂纹生长，主裂纹与裂纹前沿的微裂纹的连接导致裂纹进一步扩展。

（3）断裂韧度。与陶瓷同样存在脆性问题的金属间化合物，通过添加微量元素控制晶界的电子结构以克服晶界脆性，改善其室温延展性。但是陶瓷的解离脆性本质源于原子间的结合，因此提高陶瓷韧度的实际方法是通过控制多晶体的界面结合力以追求强韧度。

作为提高韧度的途径，长纤维强化复合材料有希望使得其强度和断裂韧度都比原来的材料成倍增加。人们期待开发出以氮化硅、碳化硅为基体，性能更加优异的长纤维强化复合材料。

上面根据生态环境材料的概念，从几种结构和装置长寿命化以及减轻环境负荷的观点出发，列举了一些例子。为了达到生态环境材料的基本要求，除了必须要发挥所制备产品的特性和功能以外，还必须极力控制材料的使用和能耗。因此，理想的环境材料应该尽可能廉价、环境负荷小，在使用时具有足够的界面强度，且不采用稀有元素，使用结束后可以循环等特点，才能达到长寿命化设计的要求。

4.3.4　再生设计

由于材料生产过程中的每一步都有大量的废弃物产生，因此在材料的生态设计中，废弃物的再生设计就显得尤为重要。再生设计涉及两个方面：材料的服务性能和环境性能相协调；材料在报废之后必须易于实现再生循环。

从生态学的角度来看，自然界是一个有机联系的循环系统，称为生态系统。在生态系统中，任何一个无知都有它特有的属性和用途。相对于整个生态系统，没有绝对的毒物和废物，在特定情况下，废物和资源可以相互转化。在材料的生命周期中，废弃物循环再生的过程就是它们在生态系统中的物质流、能量流、信息流、人口流和价值流的运行向着相对合理的状态转化的过程。实际上随着材料生产和消费的不断扩大，新材料的不断涌现，废弃物的数量也随之增加。由此带来的资源、能源短缺等问题正在日趋严重，这迫使人类要重新认识废物的价值，并发展相关的科学技术，使得废弃物资源化。

4.3.4.1　回收再生方法

根据废弃物作为资源再生利用方式的差异，大致可将回收方法分为再使用、材料再循环、化学再生循环、人能再生循环和最终处理。不同阶段进行再生利用时所需要解决的问题、意义及重点均不相同。

（1）再使用，也被称为原点利用或单纯再利用。ISO14000环境质量标准中对于该词语的解释是："在产品的生命周期中可被用来完成同样预定用途的一定次数的重复使用"。可以理解为保持其原来的形式、状态，无需加工就能再次使用。

（2）材料再生循环，是指在材料或产品的特定功能丧失之前，作为同一类材料在同级或者低级制品中再次使用。某些材料由于混入杂质或加工过程影响，再生材料的性能相对于新材料的性能有所下降，此时，回收分离对材料的再生循环具有很重要的意义。由于对材料进行再生循环的价格比制造新材料的价格低廉，因此材料再生循环是目前比较常用的方法。

（3）化学再生循环，是指将废弃物经过化学分解、分离，以原料的形式进行回收再利用。该方法使得材料还原成了原料，然后通过合成等手段使原料再生为新材料，因此是一种完全的再生循环方法。

（4）热能再生循环，包括两方面：利用生产过程中的余热；回收某些有机废弃物热解产生的热能或电能。用热解或焚烧等方式回收热能或电能的典型实例就是垃圾焚烧发电技术。

4.3.4.2　可回收产品的结构工艺性

在再生设计中，应遵循以下设计原则：

（1）具有良好的拆卸性能，以保证回收的可能性和便利性。

（2）尽可能地选取可更新的零件。

（3）可重用零部件的布局应考虑其净化工艺对环境不产生污染。

（4）可重用零部件的状态要容易明确地识别。

（5）结构设计应有利于维修调整。

（6）限制材料种类。

（7）采用系列化、模块化的产品结构。

（8）考虑零件的异化再使用方法。

（9）尽可能利用回收零部件或材料。

（10）考虑与材料的相容性。

4.3.5　仿生设计

仿生设计是模仿生物器官的组织结构和运行模式，进行材料的设计。它通过模拟生物器官的组织结构、自愈合、自增长与自进化等功能，以迅速响应市场需求并保护自然环境。模仿生物体的生命过程，开展材料设计与制备的"仿生处理"，具有巨大的经济价值和环保意义。

仿生设计可以粗略地概括为以下三方面：材料的结构仿生；材料的功能仿生；材料的形成过程仿生。

总之，材料的生态设计是实现材料可持续发展的重要途径。生态设计就是要明显地减少材料制造前的隐性材料物质流和能源流，也就是在材料循环的前端减少，而不是促进生产，导致废弃物的循环。生态设计的基本思想就是将粗放型的生产与消费系统变成集约型，使得产品从孕育到使用，再从使用到循环的每个周期都更加的合理、环保。生态设计的思想、原则和方法不仅仅适用于新材料和新产品的开发，也适用于传统产品和技术的改进与发展。

思 考 题

4-1　可持续发展的内涵是什么？

4-2　什么是生态设计？生态设计的目标是什么？

4-3　生态设计与传统设计的区别有哪些？

4-4　生态设计有哪些原则和特点？

参 考 文 献

[1]　洪紫萍．生态材料导论［M］．北京：化学工业出版社，2001．

［2］王天民．生态环境材料［M］．天津：天津大学出版社，2000．

［3］李静江．企业绿色经营：可持续发展必由之路［M］．北京：清华大学出版社，2006．

［4］陈军，钱玉山．国际环境材料发展概况［J］．能源环境保护，2009，23（1）．

［5］宋健．走可持续发展道路是中国的必然选择［J］．环境保护，1996（5）：2~4．

［6］翁端．环境材料学［M］．北京：清华大学出版社，2011．

［7］孙胜龙．环境材料［M］．北京：化学工业出版社，2002．

［8］聂祚仁，王瑛．生态环境材料的研究与发展趋势（下）［J］．新材料产业，2001（11）：12~15．

［9］Nie Z, Zuo T. Ecomaterials research and development activities in China［J］. Current Opinion in Solid State & Materials Science，2003，7（3）：217~223．

［10］Charter M. The Durable Use of Consumer Products：New Options for Business and Comsuption［M］. New York：Springer US，1998：117~138（22）．

［11］张雷涛．浅谈生态设计与生态产品［J］．甘肃科技，2005，21（2）：182．

［12］王犹建．探讨生态文明视域下的产品生态设计理念和方法［J］．生态经济，2010（2）：71~74．

5 环境材料的环境友好加工与清洁生产

在环境材料研究中，除了材料的生态设计需要重视外，对材料的环境友好加工和制备工艺也需要认真考虑。从工艺的角度，降低环境负担性，改善生态条件，从而在把好设计关的前提下，使后续的产品生产和制造过程，以及材料使用过程对环境的影响降到最低程度。

5.1 环境材料的环境友好加工技术

人类社会正努力从以"大量生产、大量消费和大量废弃"为基本特征的传统经济社会向"最优生产、最优消费和最少废弃"的现代可持续发展的"生态循环经济社会"的方向转变。对于材料产业，为了遏制污染，减轻材料的环境负担，应着重发展材料的环境友好加工和制备技术。具体表现在为了避免或减少环境污染而采取的污染控制技术，以及为排放到环境以前的再循环利用技术等[1]。

在实际生产过程中，往往同时采用多种环境友好加工技术来实现材料的环境友好生产过程。目前，主要的环境友好加工技术有避害技术、污染控制技术、再循环利用技术、补救修复技术和生态工业技术等。

5.1.1 避害技术

在材料生产过程中，或作为原料或由于工艺的要求，很多过程都不可避免地引入一些有害物，不但在生产中造成污染，恶化劳动条件，而且在其转化为产品后仍有可能对人体健康和环境造成长期的影响。

在这种情况下，为了减轻环境污染，一般可采用避害趋利技术，即在材料生产中使用各种原料和辅料时，应尽量以无害、低害代替有害、高害，将有害物留在生产过程内部处理，从而在排放到环境以前进行消化，避免污染环境。目前材料的生产、加工行业都已研究出不少较为成熟的有害物替代和避害技术，包括无害原材料替代有害原材料，以及用环境友好的生产工艺替代污染较严重的生产工艺等。图 5-1 所示为用环境友好生产工艺代替

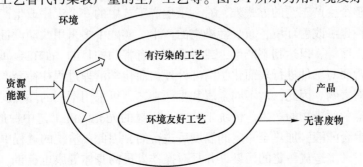

图 5-1 避害技术处理示意图

污染严重生产工艺的避害技术处理示意图。

5.1.1.1　用无害材料替代有害材料

一般来讲，原材料是产品生产的第一步，原料路线的选择与生产过程中污染物的产生密切相关。目前还有不少产品采用了高污染的原料路线，如目前占涂料行业产量的52.1%的溶剂型原辅料中需用到大量挥发性溶剂（苯、甲苯、二甲苯等）、重金属（铅、汞、镉等）及其他化学物质，大多对人体及环境有不利影响[2]。生产一种产品采用什么原料路线是由很多因素决定的，包括资源、技术、经济等，但以牺牲环境为代价，或者需要很高的废物处理费用来弥补原料路线的不足，是不适宜的。通过技术更新，可以使用对环境无害的原料代替对环境有害的原料，从而减少对环境的污染。

在材料的表面处理中，电镀行业通过采用低毒、低害化工原料配置的功能处理溶液替代毒性大、危害重的原料配置的处理溶液[3]，从而使电镀过程不产生或者少产生有害废物，是开发清洁生产工艺技术的主要方向。如已广泛采用的无氰电镀技术，用对环境和人体无害的物质代替在镀槽表面易散发出剧毒的氰化物作为配位剂，从而消除了氰化物的危害。

涂料具有对材料表面保护和装饰的重要应用。开林造漆厂的原先船底防污漆中添加DDT用来防污，但该产品属于溶解型防污漆，涂膜中的防污剂会随着时间的推移慢慢向海水中渗出，造成海水的DDT污染。随后，开林造漆厂经过试验，先后采用天然防污剂、合成防污剂以及不含防污剂（即改变涂层表面的物理化学特性）等方法制备船底漆，并进行防污效果对比，最后确定以改变涂料表面的物理化学特性方法，取消船底防污漆中DDT的使用，并实现原料的无害化[2]。

类似以无毒或低毒材料代替有毒、剧毒材料在工业中运用的例子很多，如用玻璃纤维、泡沫聚乙烯代替石棉作为隔热材料；化学工业中，用二氯苯代替苯作为合成偶氮染料的原料，等等。

5.1.1.2　用环境友好的生产工业代替污染较重的生产工艺

原料确定之后，所采用的生产工艺技术路线就成为决定有害物产生的重要因素。在材料的生产加工中，应尽量选择不产生有害物质或在生产过程中能将有害物质消灭或回收利用的工艺路线。通过改变生产方式，主要是技术更新和工艺置换，采用环境友好的生产工艺，保护环境，实现避害。

技术更新是应用不同的原理设计新的生产工艺，代替传统的污染严重的工艺。一般来讲，工艺的改动对技术的依赖程度较大，一个新的生产工艺，往往需要很长的时间，也需要投入大量人力和物力，才能开发完成。

除了改变整个生产工艺的方式外，对一个生产工艺中的一个工序或生产设备进行技术改造或工艺置换也可改善环境，减少污染物的产生。实践中多采用改动设备、改动作业方法或改变生产工序等，以达到不产生，或者少产生有害物的目的。如在金属制造及表面涂装行业中，经常要对工件进行表面化学清洗处理，而化学清理过程往往会产生酸碱废液及重金属离子等有害物。因此，对不同金属和生产工艺，可采用不同的环境友好表面处理工艺，减少直至避免污染物的产生。传统工艺中，铝材的光亮清洗工艺中一般是采用磷酸、硫酸、硝酸的混合酸液，加热至一定的温度后进行的，因此在清洗的过程中会产生大量的酸雾、黄烟，对环境造成一定的污染，并且对操作人员的身体健康也有害。随着科技的发展，目前人们普遍采用不加硝酸，而添加一种特殊的添加剂的方式，使得清洗过程中无黄烟产生，更加环保[4]。

5.1.2 污染控制技术

当工业过程中产生的废弃物既不能重新再生循环利用，也不能通过工艺更新减少有害物的产生或者内部消化时，为了维持生产过程的继续进行，不得不向环境排放一定量的污染物。所谓的污染控制技术是指对向环境排放的污染物，在排放到环境以前进行处理的工艺过程和技术。

工业废弃物对环境的影响主要是：消耗资源；有毒、有害物质的排放；土地占用和退化。表 5-1 列出了一些材料的生产过程对环境的影响。工业废弃物中的有毒、有害物质，如果直接排放进入环境，会对环境造成极大的破坏。为了防治环境污染和保护人群健康及生态平衡，各国制定了大气、水及土壤环境质量标准和废气、废水、废渣的排放标准。

表 5-1　一些材料生产过程对环境的影响

材料	大气	水	土壤/土地
纸、纸浆	排放含 SO_2、NO_x、CH_4、CO_2、CO、硫化氢、硫醇、氯化物、二噁英等废气	(1) 水资源消耗； (2) 排放悬浮性固体物、有机物、有机氯、二噁英	
水泥、玻璃、陶瓷	排放含砷、钒、铅、铬、硅、碱、氯化物粉尘及 NO_x、CO_2、SO_2、CO 等废气	排放含油、重金属离子废水	(1) 矿物资源及土地消耗； (2) 排放固体废弃物
金属及矿物开采	排放各种粉尘及有害气体	排放含金属离子及有毒化学品废水	(1) 矿物资源及土地消耗； (2) 土地退化
钢铁	(1) 排放含铅、砷、铬、铜、汞、镍、硒、锌等颗粒物和粉尘，以及含有机物、酸雾、H_2S、HC 等废气； (2) 紫外线辐射	(1) 水资源消耗； (2) 排放含无机物、有机物、油、悬浮性固体物、金属离子的废水	(1) 矿物资源及土地消耗； (2) 排放固体废弃物
有色金属	排放含铝、砷、镉、铜、锌、汞、镍、铅、镁、锰、炭黑、气溶胶、SiO_2 等颗粒和粉尘，以及含 SO_2、NO_x、CO、H_2S、氯化物、氟化物、有机物等废气	排放含重金属离子及有害化学品的废水	(1) 排放固体废弃物； (2) 土地退化

关于污染物排放控制方法，一般包括减少有害物排放的分离处理、无害化转化处理以及有害物收集存储等，其技术原理示意如图 5-2 所示。其核心是将有害物在进入环境之前尽可能转化为无害物，尽量减少对环境的损害。

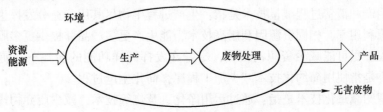

图 5-2　污染物排放控制原理示意图

5.1.2.1　无害化转化处理

环保中通常提到的"三废"包括气、液、固三种形态废弃物，是可以相互转化的。如废气中的 NO_x、SO_x 升到空中，经过转化并溶于雨水降落形成液态的酸雨；废水中的溶解态物质，经沉淀处理后分离出污泥又成为固态废渣；废渣中的可溶性成分被雨水淋滤进入局部蓄水区致使该区域水质变为废水。三种状况如此循环转换。控制治理时要综合考虑，确保将有害物在进入环境之前彻底转化为无害物。

无害化转化处理指对一些污染物进行物理或化学转化处理，使有害物变成无害物再向环境排放，消除有害物对环境的影响。物理转化主要包括分离、沉淀、过滤、吸附、吸收等处理技术，化学转化则主要包括氧化、还原、催化及生物处理。

5.1.2.2　有害物收集存储处理

有害物收集存储处理主要针对现阶段难以完成无害化转化处理的有害物，目前在工业"三废"处理中应用较普遍。如工业废气排放前，应先进行除尘，将固体颗粒物收集脱除，再根据废气成分及环保要求进行其他处理。废水、废渣处理前先进行清污分流、减量化和回收有用组分等预处理，然后用化学或生物方法将有害物转化为无害物。

防止有害物质未经处理就进入环境，关键在于工艺生产流程的密封程度，包括设备本身的密闭情况及保证投料、出料、物料输送的过程中有害物不能溢出。如橡胶加工中的塑炼和混凝是在开炼机和密炼机中进行的，如不密闭则散发出大量有毒气体和烟尘。一些生产设备，如破碎机、电镀机、清洗槽等，均可采用密闭的方法。此外，加强防范意识，杜绝生产过程中的跑、冒、滴、漏现象，也是很重要的。

5.1.3　再循环利用技术

与传统的经济发展模式及其造成的后果相比，循环经济模式可以较理想化地去解决资源、经济、环境发展之间的矛盾，实现经济、环境、社会效益的"三赢"。它为工业化发展以来的传统经济模式转向可持续发展经济模式提供了战略性理论范例，从而可以从根本上消解长期以来环境与发展之间的尖锐冲突。

5.1.3.1　减量化技术系统及其运行

在循环经济法治疗过程中，减量技术可用在管端预防过程，管道中的生产和消费过程，也可以用在末端排放治理过程中。

管端减量化技术是指：利用高科技，省料、节能、减少资源消耗，或者单位消耗的资源能生产出更多的产品。例如：使产品包装更加简单化；推广和使用各种先进的节电技术、设备和运用科学的管理方法订立合理的政策来解决生产和生活用电；工业上科学合理地配置材料，尽量节约原材料用量。

管道中生产和消费过程减量技术是指：生产过程中物尽其用，充分发挥生产要素的功能，提高资源利用率，相同资源因利用高技术，能生产更多产品并提供更多服务。

消费过程中尽可能减少资源消费量，尽量在发挥同样功能的前提下，使所需资源更少。具体来讲是指使用简约化技术减少加工程序，简化生产过程。

末端治理的减量化技术是指：通过运用净化、焚烧等技术，减少废弃物排放量，减轻环境的压力（大气、水体、土壤），优化环境效益。实际上，在节能、省料技术实现过程中，包括了替代技术的运用。替代技术指通过改变产品结构，而不改变其功能的技术。替代的目的在于减少资源消耗或减少对不可再生资源的消耗，最大化地减少对环境的污染和破坏。

5.1.3.2 再利用技术系统及其运行

再利用技术主要运用在生产和消费过程中，指对同一物品及资源进行反复利用，通过对产品进行循环反复利用和梯次递减利用来减少资源消耗的技术。技术主要包括：

（1）产品的重复使用。使用后的产品作为一个整体被重复使用，或使用产品原来的功能，或用于其他目标。

（2）重新加工和翻新。对具有使用价值的元件、部件，可重复使用其原来功能，用于其他同类产品的维护和维修或用于其他的产品。

（3）材料的回收。使用可回收材料，减少材料种类，便于材料的回收，对于不得不使用的有毒、有害材料，集中于产品特定区域，便于拆卸和处理。

例如，金属材料是易于循环再利用的材料，若要使金属材料充分扮演好环境材料这个角色，就必须充分利用循环使用的特点以降低环境负担。为此，需要建立两个新的合金设计原则：一是低合金化，即在保持材料性能指标基本不变的前提下，尽量降低金属材料的合金元素含量或合金元素数目；二是非敏感元素的合金化，即研究和开发对某些元素的含量不敏感的显微组织，而这些元素主要来自材料的再生过程，且是杂质元素或不期望元素。对于元素不敏感合金，可以通过晶粒超细化来增大晶界或相界面积，以降低晶界或相界处的夹杂物浓度[5]。

5.1.3.3 资源化技术系统及运行

资源化技术是指对生产和消费过程中产生的废弃物利用高科技手段进行改造，重新物化为企业再生产的资源，实现废弃资源中可利用部分的充分利用，以减少废弃物对环境的压力，同时节约企业生产资源的一整套技术体系。可见，资源化技术关键是对废弃物的处理和再利用。所谓废弃物是个相对概念，对于某一生产环节是废弃物，对另一生产环节就可能是资源。相对于生产和消费没有真正的废弃物，而且废弃物中也有有用的东西，只不过没有分拣前，它和其他"废物"混杂在一起，被当作废弃物罢了。

当然，受到现有废弃物处理技术的限制，如果处理技术只达到某一水平，暂时不可再生资源化的废弃物，只能通过合理的末端治理技术进行无害化、安全化处理。

再循环利用技术示意图如图 5-3 所示。

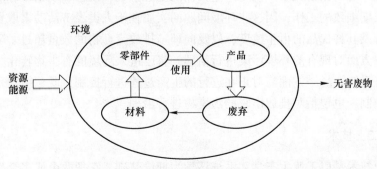

图 5-3　再循环利用技术原理示意图

5.1.4　补救修复技术

对一个具体的工艺生产过程，前面介绍的污染控制技术、再循环利用技术都是希望将污染控制在该生产过程内部，当某一生产过程经过上述处理后，仍有一些污染物不得不向环境排放。在这种情况下，必须对污染的环境采取补救修复技术。

广义上，环境的补救修复包括对由于过去污染物排放的积累造成的环境污染的补救和修复，以及由于正在进行的生产过程对环境造成的污染的补救修复处理。后一种情况相当于把污染控制过程移至生产过程以外进行，这样可对几个生产工艺用一种污染处理工艺同时进行处理，相当于一个独立的环境污染处理系统。显然，污染物的产生和排放有时难以避免，需要对它们进行必要的处理和处置，使其对环境的危害降至最低。详细的技术原理示意图如图5-4所示。

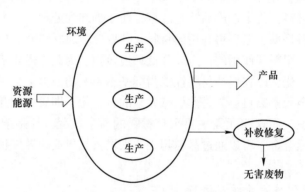

图5-4　环境污染的补救修复处理示意图

例如，核工业产生的废水、废气、废渣及收到放射性污染的各类废物，经过充分的缩减后，所剩的放射性物质仍很难通过化学或生物的方法稳定下来。它们一旦生成，就会对环境产生影响。为了尽量减少放射性物质对人类和自然界的危害，一般将其固化深埋，与环境永远隔离。随着核分离技术和反应堆技术的发展，从高放射性废液中分离出长寿命的放射性元素并通过反应堆使其转变为其他无危害或者危害小的放射性元素的技术日益成熟。

针对积累下来的生态环境问题，如全球气候变暖、臭氧层耗竭、大面积的酸雨污染、淡水资源的枯竭及污染、生物多样性锐减、土壤退化及沙漠化加速、森林略减等，都与人类社会工业化进程有紧密关系。恢复这些失衡的生态系统，改善环境条件，需要大量的新技术支持和长期细致的工作，因这些环境问题的实质在于人类经济活动索取资源的速度超过了资源本身及其替代品的再生速度，以及向环境排放废弃物的数量超过了环境的自净能力。所以，一方面对现有的环境污染进行治理，将已进入环境的有害物转化为无害物，恢复失衡的生态系统；另一方面需对正在进行的生产过程进行控制，既包括对系统内的污染物进行总量控制，也包括对排放出来的污染物进行治理。

5.1.5　生态工业技术

生态工业技术是以工业生态学和系统科学为理论基础，它把两个或多个生产过程或生产单元链接起来，形成结构和功能协调、资源和能源效率高、环境污染排放少、经济产出高效的工业共生体和复合型生态产业链网的方法和手段。它重在强调技术的整体性和环境友好性。它是模拟自然生态系统的结构和功能而构建的技术体系，以生态效率和综合效益为创新目标，而不追求单一生产效率或综合效益；从技术建构上强调反馈作用，技术之间构成网状有机联系；物流上表现为从源到汇再到源，即同时存在两个物流方向相反、相互衔接的物质代谢过程，即"资源-产品"的代谢和"废物-资源"的废物代谢，从而使物质在一个闭环系统中循环，既降低了资源、能源消耗强度，又减少了废物排放，同时也减轻了技术对生态环境的压力。

生态工业是按生态经济原理和知识经济规律组织起来的，基于生态系统承载能力、具有高效经济过程及和谐的生态功能的网络型进化型工业。它通过两个或两个以上生产体系或环节间的系统耦合使物质和能量多级利用、高效产出或持续利用[6]，而不追求单一生产效率或经济效益。在技术建构上强调反馈作用，技术之间构成网状、有机联系；物流上表现为从源到汇再到源，即同时存在两个物流方向相反、相互衔接的物质代谢过程："资源→产品"的产品代谢和"废物→资源"的废物代谢，从而使物质在一个闭环系统中循环，既降低了资源、能源消耗强度，同时减少了废物排放，减轻了技术对生态环境的压力。

生态工业技术引导下的工业生产体系是生态化的，强调以可再生资源和清洁能源为其原材料和动力，具有科技含量高、不可再生自然资源消耗少、环境污染小、经济社会和环境综合效益好等特征。

生态工业技术是"生态工业"这一新型工业组织形态形成和发展的基本支撑条件，是实现工业发展可持续性的重要手段。以丹麦的卡隆堡生态工业园为例，园区内的主体企业是电厂、炼油厂、制药厂和石膏板生产厂，以这四个企业为核心，通过贸易方式利用对方生产过程中产生的废弃物或副产品，作为自己生产中的原料，不仅减少了废弃物产生量和处理的费用，还产生了很好的经济效益，形成经济发展和环境保护的良性循环。

中国生态工业园区建设始于 2000 年，发展过程中逐步形成了"有标准可依，依标准建设，据标准考核，示范试点带动，建立长效机制"的发展路线图。截至 2017 年 1 月，共批准 48 个国家生态工业示范园区，另有 45 个园区通过规划论证正在创建国家生态工业示范园区。

生态工业园示意图如图 5-5 所示。

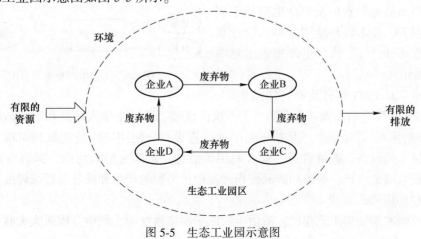

图 5-5　生态工业园示意图

5.2　环境材料的清洁生产工艺

清洁生产既是一种提高资源效率、减少环境污染的工业生产方法，也是一种环境保护和可持续发展的概念，还是一种工业生产组织和管理的思路。研究、开发清洁生产的工艺和技术，实行清洁生产的管理方式，大力推行清洁产品，已成为世界各国工业界、环保界、经济界、科学界的共识和关注的热点。

结合我国的实际情况，清洁生产是以节能、降耗、减污为目标，以技术、管理为手段，通过对生产全过程的排污审计，筛选并实施污染防治措施，以消除和减少工业生产对人类健康与生态环境的影响，达到防治工业污染、提高经济效益双重目的的综合性措施。围绕提高资源效率，减少环境污染，有关清洁生产的理论基础主要包括废物与资源转化理论、生产过程最优化理论及社会化大生产理论等。同时社会可持续发展战略的需求以及保护环境的基本国策呼唤着有关清洁生产的研究。

清洁生产强调三个观念：（1）清洁能源，尽量节约能源消耗，利用可再生的能源等；（2）清洁生产过程，产品制造过程中尽可能少生产废弃物，尽可能减少对环境的污染；（3）清洁产品，降低对不可再生资源的消耗[7]。

清洁生产的主要方法是排污审计，即通过审计海岸排污部位、排污原因，并筛选消除或减少污染物的措施。

清洁生产谋求达到两个目标：（1）通过资源的综合利用、短缺资源的代用、二次资源的利用以及节能、省料、节水，合理利用自然资源，减轻资源的消耗；（2）减少废料和污染物的生成和排放，促进工业产品在生产和消费过程中与环境相容，降低整个工业活动对人类和环境的风险。

5.2.1　清洁生产的基本概念

1989 年联合国环境规划署提出的"清洁生产"（cleaner production，CP）的概念是："清洁生产是一种新的创造性思想，该思想将整体预防的环境战略持续应用于生产过程、产品设计和服务中，以增加生态效率和减少人类及环境的风险。对生产过程，要求节约原材料和能源，淘汰有毒原材料，减降所有废弃物的数量和毒性；对产品，要求减少从原材料提炼到产品最终处置的全生命周期的不利影响；对服务，要求将环境因素纳入设计和所提供的服务中[8]。"清洁生产概念示意图如图 5-6 所示。

图 5-6　清洁生产概念示意图

在我国，从 1993 年开始推行清洁生产，2002 年 6 月 29 日全国人大常委会第二十八次会议通过了《中华人民共和国清洁生产促进法》，按该法所称："清洁生产是指不断采取改进设计、使用清洁的能源和原料、采用先进的工艺技术与设备、改善管理、综合利用等措施，从源头削减污染，提高资源利用效率，减少或者避免生产、服务和产品使用过程中污染物的产生和排放，以减轻或者消除对人类健康和环境的危害。"

与传统的末端处理工艺相比，清洁生产由于污染物在源头减少，因而大大减少了需要末端处理的污染物总量和处理设施的建设规模，因而一次性投资和运行成本必然大大减少，从而改善企业发展与环境保护两者之间的关系，解决环保与经济两层皮的矛盾；相比末端治理只注意对末端污染的净化，而不考虑全程控制的污染和浪费，清洁生产可以通过合理设计，对原材料进行循环套用、重复利用，使原材料最大限度地转化成产品，把污染消灭在生产过程当中，在提高原材料的转化率的同时，减少了物料流失以及污染物的产生量和排放量；末端治理往往不能从根本上消除污染，只是污染物，特别是有毒有害的物质在不同介质中的转移，而清洁生产通过对整个生产过程进行控制，降低了污染物产生的可能性，从根本上消除了污染[9]。

5.2.2 清洁生产的理论基础

在清洁生产的概念中，不但包含技术方面的可行性，还包活经济方面的可盈利性和社会方面的可持续发展性。在环境方面，可直接表现出减少或消除污染；在经济方面，可表现出节约资源能源、降低生产成本、提高产品质量、增加产品的市场竞争力；在技术方面，所谓的清洁生产过程和产品是和现有的工业和产品相比较而言的，推行清洁生产本身就是一个不断完善的过程，始终需要新技术的支持，不断开发新技术，改进新工艺，提出更新的目标，达到更高的水平。

5.2.2.1 物流基础

清洁生产的废物与资源转化理论是以物质不灭定律和能量守恒定律为物流基础的。在生产过程中，产生的废物越多，则生产资料的消耗越大。事实上，废物只是不符合生产目的，不具有价值的非产品产出，是放错了位置的资源，若合理利用，则废物不废。清洁生产主张利用先进技术对废物进行调整和控制，以使其继续在经济系统内参与物质变化，直至成为自然界可以接受的形式。所以清洁生产最好地体现了生产资料利用最大化、废物产生最小化环境污染无害化，是实现环境效益和经济效益的最佳模式。

5.2.2.2 经济基础

就单个企业来讲，相比末端治理的环境治理手段，推行清洁生产有利于提高其经济效益。当产品市场的需求一定时，如果企业采取清洁生产方案，生产这些数量的产品只需要较少的生产资料，单位产品的成本将大大降低，所获取的收益就增加；当提供的生产资料一定时，采取清洁生产则使其产品的总量增加，同样收益增加，污染预防与生产过程相结合，企业将在生产过程中减少废弃物的产生，从而大大降低处理费用。就整个社会来讲，当社会的总资源投入一定时，企业实施清洁生产使得社会产品总量增加，社会总效益增加企业实施清洁生产减少废弃物产生，从而减少企业把治理成本转嫁给社会的机会成本，有效弱化外部不经济性[10]。

5.2.2.3 社会基础

保护环境是我国的基本国策，2016年9月3日习近平总书记在"二十国集团工商峰会"开幕式上的主旨演讲中指出："在新的起点上，我们将坚定不移推动绿色发展，谋求更佳质量效益。我多次说过，绿水青山就是金山银山，保护环境就是保护生产力，改善环境就是发展生产力。这个朴素的道理正得到越来越多人们的认同。"目前，我国正处在工业化加速发展的阶段，今后相当长一段时间内，中国经济仍将保持较高的增长速度，导致污染物排放量增加，如不采取有效的预防措施，新增工业污染和由此而产生的城市污染，将会进一步加剧。

5.2.3　清洁生产的主要内容

　　按照清洁生产的定义，围绕清洁生产的实施目标，清洁生产的内容主要包括清洁能源和资源、清洁工艺、清洁设备、清洁产品、清洁服务、清洁管理及清洁审计，如图 5-7 所示。

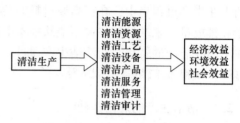

图 5-7　清洁生产内容框架示意图

　　清洁的能源指在生产过程中实现最少的能源消耗；对化石能源要实现清洁燃烧；开发低污染的新能源，如核能或其他可再生能源；以及有关能源的有效利用技术与节能措施等，从能源利用的途径使生产的驱动过程对环境影响较少。

　　清洁资源要求在生产过程中实现最少的能源消耗；用无毒材料代替有毒材料，减少有害物料的投放，从源头控制，避免最终对环境的有毒影响。同时，优化原材料的使用，提高材料的使用效率也是一项重要内容。

　　清洁的生产工艺是清洁生产思想产生的最初动力之一。清洁的生产工艺流程要求在原料加工、使用、废弃等过程中无污染或少污染，无排放或少排放；尽量实现物料自循环，以及高效率的安全生产过程；生产过程中实施无毒排放或无毒副产品。

　　清洁的生产设备最主要的是具有良好的密闭生产系统，清除生产过程中的跑、冒、滴、漏等。主要内容是改进生产设备，优先采用不生产或少生产废物和污染的设备，提高设备效率，改进设备的运行条件等。另外，在生产过程中通过相应的设备条件来实现减少对环境有害的噪声排放。

　　清洁的产品包括调整产品结构，发展清洁产品，用对环境和人体无害的产品取代有毒、有害的产品，使产品具有令人满意的使用性能、可接受的经济成本、适当的寿命、对人无毒、对环境无害、易回收再生等性能。

　　清洁的服务指在产品的售后服务过程中建立环境意识，通过维护、保修、更换等一系列环节减少对环境的影响。同时，建立废品回收系统，发展回收、提纯工艺，提高废物回收利用率等也是清洁服务的内容。

　　清洁管理包括实施现代化管理、提高生产效率、优化生产组织、控制原料消耗、岗位技术培训、培养环境意识、监督规范执行情况等，从而加强生产全过程管理，通过管理途径保障生产效率和环境保护各项措施的实现。

5.2.4　实现清洁生产的途径

　　实现清洁生产有两个要点：一是提高物料转化过程的资源效率，即从原料投放到废弃物排出整个过程的有效产出；二是组织生产过程的环境意识，即从产品开发到市场售后服务，都要关注产品的生产和使用对环境的影响。所以，清洁生产主要针对各种产品和生产过程对环境的不利影响，以实现污染预防为目标，研究、开发并实施各种环境友好工艺和技术。

实现清洁生产的途径主要包括清洁规划和管理、提高资源效率、减少废物排放，以及开发环境友好产品和工艺等。

清洁规划和环境主要是对生产工艺过程推行先进的管理方式、提高员工素质和环境意识、实行良好的内部管理规范、加强物料安全管理、改进设备与仪表维护、减少泄漏发生等；优化生产结构，实施规模化、专业化生产的生产方式；另外，制定与生产相适应的清洁生产政策，保障先进的生产技术和工艺能够在实践中得到贯彻和应用，也是清洁规划和管理的重要内容。

有效地利用自然资源，重视废物的回收再利用，从而提高资源效率是实现清洁生产的重要途径，包括开发和应用通过原材料改变恶化有毒原材料的替代技术，减少有害废物的毒性和数量，以及将废物中有价资源再生回收，并在生产流程内部得到循环利用，等等。资源的回收利用一直是材料可持续发展的主题之一，是处理废弃物和节约资源、能源的重要措施。通过资源的综合利用、短缺资源的代用、二次资源的回收利用，以及节能、省料、节水等，实现合理利用资源，减缓资源的耗竭。资源回收的途径有废弃物的单纯回收再利用、产品或零部件的回收再利用、对废弃物进行加工处理后作为原材料再利用，以及能源回收利用等。

在生产过程中，开发清洁生产新工艺，减少直至消除废物和污染的产生与排放，促进工业产品的生产和消费过程与环境过程相容，减少整个工业活动对人类和环境的危害，对实现清洁生产具有重要意义。具体内容包括：减少废物排放；采用无废、低废的清洁工艺；通过工艺技术改革、设备改进和优化工艺操作控制，对工艺过程的污染源进行削减；实现污染排放的过程控制；实施鼓励废物回收的政策，等等。

这是材料产业环境协调性发展的治本之道，是实现清洁生产最主要的途径。

5.2.5 清洁生产技术的实践

我国与清洁生产相关的活动具有较长的历史，早在 20 世纪 70 年代就曾明确提出了"预防为主，防治结合"的方针，强调要通过调整产业布局、产品结构，通过技术改造和"三废"的综合利用等手段防治工业污染。到了 20 世纪 80 年代，我国明确了"预防为主，防治结合"的环境政策，指出要通过技术改造把"三废"排放减少到最小限度。进入 21 世纪，全国人大于 2002 年 6 月 29 日通过了《中华人民共和国清洁生产促进法》，标志着中国推行清洁生产工作进入法制化轨道；随后颁布实施的《关于加快推行清洁生产的意见》（国办发［2003］100 号）等一系列文件，建立了配套的清洁生产法律法规体系，进一步推动清洁生产的全面实施。

在国外，美国清洁生产最早是由美国一家化学公司资源搞起来的。该公司从自身的多年环保实践中感受到末端治理为主的传统做法的种种弊端，认识到源头削减的重要性，主动在公司内开展污染预防活动，取得了非常好的效果，进而在美国乃至世界各地展开。1990 年美国国会通过了《污染预防法》。该法正式宣布污染预防是美国的基本国策，是美国用预防污染取代末端治理政策的重大举措。

5.2.5.1 煤炭行业清洁生产技术

在我国，以煤炭为主的能源供给结构决定了煤炭工业在国民经济发展中占有极其重要的地位。而国民经济的快速发展、粗放经营和政策不配套又对煤炭工业产生负面作用，带来沉重的环境压力，这些压力主要表现在由于地下开采，使地（岩）层结构构造遭到破坏，引起地面塌陷、水土流失、水平衡破坏；煤粉对煤矿附近环境造成严重污染；煤矸石堆放，不仅占地、破坏自然景观，而且发生自燃、污染环境；煤矿排放的污水（矿井水、煤泥水、生活污水等）污染河流、水库或农田等。诸多环境污染已经制约了煤炭工业的发展，只有搞好煤炭企业的环境保护，推行清洁生产，才能实现环境、经济的协调发展[11]。

晓明煤矿是我国煤炭行业实施清洁生产的第一家试点单位。晓明煤矿于2001年6月正式启动以洗煤水闭路循环为清洁生产工作的重点，以煤泥水压滤工程（总投资约为400万元）为清洁生产方案，取得了良好的经济效益和社会效益[11]。

目前，我国煤炭行业的发展已经取得了显著的成就，同时也为该行业顺利实施清洁生产奠定了基础。主要表现为以下几点：煤炭工业技术水平进一步提高、煤炭行业综合经营的格局初步形成、煤炭工业对外开放步伐加快、国有煤炭企业改革取得进展、依法取缔非法开采和关闭布局不合理的小煤矿取得阶段性成果。我国常用洁净煤技术主要有三个方面：一是煤炭直接燃烧的清洁生产技术；二是煤炭转化为清洁燃料的清洁生产技术；三是煤炭开采过程的清洁生产技术。此外，煤炭在生产开发中产生的煤矸石等废物也可将其转化为其他工业用品，如制砖、水泥、路基等或用于发电发热，补充厂区电力、供暖等消耗，如图5-8所示。这些技术是将整体预防的环境战略持续应用于生产过程、产品和服务中，即清洁生产思想应用于煤炭企业的具体体现[12]。

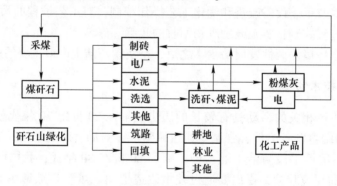

图5-8 某煤矿煤矸石综合利用图

煤炭清洁利用在未来发展的重点在于煤制燃料和煤制化工品的研究和发展，通过上述技术将煤炭转换成天然气、醇类物质以及烯烃等物质，这样就能够大大提高煤炭资源的利用率，并且还可以降低污染物的排放量。我国的煤气化和煤炭液化技术已经位于世界先进水平，并且已经大规模投入到了生产实践之中[13]。

煤炭清洁生产从根本上摒弃了末端治理的弊端，它通过煤炭生产全过程控制，减少甚至消除污染物的产生和排放。这样，不仅可以减少煤炭生产末端治理设施的建设投资，也减少了其日常运转费用，大大减轻了煤矿企业的负担。

5.2.5.2 钢铁工业清洁生产技术

钢铁工业是国民经济发展的重要支柱性产业，涉及面广，关联度高，消费拉动大，在经济建设、社会发展、财政税收、国防军工以及稳定就业等方面发挥着重要作用。钢铁工业十分重视节能与环保工作。早在1986年钢铁行业学习石化行业的经验，把系统论应用于节能工作中，提出了系统节能的理论。从注重单体设备、单个工序、单个部门节能转变到全行业、全工序、全过程的节能降耗，开始了系统节能新阶段，并取得显著成效，这可以说是清洁生产的前身[14]。

在清洁生产概念的指导下，钢铁产品设计主要是在保证使用性能的前提下，充分考虑制造、使用和回收利用的生产周期全过程中的无害化和生态化要素。钢铁产品制造的原材料准备主要包括能源、水、金属和非金属矿物以及和钢铁生产相关的其他原材料的生态化设计，如采用清洁能源、开拓新的水资源来源与避免浪费、矿物资源有用成分的富集和综合利用、尾矿的无害处理与再资源化处理等。

钢铁生产工艺流程示意图如图 5-9 所示，主要包括炉外处理、冶炼、成型和加工四个工序。清洁生产对该过程的要求关键在于高效率、高品质、低消耗和低排放。如何能够达到这一要求，则主要依靠流程优化和可靠、先进的工艺技术及设备，大批先进技术、设备的开发与应用程度。

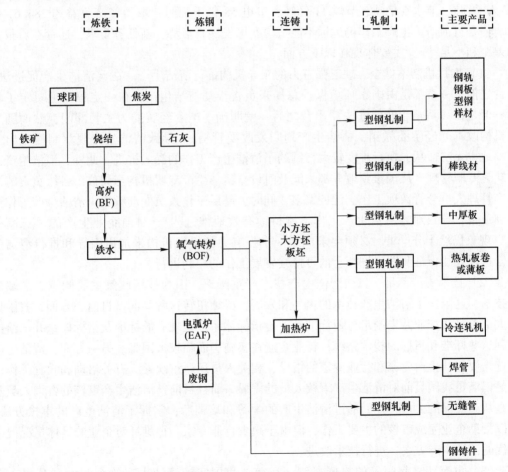

图 5-9　钢铁生产工艺流程示意图

近年来，钢铁工业认真贯彻经济与环境相协调的发展方针，把控制污染融于优化产业结构、节能、降耗工作中，取得显著成绩。2016 年，钢协会员生产企业能源消耗总量同比延续呈下降趋势。吨钢可比能耗、吨钢耗电、吨钢耗新水以及球团、焦化、转炉炼钢、电炉炼钢和钢加工工序等主要工序能耗逐月下降。资源、二次能源利用水平进一步提高，转炉钢渣累计利用率比 2015 年提高了 1.63 个百分点，高炉渣利用率比 2015 年提高了 0.06 个百分点，高炉煤气利用率比 2015 年提高了 1.06 个百分点，转炉煤气利用率比 2015 年提高了 0.38 个百分点。高炉煤气放散率比 2015 年下降了 0.2 个百分点；转炉煤气吨钢回收量 $114m^3/t$，与 2015 年同期提高 6.06%[15]。

5.2.6   清洁生产发展过程中存在的问题

尽管近年来我国工业清洁生产取得了一些进展，但必须充分认识到我国工业长期以来的快速增长在很大程度上是依靠消耗大量物质资源实现的，增长方式粗放，呈现出"高投入、高消耗、高排放、低效率"的三高一低的特征。尽管据环保部 2009~2013 年统计的强制性清洁生产审核的数据，全国重点企业通过清洁生产审核提出清洁生产方案 19.7 万个，实施 18.6 万个；约累计削减废水排放 170 亿吨、COD 12 万吨、SO_2 19 万吨、NO_x 18 万吨、节水 6 亿吨、节煤 11 亿吨、节电 58 亿千瓦时，取得经济收益约 284.61 亿元。但是目前清洁生产工作仍远远不能适应我国发展新形势、新任务要求，还存在着很大的差距和不足[16]，主要体现在以下方面：

（1）推行机制不健全。缺乏强有力的领导机构推行清洁生产。在《清洁生产促进法》出台之前，一直都是由国家环境保护总局来负责推动清洁生产，在一定程度上奠定了基础。但是在《清洁生产促进法》出台之后，就明确了国家经贸委为主管部门，然而随后的机构改革（经贸委撤销，清洁生产划归发改委管辖）。导致清洁生产规章制度政出多门，地方无法适从，执行难度较大，制约了清洁生产工作的深入推进。此外，清洁生产工作缺乏专职管理。从国家到地方都未能及时设立清洁生产专职机构与岗位，各级负责清洁生产管理人员分管数项工作，任务繁多，同时，基层工作人员变动频繁，清洁生产工作得不到重视，导致地方清洁生产工作不能持续有效地推进[17]。目前企业生产的"三高一低"现象仍然十分严重，必须要求成立一个强有力的组织机构来加以引导和推行清洁生产，这样才能保证我国经济社会的可持续发展工作的顺利进行。

（2）技术支持不足。目前清洁生产技术严重匮乏，因为技术政策主要侧重于末端治理技术，这阻碍了清洁生产技术的提高和发展，必须扭转这种局面。目前一方面，我国仍有大部分行业产业并未制定行业标准和评价指标体系，且现有的标准及指标体系并未给出达到这些标准和指标的技术路线，行业企业在实施中面临较大困难。另一方面，清洁生产审核需要清洁生产专家和行业专家的指导，相关人员还严重缺乏，有关培训和教育工作还不足以满足我国目前对清洁生产审核人员的需要。而且目前，清洁生产审核的咨询人员基本是从事环保的人员，他们通过清洁生产的学习和培训后，掌握了清洁生产的审核方法，可以帮助企业完成审核的主要工作，但由于缺少行业专家，很难针对企业的具体情况提出最优的清洁生产方案，进行技术改进。

（3）没有建立起完善的投资机制。目前，我国实施清洁生产的企业大多是国有企业和资金相对充足的大型企业，小型企业由于缺乏资金，所以心有余而力不足，这必然会影响我国清洁生产的推广工作。环保专项资金杯水车薪，经济部门基本上没有对清洁生产进行资金投入，一些较大的技术改造项目缺乏资金的支持，持续清洁生产难以落实。

（4）企业缺乏对清洁生产的认识。清洁生产要求企业在生产经营全过程中不产生污染或者将污染降到最低程度。为了防止和减少污染，企业必须开发和使用清洁技术，研制和生产清洁产品，引进污染防治技术与设备，按照清洁生产的要求，企业在经营活动中必须合理配置和使用资源，不断提高资源的利用效率。为此，企业要开发节能技术，研制节能产品，这些增加的投入在实施清洁生产的初期无疑会加大企业的成本投入。同时由于清洁生产还处于尝试阶段，一些企业的高层管理者对清洁生产缺乏客观正确的认识，企业的初期投入也会增加未来产出的不确定性，从而影响收益[7,18]。

（5）清洁生产法律、法规不完善。尽管《清洁生产促进法》的颁布对我国清洁生产工作的实施做出了原则性的规定，但是在促进法中，具有强制性的款项较少，这种促进和激励的条款只是原则层面的指导，对清洁生产的具体操作没有明确指出。基于没有颁布具有强制性的法规，工业企业在实施清洁生产的策略时，无法得到国家政策给予的扶持和资金上的支持，使得一大部分的工业企业放弃实施清洁生产的策略，这阻碍了工业清洁生产的推行[19]。

思 考 题

5-1 根据你的理解列举环境友好加工中所采用的技术手段。

5-2 试比较再循环利用技术与生态工业技术的异同点。

5-3 《清洁生产促进法》中关于清洁生产的定义是什么？

5-4 实施清洁生产的基本途径主要有哪些？

5-5 清洁生产与传统末端处理技术有什么区别？

参 考 文 献

[1] 翁端，冉锐，王蕾. 环境材料学 [M]. 第 2 版. 北京：清华大学出版社，2011.

[2] 贾英，周运诚. 涂料工业清洁生产潜力分析 [J]. 涂料工业，2013（5）：57~61.

[3] 陈金龙. 电镀行业实施清洁生产的技术途径 [J]. 涂装与电镀，2007（6）：44~46.

[4] 单鑫. 浅谈几种环保型金属表面的处理工艺 [J]. 黑龙江科学，2014（4）：236.

[5] 杨敏，舒锋. 环境材料的发展现状 [C]//2006 中国非金属矿工业大会暨第九届全国非金属矿加工应用技术交流会，2006.

[6] 段宁. 清洁生产、生态工业和循环经济 [J]. 环境科学研究，2001，14（6）：1~4，8.

[7] 孙海渔，常改姣. 清洁生产：中国企业的选择 [J]. 广播电视大学学报（哲学社会科学版），2003（2）：82~84.

[8] 张震斌，杜慧玲，唐立丹. 环境材料 [M]. 北京：冶金工业出版社，2012.

[9] 刘清，吕航. 末端处理与清洁生产的比较评述 [J]. 环境污染与防治，2000（4）：34~35.

[10] 石芝玲. 清洁生产理论与实践研究 [D]. 天津：河北工业大学，2005.

[11] 李勃. 清洁生产与煤炭企业的可持续发展 [J]. 辽宁城乡环境科技，2002（6）：11~13.

[12] 纪鹏. 煤炭开发中的清洁生产技术 [J]. 广东化工，2013（7）：109~110.

[13] 高淑云. 煤炭清洁生产技术的现状与开发应用 [J]. 科技创新导报，2016（31）：57~58.

[14] 何国勤. 环境保护与钢铁工业清洁生产 [D]. 武汉：武汉科技大学，2002.

[15] 王岭，江飞涛. 中国钢铁工业节能减排效果分析与前景 [J]. 产经评论，2012（5）：81~91.

［16］解晓磊. 鲍店煤矿清洁生产评价及对策研究［D］. 青岛：山东科技大学，2011.

［17］周长波，李梓，刘菁钧，等. 我国清洁生产发展现状、问题及对策［J］. 环境保护，2016，44（10）：27~32.

［18］孙晓峰，张晨航. 企业实施清洁生产的途径与建议［J］. 中国环保产业，2007（12）：25~26.

［19］么旭，吴方. 我国工业清洁生产发展现状与节能减排对策研究［J］. 资源节约与环保，2016（4）：2~3.

6 土壤污染治理环境材料

6.1 土壤污染及其主要污染物类型

6.1.1 土壤污染的概念

土壤是指陆地表面具有肥力、能够生长植物的厚约 2m 的疏松表层。土壤不但为植物生长提供机械支撑能力，还能为植物生长发育提供所需要的水、肥、气、热等肥力要素。近年来，由于人口急剧增长，工业迅速发展，人为的倾倒、弃置使土壤堆积了大量的固体废物，不规范的排放使有害废水不断向土壤中渗透，汽车废气的排放使有害气体和飘尘不断随雨水降落在土壤中。农业化学水平的提高使大量化学肥料及农药散落到环境中，导致土壤遭受非点源污染的机会越来越多，其程度也越来越严重，在水土流失和风蚀作用等的影响下，污染面积不断扩大。因此，凡是妨碍土壤正常功能，降低农作物产量和质量，通过粮食、蔬菜、水果等间接影响人体健康的物质都称为土壤污染物。

当土壤中有害物质过多，超过土壤的自净能力，引起土壤的组成、结构和功能发生变化，微生物活动受到抑制，有害物质或其分解产物在土壤中逐渐积累，通过"土壤→植物→人体"，或通过"土壤→水→人体"间接被人体吸收，达到危害人体健康的程度，就是土壤污染。

6.1.2 土壤污染的特点

6.1.2.1 隐蔽性和潜伏性

土壤污染是污染物在土壤中的长期积累过程，其后果要通过长期摄食由污染土壤生产的植物产品的人体或动物的健康状况反映出来。因此，土壤污染具有隐蔽性和潜伏性，不像大气和水体污染那样易为人们所察觉。日本的第二公害——痛痛病便是一个典型的例证，该病 20 世纪 60 年代发生于富山县神通川流域，直至 70 年代才基本证实是当地居民食用被含镉废水污染了的土壤所生产的"镉米"所致，其间经历了 20 余年。

6.1.2.2 不可逆性和长期性

污染物进入土壤环境后，自身在土壤中迁移、转化，同时与复杂的土壤组成物质发生一系列吸附、置换、结合作用，其中许多为不可逆过程，污染物最终形成难溶化合物沉积在土壤中。多数有机化学污染物质需要一个较长的降解时间，所以土壤一旦遭到污染，就极难恢复。

6.1.2.3 后果严重性

由于上面两个特点，必然导致作物减产、通过食物链危害人类健康的严重后果。据估计，土壤污染使我国农业粮食减产已超过 1.3×10^{10} kg。兰州市农业区污染区内宏观生物效应明显，蔬菜叶子枯黄、卷缩，部分果树已死亡，羊齿脱落极为普遍，儿童龋齿率达 40%。2000 年对 23 个省（区、市）的不完全统计，我国污染农田 4 万公顷，造成农畜产品损失 2489 万公斤，直接经济损失达 2.2 亿元。

6.1.3　土壤污染的危害及其引发的环境效应

6.1.3.1　土壤污染引起并加速环境污染

土壤是一个开放的系统，土壤系统以大气、水体和生物等自然因素和人类活动作为环境，与环境之间相互联系、相互作用，这种相互联系和相互作用是通过土壤系统与环境之间的物质和能量的交换过程来实现的。

物质和能量由环境向土壤系统输入引起土壤系统状态的变化，由土壤系统向环境输出引起环境状态的变化。在土壤污染发生中，人类从自然界获取资源和能源，经过加工、调配、消费，最终以"三废"形式直接或间接通过大气、水体和生物向土壤系统排放。当输入的物质数量超过土壤容量和自净能力时，土壤系统中某些物质（污染物）破坏了原来的平衡，引起土壤系统状态的变化，发生土壤污染。而污染的土壤系统向环境输出物质和能量，引起大气、水体和生物的污染，从而使环境发生变化，使环境质量下降，从而造成环境污染。土壤受环境的影响，同时也影响着环境，而这种影响的性质、规模和程度都是随着人类利用和改造自然的广度和深度而变化的。例如，污染物以沉降方式通过大气、以污灌或施用污泥方式通过地表水进入土壤，造成土壤污染，而土壤中的污染物经挥发、渗透过程又重新进入大气和地下水中，造成大气和地下水的污染。这种循环周而复始，加上土壤污染自身就是环境污染，所以土壤污染对环境污染的效应是显而易见的。

6.1.3.2　土壤污染直接危害农作物的产量和质量

农作物基本都生长在土壤中，如果土壤被污染了，污染物就通过植物的吸收作用进入植物体内，并可长期累积富集，当含量达到一定数量时，就会影响作物的产量和品质。有研究表明，北京东郊因污灌导致污染的糙米约占检测样品数的 36%；贵阳地区白菜、甘蓝中 Pb、Hg、As 污染超标检出率占 70%、Cd 占 42%、Cr 占 80%。土壤污染造成农业损失主要可分成 3 类：（1）土壤污染物危害农作物的正常生长和发育，导致产量下降，但不影响品质；（2）农作物吸收土壤中的污染物质而使收获部分品质下降，但不影响产量；（3）土壤污染物不仅导致农作物产量下降，同时也使收获部分品质下降。这 3 种类型中，第 3 种情况较为多见。一般来讲，植物的根部吸收累积量最大；茎部次之；果实及种子内最少，但是经过长时间的累积富集，其绝对含量还是很大。加之人类不仅食用农产品果实和种子，还食用某些农产品（蔬菜）的根和茎，所以其危害就可想而知。

6.1.3.3　土壤污染影响人类的生存健康

污染物在被污染的土壤中迁移转化进而影响人体的健康，主要是通过气-水-土-植物食物链途径，土壤动物和土壤微生物则直接从污染的土壤中吸收有害物质，这些有害物质通过土壤动物和土壤微生物参与食物链最终进入人类食物链，所以土壤是污染物进入人体的主要环节。作为人类主要食物来源的粮食、蔬菜和畜牧产品都直接或间接来自土壤，污染物在土壤中的富集必然引起食物污染，危害人体健康。土壤污染降低生物多样性、威胁人类生存安全。土壤中的污染物不但影响人体健康，而且以相同的方式影响其他生物的生存健康。这将导致物种减少，生物多样性下降，生态系统自我调节能力降低，人类赖以生存的生态环境受到威胁。人体的皮肤暴露在空气当中，而很多农业生产者必然要接触土壤，当土壤中的有毒有害物质和皮肤接触严重时容易导致一些不良病症如贫血、胃肠功能失调、皮肿等。皮肤表面还会吸附一些有毒物质，部分物质会渗入到皮肤内影响人体健康。

6.1.4 土壤中的主要污染物类型

土壤污染物主要有无机物和有机物，无机物主要有盐、碱、酸、F 和 Cl，以及 Hg、Cd、Cr、As、Pb、Ni、Zn、Cu 等重金属和 Cs、Sr 等放射性元素；有机物主要有：有机农药、石油类、酚类、氰化物，苯并（a）芘、有机洗涤剂、病原微生物和寄生虫卵等。土壤主要污染物及其来源见表 6-1。污染物的分类依据主要为污染物的物化性质、存在的形态、范围和广度。根据土壤污染物的来源、特性和结构形态的不同，其分类也不相同。

表 6-1 土壤主要污染物及其来源

污染物种类		主 要 来 源
有机污染物	有机农药	农药生产和使用
	酚	炼油、合成苯酚、橡胶、化肥、农药等工业废水
	氰化物	电镀、冶金、印染等工业废水、肥料
	苯并（a）芘	石油、炼焦等工业废水
	石油	石油开采、炼油、输油管道漏油
	有机洗涤剂	城市污水、机械工业
	有害微生物	厩肥、城市污水、污泥
重金属污染物	Hg	制碱、汞化物生产等工业废水和污泥、含汞农药、金属汞蒸气
	Cd	冶炼、电镀、燃料等工业废水、污泥和废气、肥料杂质
	Cu	冶炼、铜制品生产等废水、废渣和污泥、含铜农药
	Zn	冶炼、镀锌、纺织等工业废水、污泥和废渣、含锌农药、磷肥
	Cr	冶炼、电镀、制革、印染等工业废水和泥
	Pb	颜料、冶炼等工业废水、汽油防爆燃料排气、农药
	As	硫酸、化肥、农药、医药、玻璃等工业废水和废气、含砷农药
	Se	电子、电器、油漆、墨水等工业废水和污泥
	Ni	
其他	^{137}Cs	原子能、核动力、同位素生产等工业废水和废渣、大气层核爆炸
	^{90}Sr	原子能、核动力、同位素生产等工业废水和废渣、大气层核爆炸
	F	冶炼、氟硅酸钠、磷酸和磷肥等工业废气、肥料
	盐、碱	纸浆、纤维、化学等工业废水
	酸	硫酸、石油化工、酸洗、电镀等工业废水、大气

（1）按土壤污染物的理化生物特性分类：

1）物理。热、辐射等。

2）化学。CO_x、NO_x、C_nH_m、O_2、RP、RPO_4、RNO_3、RNO_2、亚硝胺、氟化烃、多

氯联苯（PCB）、过氧乙酰硝酸酯（PAN）、As。

3）生物。病菌、病毒、霉素、寄生虫及其卵等。

4）综合。烟尘、废液、致病有机体等。

（2）按土壤污染物的存在形态分类：

1）阳离子态。Hg、Cd、Pb、Cu、Zn、Mn、Fe、NH_4、硝基物。

2）阴离子态。氰化物、氟化物、硫化物、磷化物、氧化物。

3）分子态。SO_2、CO、CO_2、Cl_2、HCN、C_nH_m。

4）简单有机物。酚、苯、芳烃、醛、六六六、洗涤剂。

5）复杂有机物。3，4-苯并芘、石油、多氯联苯、蒽、萘。

6）颗粒物。烟尘、金属尘、矿尘、粉尘、碳粒、有机粉尘。

（3）按土壤污染的污染范围分类：

1）局部污染物。

2）区域污染物。

3）全球污染物。

6.2   土壤污染治理途径

污染土壤的治理是根据污染物和土壤的物理、化学性质及存在状态，进行有效分离或其他处理，使土壤特性得以恢复和利用，减轻或消除污染物对生态环境的影响。这里通过有机污染和重金属污染的修复技术来介绍土壤污染的治理。

6.2.1   土壤重金属污染治理技术

土壤重金属污染是指土壤中重金属过量累积引起的污染，污染土壤的重金属包括生物毒性显著的元素如 Cd、Pb、Hg、Cr、As，以及有一定毒性的元素如 Cu、Zn、Ni，这类污染范围广、持续时间长、污染隐蔽、无法被生物降解，将导致土壤退化，农作物产量和质量下降，并通过径流、淋失作用污染地表水和地下水。过量重金属将对植物生理功能产生不良影响，使其营养失调。汞、砷能抑制土壤中硝化、氨化细菌活动，阻碍氮素供应。重金属可通过食物链富集并生成毒性更强的甲基化合物，毒害食物链生物，最终在人体内积累，危害人类健康。因此涌现了许多土壤重金属污染修复技术，其基本原理是将重金属清除或改变其在土壤中的存在形态，降低其迁移性和生物可利用性。

重金属污染的修复技术：

（1）工程措施。工程措施主要包括客土、换土和深耕翻土等措施。轻度污染的土壤用深耕翻土，重污染区常用客土和换土法。工程措施治理土壤重金属污染彻底、稳定，但工程量大、投资费用高，易破坏土体结构，引起土壤肥力下降，并且还要对换出的污土进行堆放或处理。

（2）物理修复。

1）电动修复。电动修复是通过电流使土壤中的重金属离子（如 Pb、Cd、Cr、Zn 等）和无机离子以电渗透和电迁移的方式向电极运输，再集中收集处理的方法。该方法适用于低渗透的黏土和淤泥土，可以控制污染物的流动方向。在沙土上的实验，土壤中 Pb^{2+}、

Cr^{3+}等重金属离子的除去率也可达 90%以上。电动修复不搅动土层，修复时间短，是一种经济可行的原位修复技术。土壤电动修复示意图如图 6-1 所示。

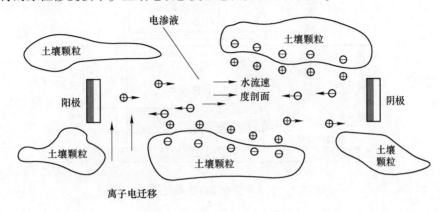

图 6-1　土壤电动修复示意图

2）热解吸法。热解吸技术是采用直接或间接的方式对重金属污染土壤进行连续加热，当温度到达一定的临界温度时土壤中的某些重金属（如 Hg、Se 和 As）将挥发，收集该挥发产物进行集中处理，从而达到清除土壤重金属污染物目的的技术。Kunkel 等的研究表明，在温度低于土壤沸点的条件下原位热解吸技术可以去除污染土壤中 99.8%的 Hg。热解吸技术的一大缺陷是耗能，加热土壤必须要消耗大量的能量，提高了修复的成本。Navarro 等的研究表明，可以采用天然太阳能来热解吸污染土壤中的 Hg 和 As，这样可以解决能源消耗的问题。热解吸技术的另一个问题是挥发污染物的收集和处置问题，这方面还需要进行大量的科学研究工作。

3）土壤淋洗。土壤淋洗是指用淋洗剂去除土壤中重金属污染物的过程，选择高效的淋洗助剂是淋洗成功的关键。淋洗法可用于大面积、重度污染土壤的治理，尤其是在轻质土和砂质土中效果较好，但对渗透系数很低的土壤效果不太好。影响土壤淋洗效果的因素主要有淋洗剂种类、淋洗浓度、土壤性质、污染程度、污染物在土壤中的形态等。研究结果表明，以 15mmol EDTA/kg 土壤的比率淋洗 Cu 污染土壤（400mg Cu/kg），总 Cu 含量降低 41%，主要淋洗形态是碳酸盐结合态、铁锰氧化物结合态和有机物结合态。土壤淋洗后淋洗液的处理是一个关键的技术问题，转移络合、离子置换和电化学法是目前主要采取的技术手段。Pociecha 和 Lestan 采用电凝固法从 EDTA 淋洗污染土壤的淋洗液中回收重金属，发现该方法可以去除污染土壤中 53%的 Pb、26%的 Zn 和 52%的 Cd。土壤淋洗需添加昂贵的淋洗液，且淋洗液对地下水也有污染风险；另外，淋洗液在淋洗土壤重金属的同时也将植物必需的 Ca 和 Mg 等营养元素淋洗出根际，造成植物营养元素的缺失。图 6-2 所示为土壤原位化学淋洗修复示意图。

（3）化学修复。化学修复就是向土壤中投入改良剂，将重金属吸附、氧化还原、阻抗或沉淀，降低重金属的生物有效性。常用的改良剂有石灰、沸石、碳酸钙、磷酸盐、硅酸盐和促进还原作用的有机物质，不同改良剂对重金属的作用机理不同。化学修复简单、易行，但它只改变重金属在土壤中的存在形态，金属元素仍保留在土壤中，容易再度活化危害植物。

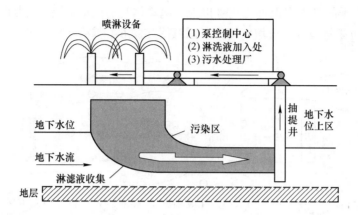

图 6-2   土壤原位化学淋洗修复示意图

1）玻璃化技术。玻璃化技术指将重金属污染土壤置于高温、高压的环境下，待其冷却后形成坚硬的玻璃体物质，这时土壤重金属被固定，从而达到阻抗重金属迁移的技术。玻璃化技术最早在核废料处理方面应用，但是由于该技术需要消耗大量的电能，其成本较高而没有得到广泛的应用。玻璃化技术形成的玻璃类物质结构稳定，很难被降解，这使得玻璃化技术实现了对土壤重金属的永久固定。

2）固化/稳定化。固化/稳定化是指向重金属污染土壤中加入某一类或几类固化/稳定化药剂，通过物理/化学过程防止或降低土壤中有毒重金属释放的一组技术。固化是通过添加药剂将土壤中的有毒重金属包被起来，形成相对稳定性的形态，限制土壤重金属的释放；稳定化是在土壤中添加稳定化药剂，通过对重金属的吸附、沉淀（共沉淀）、络合作用来降低重金属在土壤中的迁移性和生物有效性。固化/稳定化的效应一般统称为钝化。重金属被固化/稳定化后，不但可以减少其向土壤深层和地下水的迁移，而且可以降低重金属在作物中的积累，减少重金属通过食物链传递对生物和人体的危害。重金属固化/稳定化的关键是选择合适的具有固化/稳定化作用的药剂，药剂的选择一般要满足以下几个方面的要求：①药剂本身不含重金属或含量很低，不存在二次污染的风险；②药剂获得或制备成本较低；③药剂对重金属的固化/稳定化显著且持续性强。土壤中重金属固化/稳定化的关键是选择一种经济有效的药剂，有研究报道石灰、磷灰石、沸石、铁锰氧化物、硅酸盐、海泡石、赤泥、骨炭、堆肥、钢渣、蒙脱石、凹凸棒石和蛭石等可以有效地固化/稳定化土壤中的重金属，降低重金属的生物有效性。钝化技术需要考虑土壤重金属的污染程度和土壤本身的性质等因素再选出合理的钝化药剂，并计算出钝化药剂的用量。在工程上广泛应用的钝化药剂一般为工业副产物，故钝化技术的成本较低，但钝化技术并未将重金属从土壤中根本清除，因此需要进行长期的监测以防止重金属再次活化。

赵述华等人对重金属污染土壤的固化/稳定化处理技术做总结，见表 6-2。

表 6-2   固化/稳定剂的研究与应用

固化/稳定剂名称	重金属	固 化 效 果
水泥、水泥+磨细矿渣+偏高岭土+碱激发剂+石膏+石灰+飞灰+水泥+粉煤灰+生石灰等	As、Cd、Pd、Ni、Zn、Cr 等	发生水化反应、逐渐凝结和硬化，提高土壤 pH，通过包封、吸附或者共沉淀重金属，使重金属转化为溶解度较低的氢化物或碳酸盐沉淀

续表 6-2

固化/稳定剂名称	重金属	固 化 效 果
骨炭+沸石、赤泥、黏土矿物	Cr、Pb、Zn、Cu、Hg 等	沸石通过离子交换吸附降低土壤中重金属的生物有效性。膨润土通过对重金属的吸附机理主要在于蒙脱石阳离子的交换吸附特性
沥青、聚乙烯等	Pb、Cr、Cd、Ni、Cu、Zn 等	加热后将污染物包裹起来，冷却后成型，在常温下形成坚硬的固体，具有良好的黏结性和化学稳定性
家禽粪便、秸秆、有机肥等	Cd、Ni、Hg、Zn、Pb、Cu 等	与土壤中的重金属离子发生交换反应；腐植酸与金属离子发生的络合反应，降低重金属的有效性
硫酸亚铁、磷酸盐、磷酸二氢钙	Zn	Fe^{2+} 的强还原性可以将 Cr^{6+} 还原成 Cr^{2+}，降低其在土壤中的生物毒性及迁移能力；磷酸盐主要是诱导重金属吸附，与重金属生成沉淀

郝汗舟等人也对重金属污染土壤的固化/稳定化处理技术做了总结，见表 6-3 和表 6-4。

表 6-3　土壤重金属稳定剂

类型	添 加 物	重 金 属
无机农药	石灰	Cd
	膨润土	Pb
	磷酸盐	Pb、Zn、Cd、Cu
	飞灰	Cd、Pb、Cu、Zn、Cr
	水滑石的焙烧物	Pb、Hg、Ag、Cd、Zn
	钠基膨润土+海泡石+凹凸棒石+粉煤灰+微生物菌根	Cd、Cu
	天然羟基磷灰石+硅钙镁肥+溶液形式添加铁锌锰钼硼	Cd、Pb、Zn
有机农药	牛粪	Cd
	木纤维	Zn、Pb、Hg
	秸秆	Cd、Cr、Pb
有机-无机药剂	家禽粪便	Cu、Zn、Pb、Cd
	石灰+泥炭，石灰+猪粪	Cd、Pb
	$(NH_4)_2HPO_4$+秸秆灰+碱液	Cd、Pb、Cu、Zn
	生石灰+有机肥+膨润珍珠岩	Pb、Cd、Cr、Cu、Zn
	活性污泥	Cd
	剩余活性污泥	重金属

表 6-4　土壤重金属稳定化材料

稳定化剂	As	Hg	Cr（Ⅵ）	Pb	Cd	Zn
碱性材料	−	+	−	++/−	++	++/−
含磷材料	−	+	−	++	+	+
含铁化合物（＊）	++		++	+	+	+

续表 6-4

稳定化剂	As	Hg	Cr（Ⅵ）	Pb	Cd	Zn
硫化物	+	++		+	+	+
黏土	+/-	+	+/-	+	+	+
有机物	+/-	+/-	+/-	+/-	+/-	+/-
还原剂	-		++			
氧化剂	+					
活性炭、沸石	+	++	+	+		+

注：++表示非常好；+表示好；-表示不利；＊表示零价铁、铁盐、铁氧化物。

3）离子拮抗技术。土壤中某些重金属离子间存在拮抗作用，当土壤中某种重金属元素浓度过高时，可以向土壤中加入少许对作物危害较轻的拮抗性重金属元素，进而减少该重金属对作物的毒害作用，达到降低重金属生物毒性的目的。在土壤中添加少量的 Se 抑制了蜈蚣草对 Cu 和 Zn 的吸收，Se 与 Cu 和 Zn 表现为拮抗作用。Zn 和 Cd 具有相似的化学性质和地球化学行为，Zn 具有拮抗植物吸收 Cd 的作用。向 Cd 污染土壤中加入适量的 Zn，可以减少植物对 Cd 的吸收积累。

（4）生物修复。重金属污染土壤的生物修复（bioremediation）是指利用动物、微生物或植物的生命代谢活动，削减土壤环境中的重金属含量或通过改变重金属在土壤中的化学形态从而降低其毒性。已有研究表明，土壤动物（如蚯蚓）生命代谢活动对外界条件的依赖度很高，不适宜用来去除土壤中的重金属。这里的生物修复主要包括植物修复和微生物修复，这种技术主要通过两种途径来达到对土壤重金属的净化作用：①通过生物作用改变重金属在土壤中的化学形态，使重金属固定或解毒，降低其在土壤环境中的移动性和生物可利用性；②通过生物吸收、代谢达到对重金属的削减、净化与固定作用。生物修复技术主要包括植物修复技术和微生物修复技术，其修复效果好、投资小、费用低、易于管理与操作、不产生二次污染，因而日益受到人们的重视，成为重金属污染土壤修复的研究热点。

1）植物修复技术。广义的植物修复技术（phytoremediation）是指利用植物提取、吸收、分解、转化和固定土壤、沉积物、污泥、地表水及地下水中有毒有害污染物技术的总称。植物修复技术不仅包括对污染物的吸收和去除，也包括对污染物的原位固定和转化，即植物提取技术、植物固定技术、根系过滤技术、植物挥发技术和根际降解技术，如图 6-3 所示。与重金属污染土壤有关的植物修复技术主要包括植物提取、植物固定和植物挥发。植物修复过程是土壤、植物、根际微生物综合作用的效应，修复过程受植物种类、土壤理化性质、根际微生物等多种因素控制。

植物提取（phytoextraction）是指利用超积累植物吸收污染土壤中的重金属并在地上部积累，收割植物地上部分从而达到去除污染物的目的。植物提取分为两类：一类是持续型植物萃取（continuous phytoextraction），直接选用超富集植物吸收积累土壤中的重金属；另一类是诱导性植物提取（induced phytoexraction），在种植超积累植物的同时添加某些可以活化土壤重金属的物质，提高植物萃取重金属的效率。超积累植物（hyperaccumulator）是指相对于普通植物能从土壤或水体中吸收富集高含量的重金属，并具有将重金属从植株的地下部向地上部大量转运的特殊能力，表现出很高的富集系数的植物。超富集植物的界

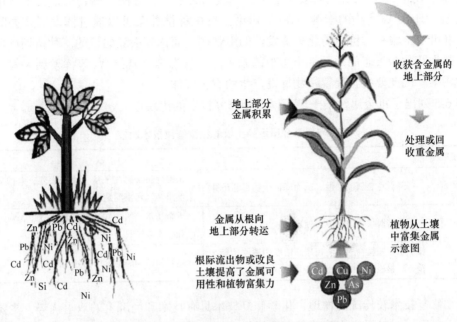

图 6-3 土壤重金属污染植物修复示意图

定一般有 3 个：①植物地上部重金属浓度积累达到一定临界值；②生物富集系数（地上部重金属浓度/土壤重金属浓度）大于 1；③转运系数（地上部重金属浓度/地下部重金属浓度）大于 1。植物提取技术的关键是超富集植物的筛选，目前世界上发现的超富集植物400 多种。关于植物提取技术的研究近年来成为科学界的研究热点，在实际污染场地的工程应用中也得到了推广应用。凤尾蕨属的蜈蚣草（*Pteris vittata L.*）是世界上首次发现的As 超富集植物，对 As 具有超强的富集能力，通过刈割可以提高其对砷的去除能力。刘周莉等人发现在水培条件下，当营养液中 Cd 处理浓度为 25mg/L 时，忍冬地上部中 Cd 含量接近 300µg/g；而在土培条件下，当土壤中 Cd 处理浓度为 50mg/kg 时，其地上部中 Cd 含量仍远远高于 Cd 超富集植物的临界含量标准，即地上部分富集 Cd 超过 100µg/g，且其具有较高的耐性系数（index oftolerance，IT，均超过 0.80）和富集系数（bioaccumulation factor，BF，均远超过 1.00），这表明忍冬具备了 Cd 超富集植物的特征，是一种新发现的Cd 超富集植物。

植物固定（phytostabilization）是指利用植物根系固定土壤重金属的过程。重金属被根系吸收积累或者吸附在根系表面，也可通过根系分泌物在根际中被固定。此外，植物根际微生物（细菌和放线菌）通过改变根际土壤性质（如 pH 和 Eh）而影响重金属在根际的化学形态，也有利于降低重金属对植物根系的毒性。植物固定可降低土壤中重金属的移动性和生物有效性，阻止重金属向地下水和空气的迁移及其在食物链的传递。植物固定技术并非真正意义上从土壤中去除重金属，只是将重金属固定在植物根部或根际土壤中，因此开展修复土壤的长期监测是必须的。植物固定对干旱、半干旱区的尾矿堆置地修复具有广阔的应用前景，可以实现此类污染场地的植被重建。串叶松香草（*Silphium perfoliatum Linn*）可应用于 Cd 污染土壤的修复。

植物挥发（phytovolatilization）是指利用植物根系分泌的一些特殊物质或微生物使土

壤中的 Se、Hg、As 等转化为挥发形态以去除其污染的一种方法。植物挥发技术适用于修复那些 Se、Hg、As 污染的土壤。在 Se 污染土壤中种植芥菜可以通过挥发形式去除土壤 Se。洋麻可使土壤中三价硒转化为挥发性的甲基硒从而达到去除的目的。种植烟草可以使土壤中的汞转化为气态的汞而将土壤中的汞去除。气态 Se、Hg、As 等挥发到大气中易引发二次污染，因此要妥善处置植物挥发产生的有害气体。

表 6-5 列出了重金属污染土壤不同植物修复技术的优缺点。

表 6-5   重金属污染土壤的植物修复技术比较

植物修复类型	优　点	缺　点
植物固定	降低重金属流动性，从而降低生物可利用性	未彻底将金属离子从土壤中去除，未彻底解决土壤重金属污染问题
植物挥发	无需对植物进行产后处理	重金属从土壤中转移到环境空气中，对人体健康和生态系统具有一定的污染
植物提取	超累积植物组织能积累高浓度的某种元素；超累积植物的生物量高	超累积植物地上部分的处理问题

植物修复技术较传统的物理、化学修复技术具有技术和经济上的双重优势，主要体现方面：①可以同时对污染土壤及其周边污染水体进行修复；②成本低廉，而且可以通过后置处理进行重金属回收；③具有环境净化和美化作用，社会可接受程度高；④种植植物可提高土壤的有机质含量和土壤肥力。但是植物修复技术也有缺点，如植物对重金属污染物的耐性有限，植物修复只适用于中等污染程度的土壤修复；土壤重金属污染往往是几种金属的复合污染，一种植物一般只能修复某一种重金属污染，而且有可能活化土壤中的其他重金属；超富集植物个体矮小，生长缓慢，修复土壤周期较长，难以满足快速修复污染土壤的要求。目前，基因工程技术可以克服上述植物修复技术上的某些缺点，但采用基因工程技术培育转基因植物用于重金属污染土壤的修复还处于比较有争议的阶段，因转基因植物容易诱发物种入侵、杂交繁殖等生态安全问题。

2）微生物修复技术。土壤中微生物数量众多，某些微生物如细菌、真菌和藻类对重金属具有吸附、沉淀、氧化-还原等作用，从而降低污染土壤中重金属的毒性。细胞壁是细菌和重金属直接接触的部位，富含羧基阴离子和磷酸阴离子，易结合环境中活性金属阳离子到其表面。细菌及其代谢产物对溶解态的金属离子具有较强的活化能力，也可以吸附固定土壤中的重金属。燕波等人以选矿厂附近土壤为研究对象，分析了土壤中交换态重金属含量，As、Pb、Cd、Zn 和 Cu 的交换态浓度为 14.01mg/kg、4.95mg/kg、0.64mg/kg、33.46mg/kg 和 12.95mg/kg。基于生物矿化原理，利用碳酸盐矿化菌生长代谢过程产生的脲酶来分解底物尿素，产生碳酸根离子，固结重金属离子，使得土壤中活泼的重金属离子转变为碳酸盐矿物态，降低其危险。通过控制温度、pH、酶活性等因素，使土壤中重金属交换态浓度大幅下降。根际中的菌根真菌对于提高植物对重金属的抗性和提高修复效率具有重要作用。菌根真菌可通过分泌根系分泌物改变重金属在根际中的存在形态，进而降低重金属的植物毒性和生物有效性。接种不同种类的菌根真菌对植物吸收重金属的作用不同，某些菌种有利于提高植物对重金属的吸收从而提高植物的提取效率，而某些菌种则抑制植物对重金属的吸收，提高植物对重金属的抗性，因此要根据不同的目的来合理选择菌根菌种。菌根修复（微生物修复）是植物-微生物联合修复的一种技术，菌根修复的关键仍是植物修复，筛选出优良的菌种并在植物修复中应用是今后微生物修复发展的方向。

（5）农业生态修复。农业生态修复技术是因地制宜地调整一些耕作管理制度以及在污染土壤中种植不进入食物链的植物等，从而改变土壤重金属的活性，降低其生物有效性，减少重金属从土壤向作物的转移，达到减轻重金属危害目的的技术。农业措施主要包括控制土壤水分、改变耕作制度、农药和肥料的合理施用、调整作物种类等。

1）控制土壤水分、调节土壤 Eh 值。土壤重金属的活性受土壤氧化还原状态影响较大，一些金属在不同的氧化还原状态下表现出不同的毒性和迁移性。As（Ⅲ）比 As（Ⅴ）毒性更高，而 Cr（Ⅵ）比 Cr（Ⅲ）毒性高。在氧化状态下，土壤中的 As（Ⅲ）被氧化为 As（Ⅴ），迁移性和生物有效性降低；Cr（Ⅲ）被氧化为 Cr（Ⅵ），迁移性和生物有效性提高，对生物和人类的健康风险也随之提高。土壤水分是控制土壤氧化还原状态的一个主要因子，通过控制土壤水分可以起到降低重金属危害的目的。还原状态下土壤中的大部分重金属容易形成硫化物沉淀，从而降低重金属的移动性和生物有效性。水田在灌溉时因水层覆盖易于形成还原性环境，SO_4^{2-} 被还原为 S^{2-}，重金属容易形成溶解性很低的硫化物沉淀。由此可见，可以通过灌溉等措施来调节土壤的氧化还原状况，进而降低重金属在土壤-植物系统中的迁移。

2）化肥、有机肥和农药的合理施用。施用肥料和农药是农业生产中最基本的农业措施，也是引起土壤重金属污染的一个来源。可以从以下两个方面来降低肥料和农药施用对土壤重金属污染的负荷：一方面，通过改进化肥和农药的生产工艺，最大限度地降低化肥和农药产品本身的重金属含量；另一方面，指导农民合理施用化肥和农药，在土壤肥力调查的基础上通过科学的测土配方施肥和合理的农药施用，不仅增强土壤肥力、提高作物的防病害能力，还有利于调控土壤中重金属的环境行为。以施氮肥为例，不同形态的氮肥对土壤吸附解吸重金属的影响不同，当植物吸收 NH_4^+ 和 NO_3^- 时，根系分泌不同的离子，吸收 NH_4^+-N 时引起 H^+ 的分泌，造成根际周围酸化，而吸收 NO_3-N 时植物分泌 OH^-，造成根际环境碱化。对于大多数重金属污染土壤，施用硝态氮肥可以有效地降低重金属的迁移和生物毒性。有研究表明，施用有机肥在提高土壤有机质的同时也吸附或络合固定了土壤中的重金属，从而降低了土壤中重金属的毒性和生物有效性。但也有研究表明，在土壤中施用有机肥会提高土壤中重金属的活性，从而提高重金属的环境风险。有机物料加入土壤后，因不同的腐解和矿物作用导致其对重金属的螯合固定产生不同的作用。

3）改变耕作制度和调整作物种类。改变耕作制度和调整作物种类是降低重金属污染风险的有效措施，在污染土壤中种植对金属具有抗性且不进入食物链的植物品种可以明显地降低重金属的环境风险和健康风险。在污染严重的地区种植超富集植物，通过连续种植收割将重金属移出污染区，杜绝重金属再次进入污染地区；在轻污染的地区，种植重金属耐性植物，减少重金属在植物可食器官的累积，从而保障农产品的质量安全。

农业生态修复包括农艺修复和生态修复。前者通过改变耕作制度，调整作物品种，种植不进入食物链的植物，选择能降低土壤重金属污染的化肥，或增施能够固定重金属的有机肥等来降低土壤重金属污染。后者通过调节土壤水分、养分、pH 值和土壤氧化还原状况及气温、湿度等生态因素，调控污染物所处环境介质；但该技术修复周期长，效果不明显。

6.2.2 土壤有机物污染治理技术

土壤有机物污染按污染来源分为石油污染、农药污染、木材防腐剂污染以及能源燃烧引起的多环芳香烃 PHAs 污染等类型。土壤的有机物污染治理技术主要有物理治理技术、化学治理技术、微生物治理技术、植物治理技术等几种。本小节就有机物污染的土壤治理技术进行简要概述。

6.2.2.1 物理治理技术

A 挖掘填埋法

挖掘填埋法是最为常见的物理治理方法，该方法是将受污染的土壤用人工挖掘的办法运走，送到指定地点填埋，以达到清除污染物的目的；然后再将未受污染的土壤填回，以便能重新对土地进行利用。这种方法显然未能从真正意义上达到清除污染物的目的，只不过是将污染物进行了一次转移，且费用高，但是对一些特别有害的物质的清除，采用这种方法还是可行的。

B 通风去污法

最近几十年来，对于有机物的污染清除，特别是关于石油泄漏造成的土壤污染，发展了一种清除污染物的新方法——土壤通风去污技术。土壤通风去污的原理在于当液体污染物泄漏后，它将在土地中产生横向和纵向的迁移，最后存留在地下水界面之上的土壤颗粒和毛细管之间。由于有机烃类有着较高的挥发性，因此可采用在受污染地区打井引发空气流经污染土壤区，使污染物加速挥发而被清除。该技术一般采用的方法是在污染区打上几口井，其中几口井用于通风进气，其他井用于抽气，在抽气的真空系统上装上净化装置，就可以避免造成二次污染。德萨斯研究院首先通过实地调研，证明土壤通风技术是高效的去污技术，所需成本不到土壤挖掘法和清洗法的 1/10，速度却是其 5 倍以上。由于土壤结构、土壤颗粒间烃类化合物浓度不同，不同组分蒸气压不同等因素，现有实验还不能提供对通风去污机理的清晰理解。今后的工作将主要集中在得到时间与去污效果的时间关系；该技术对土壤生物活性，理化性质的影响；建立与实验结构相吻合的模型优化不同通风去污设计。

6.2.2.2 化学治理技术

A 化学焚烧法

化学焚烧法也是最为常用的有机污染土壤的治理方法，该法是利用有机物在高温下易分解的特点，在高温下焚烧以达到去除污染的目的。该方法虽然能够完全地分解污染物达到去除污染的目的，但在去除污染的同时，土壤的理化性质也遭到了破坏，使土壤无法获得重新利用。

B 化学清洗法

土壤淋洗技术主要用于处理化学吸附在土壤微粒孔隙及周围的挥发性有机污染物，既可以原位修复，又可以异位修复。其运行方式有单级淋洗和多级淋洗两种。淋洗液可以是清水，也可以是无机溶液（碱、盐）、有机溶液和螯合剂、表面活性剂、氧化剂及超临界 CO_2 流体。土壤淋洗技术主要通过淋洗液溶解液相、吸附相或气相污染物和利用冲淋水力带走土壤孔隙中或吸附于土壤中的污染物。巩宗强等用植物油淋洗受多环芳烃污染的土壤，去除率达 90% 以上，残留在土壤中的植物油可在几天内被降解。近几年来，主要用表面活性剂作为淋洗液来修复受挥发性有机物污染的土壤。有关研究表明，使用多种表面活性剂进行连续的土壤清洗，去除效果往往要优于使用单一表面活性剂。生物表面活性剂由于具有高度特异性、良好的生物降解性和生物适应性而具有广泛的应用前景。这类生物表面活性剂可为微生物提供碳源且更易被生物降解。

　　a　表面活性剂清洗法

　　由于表面活性剂能改进憎水性有机化合物的亲水性和生物可利用性，因而被广泛应用于土壤及地下水有机物污染的化学和生物治理中。常用于有机物污染的化学清洗的表面活性剂有如下几种：非离子表面活性剂（如乳化剂 OP、Triton X-100、平平加、AEO-9 等），阴离子表面活性剂（如十二烷基苯磺酸钠 SLS、AES 等），阳离子表面活性剂（如溴化十六烷基三甲基溴化铵（TMAB）），生物表面活性剂以及阴-非离子混合表面活性剂。

　　关于表面活性剂的去污效果，许多研究者作了大量工作。朱清清等研究了生物表面活性剂皂角苷对土壤中 Cu、Zn、Pb 和 Cd 的去除作用，并考察了皂角苷淋洗液 pH 值、浓度等对重金属去除率的影响。结果表明，增加皂角苷浓度和降低溶液 pH 值均有利于重金属的去除。当皂角苷浓度为 50g/L、pH 值为 5.2 时，土壤中 Cd、Cu、Zn 和 Pb 的去除率分别可达 45.6%、24.4%、19.0% 和 17.6%。红外光谱测试结果表明，皂角苷与金属离子反应形成了配位化合物，并以离子交换平衡法测定了配位稳定常数及配位物质的量比。皂角苷与各金属离子配位稳定常数 K 的大小顺序依次为：$Cu^{2+}>Zn^{2+}>Cd^{2+}>Pb^{2+}$，$\lg K$ 值在 3.91~6.60 之间。除 Cu 与皂角苷是以 1:2（物质的量比）络合外，其他 3 种金属均与皂角苷生成 1:1 的络合物。此外，土壤中 Cd 的去除量与其他重金属（Cu、Zn、Pb）的去除量间呈良好的线性关系。金属离子可能是通过直接与皂角苷形成可溶性络合物或者通过与其他金属的架桥作用而被转移到皂角苷溶液相中，从而实现从土壤中去除。生物表面活性剂是由微生物、植物或动物产生的天然表面活性剂。由于其化学结构复杂而庞大，临界胶束浓度（CMC）低、清污效果好，且易降解，因而用于清除土壤有机物应用前景良好。施秋伶研究制备了模拟 Pb、Cd 的单一和复合污染土壤，设置 3 个污染水平（轻度污染、中度污染和重度污染），考察有机螯合剂（EDTA、EDDS 和柠檬酸）和生物表面活性剂（鼠李糖脂）对模拟污染土壤的淋洗效果，筛选出对 Pb、Cd 具有最佳淋洗效果的螯合剂，结果表明 EDTA 对 Pb 轻度污染、中度污染和重度污染土壤的最大淋洗率分别为 81.89%、82.91% 和 84.4%，Cd 污染土壤分别为 93.16%、93.62% 和 94.09%。

　　b　有机溶剂清洗法

　　除表面活性剂外，有机溶剂也可用于清除土壤中的有机污染物。Sahle-Demessie 等用有机溶剂萃取方法治理被农药污染的土壤，效果较好。他们采用甲醇、2-丙醇等溶剂萃取清洗土壤中高浓度的 P，P′-DDT、P，P′-DDD、P，P′-DDE。在溶剂：土壤为 1:6 时去除农药效果达到 99%。

　　c　超临界萃取法

　　除了表面活性剂和有机溶剂用于清除有机污染物外，超临界萃取技术也被用于了土壤污染物的清除。P. Chen 在实验室利用超临界萃取（SFE）装置进行了土壤中多氯联苯的解吸研究，结果表明在 40℃、100×10^5Pa 下，萃取 30min 可去除 92% 的 PCB。此外，作者还对温度、压力、共溶性、土壤类型和含水量等因素对解吸的影响进行了研究。李统锦等也利用超临界技术研究了水中某些有毒有机废物的去除，认为超临界萃取清除土壤有机污染物是一种具有发展前景的技术。

C　光化学降解法

光化学降解法在 20 世纪 80 年代后期开始用于环境污染控制领域，与传统处理方法相比具有高效和污染物降解完全等优点，日益受到人们的重视。目前光催化降解主要用于水污染的治理上。光降解用于土壤污染的治理主要集中在农药的降解研究上，因为农药的光降解是衡量农药毒害残留性的一个重要指标。目前国内这方面的工作做得也比较多，主要集中在降解动力学和降解机理的研究上，如溴氟菊酯在土中的光降解、蚍虫啉在土中的光降解、磺酰脲类除草剂在环境中的光降解等。王钰等研究了丁烯虫腈光降解反应过程及机理。光降解用于石油烃类污染的清除也有报道。美国 PURUS 公司的研究报告表明，在高能强紫外线辐射下，有机烃类物质能被分解为二氧化碳和水。目前，光化学降解技术在土壤污染的治理方面的应用与研究还不多，这方面的工作有待于进一步的加强。

D　化学栅防治法

化学栅近年来开始受到人们的重视并应用于土壤防治的新的化学防治土壤污染的方法。化学栅是一种既能透水又具有较强的吸附或沉淀污染物能力的固体材料（如活性炭、泥碳、树脂、有机表面活性剂和高分子合成材料等），放置于废弃物或污染堆积物底层或土壤次表层的含水层，使污染物滞留在固体材料内，从而达到控制污染物的扩散并对污染源进行净化的目的。

根据化学材料的理化性质，化学栅可分为三种类型：（1）使污染物在其上发生沉淀的化学栅称为沉淀栅；（2）使化学污染物在其上发生吸附的化学栅称为吸附栅；（3）既有沉淀作用又有吸附作用的化学栅称为混合栅。

在实际应用中，根据污染类型的不同，可分别采用不同类型的化学栅。一般而言，对重金属污染采用沉淀栅比较合适；对有机污染物化学吸附栅比较合适；重金属和有机污染物都有时，采用混合栅更为有效。能够用于去除有机污染物的吸附栅材料一般有活性炭、泥炭、树脂、有机表面活性剂和高分子合成材料等。目前，在化学栅的实际应用中还有一些问题有待于进一步的解决。这些问题包括：（1）化学栅的老化。化学栅的老化是指化学栅失去其沉淀或者吸附污染物的能力，即化学栅达到了其沉淀饱和和吸附饱和能力。对于化学栅的饱和能力的预测非常重要但又是非常困难。（2）建立精度更高的地下水模型。因为化学栅起作用的大小与地下水的流向、流速、流量等紧密相关的。地下水模型的建立又同污染区的地质情况、水纹特征有关联，解决这些问题都有较大难度。因此化学栅的应用受到了一定限制。以上化学治理方法存在着较为明显的缺陷：（1）费用太高；（2）存在着对环境造成二次污染的可能，焚烧会造成大气的二次污染，清洗又会对水造成二次污染，所用清洗剂对土壤也会造成二次污染；（3）其可操作性差，对于大规模的土地污染，化学治理方法都存在具体运作上的困难。

6.2.2.3　微生物治理方法

微生物治理方法又称为微生物恢复、微生物清除或微生物再生，是利用生物的生命代谢活动减少环境中有毒有害物质的浓度或使其完全无害化，从而使污染的土壤环境能部分地或完全地恢复到原初状态的治理方法。它与微生物净化有一定的差别，微生物治理着重强调人为控制条件下的生物利用，微生物净化着重于生态系统中生物的自发清除过程。微生物治理方法有着物理治理方法和化学治理方法无可比拟的优越性。其优点主要表现在以下几方面：（1）处理费用低，其处理成本只相当于物化方法的 1/3～1/2；（2）处理效果好，对环境的影响低，不会造成二次污染，不破坏植物生长所需要的土壤环境；（3）处理操作简单，可以就地进行处理。因为这些优点，应用微生物降解有机污染物已成为当今土壤有机污染治理技术研究的一大热点。应用微生物治理土壤有机污染的方法主要有三种：（1）原位治理方法；（2）异位治理方法；（3）原位-异位联合治理方法。

A　原位治理方法

a　投菌法

投菌法就是直接向遭受污染的土壤中接入外源的污染物降解菌，并提供这些细菌生长所需的营养物质，从而达到将污染物就地降解的目的。

b　生物培养法

就地定期向土壤投加过氧化氢和营养物，使土壤中微生物通过代谢将污染物完全矿化为二氧化碳和水的方法称为原位生物培养法。1989 年 3 月，Exxon 石油公司油轮在阿拉斯加 Prince Willian 海湾发生石油泄漏事故后，使用该法后半年内就消除 $160km^2$ 海滩的污染。

c　生物通气法

生物通气法是一种强迫氧化的生物降解方法，在污染的土壤上打至少两口井，安装上鼓风机和抽真空机，将空气强排入土壤，然后抽出。土壤中有毒挥发物质也随之去除，在通入空气时另加入一定量的氨气，为微生物提供氮源增加其活性。还有一种生物通气法称为生物注射法，即将空气加压注入污染地下水下部，气流加速地下水和土壤中有机物的挥发和降解。生物通气法受土壤结构的制约，它需要土壤具有多孔结构。

d　农耕法

农耕法对污染土壤进行耕耙处理，在处理过程中施入肥料，进行灌溉，用石灰调节酸度，以使微生物得到最适宜的降解条件。使用该方法时污染物易扩散，但该方法费用低、操作简单，所以主要使用于土壤渗透性差、土壤污染较浅、污染物又易降解的污染区。

B　异位治理法

a　预制床法

在不泄漏的平台上铺上石子和砂子，将受污染的土壤以 15～30cm 的厚度平铺在平台上，加上营养液和水，必要时加上表面活性剂，定期翻动充氧，将处理过程中渗透的水回灌于土层上，以完全清除污染物。该方法实质上是农耕法的一种延续但是它降低了污染物的迁移。

b　堆肥法

堆肥法是生物治理的重要方式，是传统堆肥和生物治理的结合。它依靠自然界广泛存在的微生物使有机物向稳定的腐植质转化，是一种有机物高温降解的固相过程。一般方法是将土壤和一些易降解的有机物如粪肥、稻草、泥炭等混合堆制，同时加石灰调节酸度，经发酵处理，可将大部分污染物降解。马瑛等采用堆肥法处理石油烃类物质污染土壤取得了较好效果。影响堆肥法效果的主要因素有水分含量、碳氮比、氧气含量、温度和酸度等。

c　生物反应器法

把污染土壤移到生物反应器中，加 3~9 倍的水混合使呈泥浆状，同时加必要的营养物质和表面活性剂，泵入空气充氧，剧烈搅拌使微生物与污染物充分混合，降解完成后，快速过滤脱水。该方法处理效果和速度都优于其他方法，但是费用极高，并且对高分子量的多环芳香烃治理效果不理想，该方法目前仅停留在实验阶段。

d　厌氧处理法

对有一些污染物如三硝基甲苯多氯联苯好氧处理不理想，用厌氧处理效果好一些。但由于厌氧处理条件难于控制，其应用比好氧处理使用少。

目前生物治理污染土壤的工作主要集中在三个方面：（1）寻找高效污染物降解菌，寻找降解性更强的降解。（2）有机污染物的可利用性。当疏水性污染物浓度很大时，就会对微生物有毒性；一些污染物吸附于土壤，减少了与微生物的接触，由此导致有机物的可利用性降低。由于表面活性剂对疏散和解吸污染物非常有效。因此，目前这方面的工作主要集中在有机表面活性剂，特别是生物表面活性剂的应用上。丁娟等研究了表面活性 Tween80 和 β-环糊精对多环芳烃增溶作用及对白腐菌（*Phanerochaete chrysosporium*）降解多环芳烃的影响，通过比较质量溶解比率（WSR）值的大小，确定 Tween80 的增溶效果明显优于 β-环糊精，Tween80 对 5 种多环芳烃的增溶效应为：菲>苊>苯并（a）蒽>芘>蒽，增溶效应与 Tween80 浓度呈线性正相关关系，而 β-环糊精只对分子体积较小的菲和蒽有显著增溶作用。Tween80 和 β-环糊精都能显著提高多环芳烃的降解率，且 Tween80 的促进作用明显优于 β-环糊精。多环芳烃的降解率与它的表观溶解度呈很好的相关关系，Tween80 和 β-环糊精都能作为多环芳烃污染土壤修复的优良添加剂。（3）怎样给微生物提供一个更合适的环境。影响生物活性的因素有内外两个方面，内在因素是微生物对污染物的适应性。解决这个问题的一般方法是从受污染的土壤中分离培养微生物菌系以缩短微生物适应期；另一个方法是用基因工程培育降解性强的菌种。外在因素是环境因素，包括酸度、营养、供氧条件等。酸度和营养可通过加石灰与营养物质解决；找到最佳营养组合也是研究的焦点。提供氧源可通过耙耕充氧或强迫充氧，也可以通过加过氧化氢、固体氧化剂等。外源物质（氧化剂、营养物质）对去污效果的影响仍有待深入。除了以上三方面的工作外，找到运行费用更低的新型生物降解方法是生物治理工作中的一个重点。

6.2.2.4　植物治理方法

植物治理有机污染物一般认为是比较困难的，因为有机物在植物体内的存在形态难以分析，其中间代谢产物异常复杂而又难以观测其在植物体内的转化。但相比于微生物降解而言，其更易于就地处理且异常方便，因而近些年来，关于植物对有机污染的治理研究较多，有的已达到野外实际利用的水平。植物对有机污染物的去除机制有三个方面：（1）植物对有机污染物的直接吸收；（2）植物释放的分泌物和酶刺激微生物的活性加强其生物转化作用，此外有些酶也能直接分解有机污染物；（3）植物根区及其与之共生的菌群增强根区有机物的矿化作用。

（1）植物对有机物的直接吸收。植物将有机物吸收进体内，再将其无毒性的中间产物储存于植物组织中是亲水性有机污物自身的组成成分，也可通过代谢和矿化等作用将其转变为二氧化碳和水或其他无毒代谢物，这是污染物去除的重要机制。有机污染物进入植物体内后被分解，分解产物通过木质化作用保存于木质素中。目前环境中大多数的 BTEX

化合物、含氯溶剂和短链脂肪族化合物都是通过该方法去除的。Bucken 等研究发现植物还能直吸收微量的除草剂阿特拉津。

（2）植物分泌物和酶去除有机污染物。植物根部的分泌物有利于降解有毒的化学物质，能刺激根区微生物活性。植物的分泌物包括多种酶和有机酸，这些酶和有机酸为微生物提供了营养物质，从而加快了微生物的繁殖。植物根系释放到根际土壤的有机物中包括大量有机污染物降解酶，如漆酶、脱卤素酶、硝基还原酶、腈水解酶和过氧化物酶等。这些酶被释放进土壤中可以保持一段时间的降解活性，促进了根际有机污染物的降解。研究表明，TNT（三硝基苯酚）在硝基还原酶或漆酶的作用下能够被迅速降解；脱卤素酶则显著增加 TCE 的降解率；PCBs 的降解速率与过氧化物酶活性成正相关。目前，植物-微生物联合治理技术的研究已为有机污染物去除方法研究的热点。植物根部分泌的酶有些是能直接降解某些有机化合物的。有研究表明，硝酸盐还原酶能降解军火废物的 TNT。脱氯酶可降解含氯溶剂使之生成氯离子、二氧化碳和水。因此，利用植物分泌酶的特性筛选具有去污能力的植物可能有一定的指示意义。

以上几种土壤治理方法在具体处理污染土壤时可灵活考虑，主要考虑的因素有有机污染物的性质、土壤的理化性质、方法的可操作性、经济性及快速性等。目前我国土壤污染已比较严重，直接或间接危及了人体健康，对经济的可持续发展造成不利影响。我国对土壤污染治理技术的研究还处在起步阶段，这方面的工作亟待加强。

6.3　土壤污染治理环境材料

在土壤污染治理与土壤环境功能修复过程中，环境材料因其具有使用性能和最佳环境协调性等特点，受到了广泛关注。土壤污染治理环境材料目前主要用于固定、降解和去除土壤环境中的重金属和有机污染物，一般是对 Pb、Cd 的吸收，也有用环境材料来治理有机物污染的。常用的土壤污染治理环境材料则包括腐植质类材料、高分子材料、煤基复合材料及粉质矿物材料、天然沸石、黏土矿物、铁氧化物、磷石灰、活性炭等。下面按照土壤污染治理的无机材料、有机材料、生物材料和新型材料四部分进行介绍。

6.3.1　土壤污染治理的无机材料

利用无机界天然矿物治理污染与修复环境的方法，是建立在充分利用自然规律的基础上，体现了天然自净化作用的特色。天然矿物对污染物的净化功能主要体现在环境矿物材料基本性能方面。环境矿物材料是指由矿物及其改性产物组成的与生态环境具有良好协调性或直接具有防治污染和修复环境功能的一类矿物材料。

磷酸盐、碳酸盐和硅酸盐材料是常见的土壤重金属修复稳定化材料，常单独使用或几种材料联合使用。磷酸盐材料常作为一种主要的低成本修复材料，被广泛地应用于土壤重金属的修复中，其对 Pb 的固定作用非常明显，对 Cr、Cd、Cu、Zn 等的修复也均有报道。主要含磷材料有磷酸、羟基磷灰石、氟磷灰石、磷酸二氢钙、磷酸氢钙、磷酸钙、磷酸氢二铵、重过磷酸钙、过磷酸钙、钙镁磷肥及含磷污泥等。碳酸盐材料作为传统的土壤修复剂，主要有石灰石、碳酸钙镁。硅酸盐材料主要有硅酸钠、硅酸钙、硅肥、含硅污泥、硅酸盐类黏土矿物（沸石、海泡石、坡缕石、膨润土）等。

　　黏土矿物是一类自然形成的含 Fe、Al、Mg 等金属元素的硅酸盐矿物，多数具有层状结构，颗粒细小，具有众多微孔、比表面积巨大、携带一定量的负电荷，如蛭石、沸石、蒙脱石、海泡石等，大量研究表明，黏土矿物对重金属具有良好的吸附作用。也正因为如此，黏土矿物常被用作重金属污染土壤原位修复材料。

　　含硅物质修复土壤中的重金属主要的机理有：

　　（1）形成沉淀。施入土壤中的硅酸根离子与 Cd、Pb 等重金属发生化学反应，形成不易被植物吸收的硅酸化合物沉淀，或硅改变介质中金属的形态，降低植物的可利用性，从而降低重金属毒害。

　　（2）吸附或配合作用。施加含硅材料，如硅酸钠，可提高土壤的 pH 值，使土壤吸附能力增强。

　　（3）可以通过增加生物量的积累，提高叶绿素含量，激发抗氧化酶的活性；或在植物体内阻隔金属离子或阻止重金属从植物根部向叶片的迁移能力等途径缓解重金属污染对植物的毒害。硅可增加 Cd 在植物根部的积累，并限制 Cd 从根向地上部分的迁移。

　　以蛇纹石为例，蛇纹石是一种层状的含镁硅酸盐矿物，是由硅氧四面体和氢氧镁八面体结合而成的 1∶1 型层状结构硅酸盐矿物。由于单元层不对称，构造层发生弯曲形成八面体在外、四面体在内的管筒状构造。矿石中六次配位的 Mg 可以被金属阳离子置换。故其可以通过离子交换作用固化土壤中的 Pb。沸石是一种良好的矿物类无机钝化剂，由硅氧四面体和铝氧四面体组成，具有骨架状结构，在晶体内，硅铝四面体通过处于四面体顶点的氧原子互相连接起来，构成四面体群，中间形成很多空腔，具有比表面积大、吸附性能强、离子交换性高的特性，在土壤污染修复和改良中有广泛应用。朱健等研究表明，硅藻土能显著降低土壤中交换态 Pb 的含量，硅藻土的施加对土壤 pH 值和有机质影响很小。曾卉等采用沸石、海泡石、膨润土、硅藻土与石灰石组配，对矿区重金属污染土壤进行原位固定化改良，结果表明，硅藻土与石灰石以质量比 1∶2 组配，对土壤重金属的固定化效果最好，与对照比相比，土样浸提液中重金属 Pb、Cd、Cu、Zn 的含量分别降低了54.3%、99.0%、27.2% 和 63.8%。林大松等研究了海泡石对土壤 Cd、Zn 污染的固定化效果，研究发现，添加海泡石能够显著降低土壤中可提取态和水溶态 Cd、Zn 的含量，当海泡石的添加量达到土样重量的 4% 时，土壤中水溶态 Cd、Zn 的含量分别下降了 57.3% 和 41.4%，而可提取态 Cd、Zn 的含量分别下降了 42.8% 和 24.7%。

　　和硅酸盐类似，磷酸盐和碳酸盐也被应用于土壤污染的治理。本节讨论的含碳物质主要是石灰石（$CaCO_3$）和碳酸钙镁（$(Ca,Mg)CO_3$），土壤施加石灰石或碳酸钙镁后，不仅可以降低土壤中水溶态 Cd、交换态 Cd 及有机结合态 Cd 含量，还可降低植物体内重金属的含量。其主要固定机理是：（1）吸附作用及离子交换作用。石灰石和碳酸钙镁能提高土壤 pH 值，使土壤中的黏土、有机质或铁、铝氧化物的螯合能力加强，增强土壤的吸附能力，降低重金属的解吸，从而减少了土壤中金属的可溶性。碳酸钙镁也具有黏土矿物的特点，具有吸附表面积大、化学结构稳定、阳离子交换能力强等特点。（2）使重金属离子生成沉淀。碳酸盐材料提高土壤的 pH 值，促进重金属生成氧化物或碳酸盐沉淀，降低重金属的生物可利用性。如生成溶解度很小的 $CdCO_3$、$PbCO_3$ 沉淀。（3）拮抗作用。向土壤中带入大量 Ca^{2+}，Ca^{2+} 与 Al^{3+} 等金属离子之间存在离子拮抗作用，降低了其生物有效性。但是，施加 $CaCO_3$ 增加土壤的 pH 值，当土壤 pH>7 时，容易使 Cr^{3+} 氧化到 Cr^{6+}，而增加了 Cr 的移动性和植物可利用性。

而含磷材料的作用机理相对复杂，磷基材料固定 Pb 的机理有吸附、沉淀和共沉淀等多种形式，但主要是沉淀机制。与 Pb 的修复效果相比，含磷物质固定 Cu、Zn 污染的效果并不显著。羟基磷灰石（$Ca_{10}(PO_4)_6(OH)_2$）固定 Cd 主要通过表面络合和共沉淀作用，HA 固定 Cd 的两步理论：（1）HA 溶解，Cd 被吸附于 HA 表面；（2）Cd 离子进一步扩散到羟基磷灰石晶格内部。XRE（X-ray emission）和 RBS（Rutherford backscattering spectrum）已观测出 Cd 通过扩散和离子交换进入到羟基磷灰石内部。以磷灰石为例，含磷材料稳定重金属机理包括：溶解的磷酸根与重金属生成沉淀、磷酸钙表面直接吸附重金属、磷灰石表面 Ca 与重金属的交换反应和磷酸根诱导重金属吸附。反应方程式可分别用以下公式表示：

$$Ca_{10}(PO_4)X_2 + 12H^+ === 10Ca^{2+} + 6H_2PO_4^- + 2X^-$$

$$10M^{2+} + 6H_2PO_4^- + 2X^- === M_{10}(PO_4)_3X_2 + 12H^+ （M 代表重金属如 Pb、Cd 等，X 可为 F、Cl、OH）$$

$$\equiv POH + M^{2+} === \equiv POM^+ + H^+ （\equiv POH 代表磷灰石表面）$$

$$\equiv POCa + M^{2+} === \equiv POM + Ca^{2+}$$

$$\equiv S—HPO_4^{2-} + M^{2+} === \equiv S—HPO_4^{2-}—M^{2+} （\equiv S 代表土壤氧化物表面）$$

6.3.2 土壤污染治理有机材料

目前，农田土壤重金属污染的现象普遍存在，施加廉价易得的有机物料对土壤进行修复，是一种切实可行的方法。有机物料多为农业废弃物，对其加以利用可避免其对环境的污染，还可减少化肥的使用，从而降低农业成本。施加有机物料可改善土壤结构，提高土壤养分，从而促进农作物生长，发展可持续性的生态农业。同时，使用有机物料可减少农作物对重金属的吸收积累，缓解重金属通过食物链对人体健康的威胁。因此，研究使用有机物料来加强对重金属污染农田的利用，提高农作物的安全性和产量，具有一定现实意义。可用于污染土壤修复的有机物料很多，常用于重金属污染土壤改良的有机物料有禽畜粪便、有机堆肥、活性污泥、腐植酸等。

有机物料用于土壤重金属污染治理时作用的机理主要有：

（1）吸附性。有机物料中的腐植质是一种复杂的高分子芳香多聚物，带有苯羧基、酚羟基等很多活性基团，活性基团之间以氢键相互结合，使得分子表面有许多孔，比表面积大，对镉、锌离子的吸附能力远远超过矿质胶体，是良好的吸附载体。Sauve 研究发现：土壤有机物质对重金属的吸附能力是黏土矿物的 30 倍，因此有机物质含量高的土壤对重金属的吸附量也大，可有效减弱土壤中重金属的迁移性。

（2）络合性。有机物料本身以及施入土壤后分解所产生的羟基、羧基、酚羟基等活性基团，可以和土壤中的重金属形成络合物，而络合物的稳定性会影响重金属的有效性及植物对重金属的吸收量。金属络合物的稳定性决定于许多因素，包括金属离子的特性、有机质分子活性基团与金属离子成键的数目、所形成环的数目以及 pH 值等。金属络合物的稳定性与金属离子的特性有一定的关系。根据金属离子与专性配位体原子的配位能力，可将金属离子划分为两类：一类易与氟和氧作为供体原子的配位体形成络合物；另一类易与含 N、P 和 S 供体原子的配位体发生配位反应。Zn^{2+} 属于第二类，易与 P、S 等供体形成高能键；Cu^{2+}对两种类型的供体原子都适合，可与富里酸和胡敏酸中所有活性基团配位，因此与其他重金属相比，Cu^{2+}更易于与土壤中的有机质形成络合物。有机质中富里酸等低分子有机酸由于其较高的酸性和较低相对分子质量，它们与重金属形成的配位键及环的数目少于胡敏酸等高分子有机酸，因此富里酸等金属络合物的稳定性小于胡敏酸等。

（3）改变土壤酸碱性。土壤 pH 值不仅影响土壤对重金属的吸附，还会影响重金属在土壤中的存在形态及植物对重金属的吸收。研究发现，土壤 pH 值与植株对镉的吸收量之间存在线性关系。随着 pH 值的降低，植株内镉的含量显著提高。有机物料在矿质化过程中会产生 CO_2，在腐殖化过程中会产生有机酸，这些都会导致土壤 pH 值的降低，从而提高土壤重金属的生物有效性。但张青等发现，在酸性镉锌污染土壤上施用有机肥后，与对照相比，土壤 pH 值提高了 1.4，并且小油菜的生物产量明显提高，土壤交换态镉含量从 55.6% 降至 44%，小油菜中镉的浓度也显著降低。这可能与土壤的缓冲性及有机质分解释放碱性物质有关。

（4）改变土壤氧化还原性质。有机物料加入土壤后，它的分解会消耗大量氧气，从而使土壤处于还原状态，同时降低土壤的 E_h。Welker 在硫含量高的重金属污染土壤中施加牛粪和堆肥后发现，空白处理和堆肥处理使得土壤 pH 值下降，土壤重金属生物有效性提高。这是因为土壤中的硫在发生氧化反应后，使可溶性硫的浓度增加，金属硫化物沉淀减少；牛粪处理则可显著抑制土壤中硫的氧化反应，促进硫与重金属形成沉淀，降低重金属生物有效性。这可能与新鲜畜禽粪肥富含可溶性有机质、易于分解、耗氧量大有关。堆肥腐殖化程度高、不易分解、耗氧量少，因此短期内效果不如牛粪处理。

杨海征等研究了堆肥对重金属污染中 Cd、Cu 赋存形态的影响，结果表明，增加堆肥的用量，土壤中交换态 Cd 的含量明显下降，而 Cu 的含量却明显上升，说明供试堆肥只适宜 Cd 污染土壤的修复。陈世俭研究了添加泥炭和堆肥对污染土壤中 Cu 的形态及化学活性的影响，结果表明，添加 2.5% 的泥炭和堆肥，土壤中 Cu 的形态和化学活性均发生了明显的变化，交换态 Cu 的含量明显下降，Cu 的化学活性也明显降低，随着添加量的不断增加，泥炭和堆肥的修复效果会加强后减弱。黄启飞等利用城市垃圾堆肥对 Cr 污染土壤进行修复，并研究了其修复效应，研究结果表明，垃圾堆肥主要是通过有机质、氧化还原电位、pH 值等来影响土壤中有效态 Cr 的含量，垃圾堆肥的施加能够降低 Cr 在土壤中的迁移性和生物有效性。Brown 等利用堆肥、活性污泥对重金属污染土壤进行了修复，研究发现，堆肥、活性污泥能够明显降低土壤中交换态 Zn 的含量，并能保证矿区蔬菜生产的安全性。

单施有机物料修复土壤，有时虽可降低土壤中重金属的活性，并提高土壤肥力，但有机物料中可溶性有机物含量及有机物料的分解等因素，会导致土壤中重金属的有效性提高或被固定重金属重新释放出来。黏土矿物、钙镁磷肥、石灰等改良剂可抑制土壤中重金属活性，但有时会产生土壤肥力下降、土壤结构性变差、土壤板结等问题。因此常将有机物料和其他改良剂合理配合使用，以期获得更好的修复改良效果。

6.3.3　土壤污染治理生物材料

相对于无机矿物材料和污泥、腐植酸等有机材料，生物材料（这里是指人工筛选或经过进一步培育的微生物本身或者其分泌物）具有高效、针对性强，易于改造、使用广泛的特点，因此日益得到人们的重视，本节从酶制剂、表面活性剂、菌根、微生物几个方面对土壤污染治理的生物材料进行简单的介绍。

6.3.3.1 土壤污染治理的酶制剂。

酶作为土壤有毒物质的降解物必须具备以下特点：（1）可以被重复使用；（2）在反应结束以后可以恢复初始活性；（3）可以在一个过程中连续使用；（4）具有较高的稳定性。而这些特点游离酶不具备，在水溶液中的游离酶的缺点：（1）不能被重复使用；（2）很难或不可能恢复；（3）对几种变性因子稳定性较低；（4）不能持续利用。20 世纪 70 年代，科学家们把酶蛋白与固体基质固定，即将酶从一个均质的反应体系转化向异质反应催化体系，依据固定化技术开创了一个新的研究领域——固定化酶生产及应用。在过去的几十年里，已对固定化基质的种类、固定机制等进行了研究，得到固定化酶以进行实际的应用。大量研究表明，可以利用固定化酶去除土壤污染，并使其恢复原状；可用于提高低产土壤的肥力，恢复由于过分使用杀虫剂而污染的土壤。许多酶都是以固定化的状态存在的，如土壤中的酶就是一类以固定化状态起作用的酶。固定化技术的关键在于要平衡固定时初始活性的丧失和固定以后长时期的活性保持。对于消除土壤中的有毒物质来讲，酶固定化后长时期活性保持作用意义比只具有较高的初始活性意义重要得多。Shinji Wada 等人用弱酸离子交换树脂 DiaionWK-20 作为支持物，利用交联剂 EDC 将酪氨酸酶固定制成固定化酪氨酸酶，用这种固定化的酶去除土壤中的苯酚效果好于游离酶，并且在 10 次重复处理后，酶活力几乎不降低。但如果不将酪氨酸酶固定化，可溶性酪氨酸酶反应后会迅速失活。

土壤本源的氧化还原酶对一些潜在污染物或它们的衍生物有较强的去除作用。正如它们能够催化非芳香族化合物如烷类、取代烷类的氧化反应一样，氧化还原酶如加氧酶、酚氧化酶、过氧化物酶能够催化多种芳香族化合物的氧化反应，如苯酚、取代酚、苯胺、多环芳烃等。在反应中可能发生芳环的裂解和由非酶转化作用而形成不稳定的底物阳离子基以及聚合作用，在这个过程中氧和过氧化氢充当氧化剂的作用。另外，这类酶最普遍的特征是能使不稳定的带有卤素的反应产物进行化学分解而自发脱卤。土壤中有机污染物的去除可通过各种氧化还原酶的作用进行，因此在污染土壤的酶学修复研究中，氧化还原酶是关注的焦点。土壤中的酶是通过特定底物的反应来消除土壤中污染物的毒害。过氧化物酶和酚氧化酶通过将污染物转化为其他产物的方法来消除污染物的毒害；酪氨酸酶通过催化酚的羟基化和氧联苯酚的脱氢作用来消除土壤中有毒物质的污染；漆酶是通过聚合过程来起作用，聚合反应对酚类物质的去除受其化学结构、底物浓度、反应体系 pH 值、酶活性，以及培养时间和温度的影响。Bollag 提出通过向土壤中加入漆酶进而促进异生命体与腐植质的合成和聚集以减少土壤污染；对木质素酶作用于有机氯与腐植酸的结合方面也进行了一些研究；氧化还原酶会促进土壤有机物质与腐植质的聚合；带有氯的苯酚和苯胺会由漆酶和过氧化物酶在土壤中进行氧化而解毒。多环芳香烃和五氯苯酚的转化与锰过氧化物酶有关。氧化物酶和漆酶芳香烃和五氯苯酚的氧化则是过氧化物酶和漆酶作用的结果。除草剂是相对惰性的化学物质，漆酶对其有一定的作用，其氧化作用及产物的吸附受到腐植质的影响。提纯的漆酶对尿素衍生物的转化作用受 pH 值影响很大。pH 值也影响反应产物存在的状态。

所有的酪氨酸酶，如铜酚氧化酶能够通过聚合途径催化酚类物质的转化。这不仅是酚类污染修复的途径，也是土壤腐殖化的一个过程。

用光谱法和电泳方法检测种植在有污染和无污染的土壤上的 12 种植物，结果表明，种植在无污染土壤上的植物中含有蛋白酶、酯酶和脂肪酶，而未消除土壤污染的提取液中除了这些酶以外还包括了高达 10% 的过氧化物酶和单酚单加氧酶。这说明这些植物体产生了足够的氧化还原酶来参与特定土壤物质的氧化降解。

工业废水的排放与土壤污染密切相关，Munnecke 和 Caldwell 分别用固定化的对硫磷水解酶和磷酸三酯酶，在流化床反应器中处理有机磷农药污染的污水，污染物（包括甲基对硫磷、乙基对硫磷、对氧磷、二嗪农及蝇毒磷）的去除率达到了 90% 以上；另有研究用游离的或固定化的多酚氧化酶和过氧化物酶去除不同类型工业废水中的酚类化合物，取得了良好的效果。

也有研究用游离的或固定化的虫漆酶和过氧化物酶消除土壤中的氯酚的污染。在低有机质含量的土壤中，所述酶类能去除 60% 的氯酚。

Se、As、Cr 和 Hg 在国际上被列为优先重金属/准金属污染物。它们在土中的生物学毒性取决于其存在的价态，而后者在一定程度上与诸多的生物化学过程（氧化、还原、甲基化和去甲基化）有关。因此，曾对许多土壤微生物学解毒机理进行过研究，而利用氧化态重金属/准金属至不溶态或挥发态重金属/准金属的微生物学转化来修复污染土壤，更是当前研究的一个新兴领域。在这些研究中，曾零星地提到有关酶的作用，但未看到有关酶修复的报道。

6.3.3.2　土壤污染治理的生物表面活性物质

疏水性有机污染物，如石油、有机氯农药、多氯联苯、多环芳烃、梯恩梯（TNT）等，在自然界中主要以吸附态等形式存在于土壤中，在水中不溶或微溶，不易被自然界的微生物降解，易被植物和动物富集，并通过食物链进入人体，可致癌、致畸、致突变，已成为需要解决的世界性难题之一。目前其污染土壤的主要修复方法是生物修复法，但在生物修复中存在的关键问题是修复效率太低，一块土地要得到彻底修复往往需要几十年到上百年的时间。导致修复效率低的一个很重要因素就是传递问题。一系列研究表明，疏水性有机污染物从土壤表面到细胞内部的传递速率是生物降解的主要限制步骤，而表面活性剂增加了疏水性有机污染物在水相中的溶解度进而增加了污染物的传递速率，对提高土壤修复效率、降低修复费用等具有重要意义。生物表面活性剂应用最早和潜力最大的领域是石油工业。目前，国外许多石油公司都采用了微生物采油（MEOR）技术。例如，由 Aci Metobacter SP. ATCC31012 分泌而制备的一种聚合糖类的生物表面活性剂，可以在高浓度盐的环境中，有效地将一采、二采后仍遗留在油井中的脂肪烃、芳香烃和环烷烃彻底乳化，同时其本身基本不会被地层中泥沙、砂石所吸收，甚至在地下高温环境中仍能发挥其作用。德国 F. Wagne I 实验室研制出了海藻糖脂等生物表面活性剂已申请了多项专利，并提供样品给 Wjnter-Shalt 公司，在北海油田进行了提高原油采收率试验，加入海藻糖脂 50mg/L 驱油效果提高 30%，与一般化学表面活性剂相比，驱油效果增大 5 倍。美国俄克拉荷马大学用两种方法验证了直接向地层注入微生物表面活性剂和注入活的微生物细菌 LicheniformisJF-2（美国专利号 4522261）对提高原油采收率的影响，两种方法都获得了良好的效果。大庆油田利用生物表面活性剂的研究取得了很好的效果，用生物表面活性剂（海藻糖）和其他的表面活性剂（烷基苯磷酸盐类）复配，大大降低了三元复合驱中表面活性剂的用量，筛选的配方使油/水界面张力达到$10 \sim 30 \mathrm{mN} / \mathrm{m}^2$数量级，矿场试验采收率比水驱提高20%原始油含量（OOIP）以上。生物表面活性剂在环境生物工程领域也有极大的应用潜力。生物表面活性剂具有无毒、易生物降解等环境友好性，因而十分适合于环境领域的应用。用生物表面活性剂处理重油，重油的黏滞度从200000cP降低到100cP。这就使得处理过的重油可用普通输油管道输送。这种表面活性剂用于清洗贮油罐、油轮贮仓、输油管道以及各种运油车非常有效，其用量极少，且最后形成的乳液用通常的物理和化学方法便可以破乳，洗下的油可以回收。利用来自美国Petrogen公司的生物表面活性剂合成菌株处理科威特石油公司的原油罐的污泥，可以回收90%以上的沉积于污泥中的原油。受烷烃和原油污染的土壤原位生物修复是一门新兴的技术，为了提高土壤中烷烃降解速度，加入生物表面活性剂，能够增强憎水性化合物的亲水性和生物可利用性，或给土壤提供帮助生物降解的物质，提高土壤微生物的数量，继而提高烷烃的降解速度，因而已被认为是现代生物修复技术的一部分。

6.3.3.3　菌根在土壤污染治理中的应用

微量元素是植物生长所必需的营养元素，当土壤供应不足时，植物常发生缺素症，影响农作物产量和品质；当供应过多时，植物吸收过多而影响生长发育，甚至中毒。因而人们常把微量元素看作是农作物产量高低的限制因子。大量研究表明，土壤金属元素全量与作物产量的相关性低于有效量。利用有机络合物提取剂DTPA可以与金属元素形成稳定的、水溶性的络合物，被广泛应用于评价金属元素的生物有效性，而且适用于中性和弱碱性土壤。

目前我国在采煤塌陷土地上使用粉煤灰进行充填复垦是主要的利用方式之一，粉煤灰能够增加土壤矿质元素，是否对环境和食物链造成污染取决于粉煤灰本身。丛枝菌（*Arbuscular Mycorrhizal*，AM）真菌是与多数陆生植物根系共生的土壤真菌，其根外菌丝体能扩大植物根系吸收矿质养分的土体体积，当土体中一些移动性较弱的营养元素，如锌、铜、铁、锰等供应不足时，菌丝体往往能有效地促进宿主植物对这些养分的吸收和利用，同时能抑制如铅等有害元素。于淼通过粉煤灰充填复垦盆栽试验，比较丛枝菌根真菌、解磷细菌及其联合使用在不同充填厚度中各金属元素植株吸收量，以及粉煤灰肥力（金属元素含量）与土壤等级和丰缺度评价。结果显示，对于宿主而言，接菌能提高对锌、铁、铜的吸收量，同时能抑制有害金属元素铅和锰的过量吸收；菌丝能吸收过量的锰元素；不同充填厚度比较，菌根真菌吸收锌、铁、铜的能力优于根系。对于基质而言，接菌能提高基质中锌、铁、铜和铅含量，降低锰含量；分室中所有接菌处理有效锌、铜、铁的单项丰缺指数都大于对照。接菌处理能够弥补因减小覆土厚度产生的影响，为充填复垦节约成本。

6.3.3.4　土壤污染治理的微生物功能主体

微生物通常用于石油污染、农药污染等治理，也有和植物联合培养用来治理重金属污染的研究。微生物降解土壤石油污染出现于20世纪80年代后期，是在生物降解基础上研究发展起来的生物修复技术，因其费用低、效果好、无二次污染的特点而具有很好的应用前景。它是利用微生物促进有毒、有害物质降解，主要是利用活的有机体去打破污染有毒害作用的大分子结构，最终把石油污染物转化成无毒性的形式，从而使石油类污染物在微生物的新陈代谢循环中得到转化和去除。因此微生物法是我国目前状况下应优先考虑采用的处理方法，也是世界上许多发达国家正在研究和实践的石油污染土壤的处理方法，分为原位处理方法、土壤堆肥处理技术和生物反应器技术。原位处理方法是将受污染土壤在原地降解处理，适用于石油污染土层渗透性好或很难找到合适的专用处理场地的情况。即在污染区钻一组注水井，用泵注入微生物、水和营养物，通入空气。在系统中设地下水积水管，收集可能受到污染的下渗水流，并经过处理后加上适量的 N、P 等营养物质，再注入土壤以再循环的方式处理石油污染土层。另外，在土层中埋设积气管并用空气抽吸设备帮助排放代谢产物中的气体。此法工艺简单、费用低，但处理速度慢。这是一种对土地处理技术的改良降解技术。通常是将石油污染的土壤堆积成条状，中间留有"田埂"，为了收集产生的渗出液，避免处理现场土层的污染。该技术的特点是在堆起的土层中铺有管道，提供降解用水，并在污染土层以下设有多孔集水管，收集渗滤液。系统还可设有送气管和空气泵，以稳定氧的补给。各种均匀布水或滴灌技术均可应用于这种处理系统中，而且系统内部的气体，包括降解产物和挥发的石油类物质，都经过如活性炭吸附、特定酶的氧化或加热氧化等措施处理后才向大气排放。这种方法二次污染少、处理效率更高；土壤堆肥有较大的应用范围，适宜高挥发、高浓度石油污染土层的处理。这种方法的最大特点是通过添加土壤改良剂为微生物的生长和石油类物质的降解提供基本能源。可添加的改良剂主要有树枝、树叶、秸秆、粪肥、木屑、泥炭等。使用机械或压气系统充氧，同时加入石灰以调节 pH 值。经过一段时间发酵处理，大部分污染物被降解，标志着堆肥的完成。生物反应器法是一种受到很多环保学者重视的生物修复技术，是最灵活的方法，在国内外都得到广泛采用。此技术适用于处理表层土壤污染。生物反应器的处理过程为：将污染土壤用 3~5 倍水混合调成泥浆，然后装入反应器中，加入接种微生物和营养物及其他添加物，在充氧条件下剧烈搅拌进行处理；处理完毕后，将土壤与水分离，运回原地。但是此法处理过程工艺复杂、成本较高。

6.3.4　土壤污染治理新型（综合）材料

在环境材料的发展过程中，许多学者为了进一步改善环境材料的性能，研究了各种新型的复合材料来达到更好的治理污染的目的。近年来兴起的黏土纳米材料和人工合成环境矿物材料显示其发展潜力和优势。纳米科学技术是 20 世纪 80 年代末崛起并迅速发展起来的新科技。纳米材料指尺寸大小为 1~100nm 的物质材料，具有较大的比表面和较多的表面原子，因而显示出较强的吸附特性。纳米材料可分为纳米陶瓷材料、纳米聚合物以及由上述材料组成的纳米复合材料。其中，对聚合物/黏土纳米复合材料的研究是近年来纳米复合材料领域的重点之一。它既有黏土无机物优良的强度和尺寸稳定性，又有聚合物的可加工性，与普通复合材料相比具有更优良的性能。由于柱撑黏土的层间域的高度在纳米范围，也有人将其划入纳米材料。环境矿物材料的纳米效应是由其纳米尺度所决定的，在净化污染方面有着不可替代的独特作用，在人工合成环境矿物材料方面，如人工合成沸石、微孔硅酸盐、羟基磷灰石等，较原矿对重金属的吸附力明显提高。

为了更好地实现环境材料的其他性能，使其运用更加广泛，有学者进行了一些环境材料和其他材料例保水剂复合运用的研究，下面进行简单介绍。彭丽成等研究了环境材料腐植质类材料、高分子材料、煤基复合材料及粉质矿物材料及其复合处理对 Pb-Cd 复合污染土壤中玉米生长、品质及根系土壤环境的影响。结果显示，环境材料的添加在一定程度上有助于土壤基本理化性质的改善，促进土壤改良，同时环境材料对阻止土壤重金属向植物体迁移有一定作用。黄震、黄占斌采用盆栽实验方法，研究了单个环境材料（煤基营养材料、高分子保水材料、煤基复合材料和吸附性矿物材料）及复合材料对作物（玉米、大豆）生长及其对土壤重金属 Pb、Cd 吸收的影响，并探讨了相关的土壤理化性能变化机理。结果表明，单个环境材料及复合材料处理较对照能明显减少作物对土壤重金属 Pb、Cd 的吸收量，并促进作物生长。除个别处理外，大部分处理下玉米地上部分的重金属 Pb、Cd 吸收量较对照减少 51%～71% 和 66%～84%；所有处理下大豆地上部分的重金属 Pb、Cd 吸收量较对照减少 54%～76% 和 33%～58%。实验还证明，所用环境材料对重金属 Pb、Cd 有一定的改良效应，并对土壤 pH、EC、土壤有机质、速效氮磷养分及土壤脲酶、磷酸酶活性等有一定的调节作用。相较而言，高分子保水材料及其复合材料（煤基复合材料+高分子保水剂+煤基营养材料）、（吸附性矿物材料+高分子保水剂+煤基营养材料）能明显降低玉米和大豆对土壤重金属 Pb、Cd 的吸收量，具有作为重金属污染土壤治理修复剂的可能性。

6.3.5　土壤治理环境材料应用

在土壤修复的实践中，不同的修复材料有不同的特定，应用的范围也有所不同，研究人员往往结合各种情况制定合适的治理方案。

6.3.5.1　膨润土

膨润土具有良好的阳离子交换性、膨胀性、吸附性等性质，可以利用膨润土的阳离子交换性和吸附性来固定土壤中的重金属，防止重金属在土壤中迁移，减少重金属对环境和人类健康的危害性。膨润土治理土壤重金属污染有重要意义。谢正苗等人利用来自浙江省杭州市西郊的老余杭镇仇山矿区的原始膨润土对浙江省某铅锌矿区附近的铅锌污染土壤进行修复。

图 6-4 是谢正苗等人的部分研究结果。通过计算可以得出膨胀润土的 Q_{max}（最大吸附量）可以达到 12.78mg/g。Q_{max} 可以用来描述不同吸附剂的吸附能力。很多学者报道过黏土矿物对重金属的吸附能力。Garcai-Sanchez 等研究发现一些黏土矿物，如海泡石、坡缕石和膨润土对 Cd^{2+}、Cu^{2+} 和 Zn^{2+} 的最大吸附量一般不超过 10mg/g。这些都为利用膨润土来减少重金属在土壤中的移动性从而降低其危害提供了可能。

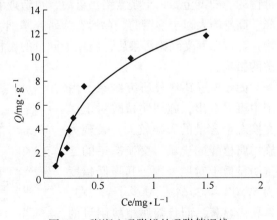

图 6-4　膨润土吸附铅的吸附等温线

6.3.5.2　凹凸棒

凹凸棒是一种高孔道比表面积的链层状矿物，具有较强的吸附性能，不仅能吸附具恶臭等异味的有机物，对有毒重金属元素也有很强的吸附作用。八卦洲是江苏长江两岸土壤重金属 Cd 元素富集带的典型代表，局部地段土壤及蔬菜等农产品 Cd 含量明显超标。已有研究资料表明，土壤中以 Cd 为典型的重金属已经危害当地农产品的质量，而且通过食物链危害人体健康。鉴于此，范富迪等人在八卦洲芦蒿产地进行田间试验，用资源丰富、价格低廉的凹凸棒石黏土来修复重金属污染的蔬菜地，使蔬菜中 Cd 含量降至无公害蔬菜卫生标准值以下，为合理修复重金属污染蔬菜地提供理论依据和实用技术。

表 6-6 是范富迪等人的一部分研究结果。从表中可以看出，不同施用水平的凹凸棒石黏土都可以有效降低芦蒿中 Cd 的含量，最大降幅为 46%。但第三组中 11 单元与前两组相反，主要是酸活动所致。未添加凹凸棒石黏土处理的芦蒿具有最大的 Cd 生物浓度系数；施用低、中、高量凹凸棒石黏土处理的芦蒿具有最小的 Cd 生物浓度系数；硝酸处理对芦蒿 Cd 生物浓度系数影响微弱。土壤经凹凸棒石黏土处理后，降低芦蒿中的 Cd 效果显著，不会改变土质，也不会影响植物产量。

表 6-6　各处理芦蒿、根系土 Cd 含量及生物富集浓度

类　别	单　元　号											
	1	2	3	4	5	6	7	8	9	10	11	12
凹凸棒石黏土 /mg·kg^{-1}	0	4	6	8	0	4	6	8	0	4	6	8
芦蒿/mg·kg^{-1}	0.068	0.037	0.037	0.039	0.14	0.071	0.072	0.082	0.045	0.043	0.037	0.053
根系土/mg·kg^{-1}	0.41	0.40	0.38	0.39	3.01	3.70	2.63	1.65	0.39	0.40	0.37	0.34
生物浓度系数	0.17	0.09	0.10	0.10	0.05	0.02	0.03	0.05	0.12	0.11	0.10	0.16

6.3.5.3　腐植酸

腐植酸是自然界植物残体经腐烂分解后的产物，是一种复杂的天然大分子有机质。其分子内含有羰基、羧基、醇羟基和酚羟基等多种活性官能团，能够和重金属发生各种形式的结合，从而影响重金属在土壤环境中的形态转化、移动性和生物有效性。铅是具有神经毒性的一种重金属，土壤被铅污染后，可造成农作物生长受阻，产量大幅度降低，品质下降。高越等人以土壤铅的赋存形态为研究基础，采用高腐植酸含量物质——风化煤为添加物，探讨棕壤受到铅污染后，施用不同量的腐植酸，在不同培养时间内对土壤中铅赋存形态的影响。

图 6-5 是其部分研究结果。由图中可以看出，施用腐植酸对土壤交换态铅含量的影响较大。表现为施用腐植酸的土壤，交换态铅的含量明显低于对照处理，其降低幅度为 57.0% ~ 73.6%，减少了近 2/3，差异极显著，而且随腐植酸用量的增加，交换态铅的含量呈减少趋势，其中腐植酸的用量由 10% 提高到 30%，对土壤中交换态铅含量的影响

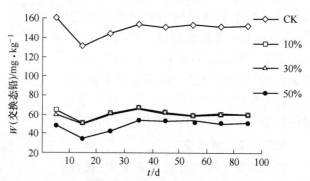

图 6-5　不同培养时期土壤交换态铅含量的变化

几乎一致，虽然施用高量腐植酸相对于低量和中量腐植酸来讲，减少交换态铅的含量略为突出，但整体来说差异仍未达显著水平。各处理交换态铅的含量随培养时间的延长无明

显变化。由上述可以看出，腐植酸可以显著减少交换态铅的含量，从而大大降低铅的活性，减少铅的污染。

6.3.5.4 生物表面活性物质鼠李糖

多氯联苯（PCBs）是一类典型的持久性有机致癌物，能长期地存留于土壤环境中，易和土壤中的有机质结合，导致其生物利用性降低，从而阻碍受其污染土壤的修复。刘有成等人利用生物表面活性剂 RL 对 PCBs 污染土壤进行洗脱，然而借助"紫外光照射/生物降解"的耦合作用降解土壤洗脱液中的 PCBs，重点探讨 RL 在修复 PCBs 污染土壤中的作用。

PCBs 污染土壤的洗脱试验结果见表 6-7。结果表明，每种土样的 Aroclor 1242 的总洗脱率随着加入的 RL 质量浓度的增加而增加，RL 对人工污染土样 B 的洗脱效率要高于陈化土样 A。当洗脱液中加入的 RL 的质量浓度为 2000mg/L 时，通过 3 次连续批洗脱后，人工污染土样和陈化土样的 PCBs 总洗脱率分别达到了 90.1% 和 47.1%；而空白试验（RL 的质量浓度为零，其他条件不变）中土样 B 和土样 A 的洗脱率分别只有 3.4% 和 1.6%。在 RL 的作用下，样 B 和土样 A 中 Aroclor1242 的总洗脱率分别增加了 86.7% 和 45.5%。RL 对污染土壤中 PCBs 的解吸具有明显的促进作用。

表 6-7 RL 溶液对污染土壤中 PCBs 的洗脱

土壤 类型	ρ（初始 RL） /mg·L^{-1}	ρ（洗脱液中的 RL）/mg·L^{-1}	ρ（洗脱液中的 PCBs）/mg·L^{-1}	PCBs 的总洗脱 率/%
土样 A	2000.0	1593.1	38.8	47.1
	1000.0	727.3	29.2	35.3
	500.0	283.2	20.5	24.8
	200.0	125.4	10.8	13.0
	0.0	0.0	1.2	1.6
土样 B	2000.0	1576.9	74.4	90.1
	1000.0	716.4	58.6	71.0
	500.0	270.6	43.2	52.4
	200.0	118.6	31.8	38.6
	0.0	0.0	2.6	3.4

6.3.5.5 生态修复

高速公路的生态修复：现代化基础建设和城市化进程，促进了我国经济的快速发展。但国家重大工程施工，均是以牺牲土壤生态为代价的基础建设项目，破坏了土壤圈物质与生物循环，加剧了土壤侵蚀和地质夷平过程，因此土壤生态修复势在必行。

在高速公路和高速铁路生态修复的过程中在土壤修复过程中，根据岩土层次和边坡高度，选择不同的土壤生态修复施工技术，见表 6-8。

表 6-8 不同路域边坡类型、特点及土壤生态修复模式

边坡类型	边坡特点	剖面构型	坡比	土壤生态修复模式
土质边坡	挖方边坡	O—A—AB—B 层	≤1：0.75	客土喷播
	填方边坡	AB 混合层	≤1：1	液压喷播

边坡类型	边坡特点	剖面构型	坡比	土壤生态修复模式
风化层边坡	缓坡	AB—BC 层	≤1∶1.25	喷混植生
	陡坡	B—BC—C 层	≤1∶0.75	三维网喷播
岩石边坡	弱风化岩石边坡	残留 BC—C 层	1∶0.75~1∶1	挂网喷混植生
	岩石边坡	C 层	1∶0.5~1∶0.75	V 形槽种植

表6-8说明，低矮土质边坡或填方边坡，可直接喷播灌草种；高陡土质边坡挂EM3（三层三维土工网垫）网喷混植生；强风化层挂三维网客土喷混植生；弱风化层或局部岩石层，采取锚杆挂铁丝网、客土喷混植生技术。坡面喷射植生基材前，采取挂三维网、EM（三维土工网垫）网、铁丝网（镀锌或过塑）、土工格栅和土工格室，以及铺CF（椰丝纤维）网或植被草毯等，并用锚杆固定。

植物选择与种群配置技术：植物种群结构是道路边坡土壤修复的重要环节。经研究，植物种类选择及种群配置的成熟技术主要有：（1）按气候地带性规律选择植物品种，北方以落叶树种为主，如胡枝子（*Lespedeza bicolor*）、紫穗槐（*Amorphafruticos*）等；南方以常绿树为主，如银合欢（*Leucaena leucocephala*）、台湾相思（*Acacia confusa*）等，以充分利用南方水光热条件。（2）南方土壤生态重建应坚持生物多样性，种群结构以灌木为主，乔灌草藤结合。（3）针对路域土壤实际，应以豆科植物为主，多科属配置，以维护低肥力下种群植物养分的常态循环。（4）以地方植物品种为主，以适应当地生物气候环境，提高成活率。（5）植物应立体配置，形态共生互补，并与周边生态景观相协调。2002年云南元（江）磨（黑）高速公路，工程师以坡柳（*Dodonaea*）、银合欢等为主，灌草结合，第一次做出了乔、灌、草混植示范样板，现与周边热带雨林融为一体，为扭转全国高速公路单一草被生态作出了贡献。

后期考察的相关工程有广惠、开阳、揭普、元磨、昆石、福宁、成南、粤赣粤北段、宁杭、清平等高速主干道，采用乔、灌、草混喷，乔灌木生长茂盛，林下草退化无几，外来侵入种极少。特别提及的种群组合中的金合欢（*Acacia farnesiana*）、银合欢、山毛豆（*Tephrosia candida*）等强结实植物，种子成熟后散落地面，产生了多代演替，已成永久性植被。

6.3.5.6 土壤深翻-植物-微生物联合修复

广东某镇是全国最大的废旧电子电器拆解基地之一，多年来该镇废旧电子电器拆解过程产生的"三废"未经处理直接排放，使当地环境受到污染。受该镇河流污水灌溉、废旧塑料回收和大气沉降的污染影响，农田土壤中重金属含量普遍超标。广东森海环保装备工程有限公司为恢复农田的正常使用功能，保证生产食物的质量安全和人体健康，对该镇农田土壤进行土壤修复。

修复前的土壤指标见表6-9。

表6-9 修复前土壤中重金属含量

采样深度 /cm	pH 值	重金属含量/mg·kg^{-1}								∑PBDEs /mg·kg^{-1}
		镉（Cd）	汞（Hg）	砷（Se）	铜（Cu）	铅（Pb）	铬（Cr）	锌（Zn）	镍（Ni）	
0~20	6.07	0.10	0.705	9.31	60.1	79.3	58.3	103	43.0	19.43
20~40	6.43	ND	0.327	6.49	19.4	65.8	69.3	84.2	22.7	

修复技术方案如图 6-6 所示。

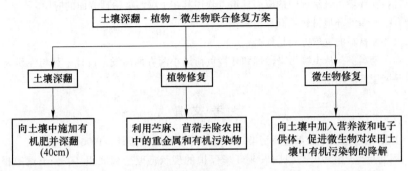

图 6-6 修复技术方案

修复后土壤中重金属及 PBDEs 含量见表 6-10。

表 6-10 修复后土壤中重金属及 PBDEs 含量

修复后含量/mg·kg^{-1}	镉 Cd	汞 Hg	砷 Se	铜 Cu	铅 Pb	铬 Cr	锌 Zn	镍 Ni	∑PBDEs
	0.11	0.305	12.1	18.0	94.1	62.0	76.7	19.0	15.42
效果	+10%	−57%	+30%	−70%	+19%	+6%	−26%	−56%	−19%

注：土壤 pH 值为 6.75。

对比修复前土壤的监测数据以及《土壤环境质量标准》，可知通过对受污染土壤进行两年的土壤深翻-植物-微生物联合技术修复后，土壤重金属含量达到《土壤环境质量标准》二级标准要求；其中土壤中 Cu、Hg、Ni 的去除率分别为 70%、57%、56%，去除效果最好；修复技术对金属 Zn 也有一定的去除作用，去除率为 26%；但该技术对 Cd、As、Pb、Cr 基本上没有去除作用。PBDEs 等主要有机污染物含量有所降低，削减率为 19%，土壤修复基本达到了预期目的。

开展污染治理与生态修复是治理环境污染的迫切需求，而治理与修复工程核心是环境材料的使用。近年来，有些材料既能应用于能源生产又能治理环境污染，受到研究者们的广泛关注，如半导体基纳米材料等。因而，采用一种基体材料跨领域应用于能源与环境，是材料制备与应用研究的新思路。

总之，环境材料所具有的表面吸附性作用、离子交换性作用、孔道过滤性作用与分子筛作用、热效应作用及微溶性化学活性作用等优异的净化功能，在污染治理与环境修复领域中发挥着独特的作用，并在污染治理的规模、成本、工艺、设备、操作、效果及无二次污染等方面具有明显的特点和较大的优势。但是，多种环境材料相互作用机理，对土壤中污染物彻底去除的方法，环境材料对土壤植物、微生物生长、生活状态的影响还需要进一步的研究与探讨。

思 考 题

6-1 土壤污染的定义及其主要污染类型。

6-2 结合实际分析土壤污染的危害。

6-3 土壤污染的治理途径有哪些？分析不同治理手段的优缺点。

6-4 什么是环境材料？

6-5 叙述环境材料在环境污染治理中的应用，重点叙述其在土壤污染治理方面的应用。

6-6 近年来又有哪些新的环境材料被开发出来？

6-7 你认为未来环境材料的发展方向是什么？

6-8 请结合实际污染案例，从土壤污染治理和环境负荷最小两方面出发，设计一种与你研究方向有关的环境材料并展望其应用前景。

参 考 文 献

[1] 陈怀满. 土壤-植物系统中的重金属污染 [M]. 北京：科学出版社，1996，1~7.

[2] 朱荫湄，周启星. 土壤污染与我国农业环境保护的现状、理论和展望 [J]. 土壤通报，1999，30 (3)：132~135.

[3] 何乱水，杜文奎. 兰州市土壤环境的污染 [J]. 甘肃地质学报，1997，6 (增刊)：109~114.

[4] 国家环境保护总局. 2000 年中国环境状况公报 [J]. 环境保护，2001 (7)：3~9.

[5] 陆引罡，王巩. 贵州贵阳市郊区菜园土壤重金属污染的初步调查 [J]. 土壤通报，2001，32 (5)：235~237.

[6] 阮俊华，张志剑，陈英旭，等. 受污染土壤的农业损失评估法初探 [J]. 农业环境保护，2002，21 (2)：163~165.

[7] Kunkel A M, Seibert J J, Elliott L J, et al. Remediation of elemental mercury using in situ thermal desorption (ISTD) [J]. Environ Sci Technol, 2006, 40 (7)：2384~2389.

[8] Navarro A, Canadas I, Martinez D, et al. Application of solar thermal desorption to remediation of mercury-contaminated soils [J]. Soil Energy, 2009, 83 (8)：1405~1414.

[9] Udovic M, Lestan D. Fractionation and bioavailability of Cu in soil remediatedby EDTA leaching and processed by earthworms (Lumbricusterrestris L.) [J]. Environ Sci Pollut Res, 2010, 17 (3)：561~570.

[10] Pociecha M, Lestan D. Using electrocoagulation for metal and chelant separation from washing solution after EDTA leaching of Pb, Zn and Cd contaminated soil [J]. J Hazard Mater, 2010, 174 (1~3)：670~678.

[11] 赵述华，陈志良，张太平，等. 重金属污染土壤的固化/稳定化处理技术研究进展 [J]. 土壤通报，2013 (06)：1531~1536.

[12] 郝汉舟，陈同斌，靳孟贵，等. 重金属污染土壤稳定/固化修复技术研究进展 [J]. 应用生态学报，2011 (03)：816~824.

[13] 周启星，吴燕玉，熊先哲. 重金属 Cd-Zn 对水稻的复合污染和生态效应 [J]. 应用生态学报，1994，5 (4)：438~441.

[14] 刘周莉，何兴元，陈玮. 忍冬——一种新发现的镉超富集植物 [J]. 生态环境学报，2013 (04).

[15] 白洁，孙学凯，王道涵. 土壤重金属污染及植物修复技术综述 [J]. 环境保护与循环经济，2008，28 (3)：49~51.

[16] 许燕波，钱春香，陆兆文. 微生物矿化修复重金属污染土壤 [J]. 环境工程学报，2013，7 (7)：2763~2768.

[17] 朱清清，邵超英，张琢，等. 生物表面活性剂皂角苷增效去除土壤中重金属的研究 [J]. 环境科学学报，2010，30 (12)：2491~2498.

[18] 施秋伶. 有机螯合剂和生物表面活性剂联合淋洗污染土壤中的 Pb、Cd [D]. 重庆：西南大学，2015.

[19] Sahle-Demessie E, Meckes M C, Richardson T L. Remediating pesticide contaminated soils using solvent extraction [J]. Environmental Progress, 1996, 15 (4)：293~300.

[20] Chen P. Biodegradation of munitions compounds by a sulfate reducing bacterial enrichment culture in soils. Environ progress [J]. 1997, 16 (4): 227.

[21] 王钰, 夏婷婷, 陈景文, 等. 丁烯氟虫腈光降解反应过程及机理 [J]. 中国环境科学, 2012, 32 (1): 89~93.

[22] 丁娟, 罗坤, 周娟, 等. 表面活性剂 Tween80 和 β-环糊精对白腐菌降解多环芳烃的影响 [J]. 南京大学学报 (自然科学版), 2007, 43 (5): 561~566.

[23] Garrison A W, V A Nzengung, Avants J K, et al. Phytoremediation of p, p'-DDt and the enantiomers of o, p'DDT [J]. Environ. Sci. Technol, 2000, 34 (9): 1663~1670.

[24] Schnoor J L, Licht L A, McCutcheon S C, et al. Phytoremediation of organic and nutrient contaminants [J]. Eviron. Sci. Technol, 1995, 29 (7): 318A~323A.

[25] Macek T, Macková M. Exploitation of plants for theremoval of organics in environmental remediation [J]. Biotechnology Advances, 2000, 18 (1): 23~34.

[26] 朱健, 王平, 李科林, 等. 硅藻土对污染土壤中铅的固定效果及机制 [J]. 中国农学报, 2012, 28 (14): 240~245.

[27] 曾卉, 徐超, 周航, 等. 几种固化剂组配修复重金属污染土壤 [J]. 环境化学, 2012, 31 (9): 1368~1374.

[28] 林大松, 刘尧, 徐应明, 等. 海泡石对污染土壤镉、锌有效态的影响及其机制 [J]. 北京大学学报 (自然科学版), 2010, 46 (3): 346~350.

[29] Sauve S, Manna S, Turmel M C, et al. Solid solution partitioning of Cd, Cu, Ni, Pb, and Zn in the organic horizons of a forest soil [J]. Environmental Sciences, 2003, 37 (22): 5191~5196.

[30] 张青, 李菊梅, 徐明岗, 等. 改良剂对复合污染红壤中镉锌有效性的影响及机理 [J]. 农业环境科学学报, 2006, 25 (4): 861~865.

[31] Walker D J, Clemente R, Bernal M P. Contrasting effects of manure and compost on soil pH, heavy metal availability and growth of Chenopodium album L. in a soil contaminated by pyritic mine waste [J]. Chemosphere, 2004, 57 (3): 215~224.

[32] 杨海征, 胡红青, 黄巧云, 等. 堆肥对重金属污染土壤 Cu、Cd 形态变化的影响 [J]. 环境科学学报, 2009, 29 (9): 1842~1848.

[33] Iksong Ham, 胡林飞, 吴建军, 等. 泥炭对土壤镉有效性及镉形态变化的影响 [J]. 土壤通报, 2009 (6): 1436~1441.

[34] 黄启飞, 高定, 丁德蓉, 等. 垃圾堆肥对铬污染土壤的修复机理研究 [J]. 土壤与环境, 2001, 10 (3): 176~180.

[35] Sally L. Brown, Charles L. Henry, Rufus Chaney, et al. Using municipal biosolids in combination with other residuals to restore metal-contaminated mining areas [J]. DeVolder. Plant and Soil, 2003, 249 (1): 203~215.

[36] 杨师棣. 生物表面活性剂的应用与发展趋势 [J]. 今日科技, 2002 (9): 40~41.

[37] 伍晓林, 陈坚, 伦世仪. 生物表面活性剂在提高原油采收率方面的应用 [J]. 生物学杂志, 2000, 17 (6): 25~28.

[38] 李道山, 廖广志, 杨林. 生物表面活性剂作为牺牲剂在二元复合驱中的应用研究 [J]. 石油勘探与开发, 2002, 29 (2): 106~109.

[39] 房秀敏, 江明. 生物表面活性剂及其应用 [J]. 现代化工, 2005 (6): 17~19.

[40] 黄震, 黄占斌, 孙朋成, 等. 环境材料对作物吸收重金属 Pb、Cd 及土壤特性研究 [J]. 环境科学学报, 2012, 32 (10): 2490~2499.

[41] 谢正苗, 俞天明, 姜军涛. 膨润土修复矿区污染土壤的初探 [J]. 科技通报, 2009, 25 (1):

109~113.

[42] 范迪富，黄顺生，廖启林，等. 不同量剂凹凸棒石黏土对镉污染菜地的修复实验 [J]. 江苏地质，2007，31（4）：323~328.

[43] 高跃，韩晓凯，李艳辉，等. 腐殖酸对土壤铅赋存形态的影响 [J]. 生态环境，2008，17（3）：1053~1057.

[44] 徐国钢，程睿，赖庆旺，等. 中国南方基础工程建设中土壤生态修复技术体系与实践 [J]. 土壤学报，2015（2）：381~389.

[45] 刘有势，马满英，施周. 生物表面活性剂鼠李糖脂对 PCBs 污染土壤的修复作用研究 [J]. 生态环境学报，2012，21（3）：559~563.

[46] 薛嘉乐. 广东某污染土壤修复工程实例及总结 [J]. 广东化工，2017，44（11）：230~231.

7 大气污染治理环境材料

7.1 大气污染主要类型及危害

大气是人类赖以生存的氧的唯一来源，也是人类活动所排放的各种污染物的稀释场所。大气污染是指由于人类活动或自然过程中引起某些物质介入大气中，呈现出足够的浓度，达到了足够的时间，并因此危害人体健康或环境的现象。这些物质可为气体、液滴或者固体颗粒物，如烟尘、碳氧化物（CO_x）、硫化物（SO_x）、氮氧化物（NO_x）等，当它们超过影响人类健康的环境所允许极限时，就会使大气质量恶化，使环境受到污染。

目前已知的大气污染物有 100 多种，来源于自然因素和人为因素。自然因素如火山爆发、山林火灾等，造成的污染多为暂时的、局部的；人为因素如工业废气、生活燃煤、汽车尾气等，造成的污染通常是持久的、大范围的。两者相比，人类活动所造成的污染来源更多、范围更广，一般所说的大气污染是指人为因素引起的污染。人为污染源作为主要的大气污染源，通常按污染物的产生类型分为三类[1]。

（1）工业污染源。火力发电厂、钢铁厂、化工厂和水泥厂等各种工业企业，在原料及产品的运输、粉碎以及制成成品的过程中，都会有大量的污染物排入大气中。

（2）生活污染源。人们日常燃烧化石燃料，也会排放出大量的烟尘和有害气体物质。另外，生活垃圾由于厌氧分解排出的二次污染物和在焚烧过程中产生的废气都将污染大气。

（3）交通运输污染源。汽车、飞机、火车及船舶等交通工具燃烧汽油、柴油等燃料排放出大量的尾气。

7.1.1 大气污染的主要类型

7.1.1.1 按照化学性质的类型划分

（1）还原型。还原型的大气污染的主要污染物有 CO、硫化物以及粉尘颗粒，这些污染物主要是以石油和煤炭为燃料在燃烧的过程中产生，因此也可称为煤烟型污染。在阴天的气象条件下，这类污染物在低空聚集，从而出现污染事故。

（2）氧化型。氧化型的大气污染出现的区域多以石油作为主要燃料，其中以汽车尾气的污染为主。石油燃烧产生的一次污染物的成分主要为 CO 以及碳氢化合物，其受到太阳短光波的催化作用产生化学反应形成二氧化碳和醛类等污染物。这些污染物极不稳定，容易发生氧化，对人体尤其是眼睛有刺激性危害。

7.1.1.2 按照燃料性质的类型划分

（1）石油型。此种大气污染物主要来自于石油化工厂和汽车排放的尾气，主要成分为二氧化氮、链状链烷烃，同时还包含它们在大气环境下的产物。

（2）煤炭型。煤炭燃烧造成的污染主要来自企业和工厂在进行生产加工过程中的煤炭燃烧，以及人们生活中的锅炉、炉灶等设备产生的煤烟。煤炭型大气污染的主要污染物成分为二氧化硫和烟气、粉尘，以及它们在大气环境中发生化学反应的产物。

（3）混合型。此种大气污染主要是由石油和煤炭等燃料燃烧产生的污染物，以及企业在生产过程中排放出来的一些化学物质。这种混合型大气污染的出现最为普遍。

（4）特殊型。一些从事特殊物质生产的企业在生产过程中通常会排放出特殊的具有污染性的气体，如生产磷肥的工厂排放的废气中会存在氟污染。但是此类污染类型多发生在局部区域[2]。

7.1.1.3　按照大气污染的范围划分[3]

（1）局部地区污染。局限于小范围的大气污染，如受到某些烟囱排气的直接影响。

（2）地区性污染。涉及一个地区的大气污染，如工业区及其附近地区或整个城市受到大气污染。

（3）广域污染。涉及比一个地区或大城市更广泛地区的大气污染。

（4）全球性污染。涉及全球范围的大气污染，如温室效应、臭氧层破坏、酸雨等。

7.1.2　大气污染的危害

大气污染物对人体健康、植物、器物和材料，及大气能见度和气候都有重要影响。

7.1.2.1　大气污染对人类健康的危害

大气污染物侵入人体主要有三条途径：表面接触、食入含污染物的食物和水、吸入被污染的空气，其中第三条途径最为重要。污染的大气环境可能会通过人类的皮肤接触以及呼吸系统威胁到人体的健康，污染物侵入人体直接会影响人类的呼吸系统以及肺部的正常功能，甚至损害肝脏，造成人体机能的逐渐退化或者病变。人类长期生活在污染的大气环境中，直接影响到自身的健康，甚至威胁生命安全。

近年来，国内外大量的流行性病学研究证实，大气污染物可引起呼吸系统及心脑血管等多种疾病，如肺炎、高血压、心脏病等，尤其是在大气污染严重的城市，这些疾病的发病率增加了30%[4]。据世界卫生组织（WHO）估计，全球因大气污染每年死亡的人数约有300万，占总死亡人数的5%[5]。城市大气污染造成每年约80万人死亡、世界人口总预期健康寿命减少约460万年，每年因汽车尾气污染的死亡人数是交通事故的2倍[6]。下面对几种主要大气污染物对人体健康危害的毒理作简介。

A　颗粒物

颗粒物尤其是可吸入颗粒物已经成为危害人类健康的大气污染物之一。颗粒物进入人体会沉积在呼吸系统，引发许多疾病。粗颗粒物的暴露主要侵害呼吸系统，诱发哮喘病；细颗粒物会进入呼吸系统深部甚至血液循环，降低肺功能，引起心脑血管疾病等。另外，颗粒物表面可以吸附空气中的有害气体、液体以及细菌病毒等微生物，它是污染物质的媒介物，从而加剧对人体健康的危害。

颗粒物对人体健康的影响，取决于颗粒物的浓度和在其中暴露的时间。研究数据表明，因上呼吸道感染、心脏病、支气管炎、气喘、肺炎、肺气肿等疾病而到医院就诊人数的增加与大气中颗粒物的增加是相关的。患呼吸道疾病和心脏病的老人的死亡率也表明，在颗粒物浓度一连几天异常高的时期内就有所增加。

据调查，飘尘浓度为 $100\mu g/m^3$ 时，儿童呼吸道感染显著增加；飘尘浓度为 $200\mu g/m^3$ 时，慢性呼吸道疾病死亡率增加；飘尘浓度为 $300\mu g/m^3$ 时，呼吸道疾病急性恶化；飘尘浓度为 $800\mu g/m^3$ 时，呼吸道疾病、心脏病死亡率增加[7]。

颗粒物的粒径大小是危害人体健康的另一重要因素。它主要表现在两个方面：（1）粒径越小，越不易沉积，长时间漂浮在大气中容易被吸入体内，且容易深入肺部。一般来讲，粒径在 $100\mu m$ 以上的尘粒会很快在大气中沉降；$10\mu m$ 以上的尘粒可以滞留在呼吸道中；$5\sim 10\mu m$ 的尘粒大部分会在呼吸道沉积，被分泌到黏液吸附，可以随痰排出；小于 $5\mu m$ 的微粒能深入到肺部；$0.01\sim 0.1\mu m$ 的尘粒，50%以上将沉积在肺腔中，引起各种尘肺病。（2）粒径越小，颗粒的比表面积越大，物理、化学活性越高，加剧了生理效应的发生和发展。此外，颗粒的表面可以吸附空气中的各种有害气体及其他污染物，而成为它们的载体，如可以承载强致癌物质苯并 [a] 芘及细菌等。

B 硫氧化物

SO_2 是大气主要污染物之一，SO_2 对人的眼结膜和鼻咽部粘膜具有强烈刺激作用。SO_2 溶于水后易被上呼吸道和支气管黏膜的富水性黏液所吸收，因此，主要作用于上呼吸道和支气管以上的气道，引起慢性阻塞性肺炎（COPD），加重已有的呼吸系统疾病（尤其是支气管炎）。持续接触低浓度 SO_2 使呼吸系统生理功能减退，肺泡弹性减弱，肺功能降低，可引起慢性鼻炎、气管炎和肺气肿等。高浓度 SO_2 则会导致成年人暂时性呼吸损伤，患哮喘病的人以中等活动强度短期暴露于超标的 SO_2 浓度中，会导致肺功能衰减，常见症状有喘气、胸闷、气短。并且，SO_2 与飘尘还有联合毒作用，它与飘尘一起进入人体，飘尘气溶胶微粒能把 SO_2 带到肺的深部，使毒性增加 $3\sim 4$ 倍。此外，飘尘中含有 Fe_2O_3 等金属成分，可以催化 SO_2 氧化成硫酸雾，吸附在飘尘为例的表面，被带入呼吸道深部，硫酸雾的危害作用比 SO_2 约强 10 倍[8]。著名的大气污染公害事件中如比利时马斯河谷、英国伦敦等地烟雾事件都和 SO_2 有关，主要是当时不利的气象条件逆温和雾，以及不利的地理条件，使空气中的 SO_2 经久不散，致使患病及死亡人数急剧增加。

C 氮氧化物

NO_x 是形成酸雨的主要物质之一，也是形成大气中光化学烟雾的重要物质和消耗臭氧（O_3）的一个重要因子。NO_x 主要是对呼吸器官有刺激作用，因其较难溶于水，因而能侵入人体呼吸道深部细支气管和肺泡，并缓慢地溶于肺泡表面的水分中，形成亚硝酸盐、硝酸盐，对肺组织产生强烈的刺激和腐蚀作用，引起肺水肿。亚硝酸盐进入血液后，与血红蛋白结合生成高铁血红蛋白，引起组织缺氧。NO_x 与碳氢化合物混合时，在阳光照射下发生光化学反应生成光化学烟雾。光化学烟雾的成分是光化学氧化剂，它的危害更加严重。

一般情况下，污染物以 NO 为主时，高铁血红蛋白对中枢神经损害比较明显；污染物以 NO_2 为主时，对肺的损害比较明显，并且与支气管哮喘的发病也有一定的关系，对心、肝、肾以及造血组织等均有影响。人体实验研究表明[9]，空气中 NO_2 浓度为 $0.20\sim 0.41mg/m^3$ 时，即可嗅知；接触浓度为 $3.0\sim 3.8mg/m^3$ 的 NO_2 15min，会使气道阻力增加；当接触浓度为 $7.5\sim 9.4mg/m^3$ 的 NO_2，10min 内就会引起气道阻力明显增加和肺功能下降。

D 一氧化碳

高浓度的 CO 能够引起人体生理上和病理上的变化, 甚至死亡。CO 是一种能夺去人体组织所需氧的有毒吸入物。人暴露于高浓度 (>750×10⁻⁶) 的 CO 中就会导致死亡。CO 与血红蛋白结合生成碳氢血红蛋白 (COHb), 氧和血红蛋白结合生成氧合血红蛋白 (O_2Hb)。血红蛋白对 CO 的亲和力大约为对氧的亲和力的 210 倍。COHb 的直接作用是降低血液的载氧能力, 次要作用是阻碍其余血红蛋白释放所载的氧, 进一步降低血液的输氧能力。

7.1.2.2 大气污染对植物的危害

大气污染对植物的伤害, 通常发生在叶子结构中, 因为叶子含有整棵植物的构造机理。最常遇到的毒害植物的气体是二氧化硫、臭氧、PAN、氟化氢、乙烯、氯化氢、氯、硫化氢和氨。

大气中含 SO_2 过高, 对叶子的危害首先是对叶肉的海绵状软组织部分, 其次是对栅栏细胞部分。侵蚀开始时, 叶子出现水浸透现象, 干燥后, 受影响的叶面部分呈漂白色或乳白色。臭氧首先侵袭叶肉中的栅栏细胞区。臭氧能使叶片上出现褐色斑点, 降低抗病虫害能力。而粒状污染物则会擦伤叶面, 影响光合作用。这些都会使植物生理活动减退, 如生长缓慢、果实减少、产量降低等。

大气是在不断的流动变化的, 污染的大气会因此而大范围的扩散。地球上的生物中, 如果植物长期生存在污染的大气环境中, 会降低自身的抵抗力, 很容易受到病虫害的侵袭, 严重的会使植物停止生长, 甚至枯萎死亡。酸雨是大气污染的一种产物, 酸雨会对建筑物、植被、农田、动物的安全和健康造成十分不利的影响。动物如果长期生存在污染的大气环境中, 或者以受到空前污染的植物为食, 会导致动物生病或者死亡。

7.1.2.3 大气污染对器物和材料的影响

大气污染对金属制品、油漆涂料、皮革制品、纸制品、纺织品、橡胶制品和建筑物的损害也是严重的。这种损害包括两方面: 一是玷污性损害, 不易清洗除去; 二是化学性损害。玷污性损害主要是粉尘、烟等颗粒物落在器物表面或材料中造成的, 有的可以通过清扫冲洗除去, 有的很难除去, 如煤油中的焦油等。化学性损害是指由于污染物的化学作用, 使器物和材料腐蚀损害。

颗粒物因其固有的腐蚀性, 或惰性颗粒物进入大气后因吸收或吸附了腐蚀性化学物质, 而产生直接的化学损害。金属通常能在干空气中抗拒腐蚀, 甚至在清洁的湿空气中也是如此。然而, 在大气中普遍存在吸湿性颗粒物时, 即使在没有其他污染物的情况下, 也能腐蚀金属表面。

大气中的 SO_2、NO_x 会形成酸雨, 对建筑物等破坏极大, 表现为[10]: (1) 旧建筑物混凝土结构强度大大下降, 外粉刷层斑驳, 墙体砌筑材料松动, 地坪起砂, 地基受蚀, 混凝土中钢筋锈蚀, 钢门窗、栏杆腐蚀破坏; (2) 新建筑物渗漏水现象提前发生, 内外涂料很快丧失装饰效果和应有功能, 喷砂或粘贴的饰面砖、马赛克等剥离、脱落, 大理石装饰材料黯然失色; (3) 以碳酸盐类为骨料的沥青路面、机场跑道等使用寿命缩短, 各类钢结构的桥梁、建筑设备破坏提前; (4) 地下设施腐蚀破坏, 因而发生自来水管爆裂, 形成市区水灾, 煤气管道泄漏, 煤气中毒或燃爆伤人、毁屋的惨案; 地下排污设施的破坏，导致污水横流、粪便外溢等；（5）酸雨对城市建筑物造成的直接或间接的经济损失，不亚于其对森林、农作物所造成的损失。

各种不同性质的尘粒对建筑物也会造成不同类型的腐蚀破坏。例如，沿海城市中由海风吹来的尘粒，含有大量氯化物，可使钢筋混凝土的锈胀破坏加速；燃烧产生的带油污、夹炭黑的烟尘渗入各类建筑材料孔道中可因腐蚀、楔开等作用而使材料逐渐疏松粉化；人、车行走扬起的泥尘，因主要含微晶的黏土矿物，聚集在一些微细裂纹中，吸水膨胀，可引起裂纹迅速扩展。许多化工、工业生产伴生的粉尘，如橡胶车间的硫黄粉、硫酸轧矿车间的黄铁矿（FeS_2）粉尘、化工厂的各类盐尘等，都能对建筑物产生腐蚀性破坏。

7.1.2.4 大气污染对大气能见度和气候的影响

A 对大气能见度的影响

大气污染最常见的后果之一是大气能见度降低。一般来讲，对大气能见度或清晰度有影响的污染物应该是气溶胶粒子、能通过大气反应生成气溶胶粒子的气体或有色气体。因此，对能见度有潜在影响的污染物有：总悬浮颗粒物（TSP）；SO_2 和其他气态含硫化合物，因为这些气体在大气中以较大的反应速率生成硫酸盐和硫酸气溶胶粒子；NO 和 NO_2，在大气中反应生成硝酸盐和硝酸气溶胶粒子，还在某些条件下，红棕色的 NO_2 会导致烟羽和城市霾云出现可见着色；光化学烟雾，这类反应生成亚微米级的气溶胶粒子。

能见度的下降主要是大气中微粒对光的散射和吸收作用所造成的。还有某些散射是空气分子引起的，这就是瑞利散射过程。大气中由散射引起的光衰减，主要是由入射光波长相近的粒子造成的。大气能见度的降低，不仅会使人感到不愉快，而且会造成极大的心理影响，还会产生交通安全方面的危害。

B 对气候的影响

大气污染对能见度的长期影响相对较小。但是，如果大气污染对气候产生大规模的影响，则其结果肯定是极为严重的。已被证实的全球性影响有 CO_2 等温室气体引起的温室效应以及 SO_2、NO_x 排放产生的酸雨等。除此之外，在较低大气层中的悬浮颗粒物形成水蒸气的"凝结核"，当大气中水蒸气达到饱和时，就会发生凝结现象。在较高的温度下，凝结成液态小水滴；而在温度较低时，则会形成冰晶。这种"凝结核"作用有可能导致降水的增加或减少。

大气中 CO_2 浓度的不断增加，会造成温室效应导致全球气候变暖，由此带来的气象灾害会明显增加。同时 CO_2 气体还会影响太阳对地球空间的辐射，从而使地球表面正常的气候发生变化。就区域而言，城市人口密集、工业集中等造成城市温度比周围郊区高，冷热空气对流形成"城市风"，围绕城市的大气构成所谓"城市圆拱"[11]。就全球而言，CO_2浓度增加产生的温室效应，使地球变暖；两极的臭氧空洞不断扩大；各地沉降酸雨；中国各地雾霾天显著增加等问题已让人类深深陷入环境危机当中。

2002 年 12 月，中国气象科学研究院的青年科学家依据国外文献中的"Gray Haze"直译为"灰霾"，诞生了"灰霾"一词，而后他们邀请中国科学院地球环境研究所的张小曳研究员，并以马建中和张小曳为代表，于 2002 年 12 月 15 日在北京召开的"我国区域大气灰霾形成机制及其气候影响和预报预测研讨会"上的报告中提出灰霾概念[11]。这个研讨会是应国际环境外交斗争的需要，由中国气象局、中国科学院、国家计委、科技部和外交部联合主持召开的，在会上我国一些青年科学家提出了"灰霾"一词，以称呼由于人类活动增加导致的城市区域近地层大气的气溶胶污染导致能见度恶化现象。就此正式提出了"灰霾"概念。2012 年中国颁布了《环境空气质量标准》（GB 3095—2012），该标准规定的环境空气污染基本项目包括 SO_2、NO_2、CO、O_3、$PM_{2.5}$、PM_{10} 等 6 个项目。从 2013 年起京津冀、长三角、珠三角等地率先开展了上述 6 个指标监测[12]。

《2013 年京津冀、长三角、珠三角等重点区域及直辖市和省会城市空气质量报告》（以下简称《报告》）对各地区污染情况予以汇总。《报告》首次对我国自 2013 年实施环境空气质量新标准的 74 个城市进行评价。结果表明，2013 年 74 个城市中，只有海口、舟山、拉萨 3 个城市各项污染指标年均浓度均达到二级标准，其他 71 个城市存在不同程度超标现象。京津冀、长三角、珠三角区域是空气污染相对较重的区域，尤以京津冀区域污染最严重。京津冀 13 个城市中，有 11 个城市排在污染最重的前 20 位，其中有 7 个城市排在前 10 位，部分城市空气重度及以上污染天数占全年天数的 40% 左右。此外，该地区共 13 个城市，空气质量平均达标天数比例为 37.5%，比 74 个城市低 23 个百分点，有 10 个城市达标天数比例甚至低于 50%。其中，北京市达标天数比例为 48%，重度及以上污染天数比例为 16%。该区域首要污染物为 $PM_{2.5}$，其次是 PM_{10} 和 O_3（臭氧）。区域内所有城市 $PM_{2.5}$ 和 PM_{10} 年平均浓度超标，$PM_{2.5}$ 年平均浓度为 $106\mu g/m^3$，PM_{10} 年平均浓度为 $181\mu g/m^3$。在空气质量最差的城市中，河北占了 7 个，可见河北仍然是重灾区，需要加大治霾力度[13~15]。中国环科院副院长柴发合对 21 世纪经济报道分析，希望随着京津冀一体化进程的加快，通过体制与机制创新，河北的空气质量能够有所改善。

雾霾天气并不是 2013 年特有的，实际上，每年的秋末到春季，都是雾霾天的高发期。与常年同期相比，2013 年 1~2 月，中国中东部多个省份出现雾霾天气的平均日数普遍偏多。由于 2013 年初笼罩中国中东部大面积的雾霾来得过于迅猛，大家来不及深入分析，不约而同地把这场持续雾霾的主要原因归结到大气环境的人为污染上。研究表明，雾和霾的长期变化趋势与人类活动和气候变化具有密切的联系。城市的扩张以及与其相关联的热岛效应的增强，可以使雾的发生频次在城区呈减少趋势，而在郊区呈增加趋势。城区浓雾发生频次的减少趋势除了与城市加热的增强趋势有关外，也与悬浮颗粒物的减少趋势有关[16~18]。1980~1995 年，美国霾的减少趋势伴随着 $PM_{2.5}$ 浓度的减少，并且与硫化物排放的减少趋势一致。中国雾日数有明显的季节和年代变化，冬季最多，春季最少；在 20 世纪 70~90 年代较多，20 世纪 90 年代以后减少；而霾日数自 2001 年以来急剧增长。中国雾日数减少趋势的产生，与冬季日最低温度的升高以及相对湿度的减小趋势有关，霾日数的增加与人类活动导致的大气污染物排放量的增加趋势以及平均风速的减少趋势有密切的联系。另外，中国霾的变化趋势与经济活动的区域分布密切相关，在经济比较发达的中国东部和南部，霾日具有增加的趋势，而在经济相对滞后的东北和西北地区，霾日出现减少趋势。

雾霾过程近年来呈现出污染范围广、持续时间长、浓度水平高的特点。雾霾天气的形成固然有气象的原因，如逆温天气、湿度等，更重要的原因是人口增长、粗放式排放等带来的环境污染加重导致的空气质量的下降。在全球变暖的大背景下，如果污染情况仍得不到有力的治理，这种污染状况无疑会越演越烈。

7.2 大气污染治理的技术途径

7.2.1 颗粒物控制技术

颗粒物的治理技术主要是利用集气设施收集燃烧过程中产生的颗粒物，称为除尘装置或除尘器。目前常用的除尘设备包括机械除尘器、湿式除尘器、电除尘器和袋式除尘器。下面分别介绍几种常用除尘装置的工作原理及应用[12]。

7.2.1.1 机械除尘器

机械除尘器通常是指利用重力、惯性力和离心力等物理作用使颗粒物从烟气中分离出来的装置，包括重力沉降室、惯性除尘器和旋风除尘器等。重力沉降室是通过重力作用使尘粒从气流中沉降分离的除尘装置，含尘气流进入重力沉降室后，由于扩大了流动截面积而使气体流速大大降低，使较重颗粒在重力作用下缓慢向灰斗沉降。重力沉降室的主要优点有结构简单、投资少、压力损失小（一般为 50~130Pa）、维修管理容易；但它的体积大、效率低，因此只能作为高效除尘的预除尘装置，除去较大和较重的粒子。

惯性除尘器是在沉降室内设置各种形式的挡板，使含尘气流冲击在挡板上，气流方向发生急剧转变，借助尘粒本身的惯性力作用，使其与气流分离。惯性除尘器用于净化密度和粒径较大的金属或矿物性粉尘时，具有较高的除尘效率。对黏结性和纤维性粉尘，则因易堵塞而不宜采用。由于惯性除尘器的净化效率不高，故一般只用于多级除尘中的第一级除尘，捕集 10~20μm 以上的粗尘粒。

旋风除尘器是利用旋转气流产生的离心力使尘粒从气流中分离的装置。含尘气体从进气口以较高的速度进入除尘器后，气流就开始被迫在圆柱体与排气管之间做圆周运动，并向上、向下流动。向上的气流被顶盖阻挡返回，向下的气流在圆柱体和圆锥体部位做自上而下的螺旋运动（称为外旋流），这部分下旋气流又通过流体本身的黏滞性，带动排气管下面的圆柱形气柱渐渐旋转。在旋转过程中含尘气体产生很大的离心力，由于尘粒的密度比空气大很多倍，因此旋转的尘粒在很大的离心力作用下从气流中分离甩向器壁，尘粒一旦与器壁接触，便失去离心力作用而靠入口速度的动能和自身的重力势能沿器壁面旋转下落，经圆锥体排入集灰箱内。旋转下降的外旋气流在圆锥体部分运动时，随着圆锥体收缩而向除尘器中心靠拢，当气流到达圆锥体下部某一位置时，由于集尘箱是密闭的空间，下旋气流折转方向，形成一股自下而上做螺旋运动的气流（称为内旋流），并经排气管排出[13]。

7.2.1.2 湿式除尘器

湿式除尘器是通过水滴与含尘气流的反复接触，利用水滴和颗粒的惯性碰撞及其他作用或使粒径增大后去除颗粒的装置（图 7-1），可以有效地将直径为 $0.1~20\mu m$ 的液态或固态粒子从气流中除去，同时也能脱除气态污染物。根据其净化机理，可分为重力喷雾洗涤器（喷雾塔洗涤器）、旋风洗涤器、自激喷雾洗涤器、板式洗涤器、填料洗涤器、文丘里洗涤器和机械诱导喷雾洗涤器等。

圆柱形的喷雾塔是一种最简单的湿式除尘装置。在逆流式喷雾塔中，含尘气体向上运动，液滴由喷嘴喷出向下运动。因颗粒和液滴之间的惯性碰撞、拦截和凝聚等作用，使较大的粒子被液滴捕集。假如气体流速较小，夹带了颗粒的液滴将因重力作用而沉于塔底。为保证塔内气流分布均匀，常采用孔板型气流分布板。通常在塔的顶部安装除雾器，以除去那些十分小的液滴。喷雾塔具有结构简单、压力损失小、操作稳定等特点，经常与高效洗涤器联用捕集粒径较大的颗粒。

　　旋风洗涤器是在干式旋风分离器内部以环形方式安装一排喷嘴，喷雾作用发生在外漩涡区，并捕集颗粒，携带颗粒的液滴被甩向旋风洗涤器的湿壁上，然后沿壁面沉落到器底的装置，如图7-2所示。进水喷嘴也可以安装在旋风洗涤器的入口处，在出口处通常需要安装除雾器。旋风洗涤器适合于处理烟气量大和含尘浓度较高的场合，它可以单独采用，也可以安装在文丘里洗涤器之后作为脱水器。

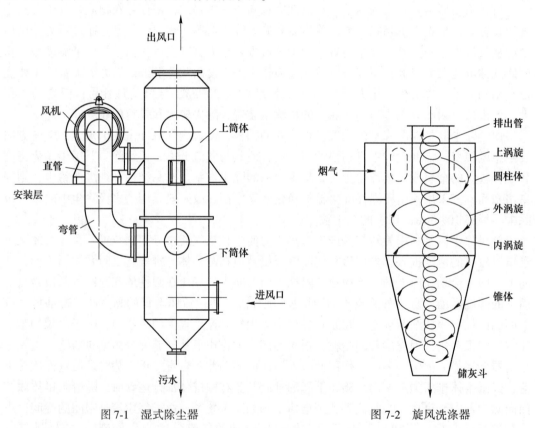

图 7-1　湿式除尘器　　　　　　　　　　　　图 7-2　旋风洗涤器

　　文丘里洗涤器是一种高效湿式洗涤器，常用在高温烟气降温和除尘上。其结构由收缩管、喉管和扩散管等组成，如图7-3所示。在文丘里洗涤器中，含尘气体由进气管进入收缩管后，流速逐渐增大，气流的压力能逐渐转变为动能，在喉管入口处，气速达到最大，一般为 $50 \sim 180 \mathrm{m/s}$。洗涤液（一般为水）通过沿喉管周边。

7.2.1.3　电除尘器

　　电除尘器是含尘气体在通过高压电场时，利用电离产生活性粒子与尘粒碰撞使尘粒荷电，并在电场力的作用下使荷电尘粒沉积在集尘板上，将尘粒从含尘气流分离出来的一种除尘设备，如图7-4所示。高压直流电晕是使粒子荷电的最有效办法，广泛应用于静电除尘过程。电晕过程发生于活化的高压电极和接地极之间，电极之间的空间形成高浓度的气

体离子，含尘气流通过这个空间时，尘粒在百分
之几秒的时间内因碰撞俘获气体离子而导致荷电。
电除尘器主要包括板式静电除尘器和管式静电除
尘器等。荷电粒子的捕集是使其通过延续的电晕
电场或光滑的不放电的电极之间的纯静电场而实
现。最后通过振打除去接地电极上的灰尘并使其
落入灰斗，当粒子为液态时，被捕集粒子会发生
凝聚并滴入下部容器内。电除尘器主要包括板式
静电除尘器和管式静电除尘器等。电除尘器压力
损失小、烟气量大、能耗低，且对粉尘有很高的
捕集效率。但电除尘器设备大、投资高。

7.2.1.4 袋式除尘器

袋式除尘器如图7-5所示。它又称空气过滤
器，属于过滤式除尘器，是使含尘气流通过过滤
材料将粉尘分离捕集的装置，主要包括机械振动
袋式除尘器、逆气流反吹袋式除尘器、脉冲喷吹
袋式除尘器和电袋除尘器等。

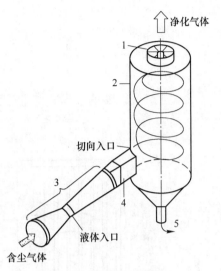

图7-3 文丘里洗涤器

1—消旋器；2—离心分离器；3—文氏管；
4—旋转气流调节器；5—排液口

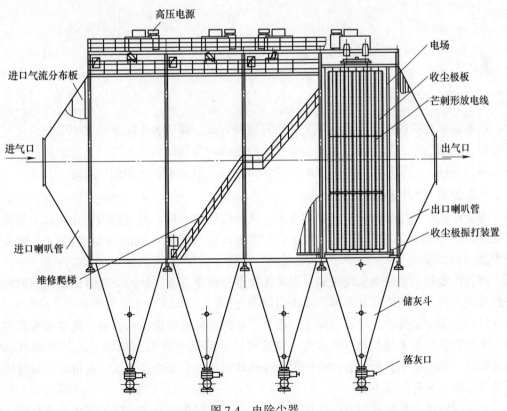

图7-4 电除尘器

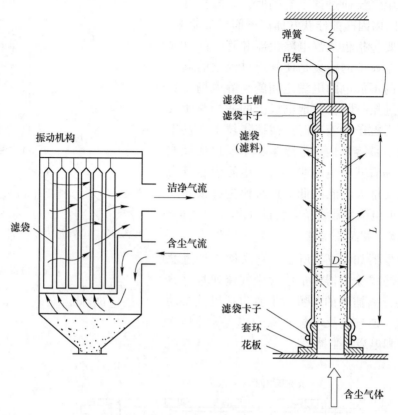

图 7-5　袋式除尘器

7.2.2　硫氧化物控制技术

控制硫氧化物的产生主要有预防和治理两种方式，即从源头减少燃煤中硫分的含量和燃烧后去除烟气中二氧化硫的含量，从而达到减少向大气环境排放二氧化硫的目的。根据控制部位不同，二氧化硫的治理技术包括燃料脱硫、燃烧中脱硫和烟气脱硫。

7.2.2.1　燃料脱硫

煤炭洗选是利用煤和杂质的物理性质、化学性质的差异，通过物理、化学或微生物分选的方法使煤和杂质有效分离，并加工成质量均匀、用途不同的煤炭产品的一种加工技术。

燃烧前脱硫主要是指原煤脱硫，即采用物理、化学或者生物的方法对锅炉使用的原煤进行清洗，将煤中的硫部分除掉，使煤得以净化[14]。

煤的物理净化技术是目前世界上应用最广泛的燃烧前脱硫技术，物理选煤是根据煤炭和杂质的物理性质上的差异进行分选。该法可以从原煤中除去 60% 以上的灰分和 50% 的黄铁矿硫。物理法工艺简单、投资较少、操作成本低，但不能脱除煤中有机硫，对黄铁矿硫的脱除率也只有 50% 左右。

化学脱硫法主要是利用不同的化学反应，包括生物化学反应、煤的气化、液化等，将煤中的硫转变为不同形态而使之分离。相对而言，化学脱硫法的效率较高，能除掉可燃硫，但也有很大缺点：必须高温、高压并使用腐蚀性沥滤剂，因此过程能耗大、设备复杂，到目前为止，因经济成本太高不能投入实际应用。

生物脱硫法的原理是利用微生物能够选择性地氧化有机或无机硫的特点，去除煤炭中的硫元素。它的优点是既能除去煤中有机硫又能除去无机硫，且反应条件温和、设备简单、成本低。目前常采用的是浸出法和表面氧化法，是当前国内外煤炭脱硫研究开发的热点。

7.2.2.2 煤炭气化

气化过程是以煤或煤焦为原料，以氧气（空气、富氧或工业纯氧）、水蒸气作为气化剂，在高温、高压下通过化学反应将煤或煤焦中的可燃部分转化为可燃性气体的工艺过程。气化时所得的可燃气体称为煤气，对于做化工原料用的煤气一般称为合成气（合成气除了以煤炭为原料外，还可以采用天然气、重质石油组分等为原料），进行气化的设备称为煤气发生炉或气化炉。

煤炭气化包含一系列物理、化学变化，一般包括干燥、热解、气化和燃烧四个阶段。干燥属于物理变化，随着温度的升高，煤中的水分受热蒸发。其他属于化学变化，燃烧也可以认为是气化的一部分。煤在气化炉中干燥以后，随着温度的进一步升高，煤分子发生热分解反应，生成大量挥发性物质（包括干馏煤气、焦油和热解水等），同时煤黏结成半焦。煤热解后形成的半焦在更高的温度下与通入气化炉的气化剂发生化学反应，生成以一氧化碳、氢气、甲烷及二氧化碳、氮气、硫化氢、水等为主要成分的气态产物，即粗煤气。气化反应包括很多的化学反应，主要是碳、水、氧、氢、一氧化碳、二氧化碳相互间的反应，其中碳与氧的反应又称燃烧反应，提供气化过程的热量。

煤炭气化技术一般按生产装置化学工程特征进行分类，分为固定床气化、流化床气化和气流床气化。

7.2.2.3 煤炭液化

煤炭液化是将煤经化学加工转化成洁净的便于运输和使用的液体燃料、化学品或化工原料的一种先进的洁净煤技术。煤炭液化方法包括直接液化、间接液化和共同液化。

煤的直接液化是在较高温度（420~470℃）、较高压力（6~30MPa）、溶剂和催化剂存在下对煤加氢裂解，直接转化成液化油的加工过程。

间接液化是先将煤气化制成合成气（$CO+H_2$），在一定温度和压力下，定向地催化合成烃类燃料油和化工原料的工艺。

共同液化指同时对煤和非煤烃类液体的提质加工，即将煤与渣油混合成油煤浆，再炼制成液体燃料。由于渣油中含有煤转化过程所需的大部分或全部的氢，从而可以大幅度降低成本，提高煤液化的经济性。

7.2.2.4 燃烧中脱硫

燃烧中脱硫是指煤在炉内燃烧时，石灰石或白云石等细小颗粒的脱硫剂随煤炭一同进入燃烧炉。脱硫剂受热分解成氧化钙、氧化镁和二氧化碳，利用氧化钙、氧化镁与燃烧产生的二氧化硫反应，生成硫酸盐排出，减少二氧化硫排放。

流化床燃烧脱硫：在流化床中，煤与粉碎的石灰石一起进入锅炉，在炉膛内处于悬浮运动状态，存在强烈的横向、纵向混合。当煤燃烧时，燃料中的硫释放出来被临近的煅烧后的石灰石吸收。

炉内直接喷钙脱硫技术是一种比较传统的脱硫技术。向锅炉炉膛内直接喷射气体吸着剂，使该吸着剂与气体伴随着燃烧的进行而发生反应。该技术工艺流程简单、占地少、投资少、运行操作方便，使用的原料石灰石（或白云石）及其制品来源广、价格低，不仅适用于新建大型火力发电机组的脱硫，而且特别适用于现有机组的技术改造，被认为是最适合中国国情的脱硫技术。

型煤燃烧脱硫技术是将原煤破碎后加水并加入一定量的黏合剂或添加剂加工成的具有一定形状的煤。采用合适的添加剂制成的复合固硫型煤可实现型煤燃烧脱硫。型煤脱硫技术在燃煤民用炉灶和中小型工业锅炉污染治理方面具有其他技术所无法取代的优势。

7.2.2.5 燃烧后脱硫

燃烧后脱硫即是烟气脱硫，是目前控制燃煤二氧化硫气体排放比较成熟的脱硫技术。按照脱硫剂形态的不同，分为湿法、半干法和干法，其中湿法脱硫是目前应用较广的脱硫工艺[4]。

（1）湿法烟气脱硫技术（WFGD）具有脱硫反应速度快、效率高的特点。根据所用脱硫剂不同，可分为石灰石/石膏法、氨法、双碱法、海水脱硫法和氧化镁法等。由于其原理是利用浆液洗涤烟气，因此会产生大量的脱硫废水，容易造成二次污染。

石灰石/石膏法是利用石灰石的浆液和烟气接触，与烟气中的二氧化硫反应生成半水亚硫酸钙，再被空气中的氧气氧化为石膏排出，达到去除烟气中二氧化硫的目的。

氨法脱硫工艺是利用氨基等碱性物质与烟气中二氧化硫反应生成亚硫酸氢铵，最终转化为硫酸铵化肥的湿式烟气脱硫工艺。

双碱法烟气脱硫工艺利用吸收性能较好的钠基或镁基的水溶液吸收二氧化硫，在再生反应器中石灰或石灰石浆液与硫酸盐溶液反应生成钠基或镁基循环使用，二氧化硫以石膏的形式排出。

海水脱硫法是利用海水吸收烟气中的二氧化硫，生成硫酸盐排放。

（2）半干法烟气脱硫技术（SDFGD）包括旋转喷雾干燥法、烟气循环流化床烟气脱硫技术、增湿灰循环脱硫技术等，不会有废水等二次污染物产生。目前应用较广泛的有旋转喷雾干燥法和烟气循环流化床法。

旋转喷雾干燥法利用喷雾干燥的原理，吸收塔内液滴状的吸收剂与二氧化硫反应生成固体脱硫产物，而湿式脱硫产物被高温烟气携带的热量迅速干燥成干粉混合物而排出。

烟气循环流化床法是指烟气中的二氧化硫在循环流化床内与作为床料的脱硫剂反应生成亚硫酸钠，进一步氧化为石膏排放。脱硫剂一般采用石灰石和白云石。

（3）干法烟气脱硫技术（DFGD）采用干粉状的脱硫剂，不会有废水等二次污染产生。目前研究较成熟的技术包括荷电干式喷射脱硫法、炉内喷钙尾部增湿法、电子束辐照法和脉冲电晕法等。

荷电干式喷射脱硫法（CDsr法）的原理是钙基脱硫剂高速流过高压静电电晕充电区获得静电荷。脱硫剂在电荷的互斥作用下快速扩散成均匀的干粉颗粒，与烟气中二氧化硫充分接触，从而提高脱硫效率。同时，缩短脱硫剂与二氧化硫完全反应的时间，进一步提高脱硫效率。脱硫反应再无需降温，烟气滞留时间一般 2s 左右。

炉内喷钙尾部增湿法（LIFAC工艺）是将石灰石粉末喷入锅炉炉膛内合适的温度区，

未完全反应的吸收剂在尾部增湿活化区通过喷水增湿进一步活化，从而达到提高脱硫率的目的。

电子束辐照法（EBA 法）是指烟气中的硫氧化物和氮氧化物利用电子加速器产生的活性基团氧化为三氧化硫和二氧化氮，再与提前加入的水和氨气反应生成硫酸铵和硝酸铵后被捕集。

脉冲电晕法（PPCP 法）与 EBA 法相似。两者的不同之处在于获得活性基团的方式不同，EBA 利用电子加速器，而 PPCP 是利用脉冲电晕放电。

7.2.3 氮氧化物控制技术

7.2.3.1 低氮燃烧技术

低氮燃烧技术是应用广泛的一种氮氧化物污染控制措施。燃烧过程产生的氮氧化物可分为燃料型氮氧化物、热力型氮氧化物和瞬时型氮氧化物。通过控制燃烧过程温度和炉膛中的氧化还原氛围，在满足燃烧效率的同时，减少热力型氮氧化物的生成，是控制燃烧过程氮氧化物生成的有效手段。该技术简单易行，投资少，方便用于现有锅炉的改造，但 NO 的降低幅度有限，约为 30%。目前工业上采用的低氮技术包括低氧燃烧、烟气循环燃烧、分段燃烧、浓淡燃烧技术等。采取低 NO_x 燃烧手段，在一定程度上会对锅炉燃烧经济性产生负面影响。如果氧量控制不当，会造成 CO 浓度的急剧增加，造成燃烧热损失，同时也会引起飞灰中碳含量的增加，燃烧效率将会降低[16]。

7.2.3.2 选择性催化还原脱硝（SCR）技术

SCR 法脱硝是在一定的温度和催化剂作用下，利用氨、烃等还原剂选择性地将 NO_x 还原为氮气和水。按照催化剂适用的烟气温度条件，SCR 脱硝又可分为高温 SCR 和低温 SCR 脱硝两种技术。高温 SCR 采用钒钛催化剂（五氧化钒为活性组分、二氧化钛为载体、三氧化钨或三氧化钼为助剂），由于该催化剂的活性温度窗口为 $450\sim600℃$，因此一般采用高尘布置，SCR 催化反应器安装在除尘器前。SCR 法的脱硝效率可达 90% 以上。其中 NH_3-SCR 技术较为成熟，目前已在全球范围广泛应用。该方法中锅炉烟气经过除尘脱硫后，可采用更大烟气流速和空速，从而使催化剂的消耗量大大减少；同时，使用该方法氨的逃逸量是最少的，并且不会腐蚀构筑物（烟囱采用防腐烟囱），还不会产生 SO_3，防止二次污染。缺点是一定要设置烟气再热系统，增加了投资和运行成本，且很难找到符合反应条件的催化剂。

7.2.3.3 选择性非催化还原（SCNR）脱硝

SNCR 法脱硝是通过在炉膛高温区（$800\sim1100℃$）均匀喷入液氨、氨水或尿素等还原剂，将炉膛中产生的氮氧化物还原为氮气。采用 NH_3 作为还原剂，其主要化学反应为：

$$4NH_3 + 4NO + O_2 \longrightarrow 4N_2 + 6H_2O$$

$$4NH_3 + 2NO + 2O_2 \longrightarrow 3N_2 + 6H_2O$$

当采用尿素作为还原剂时，其主要化学反应为：

$$2(NH_2)_2CO + 4NO + O_2 \longrightarrow 3N_2 + 2CO_2 + 4H_2O$$

$$6(NH_2)_2CO + 8NO_2 + O_2 \longrightarrow 10N_2 + 2CO_2 + 12H_2O$$

因为 SNCR 法脱硝需要较高的反应温度，还原剂通常需要注入炉膛或者紧靠炉膛出口的烟道中。SNCR 法可通过对现有工业锅炉、垃圾焚烧炉、水泥窑预分解炉及其他设备进行改造来实现，投资费用较低。然而，SNCR 法脱硝技术效率较低（50%左右），氨逃逸率较高。同时，由于部分还原剂还将与烟气中的 O_2 发生氧化反应生成 CO_2 和 H_2O，因此还原剂消耗量较大。SNCR 脱硝技术的主要影响因素为温度、还原剂类型、烟气中的氧气含量等。

7.2.3.4 烟气同时脱硫脱硝

我国在烟气脱硫脱硝的技术方面比较落后，目前大部分地区只有湿法脱硫装置，但随着大气污染变得更严重，同时脱硫脱硝已经势在必行。由于该技术能在同一套系统中实现，这也给设备管理带来了很大的方便。同时为了适应目前的大气污染的控制，同时脱硫脱硝具有重要的研究价值。常用的同时脱硫脱硝技术有以下几种[17]：

（1）液膜法同时脱硫脱硝技术。液膜法的关键技术也在于液膜。液膜的液体原则上可以由任何对二氧化氮和二氧化硫有吸收性的液体组成，但除此之外还需要该液体具有很好的气体渗透性。目前除了纯水的渗透性比较好之外，硫氢化钠的渗透性也比较好。

（2）等离子法同时脱硫脱硝技术。等离子法是通过高能电子的活化氧化作用来达到同时脱硫脱硝目的。而目前可用的等离子技术有电子束法、脉冲电晕法、流光放电技术及微波诱导等离子法。但这种装置花费的价格比较昂贵，电能的消耗也比较高，并且需要很大的功率来使电子枪长期稳定地工作。考虑到上述缺点，脉冲电晕法在电子束法的基础上进行了改进，利用高压电源放电来产生等离子体。

（3）固相吸收/再生烟气同时脱硫脱硝技术。这种方法的关键在于怎么提高催化剂的物化性能，使它在多次循环之后仍能保持较高性能。这种技术属于干法工艺，活性炭、分子筛以及二氧化铜是该方法中常用的吸收剂。以金属氧化物为催化剂的研究偏向于 Cu、Mn、Zn、Fe 等金属氧化物作为吸收剂。目前以金属氧化物为催化剂进行脱硫脱硝的原理是：利用金属氧化物与 SO_2 和 O_2 反应生成硫酸盐来实现脱硫，该反应的生成物可作为催化还原 NO_x 的催化剂，实现同时脱硫脱硝。

（4）光催化法。光催化法中的光催化剂可以分解污染气体中的有害物质，并且该方法没有生成污染物质，安全且没有毒性。目前应用最广泛的光催化剂是二氧化钛。这种方法还处于刚起步阶段，但由于它绿色环保的特点，使其具有很大的发展潜力。

（5）挥发性有机物（VOCs）控制技术。VOC 的回收技术主要有冷凝法、吸附法、吸收法和膜分离法。根据 VOC 的物理和化学性质，选择不同的回收方法或几种方法的组合来回收 VOC 中的有机化合物，不仅可以减轻环境污染，还会取得一定的经济效益。

冷凝法是最简单的回收 VOC 的方法，它是利用物质在不同温度下具有不同饱和蒸汽压这一性质，将 VOC 通过冷凝器降低到有机物的沸点以下，使有机物冷凝成液滴，再靠重力作用落到凝结区下部的贮罐中，从而分离出来。通常使用的冷却介质主要有冷水、冷冻盐水和液氨。该技术对于高浓度、较高沸点、须回收的 VOC 具有较好的经济效益[18]。

吸收法是以液体溶剂作为吸收剂，使废气中的有害成分被液体吸收，从而达到净化的目的，其吸收过程是气相和液相之间进行气体分子扩散或者是湍流扩散进行物质转移。吸收法治理气态污染物技术成熟，设计及操作经验丰富，适用性强，对处理大风量、常温、低浓度有机废气比较有效且费用低，而且能将污染物转化为有用产品；不足在于吸收剂后处理投资大、对有机成分选择性大，易出现二次污染[19]。

吸附法被广泛应用于低浓度、高通量的 VOCs 处理。吸附法是利用某些具有吸附能力的物质如活性炭、硅胶、沸石分子筛、活性氧化铝等吸附有害成分而达到消除有害污染的目的。与其他方法相比,其优点是去除效率高、能耗低、工艺成熟、脱附后溶剂可回收等;其主要缺点是设备庞大,流程复杂,投资后运行费用较高且有二次污染产生,当废气中有胶粒物质或其他杂质时,吸附剂易中毒。

热破坏法是目前应用比较广泛也是研究较多的 VOCs 处理方法,可以分为直接燃烧法、催化燃烧法和浓缩燃烧法。其破坏机理是氧化、热裂解和热分解,从而达到治理 VOCs 的目的;适合小风量、高浓度、连续排放的场合。其优点是设备简单,投资少,操作方便,占地面积少,可以回收利用热能,净化彻底;催化燃烧,起燃温度低。其缺点是有燃烧爆炸危险,热力燃烧需消耗燃料,不能回收溶剂,催化燃烧的催化剂成本高,还存在中毒和寿命问题。

生物膜法是利用微生物的新陈代谢过程对多种有机物和某些无机物进行生物降解,生成 CO_2 和 H_2O,进而有效去除工业废气中的污染物质。一般认为生物膜法净化有机废气经历 3 个步骤:有机废气成分首先同水接触并溶于水中(即由气膜扩散进入液膜);溶解于液膜中的有机成分在浓度差的推动下进一步扩散至生物膜,进而被其中的微生物捕捉并吸收;进入微生物体内的有机污染物在其自身的代谢过程中被作为能源和营养物质分解,经生物化学反应最终转化为无害的化合物(CO_2、H_2O 和中性盐)。生物膜法具有设备简单、运行维护费用低、无二次污染等优点,但对成分复杂的废气或难以降解的 VOCs,去除效果较差。体积大和停留时间长是生物膜法的主要问题。

低温等离子体技术是在电场的作用下,高频放电产生瞬间高能,打开有机废气分子的化学键,使之分解为单质原子或无害分子,并且等离子体的高能电子、正负离子、激发态粒子和具有强氧化性的自由基,这些粒子可以氧化有机废气中的分子。低温等离子体技术主要有电子束照射法、介质阻挡放电法、沿面放电法和电晕放电法[20]。低温等离子体技术的特点是:等离子体的高能电子、正负离子、激发态粒子可以与碳氢化合物、氮氧化合物、硫化氢、硫醇等污染物反应,生成二氧化碳、水、氮气、二氧化硫等简单无机物质。典型的有机废气如苯、甲苯、乙硫醇、二氯丙烷等采用电晕放电形式的低温等离子体处理恶臭废气是可行的,停留时间越长、电压越高,脱除效果越好。

目前 VOCs 处理技术中应用最多的就是吸附技术。吸附技术是利用某些具有吸附能力的物质,如活性炭、沸石分子筛、活性氧化铝等吸附材料,吸附有害成分而达到消除有害污染的目的。吸附剂是吸附技术处理的关键。一般要求吸附剂应具有丰富的孔隙结构、较大的比表面积,并且化学性质和热稳定性好等。吸附剂总体上可以分为三类:含氧吸附剂、碳吸附剂与聚合物吸附剂。含氧吸附剂包含硅胶、沸石和金属氧化物;碳吸附剂主要为活性炭吸附材料;聚合物吸附剂主要是利用变聚合物的表面官能基来吸附不同的污染物质。

对国内外 771 个有效的工业有机废气的处理工程案例统计发现,从全球范围来看,催化燃烧技术市场占有率为 26%,吸附技术市场占有率为 25%,生物处理技术市场占有率为 24%,这三种技术是目前对 VOCs 处理应用最普遍的技术;热力燃烧和等离子体技术市场占有率分别为 10% 和 9%,居其次;而吸收技术仅为 3%,膜分离与冷凝两者之和约为 4%。从有机废气浓度看,冷凝与膜分离技术多用于处理很高浓度($>10000\,mg/m^3$)的 VOCs 气体并回收 VOCs;催化燃烧、热力燃烧技术多用于中等浓度($1000\sim2000\,mg/m^3$),

且不具回收价值的气体；生物处理、等离子体多用于处理低浓度（<2000mg/m³）的有机气体。根据席劲瑛的统计数据，吸附技术是目前比较流行的 VOCs 处理技术，在欧美国家的市场占有率排第三位，而我国的市场占有率排第一位，高达 38%。

国内外对于 VOCs 吸附材料的报道多以分子筛和活性炭为主，分子筛吸附剂用于VOCs 气体的处理有一定的应用前景，但效果不如活性炭好，还没有大规模工业化生产的报道。活性炭仍然是目前环境污染治理的主要吸附剂。

1）分子筛。分子筛是一种由硅、铝元素组成的人工合成沸石材料。分子筛的孔径均匀且排列整齐，孔穴的体积占沸石晶体体积的一半以上，通常用于室内空气净化。然而，分子筛只是对于极小浓度的 VOCs 具有相对较好的吸附效果，由于比表面积和孔道等原因，一般其吸附量要小于活性炭。

2）膨润土。膨润土主要成分是蒙脱石，一种黏土矿物质，比表面积一般低于 100m²/g，微孔体积也较活性炭小得多。一些研究表明，膨润土也可用于气体有机污染物的去除。如有机膨润土对苯、甲苯等 20 多种气相 VOCs 物质的吸附效果，表明有机膨润土对 VOCs 具有选择性吸附。然而，膨润土对气体中有机污染物的吸附能力相对于活性炭还较小，此外，作为气体吸附剂的膨润土一般需要较高温度的活化，因此大大限制了其在气体有机污染物处理的应用。

3）活性炭。大量研究结果表明，活性炭材料对 VOCs 的吸附与其比表面积、孔隙结构、亲水性、表面官能团、杂质含量等理化性质相关。例如，活性炭的中孔结构对苯、甲苯、丙酮可以起到明显的通道效应，使有机污染物质能够快速地进入到活性炭微孔中，与吸附点位相结合，从而加快了吸附饱和过程；曹晓强等人通过微波改性椰壳活性炭表面官能团和表面结构可以提高对甲苯的吸附性能；Chiang 研究了活性炭的孔隙结构和温度对吸附能力的影响，发现活性炭对 VOCs 的吸附作用主要为物理吸附。

吸附技术适于回收 VOCs，是一种符合清洁生产理念和国内经济实情的选择，因此在国内外得到广泛应用。此外，吸附技术对各种 VOCs 的吸附表现出一定的普适性和广泛性。在吸附技术中，物优价廉、环境友好的吸附材料正成为新的研究热点。虽然活性炭为目前主要的吸附剂，但活性炭制备及活化温度较高，存在能耗大的缺点，而一些工艺采取化学手段进行活化，虽可降低部分能耗，但又存在严重的环境污染问题，使得活性炭生产成本较高。此外，活性炭制备多以木材或燃煤等为原料，随着社会环保意识的增强，国家对自然林禁伐，致使制备活性炭的原料受到极大的限制，价格也呈上涨趋势。因此，以活性炭为主的吸附技术亟须寻求更加环保友好、价格低廉的新的吸附材料。

7.3 大气污染治理的环境材料

大气污染控制技术主要是对大气污染物进行分离和转化。分离是利用外力等物理作用将污染物从大气中分离出来，如过滤等，属于物理过程；转化是利用化学反应将大气中的有害物质转化为无害物，再根据其他方法进行处理，如燃烧、化学吸收、催化转化等，属于化学过程。但无论哪种方法都要借助一定的材料来实现，根据不同的工艺相应的有过滤材料、吸附材料、催化材料等，环境净化材料是构成净化处理的主体，是大气污染治理的关键技术之一。

7.3.1 吸附材料

7.3.1.1 水滑石类材料

水滑石类材料（LDHs）是一种碱性固体层状材料，由水滑石、类水滑石以及柱撑水滑石组成，层板是带正电的阳离子，层间是带负电的阴离子[21]。其典型代表是 $Mg_6Al_2(OH)_{16}CO_3^{2+}\cdot4H_2O$，具有类似于水镁石 $[Mg(OH)_2]$ 的正八面体结构，中心为 Mg^{2+}，六个顶点为 OH^-。层板间通过静电力、氢键方式结合，层板上的 Mg^{2+} 可被 Al^{3+} 取代，使其带正电荷，层间有阴离子 CO_3^{2+} 和结晶态水，在加热条件下可消失[22]。与传统环境污染治理材料相比，LDHs 材料具有密度、分布、种类和数量可调性等优点。

目前，水滑石类材料在环境催化领域中的应用研究主要集中在氮氧化物和硫氧化物的选择性催化还原研究。LDHs 材料属于碱性材料，可吸附大量酸性气体，能减少温室气体的排放，防止酸雨，从而保护土壤和水体。以水滑石类化合物为主体的催化剂用于消除 NO_x 时表现出良好的低温催化活性；在 SO_2 脱除应用中，以吸附有 SO_2 的水滑石类为主体的催化剂经高温还原而再生，其反应包括 SO_2 的氧化、SO_3 的吸附和硫酸盐的还原三步骤[23]。G. Fornasari 等人[24]探究了含 Pt、Cu 的 LDHs 材料储存-还原催化 NO_x 的效果，结果表明：当反应温度低于 200℃ 时，Pt/Mg/Al-LDHs、Cu/Mg/Al-LDHs 材料吸附 NO_x 的储存性能高于 Pt/Ba-Al$_2$O$_3$；Pt/Mg/Al-LDHs、Cu/Mg/Al-LDHs 材料也能改善失活的 SO_2，低温活性正是取决于这些材料碱性的高低。李嫱等人[25]合成了一系列 Mg/Al/Fe-LDHs 材料，用来脱除低浓度 SO_2，结果表明：在 600℃ 以上的焙烧温度下，含铁 LDHs 材料对 SO_2 有较好的吸附效果，当 $m(Fe)/m(Fe+Al+Mg)$ 约为 0.2 时，吸附效果最佳，饱和硫吸附量为 0.91g/g；吸附温度强烈影响 SO_2 的吸附行为。张骄佼等人[26]采用 Mg/Al-LDHs 净化 H_2S 气体，结果表明：在 pH 值为 12、晶华温度 80℃ 时，制备的 Mg/Al-LDHs 材料最佳；在吸附温度为 80℃ 时，反应 5h，H_2S 气体的去除率高达 95% 以上，穿透吸附容量高达 45.54mg/g。

7.3.1.2 环境矿物材料

环境矿物材料的诞生，在很大程度上得益于天然矿物所具有的良好基本性能。环境矿物材料的基本性能是多种天然矿物对污染物净化机理与净化功能的体现，也是污染物的矿物处理方法的关键所在。天然矿物对污染物的净化功能主要体现在矿物表面吸附性作用与矿物吸附剂、矿物孔道过滤性作用与矿物过滤剂和分子筛、矿物层间离子交换作用与矿物交换剂、矿物热效脱硫除尘作用与矿物添加剂等方面。

非金属矿物材料处理环境污染不仅仅是依赖矿物表现出的简单的吸附作用，而是其基本性能。矿物的表面效应使其极性表面具有很强的吸附性；矿物的过滤作用和孔道效应的双重作用使其具有较好的过滤作用。目前广泛使用的滤料有精制石英砂、铝矾土陶粒、磁铁矿等；具有孔道结构并具有良好过滤性的矿物有沸石、黏土、硅藻土等；新近发现具有优良的孔道性的矿物有磷灰石、硅胶、蛇纹石、蛭石等也是备受关注。此外，非金属矿物具有的结构效应、离子交换作用、结晶效应、溶解效应、水合效应等均是其能够处理污染物不可缺少的。

A　燃煤烟尘污染与现行治理方法

我国是世界上最大的煤炭生产国与消费国，由此带来的燃煤污染已成为我国大气的主要污染源，其中的二氧化硫和碳质粉尘的危害尤为严重。针对煤烟型大气污染治理问题，也已投入不少力量，取得了一些技术成果。但从目前治理的效果来看，由于技术设备价格较贵，很难得到广大燃煤用户的自觉利用。尤其是民用炉灶量多面广、冬季集中，煤炭燃烧不充分导致碳质烟尘较大，而且难以统一管理与集中治理，加上烟气的低空排放，再遇上冬季恶劣气候而不易扩散，对二氧化硫和碳质粉尘的地面浓度影响很大，且常常弥漫在人的呼吸带，对人体健康造成极大威胁。根据目前的统计结果看，民用炉灶燃煤烟气的排放量虽然赶不上工业电厂和锅炉燃煤烟气的排放量，但民用炉灶燃煤的污染分担率却大大提高。因此，妥善解决民用炉灶燃煤的二氧化硫和碳质粉尘污染问题，是控制城市烟尘型大气污染的关键，更成为北方城市地区为改善冬季大气质量所必须采取的一项有效措施。

前人研究结果表明，煤中硫的存在形式主要是有机硫与无机单质硫、黄铁矿和硫酸盐，其中含量较高、燃烧过程中排放出二氧化硫较多的是黄铁矿。粉尘成分主要是未充分燃烧的碳质微粒。目前，国内外有关治理燃煤污染的途径有三条：一是燃烧前控制，如采用洗选煤炭的方法脱去硫分与灰分；二是燃烧中控制，如在燃煤中添加固硫物相来固化硫分；三是燃烧后控制，如在烟气通道中安装消烟除尘与脱硫装置和设备。但这些技术方法主要还是针对工业电厂和锅炉燃煤污染治理而进行研究开发的，关于民用炉灶燃煤污染的防治技术研究还未得到足够重视。现在有人提出选用天然矿物研制环境矿物材料固硫剂、除尘过滤器与脱硫除尘喷洒剂等方法，具有一定的技术特点和成本优势。

B　环境矿物材料固硫剂

通常使用的固硫剂是一些含钙、镁、铝、铁、硅和钠等的物相。通过在粉煤成型过程中加入这些固硫剂，使煤在燃烧时所生成的二氧化硫被固硫剂吸收，形成硫酸盐固定在炉渣中，以减少二氧化硫向大气排放。过去的大量研究结果表明，固硫剂的比表面是影响二氧化硫吸收的主要因素，吸附比表面越大，吸附反应速度越快。在煤燃烧过程中，固硫作用是在高温下进行的，而在高温条件下业已形成的硫酸盐极易分解，从而降低了固硫率（往往只有50%左右），大大影响了固硫效果。为此，人们正在作多方面的努力。造成高温下硫酸盐分解的主要机理，是由于燃烧的型煤内部存在局部的还原气氛，即碳和一氧化碳浓度较高。为防止硫酸盐的分解，提高固硫率，必须有效降低燃烧过程中这些局部的碳和一氧化碳的浓度。显然，降低碳和一氧化碳的浓度也就意味着提高碳和一氧化碳向二氧化碳的转化率，是煤炭充分燃烧的体现，更是减少碳质粉尘的体现。因此，这一举（降低碳和一氧化碳的浓度）可三得（提高固硫率与燃烧率及减少碳质粉尘），成为研制环境矿物材料固硫剂的关键问题。

针对上述关键问题的有效解决办法是开发来源广、价格低且易加工的天然矿物材料作为新型固硫剂。例如，某些天然矿物具有膨胀性、离子交换性、吸附性与耐高温等独特性能，尤其是矿物受热后因水的挥发而留下大量孔道，且孔道内含有大量的钙离子与镁离子。故在型煤中添加这些矿物，在其燃烧过程中便可能产生一定的膨胀空间，一方面有利于二氧化硫与其中的钙离子或镁离子结合形成硫酸盐而达到固硫的目的，另一方面又有利于碳和一氧化碳充分燃烧而达到降低局部的碳和一氧化碳浓度的目的，从而最终达到提高固硫率、燃烧率及减少碳质粉尘的目标。根据煤炭中硫的具体含量，测算出最佳钙/硫比和镁/硫比，可在固硫剂中再添加一定量的含钙、镁等天然矿物。

C 环境矿物材料除尘过滤器

通常除去工业电厂和锅炉燃煤过程中所产生的粉尘大概有两条途径，即干法除尘和湿法除尘。具体工艺是在烟道末端安装有关除尘装置和设备。显然，现行的工业除尘技术与方法很不适合于民用炉灶燃煤过程中所产生的粉尘污染的治理。在不改变传统民用炉灶结构的前提下，可研制开发民用炉灶炉膛内除尘的方法和技术，着眼于经济、简便与安全可靠。具体途径：一是体现在上述固硫剂的研制中，即提高煤炭燃烧率，以达到直接减少碳质粉尘的目的；二是研制环境矿物材料除尘过滤器。对除尘过滤器的材质要求是：良好的热辐射与耐高温性能，所制作成的器具具有多孔结构与高效吸附性能，价格低廉，经久耐用等。

显然，天然矿物材料便是较为理想的选择对象。利用所选取的天然矿物材料作为原料制成多孔状陶瓷板，其中的孔径大小、密度与高度对碳质粉尘的过滤效果及炉内煤炭的燃烧效果均有很大影响。将制得的多孔状陶瓷板切割成民用炉灶炉膛的外径大小，直接覆盖在型煤的顶部，起到通气拦尘的过滤作用。最佳的通气拦尘效果便构成除尘过滤器的技术特征。当然，这一方法能首先保证室内的安全性，因为从过滤器中排放出来的烟气直接进入了烟道，并没有改变传统民用炉灶的排烟状况。

D 环境矿物材料脱硫除尘喷洒剂

为了进一步提高固硫率，尤其是为了除去从过滤器中排出的更为细小的粉尘，以达到对民用炉灶燃煤所产生的二氧化硫和碳质粉尘的较彻底治理即二级处理，还可以开展天然矿物材料脱硫除尘喷洒剂的研制。选取合适的天然矿物粉体材料，配成水溶液，其液滴应具有较好的吸收二氧化硫和捕集碳质粉尘的性能。当然，矿物粉体材料水溶液的介质条件，如pH值和浓度等是影响吸收与捕集效果的重要因素。然后，在炉膛上方或烟道入口处组装常压喷洒小型装置，要求有连续、均匀喷洒矿物粉体水溶液的功能。

E 天然矿物热效应作用

天然矿物的热效应-脱硫除尘作用，可具体表现为高温条件下天然矿物仍具有孔道特性作用和化学活性作用等。其中，高温条件下具有孔道特性的矿物应具有良好的热稳定性，利用其固有的孔道结构、热膨胀空隙或能被制作成多孔材料。而高温条件下具有化学活性的矿物却要求有热不稳定性，利用其热分解后的产物能与二氧化硫等气体产生化学反应，以形成高温条件下稳定的新物相。这是运用环境矿物材料研制开发燃煤烟尘型大气污染防治方法与技术的基础。显然，这类技术方法的优势在于开发利用来源广、价格低且易加工的天然环境矿物材料，充分利用环境矿物材料热效应的基本性能，并具有成本低廉、设备简易、操作简便及乐于被广大用户自觉接受的特点。

F 其他吸附材料

活性炭颗粒（GAC）是一种含碳量高，具有耐酸、耐碱、疏水性的多孔物质，是应用范围很广的吸附剂。不同活性炭具有不同的物理性质，同时兼有一定的催化活性，但在工业脱硫中主要用到这类材料的吸附作用。大的比表面积、发达的孔结构和分布范围较广的孔径使得活性炭能够吸附各种物质，但选择性吸附较差。

活性炭纤维（ACF）是由有机纤维经炭化、活化得到的。ACF大量的微孔都开口于纤维的表面，使其具有较大的比表面积和吸附容量，吸附脱附速度快。在相同条件下，

ACF 对模拟烟气中的 SO_2 的平衡吸附量比 GAC 大 5~6 倍。ACF 表面含有的一系列活性官能团，如羟基、羰基、羧基等，有的还有胺基、亚胺基等含氮官能团，这些含氮官能团对氮、硫具有吸附亲和力，对氮、硫化合物表现出独特的吸附能力。

活性氧化铝因其吸附不稳定性使得吸附的气体很容易再次逸出，所以其本身并不是理想的吸附材料。但其比表面积大，对上载的其他活性物种分散性较好，因而常作为其他吸收剂或催化剂的载体用在气体污染物的去除过程中。例如，在工业脱硫中，常以 CuO 作吸收剂，以有活性的 Al_2O_3 为载体制备脱硫剂[27]。

7.3.2　过滤材料

大气污染控制中使用的典型过滤材料按照过滤原理可分为多孔型过滤材料、纤维型过滤材料以及复合型过滤材料，现分别对其进行介绍。

7.3.2.1　多孔陶瓷滤料

多孔型过滤材料主要用于空气净化以及风机、压缩机、发动机等排气的后处理。多孔陶瓷是一种新型的功能材料，结合了多孔材料的高比表面积和陶瓷材料的物理、化学稳定性，具有一定尺寸和数量的孔隙结构。多孔陶瓷通常孔隙度较大，孔隙结构作为有用结构存在，使其具有化学性质稳定、渗透率高、强度大、热稳定性好、再生性强等优点，因此多孔陶瓷日益成为一种重要的环境材料[28]，目前应用较多的有微孔碳化硅陶瓷滤料、硅藻土基陶瓷滤料、粉煤灰基陶瓷滤料。

多孔陶瓷滤料在大气治理中的应用主要是用作催化剂载体和除尘。多孔陶瓷被覆催化剂后，其发达的显气孔和较大的比表面积增加了有效接触面积，从而大幅度提高了反应流体通过多孔陶瓷孔道时的反应速率及转换效率，从而提高催化效果。同时，它具有耐高温、机械强度高、热稳定性高等特点使其能在极苛刻的条件下使用，已经被大量用于汽车尾气处理和化学工程的反应器中来处理有毒、恶臭等有害气体[29,30]。

湿法除尘易结垢堵塞、不利于回收利用，因此工业上常采用干法除尘。干法除尘中只有袋式除尘器和电除尘器能达到排放标准，但高温或价格因素使它们使用有限，因此人们开始研究一些其他材料的过滤效果。谢锦秋[31]使用 TWL 型陶瓷质微孔过滤式除尘器，除尘效率能达到 99.5%以上。J. C. Ruiz[32]用氯化钠溶液作为粉尘粒子的来源考察了多孔陶瓷对其去除效率，结果显示粉尘去除率达 99.995%，并研究了其去除机理为重力沉降、惯性碰撞、拦截、布朗运动。

7.3.2.2　纤维过滤材料

纤维材料是粉尘过滤中重要的过滤材料，在工业除尘领域，袋式除尘器可能是目前使用最广的一种除尘技术，因地区、行业、企业的需求以及废气的构成不同，对滤料的要求也不尽相同。因此能满足特定行业和领域的功能性滤料应运而生，出现了一些耐高温、耐腐蚀、抗静电、拒油等一类的过滤材料，功能性滤料是近年来材料领域的研究热点[33]。

A　耐腐蚀滤料

实际应用中，烟气中常含有酸性或碱性物质，这就对滤料的耐腐蚀性有了更高的要求。玻璃纤维滤料经过表面化学处理后能够满足需求，现在表面处理配方也是多种多样，使得玻璃纤维滤料能够抵抗各种侵蚀介质；针刺黏垫是由聚酯类化学纤维制成的，它可以通过涂层处理或制成薄膜滤料来增强自身的耐腐蚀性能，延长使用寿命；由聚苯硫醚（PPS）制成的针刺黏滤料，具有较强的常温、高温耐酸和常温耐碱性能，是过滤燃煤锅炉、垃圾焚烧炉、电厂粉煤灰等高温烟气（190℃）的理想过滤材料。

B 耐高温、超高温滤料

常规的滤料（如涤纶、锦纶、丙纶等聚酯类化学纤维）的使用温度在120~150℃之间，只能处理一般的烟气，对于温度较高场合，如钢铁、电站及焚烧等工业均不能胜任。随着行业需求，人们相继开发出了能耐高温的滤料，如聚苯硫醚类化学纤维 Ryton 滤料和亚酰胺类化学纤维 Nomex 滤料，其使用温度分别为190℃和200℃，随后又出现了聚酰亚胺纤维 P48、聚四氟乙烯 Teflon，耐用温度达260℃。无碱玻璃纤维经化学处理制成的过滤材料，耐温性可达280℃，瞬间温度能达到320℃。

近年来，一些金属陶瓷滤料也开始使用，由金属纤维网经过高温烧结而成的金属烧结滤料在干烟气状况下使用，最高可耐600℃，若为有腐蚀的湿烟气，则能在400℃下稳定运行，美国、日本、德国已经开发出了耐温达1000℃的陶瓷纤维。

C 抗水拒油滤料

粉尘在含油含水的情况下极易黏附于滤袋表面，加大了设备的清灰难度，严重时可能阻碍设备的正常运转，只能停止换袋，因此需要发展具有抗水拒油性能的滤袋。要使滤袋在一定程度上不被水或油润湿，必须使它的表面张力降低，小于水和油的表面张力，一般有两种方法：（1）涂覆法。对滤料进行涂层处理以免于被水或油浸湿。国外在覆膜滤料的使用及滤料表面的防水处理的研究，取得了明显效果，解决布袋黏结的难题。（2）反应法。纤维大分子结构中的某些基团与防水油剂发生反应，形成大分子链，因此改变纤维与水和油的亲和性能，变成抗水拒油型。近年来，我国引进国外技术，开发研制了膨体聚四氟乙烯（PTEE）薄膜滤料，其表面张力仅是水的1/2，具有很好的抗水拒油性能。

D 抗静电滤料

在袋式除尘器的内部，粉尘随空气流动的摩擦、粉尘与滤布的冲击摩擦都会产生静电，一般的工业粉尘在浓度达到一定程度后，如遇静电，极易导致爆炸和火灾，因此用于收集粉尘的滤袋要有防静电功能。一般消除静电有两种方法：使用防静电剂和导电纤维。

利用防静电剂降低化学纤维表面电阻有两种方法：（1）化学纤维抽丝前，在聚合物中加入内用抗静电混炼，在制成的化学纤维内均布抗静电剂，形成短路，降低化学纤维电阻以达到防静电作用。（2）在化学纤维表面黏附外用抗静电剂，如将亲水性高分子、非离子型表面活性剂、吸湿性离子等黏附在化学纤维表面，吸引空气中的水分子，使化学纤维表面形成一层极微薄的水膜。水膜能溶解二氧化碳，因此可以大大降低纤维表面的电阻。

在纤维制品中加入一定量的导电纤维，利用放电效应除去静电。除了常用的导电金属丝外，涤纶、腈纶导电纤维以及碳纤维等均可得到很好的效果。近年来，随着纳米技术的不断发展，纳米材料特殊的导电、电磁性能，超强的吸收性和宽频带性将进一步在导电吸波织物中得到发挥。

E 聚酰亚胺纤维除尘过滤材料

目前我国工业领域主要采用静电除尘方式进行工业除尘，该方法仅限于捕集特定粉尘，相对来讲总体除尘效果并不理想。而除尘效果较好、能更有效地减少固体颗粒排放的袋式除尘在我国工业领域的应用有限，并且多为低档产品，使用寿命短、除尘效率低，不能满足环保要求。袋式除尘可以采用多种过滤材料，聚酰亚胺纤维的优异性能决定了它是目前袋式除尘材料的最佳选择。聚酰亚胺纤维具有高强高模的特性，其力学性能优异，在粉尘浓度加大后能够承受较大阻力而不被磨损。

聚酰亚胺纤维还具有耐高温、耐化学腐蚀、耐辐射、阻燃等优异性能，与性能完善、应用相仿的 Kevlar 49 纤维相比，尽管处理时间稍长，但性能下降比率仅为 Kevlar 49 的几分之一，各项性能优势显著。水泥、钢铁、垃圾焚烧等领域因产生烟气条件和工况的不同，对袋式除尘滤料的耐温、耐腐蚀性能要求很高，聚酰亚胺纤维能够充分保障滤料的过滤效率，延长其使用寿命，减少更换次数，大大降低企业的停产损失。此外，聚酰亚胺纤维不规则的截面结构特点，大大提高了其捕集尘粒的能力和过滤效率，粉尘大多被集中到滤料的表面，较难渗透到滤料的内部堵塞孔隙。因此，聚酰亚胺纤维对粉尘的捕集能力大大强于一般纤维，竞争优势明显。

我国是钢铁生产的大国，袋式除尘占钢铁行业除尘设备的 95%，其超高温的烟尘处理环境为聚酰亚胺纤维提供了广大的市场需求，年消耗量至少为 1000t。水泥行业中袋式除尘器占据了主导地位，由于其烟气温度较高在 250℃ 左右，除尘滤料主要采用 P84、玻璃纤维或两者的混纺，由于玻璃纤维脆性较大，其必将被聚酰亚胺纤维取代，预计每年聚酰亚胺纤维的用量在 3000t 以上。

火力发电方面，我国每年消耗煤炭超过 27 亿吨，煤燃烧产生的烟尘占悬浮微粒总量的 60%，按 20% 电厂采用袋式除尘器计，则每年的滤料纤维用量可达 8800t。即使采用聚酰亚胺纤维与其他纤维混纺的方式来进行保守估算，火电厂每年对聚酰亚胺纤维的需求量也在 1000t 以上。

冶炼行业对聚酰亚胺纤维的需求量同样很大。铁合金炉、电解铝、金属铜、铅、锌等冶炼炉窑的烟气净化都需要采用袋式除尘器，由于金属冶金所产生的烟气条件和工况的不同，对袋式除尘滤料的耐温、耐腐蚀性能要求很高，作为最佳的烟气过滤材料，聚酰亚胺纤维的年需求量在 500t 以上。综合防护服、作战服、消防服等其他应用领域的需求，保守估计我国聚酰亚胺纤维每年的需求量为 7000~8000t[34]。

7.3.2.3　金属及复合型过滤材料

金属在导热性、强度、韧性等方面相比陶瓷材料都具有很大优越性，已成功应用在制造净化汽车尾气的三元催化载体。

目前研究较多的结构形式主要是泡沫合金以及金属丝网和金属纤维毡。泡沫合金是三维网络骨架的材料，最早应用于碱性电池电极的制造。多年之前日本住友电工公司用这种泡沫合金来制备微粒过滤体。最初采用的过滤材料是泡沫镍，但镍的抗蚀性差，为提高其在含硫气氛和高温环境中的抗蚀性，后采用耐热耐蚀的高温合金 Ni-Cr-Al 和 Fe-Cr-Al，合金表面生成的牢固结构 α-Al_2O_3，使其在 800℃ 下静置 200h 基本不受侵蚀。泡沫合金制造的过滤体的捕集效率与蜂窝陶瓷过滤体相当，且使用泡沫合金大大增强了滤料的抗振性能，合金表面被熔融铝液浸透覆盖后经过退火处理可以得到保护层，此外，使用泡沫合金降低了生产成本。现今泡沫合金已经取得了较大进展，并成功应用在部分大型客车。

因为陶瓷基过滤材料及金属基过滤材料都有各自的缺点，因此人们开始把目光集中在复合型过滤材料，目前研究和应用主要集中在纤维毡结构上。日本的 NHK spring 公司发明的一种新型过滤材料，这种过滤体的单元是由叠层金属纤维毡和氧化铝纤维毡组成。金属纤维毡材料是 Fe-18Cr-3Al，最高耐热温度是 1100℃，氧化铝纤维毡材料是 $70Al_2O_3$-$30SiO_2$，最高耐热温度是 1400℃，从排气进口到出口，叠层纤维毡的密度越来越细，保证了微粒的均匀捕获，过滤捕集效率可以达到 80%~90%，同时能起到消声的作用。

7.3.3 催化材料

催化转化处理大气污染物是利用催化剂的催化作用将大气污染物进行化学转化，使其变为无害且易于处理的物质。随着人们环保意识的增强以及对健康的居住环境的需求，环保催化产品也以每年 20% 的速度迅速增长，目前环保催化材料主要包括移动源尾气净化催化材料、固定源烟气脱硫脱硝催化材料以及室内净化催化材料。

7.3.3.1 移动源尾气净化催化材料

2007 年 7 月 1 日起实施第Ⅲ阶段排放标准（相当于欧洲Ⅲ号排放标准），北京市于 2008 年 3 月 1 日开始实施国Ⅳ排放标准，所有新车必须加装尾气净化装置。因此，开发超低排放的高性能三效催化剂，更新换代现有的催化剂，对满足日益严格的排放法规具有重要的现实意义。

稀土类汽车尾气净化催化剂是近年来发展起来的一类重要的环境工程材料。稀土催化材料按其组成大致可分为稀土复合氧化物，稀土-(贵)金属，稀土-分子筛等。稀土在催化剂中存在可以提高氧化剂的储氧能力、增强活性金属颗粒界面的催化活性、促进水气转化和蒸汽重整反应等，从而显著提高了催化剂的性能[35]。

汽车尾气净化三效催化剂主要为催化剂载体（堇青石蜂窝载体、金属载体）、活性涂层（常由 Al_2O_3、BaO、CeO_2 等组成）和活性组分（Pb、Pt、Rh 等）。目前，稀土氧化物在汽车尾气净化催化剂中的应用研究最多的为 CeO_2-ZrO_2(CZO) 固溶体和稀土钙钛矿催化剂。CeO_2 具有典型的萤石（CaF_2）结构，其晶胞结构如图 7-6 所示[36]，CeO_2 能够掺杂较高含量的其他等价或不等价的阳离子形成固溶体，如 CeO_2-Al_2O_3、CeO_2-La_2O_3、CeO_2-ZrO_2 等，其中研究比较广泛的是 Zr^{4+} 掺杂形成的 CeO_2-ZrO_2 固溶体[37]。理想钙钛矿型结构如图 7-7 所示[38]，其结构可表述为 ABO_3（O 是 O^{2-} 离子，A 是一个大的阳离子，B 是一

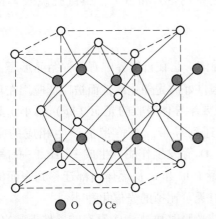

图 7-6 萤石结构的 CeO_2 面心晶胞

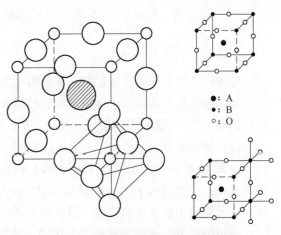

●：A
◐：B
○：O

图 7-7 理想钙钛矿型结构的单位晶胞

个小的阳离子。A 的配位数为 12(O^{2-})，B 的配位数为 6(O^{2-})。这种 ABO_3 组成可以广泛变化，可形成固溶体 $A_{1-x}A_xBO_3$ 或 $AB_{1-y}B_yO_3$，甚至 $A_{1-x}A_xB_{1-y}B_yO_3$。固溶体中的置换对催化特别有用，因为这样可以制备具有不同物理性质和 B 离子价态的异构造系列。大量研究表明，CZO 具有增强催化剂的储放氧能力，扩大操作窗口，改善高比表面涂层的热稳定性，提高贵金属组分的分散性、抗中毒和耐久性能等作用。徐鲁华等人深入研究了钙钛矿催化剂 $La_{0.7}Sr_{0.3}MnO_{3+\lambda}$ 的催化活性，结果表明这类催化剂对汽车尾气具有很高的催化活性[39]。

7.3.3.2 固定源烟气脱硫脱硝催化材料

钢铁、火力发电、水泥、燃煤锅炉等生产中产生大量的 NO_x 和 SO_2，由此形成的酸雨和光化学烟雾，给环境和人体健康带来严重影响，因此烟气脱硫脱氮是我们研究的热点，越来越多的环保催化材料被应用在脱硫脱氮中。

A 稀土氧化物材料

稀土氧化物材料在烟气脱硫过程中显示出独特的吸收和催化性能。稀土氧化物催化还原脱除烟气中的 SO_2 所涉及的催化剂主要有钙钛矿型稀土复合氧化物、萤石型稀土复（混）合氧化物，以及其他稀土氧化物等[40]。含铈铝酸镁尖晶石，是脱除催化裂化烟道气中 SO_2 的最有效催化剂。这种催化剂系列在 SO_2 中抗硫中毒性强，对 CO 还原 NO_x 的反应具有明显的活性，可以有效地同时控制烟道气中 SO_2 和 NO_x 的排放量，但是要处理反应放出来的 H_2S。CeO_2 良好的氧化性能，可促使 SO_2 氧化成 SO_3，所具有的碱性可以吸附 SO_x 形成硫酸盐，然后经还原、克劳斯（Claus）反应可转化为单质硫。日本用稀土进行煤的催化气化研究，用硝酸镧、硝酸铈、硝酸钐负载在原煤上，气化率比过去用硝酸钠明显提高。刘勇健等人[41]采用稀土型（主要为镧和铈）脱硫剂对模拟烟道气进行脱硫实验，发现稀土型脱硫剂发生脱硫反应的温度区间较宽，为 150~200℃，与实际烟道气温度（160℃）比较吻合，而且脱硫率可达 90% 左右，脱硫剂也可以再生重复使用，所以该稀土型脱硫剂适用于烟道气中 SO_2 的脱除。

中国 SO_2 排放得到一定程度的控制，但 NO_x 排放量却在快速增加，烟气脱硝已经成为目前控制固定源 NO_x 排放最有效的办法。V_2O_5-WO_3/MoO_3-TiO_2 是目前电厂烟气脱硝广泛使用的催化剂。CeO_2/Al_2O 用于同时脱除烟气中的 SO_2 和 NO_x，脱氮脱硫效率都大于 90%。

B 纳米 TiO_2 光催化材料

TiO_2 是一种多晶形的化合物，常见的 n 型半导体。它在自然界中有 3 种结晶形态：金红石型、锐钛矿型和板钛矿型。其中，锐钛矿型因良好的光催化活性而被广泛应用在环境污染治理中[42]。纳米 TiO_2 属于 n 型半导体，即只要半导体吸收的光能（$h\nu$）不小于其禁带宽度，价带上的电子（e^-）就可以被激发跃迁到导带，在价带上产生相应的空穴（h^+），随后 h^+ 和 e^- 与吸附在 TiO_2 表面上的 H_2O、O_2 等发生作用，生成 ·OH、·O_2^- 等高活性基团，由于纳米 TiO_2 的粒径非常小，极大缩短了 h^+ 和 e^- 从晶体内部迁移到表面的时间，从而降低了其复合的几率，因此纳米 TiO_2 具有无可比拟的光催化性[43]。

利用纳米 TiO_2 光催化氧化氮氧化物，是在紫外光照射和过量 O_2 存在的条件下，NO 的氧化产物与水作用生成 NO^{3-}，NO^{3-} 容易被植物和微生物组织吸收，在自然界形成氮的循环。因为生成硝酸的量很少，所以不会对周围水体和环境的 pH 值造成不良影响。目前，国内外大多数研究者都是将 TiO_2 制成薄膜（如含有 TiO_2 的活性炭、涂料和渗透剂等）负载在固定物上，吸收紫外光催化氧化，与大气中的 NO_x 反应，对降低 NO_x 的浓度十分有效。TiO_2 对低浓度 NO_x 的降解效率可高达 90% 以上。

大气中含有高浓度的 SO_2、H_2S 等硫化物时会严重影响人体健康，利用 TiO_2 光催化所产生的活性氧，可将这些气体氧化生成带有 SO_4^{2-} 的化合物。这些化合物积聚在催化剂表面使催化剂活性降低，用水冲洗后，活性可以再生。袭著革等人[44]的研究表明，组成为 $90\%TiO_2+10\%$ 金属氧化物的光催化剂处理 H_2S 和 SO_2，净化率分别为 87% 和 99% 以上。

C 活性炭材料

根据活性炭材料在火电厂烟气脱硝脱硫中的应用，其在应用中的原理如下：

（1）活性炭材料的脱硫原理。活性炭材料能够吸附火电厂烟气中的 SO_2，其吸附方面可以分为两种：1）物理吸附，只要烟气中含有 H_2O 和氧气，就可以作为活性炭吸附的条件，可以直接吸收 SO_2，避免其排到大气环境中，此类吸附方式属于比较常见的类型。2）化学吸附。此类吸附方式较为复杂，烟气内存在明显的化学反应，公式为：$SO+O_2+H_2O \rightarrow H_2SO_4$。

（2）活性炭材料的脱硝原理。活性炭材料的脱硝原理主要是降低烟气内氮元素的含量，概括为脱氮的过程。活性炭脱氮时涉及多项化学反应，其中较为典型的是催化条件下的还原反应，利用活性炭对 NO_x 产生的吸附作用，而且活性炭在无催化剂的环境中也能实现脱氮，活性炭与 NO_x 反应，产物为 CO_2 和 N_2，不会对环境造成污染，还可以起到热能再利用的作用。

火电厂烟气脱硫脱硝对活性炭材料的应用处于不断发展的状态，目前，活性炭纤维属于较为新型的材料，其在脱硫脱硝中的应用优势非常明显，具有高效吸附的优势。活性炭纤维在脱硫脱硝中应用如下：

（1）活性炭纤维的脱硫脱硝。活性炭纤维结构中的强度较高，可以满足火电厂烟气脱硫脱硝的多种条件，能够加工成多种形状，便于提高吸附反应的接触面积，同时达到脱硫脱硝的活性要求。活性炭纤维脱硫脱硝时的速率与传统活性炭相比，能够达到百倍的优势，既可以提高脱硫脱硝的吸附能力，又可以提升净化的标准。火电厂烟气中 SO_2、NO_x 的含量较高，所以通过活性炭纤维，达到了吸附净化的指标，活性炭纤维的结构单位为纳米级别，防止烟气中有害气体的扩散，活性炭纤维在脱硫脱硝的脱附工艺中还能再生，有助于提高活性炭纤维的利用效率。

（2）活性炭纤维的优势。活性炭纤维属于活性炭材料的一种，但是在材料中的优势最为明显，为火电厂烟气脱硫脱硝提供高效益的服务。分析活性炭纤维的优势，如：1）表面积大。由于活性炭纤维的结构特性，促使其与 SO_2、NO_x 的接触面积明显提升，有利于吸附固定，体现出很强的接触效果。2）吸附效率高。活性炭纤维材料以纳米级纤维的方式存在，能够快速找准烟气中的硫硝物质，提高吸附的效率。3）吸附性能高。活性炭纤维具有可再生、可改进的特点，由此其在烟气吸附中能够体现出较高的应用性能，确保活性炭纤维的应用性能[45]。

7.3.3.3 室内净化催化材料

室内有害气体主要有装饰材料等放出的甲醛及生活环境产生的甲硫醇、硫化氢、氨气等，这些气体含量在百万分之几时即能让人产生不适感。利用 TiO_2 通过光催化作用可将吸附于其表面的这些物质分解氧化，从而使空气中这些物质的浓度降低，减轻或消除环境不适感。

A   纳米 TiO_2 催化材料

锐钛矿型 TiO_2 具有较高的光催化氧化能力，其禁带宽度为 $E_{bg} = 3.2eV$，相当于波长为 387.5nm 光的能量，这正好处于紫光区，因此 TiO_2 作为光催化氧化反应需要紫外光源，如太阳光、汞灯等。当纳米 TiO_2 用于多功能外墙涂料时，纳米 TiO_2 在光照下不断分解涂料表面的有机物，使涂料具有长期耐污效果。锐钛矿型 TiO_2 光催化剂作为内墙涂料的填料，它的紫外线区域为 $\lambda < 380nm$，由于室内荧光灯表面的辐射量为 $0.2mW/cm^2$，因此在明亮的室内也有光催化效果，这种涂料中的光催化剂能使有机物或无机污染物在光催化下发生氧化还原反应，生成水、盐等无害化的物质，从而净化室内空气。

这种材料不仅可用于环境净化，而且可扩展到室内的卫生保健上，如杀菌、消毒、除臭，消除室内建材、电器等散发的有害气体等，也可将其涂在墙壁上、管道壁中。此外，可将其在玻璃、金属、树脂等材料上镀层，也可涂在管道壁中，制成薄膜或沉积在滤膜上，从而消除空气中的有毒成分和异味。总之，纳米 TiO_2 材料在室内净化材料中有广阔的应用前景。

B   远红外陶瓷材料

自然界有无数的远红外辐射源：太阳、星星、城市、乡村、矿山、河川、湖泊、海洋、洞穴、高山、树木、大气、云雾、建筑物、各种金属及人体，还有人造光辐射陶瓷材料，它们都能发射出远红外电磁波射线。远红外陶瓷材料就是一种人造的光辐射源，它能依据人们所需要的波长而辐射特定波段的光，而且它们的穿透力强，穿透大气时损耗很少。自然界有无数的远红外辐射源，有效地利用它们发射出的远红外电磁波射线，激活燃料，使其分散、雾化而提供最佳的燃烧气氛，以实现燃料的充分燃烧，节约燃料，降低污染物向环境的排放，直接关系到是否节能与减轻环境污染的重要问题。

红外线电磁波射线都是由物质内部的运动变化，如分子、离子和原子等的转动、振动、电子跃迁等的辐射而产生。绝对温度高于 0K（$-273.15℃$）的物体都能产生红外辐射。基于物质内部结构中存在非对称性的电荷，其电荷电中心不重合所形成偶极距分子中的原子，受到环境中能量的激发而伸缩振动或转动，成为远红外辐射的电磁波。对陶瓷材料而言，其中组成分子结构中的多原子分子在振动时，改变分子的对称性而使偶极距发生变化的那种振动方式，就会吸收红外线，在红外光谱中产生吸收带，这种振动方式被称为是"红外活性"。但振动过程中偶极距不改变，即偶极距经常为零的振动方式被称为是"非红外活性"，虽然分子可按这种方式振动，但由于它周围的电磁场不产生任何干扰或影响，结果就不产生红外发射和吸收。振动过程中陶瓷粉体产生的偶极距变化越大，或组成分子的原子电负性相差越大，也会导致振动过程中的偶极距变化越大，因此，红外吸收带就越强，发射的电磁波就越强。此外，在化学组成相同时，远红外陶瓷粉颗粒越细，其发射率越高。

远红外陶瓷材料产生的电磁波对燃料辐射的强弱，与材料辐射的波段、强度（照射深度）、能量转化效率和温度有关，当其发射的辐射波长范围与被辐射体吸收波长完全匹配而产生共振并在振幅增加时，才能使燃油吸收的辐射能达到最大的利用效果。燃油是包括一系列的碳氢化合物液态燃料（燃煤也是可转化为气态的碳氢化合物，在燃烧炉中才进行燃烧反应），在燃油中的分子具有碳链结构，各分子之间是处于团聚和一种相互"缠绕"的状态，因而通常表现为具有一定的黏度，影响它在燃烧时雾化和蒸发。燃油选用哪个波段的波长，应以其吸收特性在标准光谱图上吸收的区间为准（在特定工作温度下）。但当它们的分子吸收带与远红外陶瓷材料所发射的辐射波段相匹配，产生共振，随即燃油分子吸收了红外辐射能，分子的活化能降低，运动加剧，分子链很快地"伸展"开来，分子结构发生的变化，使碳链断裂，由大分子变成小分子，分子间凝聚力减小，宏观表现为燃油吸收红外辐射能后黏度和表面张力降低，变得容易蒸发，从而使燃油的雾化和蒸发量提高。因此，燃油分子处于细微化的活跃状态进入燃烧室，与空气充分混合，从而使燃烧充分，污染物排放量减少，因而达到节油及减轻污染的目的[46]。

刘希圣研制的远红外材料及汽车节油器，是利用该装置产生 $7 \sim 14\mu m$ 辐射能，对汽车油路的燃油辐射、控制、加热使其内温达到 $40 \sim 90 ℃$，据称可节省燃油 25%，提高推动力 15% ~ 20%，减少排气造成的污染，尤其对柴油处理效果更佳。庄国明研制的远红外环保节能器主要是由有多孔的蜂窝状、网状或管状的远红外陶瓷元件组成，在该辐射元件的作用下，燃油可得到充分燃烧，各种汽车、船舶、舰艇，各种燃油、燃气的炉灶可节能 5% ~ 15%，净化率提高 40% ~ 50%。

在用于环保涂料方面，新型光辐射材料的发射率是各种远红外陶瓷材料单体发射的光谱的叠加，取决于辐射源的实际工作温度，视被辐射体的光谱特性及其工作环境等具体情况而定，不是发射率越高越好，只有选择性与被辐射体相互匹配的波段，才能充分发挥辐射源的效率，减少被辐射物吸收无效辐射能造成的损耗。因为各种类型环保涂料功能不同，如室内、外空气净化，改善环境小气候，养身保健等，所选用的波段应有所区别。对室内、外空气净化，只有选定的波段与污染物的波段相匹配时才能有效降解它们，达到净化空气的目的。

有些无机光催化材料仅需要在温度和湿度的作用下，即使在缺乏光照（指紫外线、可见光波段）的环境中也能产生远红外辐射，对污染物进行降解，它只是通过物理吸附、化学吸附、离子吸附和分解，产生强氧化剂（OH^-、O^-），就足以消除有害物质的污染，使得在阴暗的环境中达到降解污染物、净化环境的目的。这与通常所说的光催化反应除污的作用原理有所不同。电气石就是其中的一类。它是 20 世纪 90 年代末发现的可用于环境净化的多元素天然矿物，是以含硼为特征的 Al、Na、Fe、Mg、Li 的环状结构硅酸盐矿物，化学通式为 $NaR_3Al_6[Si_6O_{18}][BO_3]_3(OH,F)_4$（式中，R 代表金属阳离子），当 R 为 $Mg^{2+}Fe^{2+}$ 或（L^+加 Al^+）时，分别构成镁电气石、黑电气石和锂电气石 3 个单矿物种。目前，人们已利用电气石自身发射远红外射线及热差变化所产生正负电磁场的物理效应来净化环境，降低大气中有害离子对人体的危害，增加空气中的负离子成分，活化人体机能，提高人体健康水平。在环保、医疗、日用化工、建筑装潢、水处理、空气净化以及屏蔽电磁辐射、隐蔽目标等领域，电石气也已得到应用。

另一类环保涂料是利用了多波段光催化陶瓷材料。该材料除了含有远红外波段外，并有红外、可见光或微量自然辐射物，是在主要组分中加入少量稀土氧化物和微量过渡金属氧化物，提高远红外陶瓷粉体材料晶格振动活性，而具有激活催化作用，从而显著提高远红外陶瓷粉的全辐射发射率。这种多波段光催化材料的电性极化现象，可以电离空气中的水分子，达到释放羟基负离子降解污染物的效果。由于其大大利用了太阳光全波段能量，又增强了远红外光谱的能量，从而提高了净化环境的效果。如具有空气净化功能的外墙涂料（包含有纳米级二氧化钛的环保涂料），可在阳光的辐射下，尤其是在紫外线的辐射下（辐射波段 $200\sim780nm$），使稀土氧化物（REO）固体表面生成空穴（h^+）和电子（e^-）。空穴（h^+）使 H_2O 氧化，电子（e^-）使空气中的 O_2 还原，生成的氢氧根能有效地去除室内的主要污染物，如烃类、苯、甲醛、硫化物、氨等，并具有除臭、杀菌功效，能与有毒有害气体反应生成无害的物质；能与 VOC 反应生成水、二氧化碳及其他无害物；可与氨气、氧化氮等气体发生化学反应生成水、氮气等无害物。

由于太阳光的热大部都集中在 $0.2\sim4.0\mu m$ 波长范围内，能量密度最高的是波长为 $0.425\mu m$ 的阳光，而能量的绝大部分都存在于波长短于 $1.5\mu m$ 的太阳光之中。因此，为了最有效地吸收太阳能，就必须对波长短于 $1.5\mu m$ 范围内的太阳光具有最大的吸收率，来提高光辐射的利用效率。这种多功能触媒环保涂料适用于新建筑物和房屋装修的除臭和杀菌外，还适用于影剧院、会议厅、夜总会、幼儿园、学校、写字楼、宾馆等公共场所的防臭、除臭、防霉、杀菌和改善空气质量，大大减轻人们抽烟对环境造成的污染。对于轿车、公共汽车、火车、飞机等交通工具，它能净化由人体臭气或抽烟所形成的污浊空气，并且能够防霉去霉。在家居环境里，它能清除宠物和洗手间残留不去的臭味，同时发挥杀菌防病的功能，并可用于降低交通干线上车辆尾气的污染。

思 考 题

7-1 简述传统的硫氧化物和氮氧化物控制技术中用到了哪些去除材料，并说明它们的去除机理。

7-2 可用于 VOCs 吸附的环境材料有哪些？它们有哪些相同之处？并列举它们各自的优缺点。

7-3 可用于污染物吸附的非金属矿物材料有哪些？它们有什么共同的特点？

7-4 列举一种常见的非金属矿物材料，并说明其如何应用于环境治理之中。

7-5 玻璃纤维材料有什么优点？它可结合于哪种大气污染防治技术、用于应对哪些工业企业的大气污染？

7-6 常用的汽车尾气处理技术中使用的环境材料是什么？其处理机理是什么？

7-7 活性炭材料用于脱硫脱硝处理的原理是什么？

7-8 远红外陶瓷材料是如何影响燃料的燃烧过程，并以此达到减少燃烧污染物排放的目的的？

7-9 简述环保涂料用于室内杀菌及空气净化的原理。

参 考 文 献

[1] 张永照，牛长山. 环境保护和综合利用 [M]. 西安：西安交通大学出版社，1983：12~24，135~147.

[2] 唐晓慧. 大气污染的主要类型及防治技术探讨 [J]. 科技与企业，2014 (21)：81.

[3] 郝吉明，马广大，王书肖. 大气污染控制工程 [M]. 3 版. 北京：高等教育出版社，2010.

[4] 郝素琴. 大气污染的危害 [J]. 地球，1999 (4)：10.

[5] 陆如山，胡世平. WHO 关注空气污染对人体健康的影响 [J]. 国外医学情报，2002，22 (2)：20.

[6] Kunai N, Kaiser R, Medina S, et al. Public-health impact of outdoor and illness traffic-related air pollution：a European assessment [J]. Lancet, 2000, 356 (9232)：795~801.

[7] 牟晓红，王静，等. 环境保护与清洁生产 [M]. 北京：中国石化出版社，北京：2012：77.

[8] 王黎华，王寇群．环境医学［M］．北京：中国大百科全书出版社，1983：47~50.

[9] 祁娟娟．大气污染对人体健康的影响［J］．内蒙古环境保护，1997，9（1）：35~42.

[10] 冯川萍．大气污染对建筑物的危害及破坏［J］．建筑科学，2008，24（3）：182~184.

[11] 李焰．环境科学导论［M］．北京：中国电力出版社，2000：138，141~149.

[12] 竹涛，徐东耀，于妍．大气颗粒物控制［M］．北京：化学工业出版社，2013.

[13] 陈宏基，姜大勇．旋风除尘器的性能及改进方案［J］．化工环保，2005，25（5）：409~411.

[14] 程世庆．钙基脱硫剂微观结构特性与流化床燃烧脱硫实验研究［D］．杭州：浙江大学，2003.

[15] 冯海芬．临潼西区集中供热工程环境影响与评价［D］．西安：西安建筑科技大学，2014.

[16] 刘勇军，王雪娇，巩梦丹，等．氮氧化物控制技术现状与进展［J］．四川环境，2014，33（6）：115~117.

[17] 张燕榕．同时脱硫脱硝技术的应用研究［J］．资源节约与环保，2015（1）：32.

[18] 赵琳，张英锋，李容焕，等．VOC的危害及回收与处理技术［J］．化学教育，2015（16）：1~6.

[19] 余成洲，张贤明，张春媚．可挥发性有机化合物废气治理技术及其新进展［J］．重庆工商大学学报（自然科学版），2009，26（1）：35~39.

[20] 彭雅丽．有机废气处理技术研究进展［J］．河北工业科技，2013，30（4）：306~308.

[21] 沙宇，张诚，王显妮，等．水滑石类材料在污染治理中的应用及研究进展［J］．材料导报，2007，21（7）：86~89.

[22] Prasanna S V, Vishnu Kamath P. Synthesis and characterization of arsenate-intercalated layered double hydroxides（LDHs）：Prospects for arsenic mineralization［J］. Journal of Colloid and Interface Science, 2009, 331（2）：439~445.

[23] 姚铭，杜莉珍，王凯雄．水滑石类材料在大气环境污染治理中的应用研究［J］．贵州环保科技，2004，10（4）：7~11.

[24] Fornasari G, TrifiròF, Vaccari A, et al. Novel low temperature NO_x storage-reduction catalysts for diesel light-duty engine emissions based on hydrotalcite compounds［J］. Catalysis Today, 2002, 75（1）：421~429.

[25] 李嫱，王永新．镁铝铁复合氧化物脱除低浓度二氧化硫研究［J］．硅酸盐通报，2007，26（4）：724~727.

[26] 张骄佼．镁铝水滑石低温吸附脱除硫化氢的研究［D］．昆明：昆明理工大学，2013.

[27] 翁端，冉锐，王蕾．环境材料学［M］．北京：清华大学出版社，2012：130~131.

[28] 李方文，吴建锋，徐晓虹，等．应用多孔陶瓷滤料治理环境污染［J］．中国安全科学学报，2006，16（7）：112~117.

[29] 周水仙．特种陶瓷在现代化工中的应用现状［J］．江苏陶瓷，1998，31（1）：23~25.

[30] 李青．汽车尾气净化用催化剂的结构与特性［J］．环境保护，1998（4）：76~77.

[31] 谢锦秋．陶瓷质除尘器在工业窑炉中的应用［J］．佛山陶瓷，2004（1）：19~20.

[32] J. C. Ruiz, Ph. Blanc, E. Prouzet, et al. Solid aerosol removal using ceramic filters［J］. Separation and Purification, 2000（19）：221~227.

[33] 杨慧芬，陈淑祥，等．环境工程材料［M］．北京：化学工业出版社，2008：57~59.

[34] 聚酰亚胺纤维除尘过滤材料将大显身手［J］．环球聚氨酯，2015（12）：56.

[35] 郭耘，卢冠忠．稀土催化材料的应用及研究进展［J］．中国稀土学报，2007，25（1）：1~11.

[36] 王艳芳．纳米二氧化铈的资源及应用［J］．广州化工，2005，33（5）：24~26.

[37] 袁慎忠．CeO_2-ZrO_2-Y_2O_3复合氧化物的制备及其在三效催化剂中的应用［D］．天津：天津大学，2008：3.

[38] 李明．介孔钙钛矿型汽车尾气催化剂的硬模板法合成及性能研究［D］．武汉：武汉理工大学，2011：2.

[39] 徐鲁华，赵宏生，李德兴，翁端．La_(0.7)Sr_(0.3)MnO_(3+λ) 钙钛矿催化剂的涂覆工艺及性

能研究 [J]. 自然科学进展, 2002 (12): 99~102.

[40] 张雪黎, 罗来涛. 稀土催化材料在工业废气、人居环境净化中的研究与应用综述 [J]. 气象与减灾研究, 2006, 29 (4): 47~51.

[41] 刘勇健, 江传力, 黄汝彬, 等. 稀土型烟道气脱硫剂脱硫作用的研究 [J]. 中国矿业大学学报, 2001, 30 (6): 582~584.

[42] 孙凤英, 马春磊. 纳米 TiO_2 光催化材料及其在净化大气污染中的应用 [J]. 森林工程, 2007, 23 (5): 19~21.

[43] 王俊尉, 谷晋川, 杨萍, 等. 环境材料纳米 TiO_2 的光催化研究及应用 [J]. 当代化工, 2007, 36 (1): 48~51.

[44] 袭著革, 李宫贤. 复合纳米 TiO_2 净化典型室内空气污染物初步研究 [J]. 中国环境卫生, 2003, 6 (1~3): 121~124.

[45] 吴胜. 火电厂烟气脱硫脱硝中活性炭材料的应用研究 [J]. 资源节约与环保, 2015 (2): 19.

[46] 黄绳纪. 浅析光辐射材料在治理大气污染中的作用 [J]. 化工环保, 2004 (S1): 161~163.

8 水污染治理环境材料

8.1 水污染与环境材料

8.1.1 水污染来源与分类

水污染是指水体因某种物质的介入而导致其化学、物理、生物或者放射性等方面特性的改变，从而影响水的有效利用，危害人体健康或者破坏生态环境，造成水质恶化的现象。

按照污染物进入水体方式，可将水污染分为点源污染和面源污染。

(1) 点源污染 (point source pollution, PS) 是指有固定排放点的污染，如工业废水及城市生活污水的污染，它们有固定的排放口以便集中汇入江河湖泊。点源污染是指集中由排污口排入水体的污染源，又分为固定的点污染源 (如工厂、矿山、医院、居民点、废渣堆等) 和移动的点源污染 (如轮船、汽车、飞机、火车等)。造成水体点源污染的工业主要有食品工业、造纸工业、化学工业、金属制品工业、钢铁工业、皮革工业、染色工业等。点源污染排放污水的方式主要有 4 种：直接将污水排入水体；经下水道与城市生活污水混合后排入水体；用排污渠将污水送至附近水体；渗井排入。由于点源污染主要是污水排放等相对集中的污水排放点，因此具有污染集中、污染性大、破坏性强、相对容易控制等特点。

点源污染引起的水体污染主要有工业废水、矿山废水和生活污水等。点源污染物主要有酸、碱、重金属等无机污染物和有机有毒物、需氧污染物等有机污染物。酸碱污染使水体的 pH 值发生变化，抑制或杀灭细菌和其他微生物的生长，妨碍水体自净作用，还会腐蚀船舶和水下建筑物，影响渔业，破坏生态平衡；重金属如汞、镉、铅、砷、铬等对人体健康及生态环境的危害极大，重金属排入天然水体后不可能减少或消失，却可能通过食物链而积累、富集，以致会直接作用于人体而引起严重的疾病或促使慢性病的发生；很多有机污染物是自然界中本来没有而经人工合成的物质，化学性质稳定，很难被生物所分解，其中有的称为持久性有机污染物 (POPs)，如 DDT、六氯苯、多氯联苯等；需氧性污染物质如果排入水体过多，将会大量消耗水中的溶解氧，造成溶解氧缺乏，从而影响水中鱼类和其他水生生物的生长，水中的溶解氧耗尽后，有机物质将进行厌氧分解而产生出大量硫化氢、氨、硫醇等物质，使水质变黑发臭，造成环境质量进一步恶化。

(2) 面源污染 (diffused pollution, DP)，也称非点源污染 (non-point source pollution, NPS)，是指溶解和固体的污染物从非特定地点，在降水或融雪的冲刷作用下，通过径流过程而汇入受纳水体 (包括河流、湖泊、水库和海湾等) 并引起有机污染、水体富营养化或有毒有害等其他形式的污染。面源污染主要是分散的、成片的农田通过水土流失方式将地表径流排入水体，其中往往含有大量农药、化肥、石油及其他杂质，造成的土壤污染。其特点就是污染面积大、不容易控制、涉及面比较广、影响时间较长、后期破坏比较严重。面源污染在某些地区及某些污染的形成上，正起着越来越重要的作用。面源污染物主要有氮、磷、各种有机农药等。氮、磷等营养物质排入湖泊、水库、港湾、内海等水流缓慢的水体，会造成藻类大量繁殖，这类现象被称为"富营养化"。藻类死亡腐败后又会消耗溶解氧，并释放出更多的营养物质，如此周而复始、恶性循环，最终导致水质恶化、鱼类死亡，严重的还可能导致水草丛生、湖泊退化。

点源污染和面源污染相对划分，随着环境污染治理的逐步深入，工程实际中遇到越来越多的案例难以简单划分，从环境科学的角度上讲，点源污染是那些有明确范围，集中排放进入水体的污染源，主要由人为控制，主要包括工业排放和城市污水管网。而面源污染则是从较大范围内分散进入水体的污染源，主要受降雨、渗漏、大气沉降等自然条件控制，包括农业污染、地表侵蚀污染等。环境工程治理角度上，点源污染主要通过建污水处理设施集中治理，面源污染则需要采取最佳管理措施尽量减少污染产生。

8.1.2　水污染治理中常用的环境材料

随着我国社会经济的快速发展，城镇化水平不断提高，废水排放量持续增加，面对日益严重的水环境污染，水污染治理技术面临着新的机遇和挑战，环境材料在水污染治理领域的开发与应用研究也受到广泛的重视。下面将根据环境材料功能性的不同，介绍吸附材料、膜材料、离子交换树脂以及其他环境材料在污水治理中的应用。

8.2　水污染治理中的吸附材料

8.2.1　活性炭

活性炭按原料可分为木质活性炭、煤基活性炭、椰壳活性炭等，按形状分类分为粉末活性炭、颗粒活性炭及纤维状活性炭，按制造方法分为药品活化炭和气体活化炭。活性炭主要是以木炭、木屑、各种果壳（椰子壳、杏壳、核桃壳等）、煤炭和石油焦等高含碳物质为原料，经炭化活化而制得的多孔性吸附剂。活性炭基本上是非结晶性物质，它由微细的石墨状结晶和将它们联系在一起的碳氢化合物部分构成，其固体部分之间的间隙形成空隙，赋予活性炭所特有的吸附性能。活性炭的孔隙是由于在活化过程中，无定形炭的基本微晶之间清除了各种含碳化合物和无定型炭（有时也从基本微晶的石墨中除去部分碳）之后产生的孔隙，因制备活性炭的原料、炭化及活化的过程和方法不同，所以形成的孔隙形状、大小和分布等也不同。活性炭的孔隙按照孔径大小可分为大孔（孔径大于50nm）、中孔（或称过渡孔，孔径在2~50nm之间）和微孔（孔径小于2nm）。水处理用活性炭按处理的水质不同所选用品种也不同，但共同点是都有发达的微孔和比表面积，一般微孔容积为0.15~0.90mL/g，表面积占活性炭总表面积的95%以上。图8-1所示为活性炭的孔隙结构模型。

在吸附过程中，发生溶质由溶剂向活性炭吸附剂表面的质量传递，推动力可以是溶质的疏水特性或溶质对吸附剂表面的亲和性，或两者均存在。在水处理中通过活性炭吸附而被去除的物质一般为兼有疏水基团与亲水基团的有机化合物。溶质对吸附剂表面的亲和力可分为两类：一类是溶质在溶剂中的溶解度；另一类则是溶质与吸附剂之间的范德华力、化学键力和静电引力。严格地讲，活性炭吸附是一个很复杂的过程。它是利用活性炭的物理吸附、化学吸附、交换吸附以及氧化、催化氧化和还原等性能去除水中污染物的水处理方法。

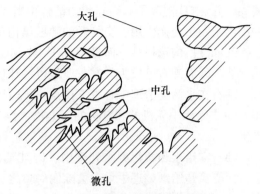

图 8-1　活性炭的孔隙结构模型

近年来，由于以饮用水为首的水处理目标多样化以及活性炭功能和形状的显著进步，活性炭水处理技术引起研究人员的广泛关注。活性炭具有大的表面积和疏水表面，除可用作吸附剂外，还可以作为微生物的固定化载体。活性炭能除去的水中成分有：游离氯、溶解臭氧、异臭味成分、三卤化甲烷、三氯酸盐等盐离子系列溶剂、有机盐离子化合物（TOX）、三卤化甲烷前驱物质、TOX 前驱物质、TOC、COD、高锰酸钾耗氧量、色度与着色成分、发泡成分与表面活性剂、酚与氯酚、PCB、油分、重金属（特别是汞）、铁、锰、病毒、致热物、氨和 BOD（起生物载体作用）。

活性炭在水处理方面的最早应用是美国于 1932 年底开始的，用于芝加哥的自来水处理，并很快在各地自来水厂普及，然后又推广到工业用水、城市下水和工业废水处理等方面。

8.2.2　沸石

沸石是沸石族矿物的总称，是一簇多孔含水的碱或碱土金属架状结构铝硅酸盐矿物，并且是当今世界各国十分重视的新兴矿产资源。目前世界上已发现的天然沸石达 43 种，常见的有丝光沸石、斜发沸石和钠沸石等。

沸石的化学通用式为 $M_x D_y (Al_{x+2y} Si_{n-(x+2y)} O_{2n}) \cdot m H_2O$。式中，M 为 Na、K 等碱金属或其他一价阳离子；D 为 Ca、Sr、Ba、Mg 等碱土金属或其他二价阳离子；M，D 通称可交换阳离子。其中，x 为碱金属离子个数，y 为碱土金属离子个数，n 表示硅铝离子个数，m 表示水分子数。括号中的阳离子（Si，Al）和氧一起构成四面体骨架，称为结构阴离子。在这种结构阴离子中，中心是硅（或铝）原子，每个硅（或铝）原子的周围有 4 个氧原子，各个硅氧四面体通过处于四面体顶点的氧原子互相连接起来，形成许多宽阔的孔穴和孔道，这是沸石与其他架状硅酸盐矿物的不同之处，因而沸石具有很大的比表面积（$400\sim800m^2/g$）。沸石的骨架结构决定了它具有较高的吸附交换性能。沸石的孔穴和孔道可吸附大量的其他分子或离子，吸附量远远超过其他物质。沸石的孔穴和孔道大小均匀，直径在 $0.3\sim1nm$ 之间，小于这个直径的物质能被吸附，而大于这个直径的物质则被排除在外不被吸附，因此沸石具有选择吸附的特性。沸石表面还具有很大的色散力和静电力，故其吸附力很大。它们含水量的多少随外界温度和湿度的变化而变化。其中在铝氧四面体中由于一个氧原子的价电子没有得到中和，使得整个铝氧四面体带有负电荷，为保持电中性，附近必须有一个带正电荷的金属阳离子（M^+）来抵消（通常是碱金属或碱土金属离子），这些阳离子和铝硅酸盐结合相当弱，具有很大的流动性，极易和周围水溶液中的阳离子发生交换作用，交换后的沸石结构不被破坏。沸石的这种结构决定了它具有离子交换性和交换的选择性。而骨架 SiO_4^{4-} 被 AlO_4^{5-} 同晶交换产生的剩余电荷还使沸石具有催化性能。因而沸石已成为具有重要地位的环境工程材料之一。

沸石在水污染治理中有以下优点：（1）储量丰富，价廉易得；（2）制备方法简单；（3）可去除水中无机的和有机的污染物；（4）具有较高的化学和生物稳定性；（5）容易再生。

沸石在给水和微污染水处理中，因其具有良好的离子选择交换性能，特别是对氨离子，而氨氮是给水处理中重点去除的对象之一；沸石还是一种极性吸附剂，可以吸附极性有机物，同时沸石对细菌还有富集作用，是一种理想的生物载体；利用生物沸石反应器处理微污染原水，经长期运行测试，生物沸石反应器对氨氮、NO_2^--N、Mn、有机物、色度、浊度平均去除率分别为 93%、90%、95%、32%、77%、72%；而沸石作为滤池滤料在去除氨氮上表现出极好的抗冲击负荷能力；沸石也可以去除饮用水中的铅和氟。在生活污水处理中，沸石可以强化活性污泥对有机物和氨氮的去除率。在工业污水处理中，沸石对阳离子的选择吸附性能可用于去除工业废水中的 NH_4^+、重金属甚至放射性金属物质，天然沸石在去除和纯化放射性元素方面，与有机离子交换树脂相比更具优越性，如能够抵抗由电离辐射作用引起的降解、溶解度降低等。

我国沸石资源丰富，分布广，产量大。据统计，国内沸石年产量在 8×10^6 t 左右，但其中有 70%~80% 以上用于水泥生产，在环保、轻工、化工等高附加值领域的用量不多。由于沸石分布广泛、价格低廉、性质优良，因此沸石在水处理领域的应用有着其他矿物质无法比拟的优点，沸石在水处理领域中有着很好的应用前景。同时，沸石作为一种新型的水处理剂，目前在技术上还不够成熟，要真正广泛应用还需要做大量的研究工作：（1）寻找经济有效的活化再生方法，传统处理饱和和失效沸石的方法消耗化学试剂，成本较高；（2）探寻将沸石的吸附作用与其他技术相结合处理污水的有效方法，利用沸石独特的特性联合其他处理工艺，达到各自的优势互补；（3）加强沸石去除阳离子及有机物的机理研究；（4）通过中试及生产性试验，探讨沸石处理各种污水的最佳工艺条件，确定有关的运行参数，推广和应用各项已成熟的应用性极强的研究成果。

8.2.3 硅藻土

硅藻土是古代单细胞低等植物硅藻遗体堆积后，经过初步成岩作用而形成的一种具有多孔性的生物硅质岩。硅藻土的主要化学成分是 SiO_2，并含有少量的 Al_2O_3、P_2O_3、CaO、MgO 等，是由硅藻的壁壳组成，壁壳上有多级、大量、有序排列的微孔。这种独特的结构赋予了它许多优良的性能：化学性质稳定，体轻、质软、隔音、耐磨、耐热等，不溶于酸，易溶于碱，孔隙度大，比表面积大，吸附性强。硅藻土的电位为负，绝对值大，吸附正电荷能力强。因此硅藻土在水处理方面的应用前景十分广泛。

硅藻土在结构上是无定形的，即非晶态的。硅藻土矿样的微观结构主要和所沉积下来的硅藻的种属有关系，因硅藻的种属不同，使得所形成的硅藻土矿的微观结构存在明显区别，故在使用性能上存在差异。

硅藻土是一种新型的水处理剂，是由不导电的非晶体二氧化硅组成的硅藻壳体，其比表面积为 50~60m²/g、孔体积为 0.6~0.8cm³/g、孔半径为 2000~4000nm、吸水率为自身质量的 3~4 倍，具有较强的吸附力，能把细微物质吸附到硅藻表面，形成链式结构。

在水处理时，微量硅藻土被加入污水中后，在机械搅拌下分散于水体之中，硅藻表面的不平衡电位能中和悬浮离子的带电性，使其相斥电位受到破坏而与硅藻形成絮体，电位中和与沉淀作用可使其凝集成较大的絮花，借重力沉淀至底部，加上硅藻土巨大的比表面积、巨大的孔体积和较强的吸附力，把细微和超细微物质吸附到硅藻表面，形成链式结构。

硅藻土表面带有负电性，所以对于带正电荷的胶体态污染物来讲，它可实现电中和而使胶体脱稳。但在城市生活污水或综合废水中的胶体颗粒大多是带负电的，所以如用普通的硅藻土作为污水处理剂，只能起到压缩双电层的作用，而无法使胶体脱稳，处理效果不佳。所以对硅藻土进行各种方式的改性，使其对带负电的胶体颗粒也能脱稳。如采用铝、铁等带正电荷的离子对其进行表面改性，或加入其他的絮凝剂复合制成改型硅藻土污水处理剂。

硅藻土巨大的比表面、强大吸附性以及表面电性，使得其在污水处理过程中，不但能去除颗粒态和胶体态的污染物质，还能有效地去除色度和以溶解态存在的磷（导致富营养化的主要污染物质之一）和金属离子等。特别是对于含有较高工业废水比例的城市污水，其可能含有较大的色度和较高浓度金属离子。

硅藻土目前在废水中的应用研究，主要是利用硅藻土孔容大、孔径大、比表面积大、吸附性强的性能，除去废水中的有机物、重金属离子、色度等。郑水林等采用物理选矿法得到的硅藻质量分数不小于 92% 的硅藻精土，通过加入表面处理剂改性制成处理各种水体污染物的硅藻土水处理剂。工业试用结果表明，这种改性硅藻精土具有强烈的吸附性，能将污水中的有机物和无机物吸附后很快絮凝沉降至底部并形成饼状，获得可循环使用的清水，而饼状的沉渣可彻底分离。罗道成等使用体积分数为 10% 的溴化十六烷基三甲铵溶液改性硅藻土对湘潭市某电镀厂电镀废水进行吸附处理实验，通过对水中 Pb^{2+}、Cu^{2+}、Zn^{2+} 的吸附与解吸及电镀废水中 Pb^{2+}、Cu^{2+}、Zn^{2+} 的吸附研究，取得了很好的效果，为电镀废水的综合治理开辟了一种新的方法。

虽然硅藻土在废水处理上已得到一定的应用，但仅限于很少的几类废水的吸附工程使用，应用范围较小，存在较多的问题。目前在水处理中所使用的硅藻土助凝剂工艺较复杂，还没形成一套稳定的生产过程，导致使用没有得到统一，对硅藻土处理废水的机理、规律和影响因素等的研究不足，已跟不上要求，成为制约硅藻土产品质量提升的关键。

硅藻土作为一种新型的水处理剂，其独特的结构赋予了它许多优良的特征，另外其低廉的价格，使得硅藻土将会有广阔的发展前景。新的硅藻土提纯技术使废水处理上使用的成品硅藻土成本逐渐降低，硅藻土的改良使硅藻土的单位使用效果增加，对使用后硅藻土的回收利用方法会有新的突破，硅藻土在吸附、过滤以及生化处理上以及在各种类型废水深度处理中的综合应用会更为广泛。

8.3　水污染治理中的膜材料

8.3.1　膜的简介

膜分离法是以外界能量差为推动力，利用特殊的薄膜对溶液中的双组分或多组分进行选择透过性透过，从而实现分离、分级、提纯或富集的方法的统称。膜是指在两种流体之间有一层薄的凝聚相，它把流体相分隔为互不相通的两部分，并能使这两部分之间产生传质作用。膜有两个特点：膜有两个界面，这两个界面分别与两侧的流体相接触；膜传质有选择性，它可以使流体相中的一种或几种物质透过，而不允许其他物质透过。

膜分离的特点：（1）分离过程不发生相变，因此能量转化的效率高，如在现行的各种海水淡化方法中反渗透法能耗最低；（2）分离过程在常温下进行，因而特别适于对热敏性物料（如果汁、酶、药物等）的分离、分级和浓缩；（3）分离效率高；（4）装置简单，操作方便，控制、维修容易；（5）膜的成本较高，膜分离法投资较高；（6）有些膜对酸或碱的耐受能力较差；（7）膜分离过程在产生合格水的同时会产生一部分需要进一步处理的浓水。

透过膜的物质可以是溶剂，也可以是其中的一种或几种溶质。溶剂透过膜的过程称为渗透，溶质透过膜的过程称为渗析。根据膜的种类、功能和过程推动力的不同，废水处理中常用的膜的分离方法有渗析（D）、电渗析（ED）、反渗透（RO）、纳滤（NF）、超滤（UF）和微滤（MF）。膜分离技术发展很快，在水和废水处理、化工、医疗、轻工、生化等领域有广泛的应用。废水处理中常用的膜分离方法及其特点见表 8-1。

表 8-1　废水处理中常用的膜分离方法及其特点

膜分离过程	推动力	透过（截留）机理	产品水中的透过物及其大小	浓水中的截留物	膜类型
渗析	浓度差	溶质的扩散	低分子物质、离子，$0.004 \sim 0.15 \mu m$	溶剂相对分子质量大于 1000	非对称膜、离子交换膜
电渗析	电位差	电解质离子选择性透过	溶解性无机物，$0.004 \sim 0.1 \mu m$	非电解质大分子	离子交换膜
反渗透	压力差，$0.85 \sim 7.0 MPa$	溶剂的扩散	水、溶剂，$0.001 \sim 0.1 \mu m$	溶质、盐（SS、大分子、离子）	非对称膜或复合膜
纳滤	压力差，$0.5 \sim 2.0 MPa$	溶剂的扩散	水、溶剂、小分子、离子，$0.001 \sim 0.01 \mu m$	某些溶质、大分子	非对称膜或复合膜
超滤	压力差，$0.07 \sim 0.7 MPa$	筛滤及表面作用	水、盐及小分子有机物，$0.005 \sim 0.2 \mu m$	胶体、大分子、不溶有机物	非对称膜
微滤	压力差，$0.071 \sim 0.1 MPa$	颗粒大小和形状	水、溶剂、溶解物，$0.08 \sim 2.0 \mu m$	悬浮颗粒、纤维	多孔膜

膜分离性能可根据膜的孔径或截留相对分子质量（MWCO）来评价。具有较小孔径或 MWCO 的膜可去除水中较小相对分子质量的污染物。截留相对分子质量是反映膜孔径大小的替代参数，单位是道尔顿（Da）。因为分子的形状和极性会影响膜的截留，所以 MWCO 仅仅是一种衡量膜截留杂质能力的大致标准。压力驱动的膜分离工艺可用有效去除杂质的尺寸大小来分类。图 8-2 为膜分离技术与水中微粒的相互关系图。

按膜结构特征分，膜可分为微滤膜、超滤膜、纳滤膜、反渗透膜、渗析膜等。与传统的水处理技术相比，膜技术以其占地省、使用化学添加剂少、自动化程度高、运行管理方

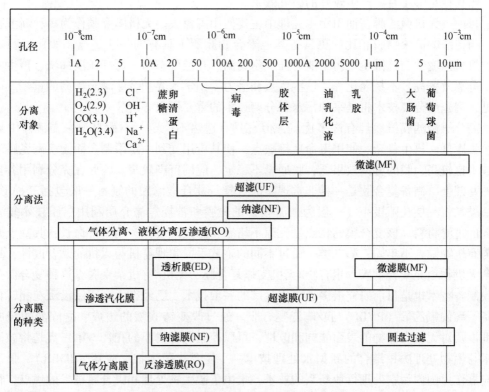

图 8-2 膜分离技术和水中微粒的相互关系

便等明显特点，已被越来越多的人所认识到。同时膜技术可以与传统技术很好地结合，无论是物理、化学处理法、生物处理法等都可以有最佳的组合型解决方案，而膜可以在其中发挥核心作用。膜技术是水净化和纯化的有效手段，使用膜可以去除水中的悬浮物、细菌、有毒金属物质和有机物，大大改善水质。与传统分离技术相比，膜技术具有高效、节能、环境友好、过程容易控制、操作方便、易与其他技术集成等优点。以下将对水处理中常用的四种膜进行简要介绍。

8.3.2 微滤膜

微滤是一种精密过滤技术，其运用的孔径范围介于 $0.1 \sim 75\mu m$ 之间，运用过程中的拦截能力来自于其对多孔材料的运用，经过物理截留的方式使得水中的杂质颗粒得到有效的去除。在压力的作用下，无机离子、有机低分子以及溶液中水等尺寸小的物质可经过微孔运动到膜的另一侧，而大尺寸如水中的胶体、菌体等则因不能透过纤维墙而被截留下来，这样，就实现了不同组分的筛选目的，而且上述的过程为常温操作，微孔滤膜的截留粒子粒径为 $0.1 \sim 10\mu m$，不会发生相态变化，更不会产生二次污染，对水的处理效果良好。

微滤膜主要分为有机微滤膜、无机微滤膜和复合微滤膜。

有机微滤膜具有韧性，能适应各种大小粒子的分离过程，制备相对较简单，易于成形，工艺也较成熟，且价格便宜。油田污水处理中常用的有机疏水微滤膜由聚乙烯、聚偏氟乙烯和聚四氟乙烯等聚烯烃类聚合物组成，这类材料力学强度高，受表面活性剂影响小，当孔径足够小时能产生较好的破乳效果。

目前，无机微滤膜在油田污水处理中主要使用陶瓷膜。无机陶瓷膜作为一种新型膜材料，与传统的高聚物膜相比，更具备其他聚合物膜所不具有的一些优点，如化学稳定性好、机械强度大、抗微生物污染能力强、耐高温、孔径分布窄、可高压反冲洗、再生能力强、分离效率高、不易老化等，这些优点和潜力受到学术界和企业越来越高的重视。可以预见，陶瓷膜分离技术将是采油污水膜分离技术的重要研究方向。

高分子微滤膜虽然具有许多优点，但它具有遇热不稳定、不耐高温、在液体中易溶胀、强度低、再生复杂、使用寿命短等缺点，使其应用受到一定限制。而无机陶瓷膜的生产成本比较高，膜的分离效果低，膜通量不稳定，应用范围较窄。因此在充分利用各自优点的基础上，制备复合膜是一种非常现实的选择。复合微滤膜的制备一般包括三种形式：第一类是将一层孔隙极小（一般为微滤膜）的薄膜和常规过滤介质利用层压技术复合在一起的过滤材料。该复合膜的特点是孔隙不堵塞、滤液浊度低、使用寿命长；其缺点是薄膜与有机物黏合不牢固。第二类是通过不同的工艺手段实现有机与无机的黏合改性，具体包括无机物填充聚合物膜、聚合物/无机支撑复合膜、无机/有机杂聚膜，这种复合微孔过滤膜制备技术也是目前研究最多、应用最广的一项技术。已经有人利用浸没沉淀相转化法制备了聚偏氟乙烯（PVDF）膜/陶瓷复合膜。通过改变铸膜液的组成、凝固液的组成和温度以及对无机支撑物的表面修饰和改性，可以控制聚合物膜的孔径。第三类是将微滤膜技术与生物处理法相结合的新型水处理技术——复合式膜生物反应器（IMBR）。膜生物反应器作为国内污水处理行业新兴的技术，集中了微生物处理和膜分离技术的优点，目前正在进行深入研究。

微滤膜的主要优点为：（1）孔径均匀，过滤精度高，能将液体中所有大于制定孔径的微粒全部截留。（2）孔隙大，流速快。一般微滤膜的孔密度为 107 孔/cm^2，微孔体积占膜总体积的 70%~80%。由于膜很薄、阻力小，其过滤速度较常规过滤介质快几十倍。（3）无吸附或少吸附。微孔膜厚度一般在 90~150μm 之间，因而吸附量很少，可忽略不计。（4）无介质脱落。微滤膜为均一的高分子材料，过滤时没有纤维或碎屑脱落，因此能得到高纯度的滤液。

微滤膜分离技术可以应用在废水、污水处理中。董亚玲、顾平等人采用化学沉淀-微滤膜工艺处理含铬废水，操作简单，运行稳定，出水水质好，六价铬质量浓度低于 0.1mg/L，总铬质量浓度低于 0.5mg/L，浊度低于 0.5NTU，pH 值 6~8，并且有良好的抗冲击负荷能力。宋来洲、李健将污水处理厂生物处理的二级出水，采用聚偏氟乙烯（PVDF）连续微滤膜系统进行深度处理，满足多用途回用，一方面消除了二级出水潜在的二次环境污染，另一方面有效地利用了水资源，实现了对水资源合理地利用和保护。

8.3.3　超滤膜

超滤膜技术是一种把溶液滤过、分离和浓缩的膜透过分离技术，属于微透过和略透过。超滤膜不仅可以滤过颗粒物质及胶体物质，也对两虫、藻类、细菌、病毒和水生物起到滤过作用，这样达到溶液净化、分离与浓缩的目的。与传统工艺相比，超滤膜技术在处理污水方面具有损耗低、使用压力低、分离效率高、滤过量大、可回收再利用的优点，所以可以广泛用于净化饮用水、回收生活污水、回收含油废水、回收纸浆废水、海水淡化等。

超滤膜根据制膜材料可分为有机超滤膜和无机超滤膜。有机超滤膜有纤维素类膜材料、聚砜类膜材料、聚偏氟乙烯材料、聚丙烯腈材料等。研究最早、应用广泛的膜材料为纤维素衍生物。纤维素是资源最为丰富的天然高分子。纤维素的相对分子质量较大，分解温度前没有熔点，且不溶于通常的溶剂，无法加工成膜，必须进行化学改性，生成纤维素醚或酮才能溶于溶剂。聚砜类膜材料由双酚 A 和 4，4'-二氯二苯砜缩合制得，具有优良的化学稳定性、热稳定性和力学性能；聚偏氟乙烯和聚醚砜则分别以良好的溶剂相溶性和狭窄的孔径分布谱图而出众。同样，无机膜材料也种类繁多，如陶瓷、金属、玻璃、硅酸盐、沸石及碳纤维等。由于陶瓷膜具有耐高温、耐腐蚀的特点，因此陶瓷膜为无机超滤膜中最常用材料，碳膜次之，而玻璃膜还不具备工业意义。虽然无机超滤膜具有使用寿命长、耐高温、耐酸碱、抗氧化、抗溶剂等优点，但由于其没有弹性、较脆、不易加工成型、不如有机超滤膜方便的缺点，严重制约着其发展。因此，为了弥补单一材料自身不足，把两种或多种材料混合制成膜以改善某一种材料某一方面不足或共同体现两种、多种材料各自的甚至是单独不具备的优点，来适应饮用水处理的要求。

超滤膜技术的特点为：（1）有效去除水中杂质，滤过的水质远好过传统滤过水。（2）避免大量化学制剂的使用，也减少了再次污染。（3）过滤系统属自动化设施，操作简单、设备简易、安全性能高。（4）超滤膜技术有耐酸、耐碱、耐水解的化学性能，其稳定性决定它适合各种领域，能在较宽的 pH 值范围内使用，可以在强酸、强碱和各种有机溶剂条件下使用。（5）超滤膜技术具有耐高温的特点，可达 140℃，所以可以用高湿蒸汽和环氧乙烷杀菌消毒。（6）超滤膜技术过滤精细，可去除水中 99.99% 的胶体、细菌、悬浮物等有害物质。（7）超滤膜技术价格低廉，与传统的水处理系统费用相当，污水经处理后又重新利用，从而节省了成本。

超滤是溶液在压力作用下，溶剂（水、无机盐等）与部分低相对分子质量溶质穿过膜上微孔到达膜的另一侧，而高分子溶质或其他乳化胶束团被截留，实现从溶液中分离的目的。超滤的原理是膜的筛分，同时膜的静电作用也可截留。超滤膜技术可截留的相对分子质量在 500～500000 之间，其分子的直径为 0.002～0.1μm，操作的静压差为 0.1～0.5MPa，被截留的分子直径为 0.005～10μm。所以，经过滤膜技术后的水量多而且更安全。

在饮用水处理中，超滤一般能去除水中包括水蚤、藻类、原生动物、细菌甚至病毒在内的微生物，与水处理工艺结合能充分发挥各工艺的优点，对水中的致病微生物、浊度、天然有机物、微量有机污染物、氨氮等都有较好的处理效果，从而满足人们对水质越来越高的要求。在生活污水处理中，可采用膜生物反应器（MBR）技术进行处理，处理后的水质较好，可用于中水回用，且反应器占地面积小，设备投资低。在处理含油废水时，乳化油以微米级大小的离子存在于水中，重力分离和粗粒化法都比较困难，但超滤膜能达到目的，它能使水和低分子有机物透过膜，从而实现油水分离。在处理造纸废水时，主要应用燃烧法进行碱回收，这种方法不仅不经济，还无法对有用物质进行回收。超滤应用于造纸废水中，主要是对某些成分进行浓缩并回收，而透过的水又重新返回工艺中使用，主要回收的物质是磺化木质素，它可以返回纸浆中被再利用，这样就能创造较大的环境效益和经济效益。

8.3.4　纳滤膜

纳滤膜又称"疏松型"反渗透膜，它是介于反渗透与超滤之间的一种压力驱动型膜。其表面由一层非对称性结构的高分子与微孔支撑体结合而成，以压力差为推动力，对水溶液中低相对分子质量的有机溶质截留，而盐类组分则部分或全部透过，从而使有机溶质得到同步浓缩和脱盐的目的。商品化纳滤膜的膜材质主要有以下几种：醋酸纤维素（CA）、磺化聚砜（SPS）、磺化聚醚砜（SPES）、聚酰胺（PA）和聚乙烯醇（PVA）等。纳滤膜的制备工艺大致有以下几种：相转化法、稀溶液涂层法、界面聚合法、热诱导相转化法、化学改性法等。其中界面聚合法是制备纳滤膜最常用的方法，无机材料纳滤膜一般采用溶胶-凝胶法制备。

纳滤膜分为两类：传统软化纳滤膜和高产水量荷电纳滤膜。前者最初是为了软化，而非去除有机物，其对电导率、碱度和钙的去除率大于90%，且截留相对分子质量在200～300之上（反渗透膜在200以下），这使它们能去除90%以上的TOC。后者是一种专门去除有机物（对无机物去除率只有5%～50%）的纳滤膜，这种膜是由能阻抗有机污染的材料（如磺化聚醚砜）制成且膜表面带负电荷，同时比传统的产水量高，这种纳滤膜对有机物的去除依赖于有机物的电荷性，一般带电的有机物的去除率高于中性有机物，因而截留相对分子质量就不是一个很好的有机物表征量，同时由于它对无机物的去除率低，会减轻膜的污染，减少膜浓水的处置和产水的后处理工艺。

纳滤膜的特点主要体现在以下几方面：（1）对不同价态离子截留效果不同、对单价离子的截留率低，对二价和高价离子的截留率明显高于单价离子。（2）对离子截留受离子半径影响。在分离同种离子时，离子价数相等，离子半径越小，膜对该离子的截留率越低；离子价数越大，膜对该离子的截留率越高。（3）对疏水型胶体油、蛋白质和其他有机物有较强的抗污染性，与反渗透膜相比较，纳滤膜具有操作压力低、水通量大的特点；与微滤处理相比较，纳滤又具有截留低相对分子质量物质能力强，对许多中等相对分子质量的溶质，如消毒副产物的前驱物、农药等微量有机物和致突变物等杂质能有效去除，从而确定了纳滤在水处理中的地位。

纳滤膜介于反渗透和超滤之间，膜上或膜中存在带电基团，因此纳滤膜分离具有筛分效应和电荷效应两个特征。膜的电荷效应又称为Donnan效应，指离子与膜所带电荷的静电作用。相对分子质量大于膜孔径的物质将被截留，反之则易透过，此即膜的筛分效应。纳滤膜表面分离层由聚电解质构成，膜表面带有一定的电荷，通过静电相互作用从而阻碍多价离子的渗透，使纳滤膜在较低的压力下仍可以有较高的脱盐性。

纳滤膜的独特性能决定了其在水处理中特有的广阔应用范围，主要归纳为以下几方面：（1）软化水处理。由于纳滤膜能有效截留二价离子，具有较低的操作压力和较大的水通量，对苦咸水进行软化和脱盐成为纳滤应用的最广大市场。（2）饮用水净化。纳滤膜可以去除消毒过程产生的微毒副产物、痕量的除草剂、杀虫剂、重金属、天然有机物及硬度、硫酸盐及硝酸盐等，同时具有处理水质好且稳定、化学药剂用量少、占地少、节能、易于管理和维护、基本上可以达到零排放等优点，有望成为21世纪饮用水净化的首选技术。（3）地下水中硝酸盐的去除。（4）造纸废水处理。纳滤膜可以替代吸收和电化学方法除去深色木质素和来自木浆漂白过程中产生的氯化木质素，因为污染物中的许多有机物都是带负电性的，它们很容易被带正电性的纳滤膜截留，并且对膜不产生大的污染。(5) 二级污水的深度处理。(6) 含重金属废水的处理。

8.3.5 反渗透膜

反渗透膜一般用高分子材料制成，如醋酸纤维素膜、芳香族聚酰肼膜、芳香族聚酰胺膜。膜表面微孔的直径一般在 0.5~10nm 之间。以膜两侧静压差为推动力而实现对液体混合物分离的选择性分离膜，其操作压力一般为 1.5~10.5MPa。反渗透膜只能通过溶剂（通常是水）而截留离子或小分子物质，透过性的大小与膜本身的化学结构有关。

根据反渗透膜具备的性能及其影响因素，目前较常用的膜类型有：(1) 醋酸纤维膜（CA 膜）。CA 膜又可以分为平膜、管式膜和中空纤维膜几类。CA 膜具有反渗透膜所需的三个基本性质：高透水性、对大多数水溶性组分的渗透性相当低、具有良好的成膜性能。(2) 聚酰胺膜（PA 膜）。聚酰胺膜又可分为脂肪族聚酰胺膜、芳香聚酰胺膜（成膜材料为芳香聚酰胺、芳香聚酰胺-酰肼以及一些含氮芳香聚合物）。(3) 复合膜。这是近年来开发的一种新型反渗透膜，它是由很薄且致密的复合层与高孔隙率的基膜复合而成，它的膜通量在相同的条件下比非对称膜高 50%~100%。

反渗透是渗透的逆过程，它主要是在压力的推动下，借助半透膜的截留作用，迫使溶液中的溶剂与溶质分开的膜分离过程。目前，对反渗透机理有以下三种理论：(1) 氢键理论：该理论基于一些离子和分子能通过膜的氢键的结合而发生联系，从而通过这些联系发生线形排列型的扩散来进行传递。(2) 优先吸附毛细孔流理论。索里拉金等人提出了优先吸附毛细孔流理论。他们以氯化铵水溶液为例，溶质是氯化铵，溶剂是水，膜表面能选择性吸水，因此水被优先吸附在膜表面上，而对氯化铵排斥。在压力作用下，优先吸附的水通过膜，就形成了脱盐的过程。(3) 溶解扩散理论。Linsdal 和 Riley 等人提出溶解扩散理论。该理论假定膜是无缺陷的完整的膜，溶剂和溶质透过膜的机理是由于溶剂与溶质在膜中的溶解，然后在化学位差的推动力下从膜的一侧向另一侧进行扩散，直至透过膜。溶剂和溶质在膜中的扩散服从 Fick 定律，这种模型认为溶剂和溶质都可能溶于均质或非多孔型膜表面，以化学位差为推动力（常用浓度差或压力差来表示），分子扩散使它们从膜中传递到膜下部。

反渗透膜分离技术是利用反渗透膜原理进行分离，具体特点如下：(1) 压力是反渗透分离过程的主动力，不经过能量密集交换的相变，能耗低；(2) 反渗透不需要大量的沉淀剂和吸附剂，运行成本低；(3) 反渗透分离工程设计和操作简单，建设周期短；(4) 反渗透净化效率高，环境友好。因此，反渗透技术在生活和工业水处理中已有广泛应用，如海水和苦咸水淡化、医用和工业用水的生产、纯水和超纯水的制备、工业废水处理、食品加工浓缩、气体分离等。

8.4 水污染治理中的离子交换树脂

离子交换树脂是一种在交联聚合物结构中含有离子交换基团的功能高分子材料。离子交换树脂不溶于酸、碱溶液及各种有机溶剂，结构上属于既不溶解，也不熔融的多孔性固体高分子物质。每个树脂颗粒都由交联的具有三维空间立体结构的网络骨架构成，在骨架上连接着许多较为活泼的功能基团。这种功能基团能离解出离子，可以与周围外边离子相互交换。离子交换树脂的单元结构由三部分组成：不溶性的三维空间网状骨架、连接在骨架上的功能基团和功能基团所带的相反电荷的可交换离子。

在水溶液中，连接在离子交换树脂固定不变的骨架上的功能基团能离解出可交换离子，这些离子在较大范围内可以自由移动并能扩散到溶液中，同时，溶液中的同类型离子也能扩散到整个树脂多孔结构内部，这两种离子之间的浓度差推动它们互相交换，其浓度差越大，交换速度就越快。同时，由于离子交换树脂上所带的一定的功能基团对于各种离子的亲和力大小各不相同，在人为控制条件下，功能基团离解出来的可交换离子就可与溶液里的同类型离子发生交换。

离子交换树脂的再生是指将一定浓度的化学药剂溶液，通过失效的离子交换树脂，利用药剂溶液中的可交换离子，将树脂上吸附的离子交换下来，使树脂重新具有交换水中离子的能力的过程。再生时所用的药剂称为再生剂。树脂的再生过程实际上就是离子交换的逆过程。

离子交换树脂工作失效后能用酸碱化学药剂再生后反复使用，但树脂再生会带来环境污染，利用电渗析法再生，在直流电场的作用下，利用水作再生剂，通过水电离反应生成的 H^+ 与 OH^- 离子，与失效离子交换树脂中的阳离子与阴离子发生置换反应，从而使离子交换树脂得到再生。

目前，在工业废水处理中使用的离子交换树脂根据所含官能团的性质可分为阳离子交换树脂、阴离子交换树脂、两性离子交换树脂、螯合树脂以及氧化还原型树脂等。下面就常用的阳离子交换树脂和阴离子交换树脂进行介绍。

8.4.1 阳离子交换树脂

阳离子交换树脂包括强酸性阳离子交换树脂和弱酸性阳离子交换树脂。

（1）强酸性阳离子交换树脂含有大量的强酸性基团，容易在溶液中离解出 H^+，故呈强酸性树脂离解后，本体所含的负电基团，如 SO_3^- 能吸附结合溶液中的其他阳离子。这 2 个反应使树脂中的 H^+ 与溶液中的阳离子互相交换。强酸性树脂的离解能力很强，在酸性或碱性溶液中均能离解和产生离子交换作用。

（2）弱酸性阳离子交换树脂，是指含有羧酸基（—COOH）和酚基（—C_6H_4OH）的离子交换树脂，其中以含羧酸基的弱酸性树脂用途最广。树脂离解后余下的负电基团，如 R—COO—（R 为碳氢基团），能与溶液中的其他阳离子吸附结合，从而产生阳离子交换作用。这种树脂的酸性即离解性较弱，只能在碱性、中性或微酸性溶液中起作用。高的交换容量、容易再生以及对二价金属离子具有较好选择性是这种阳离子交换树脂的重要特点。

阳离子交换过程可用下式表示：

$$R—A^+ + B^+ = R—B^+ + A^+$$

式中   R——树脂本体；

A——树脂上可被交换的离子；

B——溶液中的交换离子。

如果阳离子树脂受到污染，可用酸或食盐水除去污染物。

阳离子交换树脂主要有以下应用：

（1）处理含汞废水、含铬废水、含镉废水、含铜废水。离子交换树脂，如001×7、SG-1等可用于处理以 Hg^{2+} 形式存在的酸性废水，而对于碱性废水，可用弱酸树脂处理，如 KB-4P-2 对汞的交换容量最高达 9mmol/g。例如，张剑波等人选用大孔强酸性离子交换树脂，通过测定不同铜离子浓度对铜离子去除率的影响，表明离子交换树脂性能稳定，交换容量大，净化后水的铜离子浓度低于 0.1mg/L，达到含铜废水的净化处理要求。S. Kocaoba 等人用强酸性阳离子交换树脂 Amberlite IR120 来去除和回收废水中的铬和镉。

（2）处理废水中的氨氮。刘宝敏等人应用强酸性阳离子交换树脂去除焦化废水中的氨氮，系统考察了强酸性阳离子交换树脂对高浓度焦化废水中氨氮的吸附行为。实验表明，强酸性阳离子交换树脂对高浓度焦化废水中氨氮具有吸附平衡快、吸附能力强的特点；应用树脂脱除焦化废水中的氨氮，废水流速在 0.139～1.667mL/s 范围时，对废水中氨氮吸附量和吸附率没有明显影响。树脂失效后，经再生可反复使用。同时也对其吸附去除氨氮的机理进行了分析与阐述。

罗圣熙等人用 D707、D708 两种不同强酸性阳离子交换树脂对高浓度氨氮废水进行吸附处理研究。实验表明，NH_4^+ 的吸附率随树脂投加量的增大而增加，在非碱性条件下树脂对 NH_4^+ 的吸附率随 pH 值的升高而增加，当 pH 值为 7 时，两种树脂对 NH_4^+ 的吸附容量分别达到 196.1mg/g、217.4mg/g，使用 2mol/L H_2SO_4 对树脂进行解吸，脱附率达到 98%以上。

8.4.2 阴离子交换树脂

阴离子交换树脂包括强碱性阴离子交换树脂和弱碱性阴离子交换树脂。

（1）强碱性阴离子交换树脂。这类树脂含有强碱性基团，如季胺基（又称四级胺基）—NR_3OH（R 为碳氢基团），能在水中离解出 OH—而呈强碱性，这种树脂的正电基团能与溶液中的阴离子吸附结合，从而产生阴离子交换作用。这种树脂的离解性很强，在不同 pH 值下都能正常工作。

（2）弱碱性阴离子交换树脂。这类树脂含有弱碱性基团，如伯胺基（又称一级胺基）—NH_2、仲胺基（二级胺基）—NHR 或叔胺基（三级胺基）—NR_2，它们在水中能离解出 OH—而呈弱碱性。这种树脂的正电基团能与溶液中的阴离子吸附结合，从而产生阴离子交换作用。这种树脂在多数情况下是将溶液中的整个其他酸分子吸附，其只能在中性或酸性条件下工作。

阴离子交换过程可用下式表示：

$$R—C^-+D^-=R—D^-+C^-$$

式中　R——树脂本体；

　　　 C——树脂上可被交换的离子；

　　　 D——溶液中的交换离子。

实际生产中，阴离子树脂最易受污染，污染程度也最为严重，当阴离子树脂受污染，可用碱性食盐水进行处理。

阴离子交换树脂在水处理中的应用主要如下：

（1）处理含铬废水。吴克明等人选用 D370 弱碱性阴离子交换树脂处理钢铁钝化含铬废水，通过静态试验考察了 pH、振荡时间和离子交换树脂用量对吸附效果的影响，使用反应柱动态试验法研究了树脂的再生，得到了令人满意的结果。阴离子交换树脂处理钢铁钝化含铬废水时对 Cr^{6+} 有很好的去除效果，在 Cr^{6+} 为 116mg/L、pH 为 3 左右时，动态试验表明可实现 Cr^{6+} 残余浓度符合国家标准。

（2）处理含钼废水。张建国在研究低价钼酸聚合物的 201×7 强碱性阴离子交换树脂上的吸附机理后指出：低价钼酸聚合物与树脂的交换速度较钼酸盐慢得多。究其原因，认为低价钼酸聚合物主要以六聚合物与树脂交换，而钼酸盐以四聚合物被吸附，且凝胶型树脂的孔径很小，故低价钼酸聚合物在树脂中的扩散阻力较大，导致交换速度较低。

赵桂荣等人研究了 201×7 强碱阴离子交换树脂在纯钼酸溶液中吸附钼的机理。研究结果表明，201×7 强碱阴离子树脂吸附钼的过程是一个离子交换过程，吸附在树脂上的钼占有树脂的交换基团。当含钼溶液的 pH>6.1 时，钼在溶液中主要以 $Mo_8O_{26}^{4-}$ 广泛存在，并与氯型树脂进行交换，当 pH<3.5 时，钼主要以 $Mo_8O_{26}^{4-}$ 和更高聚合度的聚钼酸盐离子存在，并与树脂进行交换。即使是高价钼酸聚合物，在 pH<3 的条件下，树脂吸附钼的量和速度都大大降低。

（3）处理高浓度有机废水。方华等人探讨了离子交换树脂在高浓度有机废水处理中的应用，发现强碱性阴离子树脂对高浓度有机废水中的 COD 有很好的去除效果，去除率大于 80%。失活树脂用 2 倍体积 10%NaCl 溶液以每小时 2 倍体积的流速再生，树脂性能不变。

（4）去除饮用水中痕量 Cu^{2+}。马红梅等人利用 701 弱碱性环氧阴离子交换树脂对饮用水中痕量 Cu^{2+} 的去除工艺进行了研究，探讨了影响 Cu^{2+} 吸附的因素以及该树脂吸附 Cu^{2+} 的动力学参数。结果表明，701 弱碱性环氧阴离子交换树脂对 Cu^{2+} 的吸附符合 Langmuir 吸附模型，静态吸附容量为 83.33mg/g；并用动边界模型推算出 701 弱碱性环氧离子交换树脂对 Cu^{2+} 的吸附过程的速度控制步骤为表面络合反应，该过程近似于一级反应。

8.5　水污染治理的微生物固定化材料

固定化微生物技术是将特选的微生物固定在选定的载体上，限制或定位于一定的空间区域，使其高度密集并保持生物活性，在适宜条件下能够快速、大量增殖的现代生物技术。在水处理中采用固定化细胞，有利于提高生物反应器内的微生物浓度，有利于反应后的固液分离，有利于除氮、除去高浓度有机物或某种难降解物质，是一种高效低耗、运行管理容易的废水处理生物技术。固定化微生物技术，尤其是在特种废水处理领域中具有广阔的应用前景。

微生物的固定方法主要有吸附法、包埋法、共价结合法、介质截留法和无载体固定化 5 种方法。以上各种固定化方法中，各有自身的优势，但也都存在着不同的缺点，其性能比较见表 8-2。为了使固定化微生物方法得到更为广阔的应用，研究者们正在寻求突破，不断有新的固定化方法诞生。

表 8-2 各种固定化方法比较

性能	吸附法	包埋法	共价结合法	介质截留法	无载体固定法
制备难易	易	适中	难	适中	适中
结合力	弱	适中	强	强	强
细胞活性	高	适中	低	强	低
适用性	低	低	高	低	适中
稳定性	适中	大	大	大	大
空间位阻	低	高	高	低	高

载体材料的主要作用是为微生物提供栖息和繁殖的稳定环境。根据所固定的微生物种类以及固定化方法与工艺的不同，需要制备不同的固定化材料。制备合适的载体材料是固定化细胞技术的关键，在选择和制备载体材料时，必须考虑所固定微生物的生理习性及其应用的环境条件。一般情况下，理想载体应该具有以下特征：（1）载体对细胞呈惰性，对微生物无毒害；（2）具有高的载体活性，固定化细胞密度大；（3）力学强度和化学稳定性好，耐微生物分解；（4）操作简便，易于成型；（5）底物和产物的扩散阻力小，具有良好的传质性能；（6）微生物的活性回收率要高，能较长时间使用和重复使用；（7）原料易得，成本低。

目前常用的载体材料可分为有机载体、无机载体和复合载体三大类。有机载体材料如琼脂、海藻酸钠（CA）、聚乙烯醇（PVA）、聚丙烯酰胺（PAM）等，它们在形成凝胶时可将微生物细胞包埋在凝胶内部从而达到固定细胞的目的，在废水处理中得到较多的研究和应用。无机载体材料如活性炭、多孔陶珠、红砖碎粒等，它们利用本身的多孔结构对微生物细胞的吸附作用和电荷效应来固定细胞。相对于有机载体，无机载体材料大多具有成本低、使用寿命长、机械强度高和耐酸碱等特性而更具实用性。若将有机载体与无机载体组成复合载体，则可结合它们各自的优点，改进材料的性能。复合载体在降低成本、提高废水处理效果等方面具有明显的优势。

Mitsuyoshi 等人应用琼脂制作的平板固定化产氢细菌，每毫升琼脂中所含细菌为 8mg。将该固定化细菌平板垂直放置，用葡萄糖作底物进行了发酵产氢实验，发现超过 90% 的底物被细菌有效地消耗。Shuvashish 等人比较了琼脂和海藻酸钙固定化酵母菌生产生物乙醇的性能，研究表明海藻酸钙固定化效果优于琼脂，其乙醇产率达到了 150g/kg 原料。Rajesh 等人应用壳聚糖负载 Pseudomonas putida（NICM 2174）来降解苯酚，在降解过程中，壳聚糖载体对苯酚的吸附性起着重要作用，而菌体则以吸附的苯酚作为碳源得以生长。Siripattanakul 等人通过对比应用聚乙烯醇（PVA）固定的土壤杆菌与游离的土壤杆菌对污染农田的生物修复，发现固定化菌比游离菌更加有效地降解了阿特拉津农药残留物，并明显地降低了其扩散率，同时减少了菌体的流失。Soo 等人研究了 PVA 凝胶颗粒固定光合细菌的水族馆金鱼养殖水净化系统，通过 6 个月的连续运行，水体中的氨氮浓度均保持在较低水平。

载体材料是固定化技术的重要组成部分，开发性能优良的新型固定化载体，对固定化技术的发展至关重要。随着固定化微生物技术的快速发展，固定化载体材料的研究取得了很大的进展，并向功能化和精细化方向发展。但固定化载体在细胞毒性、固定化细胞的力学强度、通透性、成本及寿命等方面还有许多问题需要解决，固定化载体对微生物细胞活性的影响以及传质阻力的研究仍将是重点。同时针对一些特殊的使用环境及需求，功能性载体材料的研究开发也显得非常重要。因而在改进传统载体材料的同时，新型的改性复合载体的开发将成为今后固定化载体材料研究的主要方向。

8.6 水污染治理的其他材料

8.6.1 腐植酸

腐植酸（humic acids）是分布最为广泛的天然有机物质，几乎所有的环境中都有分布，如土壤、水体和沉积物等。它是由动物和植物躯体长期腐朽而形成的，相对分子质量范围从几百到几万的、无定形的、褐色或黑色的、亲水的、酸性的、高分散的物质。由于含有多种功能基，如羧基、醇羟基、酚羟基、醌型羰基和酮型羰基、甲氧基、醛、酮、醚等，因此具有很高的反应活性，能与环境中的金属离子、氧化物、氢氧化物、矿物质、有机质、有毒活性污染物等物质发生相互作用，形成具有千差万别的化学和生物学稳定性的溶于水和不溶于水的物质。

根据腐植酸的来源分类，腐植酸有天然腐植酸和人造腐植酸之分。天然腐植酸指在土壤、泥炭和褐煤等天然物质中含有的腐植酸；人造腐植酸主要有生物发酵腐植酸、化学合成腐植酸和氧化再生腐植酸。经典的腐植酸分类方法是基于它们在不同酸和碱中的溶解度不同而分类的。将土壤用碱液提取后，用 HCl 调节 pH 值为 2 左右，沉淀的部分即为胡敏酸，溶液部分为富里酸。

腐植酸本身可以以颗粒状存在并吸附重金属以及 PAHs 等有机污染物，也可以以溶解态存在与水中重金属等污染物络合，在水环境中发生的各种化学反应中均起着重要的作用。腐植酸带负的表面电荷，因此具有结合金属离子的能力。腐植酸对金属的吸附可能会改变金属的形态、溶解度及其生物可利用性，Maximjljano 研究了 pH、温度以及 Ca^{2+} 对腐植酸溶解的影响，认为 Ca^{2+} 可以束缚腐植酸表面的负电荷，并起到分子间的架桥作用，降低腐植酸的溶解性。由于有机功能团与金属的结合往往很牢固，因此有机质对金属的结合往往比铁锰氧化物等矿物质更紧密。水环境中的腐植酸通常会结合到金属氧化物等矿物质表面，改变矿物质表面的特征，影响矿物质与重金属之间的相互作用。这种影响与特定的金属、矿物表面以及腐植酸分子的特征的相互作用有关。

目前对腐植酸与水环境中重金属相互作用的研究方向主要有两方面：一方面是颗粒态腐植酸对重金属的吸附，腐植酸和矿物质（金属氧化物、黏土矿物颗粒）对重金属的竞争吸附及吸附能力的比较研究。另一方面是溶解态腐植酸与重金属的络合对固相物质吸附重金属的影响研究。

对于腐植酸和有机污染物的相互作用也有一些研究。李克斌、刘维屏等人研究了有机农药灭草松在腐植酸上的吸附及其机理，通过吸附动力学、吸附等温线和红外光谱分析（IR）、电子自旋共振（ESR）技术，研究了腐植酸对灭草松的吸附及吸附机理。

腐植酸能有效络合金属离子和吸附有机物，但多保持溶解状态，易随水流迁移和易为生命有机体吸收。如何将其固定或通过腐植酸提高吸附剂对被吸附物质的吸附性能，目前已经成为国际新的研究热点。

8.6.2 煤矸石

煤矸石是在煤炭开采及精选过程中产生的黑色碳质页岩和少量灰色、杂色砂质页岩等非煤质组分，主要由黏土矿物（高岭石、伊利石、蒙脱石）、石英、方解石及碳质等原生矿物组成；同时，往往伴生黄铁矿、磁黄铁矿等还原性硫化矿物。大量实验证明，黏土类煤矸石中含有大量硅酸盐和硅铝酸盐，一般以高岭石的形式存在，它们在高温焙烧（550~850℃）过程中发生强烈的吸热反应和脱水作用，并释放出一定的活性，表面和内在的孔隙率大大提高，且容易被酸和碱溶解。含碳量高的煤矸石经焙烧后发生体积膨胀，其表面和内部形成大量的微孔，表面呈蜂窝状结构，这些曝露于表面的空穴对水体和空气中的化学物质具有一定的吸附性能；而位于内部的空穴则因为次外层薄膜的屏蔽、阻挡而具有很小的吸附性能，这就需要用物理或化学的方法来打开这层薄膜，即用机械、蒸汽和化学催化活化的方法打开，以提高其孔隙率和比表面积。活化基可以采用硫酸和水蒸气，硫酸的作用是：（1）腐蚀焦化碳粒使之生成大量新的细微小孔。（2）与矸石中的 SiO_2 和 Al_2O_3 发生反应使之生成水合硅胶、水合硫酸铝及硅酸铝凝胶。当硅酸铝凝胶失去部分水分或无水的硅酸铝得到适量的水时，制品的活性迅速增加，其吸附能力大大提高。（3）用 H_2SO_4 活化时，处于微晶边缘的某些原子因其含有不饱和键，该键易与 H_2SO_4 中的 H、O 结合而形成各种含氧的官能团，即为表面非离子酸和表面质子酸，这样既可吸附水中极性物质又能吸附非极性物质。高压水蒸气的作用是使闭塞的空穴打开及在活性点发生反应形成新的空穴，并增加粒状材料的强度。

利用煤矸石可以吸附水中的有机物和金属离子。煤矸石制备吸附材料的工艺：（1）硫酸活化工艺。原始矸石—粉碎—磨细—高温焙烧（500~800℃）—硫酸活化—水洗—烘干—成品。（2）蒸汽活化工艺。原始矸石—粉碎—磨细—高温焙烧（500~800℃）—配料混合—成型—蒸汽活化烘干—吸附材料成品。

思 考 题

8-1 用自己的理解给环境材料一个定义。

8-2 水污染治理常见的环境材料有哪些？

8-3 常见的吸附材料有活性炭、沸石和硅藻土，它们都有什么特点？对水污染治理分别有什么优缺点？

8-4 水污染治理的膜材料都有哪些？各自有什么优缺点？如何用于水污染治理中？

8-5 阳离子交换树脂床再生步骤是什么？效率低的因素有哪些？

8-6 什么是微生物固定化技术？固定化方法有哪些？有何优缺点？常用固定化材料有哪些？适用于什么条件？

参 考 文 献

[1] 林肇信，刘天奇，刘逸农. 环境保护概论［M］.北京：高等教育出版社，2011：124~125.

[2] 蒋展鹏. 环境工程学［M］.北京：高等教育出版社，2005：60~61.

[3] 刘转年，等. 环境污染治理材料［M］.北京：化学工业出版社，2013：150~151.

[4] 孔丝纺，姚兴成，张江勇，等．生物质炭的特性及其应用的研究进展 [J]．生态环境学报，2015（4）：716～723．

[5] 张旺玺，宋清臣．一种全新活性炭——活性炭纤维 [J]．金山油化纤，2001（2）：42～47．

[6] 中野重和，田树知子，北川睦夫，等．活性炭水处理技术近况 [J]．河海科技进展，1994（4）：82～90．

[7] 戴芳天．活性炭在环境保护方面的应用 [J]．东北林业大学学报，2003（2）：48～49．

[8] 靳朝喜，徐英贤．碳纳米管在环境治理中的应用研究进展 [J]．环境工程，2009（S1）：558～562．

[9] 曹建劲．沸石活化及其在水处理中的应用研究 [J]．重庆环境科学，2003（12）：169～170．

[10] 陈彬，吴志超．沸石在水处理中的应用 [J]．工业水处理，2006（8）：9～13．

[11] 李晓斌，魏成兵．硅藻土在废水处理中的应用 [J]．江苏环境科技，2008（2）：71～74．

[12] 郑水林，王庆中．改性硅藻精土在污水处理中的应用 [J]．非金属矿，2000（4）：36～37．

[13] 罗道成，刘俊峰．改性硅藻土对废水中 Pb~（2+）、Cu~（2+）、Zn~（2+）吸附性能的研究 [J]．中国矿业，2005（7）：69～71．

[14] 张亚娟．电絮凝技术与微滤技术在水处理及水净化中的应用 [J]．当代化工，2015（2）：253～255．

[15] 刘多容，陈玉祥，王霞，等．微滤膜技术及应用研究 [J]．油气田环境保护，2008（1）：43～46．

[16] 宋来洲，张尊举，李洪喜，等．改性聚偏氟乙烯微滤膜深度处理城市污水的研究 [J]．中国给水排水，2006（13）：38～41．

[17] 董亚玲，顾平，陈卫文，等．混凝-微滤膜工艺处理含铬废水 [J]．膜科学与技术，2004（4）：17～20．

[18] 何明，尹国强，王品．微滤膜分离技术的应用进展 [J]．广州化工，2009（6）：35～37．

[19] 李志国，臧新宇．浅谈超滤膜技术在环境工程水处理中的应用 [J]．科技创新与应用，2013（23）：154．

[20] 吕鑑，阎光明，李桂枝．纳滤膜在水处理中的应用 [J]．环境工程，2001（1）：23～25．

[21] 高从堦，陈益棠．纳滤膜及其应用 [J]．中国有色金属学报，2004（S1）：310～316．

[22] 何丽，梁恒国，周从直．纳滤膜及其在水处理中的应用 [J]．过滤与分离，2007（2）：28～30．

[23] 韩莎莎，刘保平．纳滤膜技术在水处理中的应用 [J]．安徽化工，2009（3）：7～8．

[24] 周珺如．纳滤膜技术在水处理中的应用 [J]．中国建设信息（水工业市场），2009（Z1）：49～51．

[25] 倪国强，解田，胡宏，等．反渗透技术在水处理中的应用进展 [J]．化工技术与开发，2012（10）：23～27．

[26] 杨文秀，崔淑玲．反渗透膜及其应用 [J]．化纤与纺织技术，2011（3）：40～43．

[27] 梁志冉，涂勇，田爱军，等．离子交换树脂及其在废水处理中的应用 [J]．污染防治技术，2006（3）：34～36．

[28] 罗圣熙，杨春平，龙智勇，等．离子交换树脂对高浓度氨氮废水的吸附研究 [J]．环境科学学报，2015（8）：2457～2463．

[29] 蔡艳．离子交换树脂在废水处理中的综合应用 [D]．合肥：安徽大学，2010．

[30] 马红梅，朱志良，张荣华，等．弱碱性环氧阴离子交换树脂去除水中铜的动力学研究 [J]．离子交换与吸附，2006（6）：519～526．

[31] 张桂芝，廖强，王永忠．微生物固定化载体材料研究进展 [J]．材料导报，2011（17）：105～109．

[32] Mitsuyoshi I, Shohei Y, Ryuzoh I, et al. Development of a compact stacked flatbed reactor with immobilized

high-density bacteria for hydrogen production [J]. Int J Hydrogen Energy, 2008, 33 (5): 1593~1597.

[33] Shuvashish B, Shaktimay K, Rama C M, et al. Comparative study of bio-ethanol production from mahula (Madhuca latiflolia L.) flowers by Saccharomyces cerevisiaecells immobilized in agar and Ca-alginate matrices [J]. Appl Energy, 2010, 87 (1): 96.

[34] Siripattanakul S, Wirojanaqud W, McEroy J M, et al. Atrazine remediation in agricultural infiltrate by bio-augmented polyvinyl alcohol immobilized and free agrobacterium radiobacter J14a [J]. Water Sci Techn, 2008, 58 (11): 2155.

[35] Soo K J, Jeong S C, Hyun D J, et al. Purification of aquarium water by PVA gel-immobilized photosynthetic bacteria during goldfish rearing [J]. Bioprocess Eng, 2009, 14 (2): 238.

9 腐植酸在环境治理中的应用

腐植酸（humic acid, HA）又称为腐殖酸，是动、植物遗骸，主要是植物的遗骸，经过微生物和地球化学作用的分解和转化，以及一系列的化学过程和积累起来的一类有机物质，占土壤和水圈生态体系总有机质的50%~80%。腐植酸元素组成非常复杂，主要元素有碳、氢、氧、氮、磷及硫。其中，碳含量随着腐殖化程度的加深而增大，一般泥炭、褐煤和风化煤的碳含量分别约为50%、55%和60%，土壤胡敏酸的碳含量为50%~60%，富里酸的碳含量一般为40%~50%，氢等元素的含量则随腐殖化程度的加深而减少。土壤胡敏酸氧含量为30%~35%，富里酸氧含量为44.5%。氢、氮和硫在土壤胡敏酸和富里酸中的含量大致相似，分别为4%~6%、2%~6%和0~2%。

腐植酸不是纯物质，而是一种非均一的高分子缩聚物，分子结构非常复杂，单体中有芳核结构（图9-1），芳核上有许多种取代基（如含氧功能团和氨基酸功能团等），并连接着多肽或脂肪族侧链。此外，也可能存在杂环肽氮的结构，这部分氮较难分解，只有当芳核破坏后才能释放出来，也可将它看成是一种不定型的高分子胶体，具有良好的生理活性和吸收、络合、交换等功能。

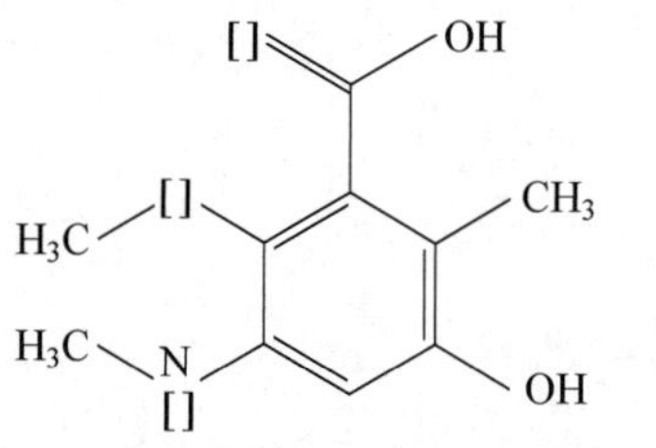

图 9-1　腐植酸分子的基本结构单元

腐植酸的成因取决于原材料、温度、压力、时间等，可分为天然形成和人工合成。腐植酸广泛存在于土壤、湖泊、河流、海洋以及泥炭（又称草炭）、褐煤、风化煤中。20世纪90年代初，用发酵法，通过接种，可提取生化腐植酸或生化黄腐酸等有机酸物质。腐植酸肥料就是用含腐植质丰富的草炭、褐煤、风化煤等作为主要原料，加碱、酸析制成的各种腐植酸盐。主要的腐植酸肥料有腐植酸铵、硝基腐植酸、腐植酸氮、磷肥。

腐植酸及腐植酸类肥料在农业生产中的应用已经获得明显的增产提质的效果和显著的经济效益。腐植酸对植物生长有明显的刺激作用，施用腐植酸能提高植物的抗旱能力、抗低温能力、抗盐碱能力、抗病能力。鉴于腐植酸类肥料来源不同，结构性质复杂，加工工艺、施用方法不同，其效果也不尽相同，必须根据原料特性，采取相应的加工方式，并根据土壤和作物特点，采用适宜的施用方法，配合其他农业技术措施，才能使腐植酸的功效充分发挥。我国有丰富的腐植酸资源，腐植酸类肥料在农业生产中有广阔的应用前景。

另外，腐植酸在改良土壤方面也有较为明显的作用。提取的腐植酸与土壤有机质中腐植酸具有相似的结构和性质，它们均是具有胶体性的有机物质，故能改善土壤的团粒结构，使土壤疏松、吸水量大，既能透气、增温，又能蓄水；腐植酸富含羧基和酚、羧等活性官能团，其对金属离子、有机污染物有强吸附作用，对缓解土壤重金属和有机污染意义重大。腐植酸类肥料施入土壤后，还可以通过刺激土壤中微生物和酶的活性，提高土壤的自净能力，从而间接促进有机物的降解。

近年来，腐植酸的研究取得了长足的进展，但腐植酸类肥料在应用过程中还存在诸多问题。例如，目前腐植酸的提取成本还较高，极大地限制了腐植酸类肥料在农业和其他行业中的应用；国内腐植酸类肥料的生产缺少统一的标准，无章可循，以至于粗制滥造现象严重等。因此，今后腐植酸的研究应集中在降低腐植酸类肥料的生产成本，使用廉价原材料，开发新工艺，简化反应条件，加强复合化研究。应尽快组织制定腐植酸类肥料加工的系列标准和规章，加强腐植酸类肥料生产的标准化。

今后腐植酸的研究主要集中在两个方面：

（1）腐植酸对土壤的改良和污染处理。腐植酸本身就是一种污染物，是许多水体有害化学物质的先驱物，而且在一定条件下可溶于水。选择合适的配比生产腐植酸类肥料，使其达到最大的使用效率，从而减少污染是研究的热点之一。

（2）降低成本。由于目前腐植酸的提取成本较高，极大地限制了其在农业和其他行业中的应用。为降低成本，比较可行的方法有：1）开发新工艺，减少试剂用量，简化反应条件；2）使用廉价原材料；3）加强复合化研究。

9.1 腐植酸的来源及其种类

天然腐植酸是一种有机混合物，属于短期不可再生资源，广泛存在于土壤、湖泊、河流、海洋水及其沉淀物中，也广泛存在于泥炭、褐煤、各类风化煤和页岩等含碳沉积岩中。腐植酸主要分为三大类，即土壤腐植酸、水体腐植酸和煤炭腐植酸，如图9-2所示。

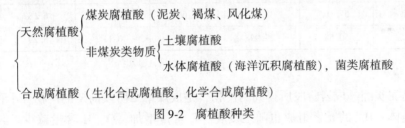

图 9-2　腐植酸种类

9.1.1 腐植酸的来源

天然腐植酸的原料来源可分为两大类：煤类物质和非煤类物质，如图9-2所示。前者主要包括泥炭、褐煤和风化煤；后者包括土壤、水体、菌类和其他非煤类物质，如含酚、醌、糖类等物质，它们经过生物发酵、氧化或合成，可以生成腐植酸类物质。其中，煤类物质是天然腐植酸的主要原料。煤类物质和土壤、水体、菌类等物质制得的腐植酸是天然腐植酸。泥炭、褐煤和风化煤中腐植酸含量都较高，含量从 10%~80%，是制取腐植酸的良好原料。我国腐植酸资源非常丰富，根据相关资料，泥炭储量为 125 亿吨，占世界总量的 4.79%左右；褐煤 1216 亿吨，占世界总量的 4.82%左右；风化煤还没有确切的统计数据，预计在 1000 亿吨左右，占世界总量的 9.3%左右。腐植酸资源主要分布在我国的内蒙古、新疆、山西、黑龙江、江西、云南、河南、福建、广西、吉林、四川等地。

9.1.1.1　煤炭腐植酸

A　泥炭

泥炭又称草炭、泥煤，是沼泽植物死亡后在生物化学作用下所形成的物质，也可以说是沼泽植物死亡后残体所构成的疏松堆积物，是成煤的第一阶段，是最年轻的煤。根据 1985 年的资源调查，我国泥炭储量约为 46 亿余吨，西南地区泥炭资源最为丰富，占总资源量 65%，其中四川省为 42.3%、其次为云南 16.4%。裸露型泥炭占总量 70% 以上，99% 以上为草本泥炭，多以中高分解和中灰分的地位发育状况存在，属微酸性、富营养型泥炭，宜农业利用。从外观来看，泥炭大多呈棕色到褐色，自然状态下含水量很高。分解程度较浅的泥炭呈纤维状，保留着较多植物残体；分解程度较深的则呈海绵状或可塑状。

泥炭的性质一般是用分解度、自然湿度、持水量、密度、容重、孔隙度、酸碱度等指标来表征，其中分解度是最主要的一个指标，它反映造炭植物的生物化学转化的程度，也就是泥炭中失去植物细胞结构的无定形物质（包括初步腐烂的残体和腐植酸类物质）的含量。泥炭的分解幅度很大，可从 1%~70%。泥炭沥青、HA、易水解物、纤维素、木质素等组分的含量，都与分解度有关。

我国泥炭主要分布区及泥炭基本性质见表 9-1。

表 9-1　我国泥炭主要分布区及泥炭基本性质（干基）

项目 产地	有机质/%	HA/%	全氮/%	P_2O_5/%	pH（H_2O）	分解度/%
东北山地	67.72	37.17	1.80	0.33	5.73	26.10
华北平原	50.58	25.99	0.95	0.11	5.29	34.40
青藏高原	57.16	33.77	1.66	0.07	6.18	26.47
长江中下游	50.58	25.99	0.95	0.11	5.29	34.40

B　褐煤

褐煤是泥炭经过成岩阶段所得到的产物，是成煤第二阶段前期的产物，不存在未被分解的植物残体，HA 的元素组成也随之变化，C 含量增加，O、H 含量减少。其外观呈浅褐色到深褐色，有一定的层理状结构。1989 年我国已探明的褐煤储量为 1216 亿吨，主要集中在东北、内蒙古和西南，其中内蒙古储量占全国总量的 74.5%、云南占 13.8%。我国褐煤多为老年褐煤，碳含量较高，HA 平均含量 1%~10%，活性低，仅云南以青年褐煤为主，含碳量低，HA 平均含量 40%，活性高。内蒙古武川和黑龙江鹤岗褐煤资源是目前我国发现的两个性质具有独特之处的褐煤资源，其碱金属盐比一般 HA 盐的溶解度大而抗硬水性能好，作为叶面生长调节剂和农药增效剂，比其他原料效果好。老年褐煤 HA 含量较低，一般可采用氧化降解产生再生 HA，尤其在农业方面应用更为突出。生产硝基腐植酸（NHA）从经济和产品性能综合考虑，褐煤应为首选原料。

与泥炭相比，褐煤基本不保存未分解植物的残体，水分较少，碳含量增高，元素组成发生了变化。褐煤横贯有不同大小微孔和毛细管的有机凝胶，可吸附 15%~30% 的水，在风干时，这些水分仍牢固地被吸附着。

褐煤的组成主要有腐植酸、沥青和残留煤。通常用抽提法可以使其分离。用苯或苯-醇溶剂抽提，得到可溶的沥青和不溶的残渣，残渣再用 0.5%NaOH 溶液处理，即可得可溶的腐植酸碱液以及不溶的残留煤。

C 风化煤

风化煤即露头煤，俗称"煤逊"、"引煤"等，是近地表层的褐煤、烟煤和无烟煤经受阳光、空气、雨雪、风沙等渗透和风化作用而形成的一类变质煤。我国风化煤资源未经系统调查，但据现有资料，储量比较丰富，全国大多数地区都有风化煤，尤以山西、新疆储量最大，质量最好。特别是新疆米泉、吐鲁番一带风化煤中 HA 含量可达 70%~80%，而灰分不超过 10%；山西晋城、河南巩县、新疆吐鲁番等处风化煤由于风化程度较深，相对分子质量低的黄腐酸（FA）含量为 20%~30%，是不可多得的宝贵资源，尤其是哈密的黄腐酸，相对分子质量小，应用上更优越一些。

与未风化的煤相比，风化煤的物化性质发生了一系列变化，如颜色变浅、光泽变暗、强度和硬度降低。由于埋藏、露头程度、矿物质成分、温度和水分含量等环境条件波动很大，因此风化煤中 HA 含量很不稳定。有些风化矿层中的钙、镁盐类被水侵蚀并与 HA 反应，形成"高钙镁 HA"，不能用 NaOH 水溶液直接提取出来。

煤的风化大致经历三个阶段：

（1）第一阶段，煤的表面氧化。氧与煤的有机物形成一种煤-氧复合物，同时有少量的一氧化碳、二氧化碳和水生成。

（2）第二阶段，腐植酸形成阶段。在氧化剂的继续作用下，煤-氧复合物发生分解，放出活性氧，氧化生成腐植酸（再生腐植酸），并逐渐增加。随着氧化深度的加深，再生腐植酸达到一个最大值并开始下降。风化后煤种 HA 可达 50%~80%。

（3）第三阶段，化学组成变化。碳、氢含量下降，氧含量上升，活性功能团增加；风化后并随着再生腐植酸含量的增加，发热量降低，着火点下降。

9.1.1.2 非煤类物质腐植酸

A 土壤腐植酸

各种植物残体在土壤中经过多种微生物和大自然的长期作用下，腐烂分解成有机质、腐植质、腐植酸。土壤腐植酸（soil humic acid, SHA）主要由土壤表面层、次表面层、沼泽沉积物、海湾或港口附近的沙滩和沙砾中腐植物质所积聚。

土壤中的腐植酸不仅能使地力提高，而且也是土壤环境的保护神。土壤腐植酸结构中的活性基团的作用：

（1）促进土壤形成团粒结构，使植物的生理活性增强；

（2）提高农药的杀虫效果；

（3）使进入植物组织中的农药含量减少。

B 水体腐植酸

水体腐植酸除了水体微生物作用外，主要由土壤腐植酸的淋溶带入。其是腐植酸不可避免自然形成的一种。在应用中若依据 FA（黄腐酸）/HA（腐植酸）的分子级数和官能团有序地控制缓释强度，可以避免过量使用时流入河底形成水体腐植酸等，也可以通过微生物酶降解作用，避免水污染及其生物链效应。

德国科学家 Snace 等认为，水体腐植酸与土壤腐植酸的元素组成和结构相似，差异在于土壤腐植酸中可能含有疏水性孔穴。

C 菌类腐植酸

菌类腐植酸通常分为两类，即通常的菌类腐植酸和土壤菌类腐植酸。前者由枯木菌、黑曲霉、米曲霉等在较长时间的培养下生成，后者由多核球菌等在作用下形成。

9.1.2 腐植酸的提取

腐植酸的提取率以泥炭最高，其次为褐煤，风化煤最低。褐煤胡敏酸的氧化度和芳香度最高，其次为风化胡敏酸，草炭胡敏酸最低。风化煤富里酸的氧化度和芳香度最高，其次为褐煤富里酸和草炭富里酸。风化煤胡敏酸的腐殖化程度最高，其次为褐煤胡敏酸，草炭胡敏酸的腐殖化程度最低。回收率则以风化煤胡敏酸最高，其次为褐煤胡敏酸，最后为草炭胡敏酸。

9.1.2.1 提取方法

A 酸抽提剂法

李同家等人采用酸抽提剂法从风化煤中提取了能满足汽车用蓄电池技术条件要求的腐植酸。其提取工艺如图 9-3 所示。

风化煤→加入稀硫酸→蒸汽煮沸→搅拌沉淀→取出上部液体→
水洗至 pH 值为 5→沉淀物烘干→粉碎过筛→包装

图 9-3 酸抽提剂法生产腐植酸工艺流程

酸抽提剂法提取腐植酸工艺简单、易于操作、生产周期短，而且省去碱法用的碳酸物，因此酸法腐植酸价格与碱法腐植酸价格相比，约降低 30%。但酸抽提剂法提取的腐植酸因含杂质太多，应用受到了限制。

B 微生物溶解法

微生物溶解法提取腐植酸反应周期长、产率低，但反应温和、可清洁转化、产物生物活性高，现主要处于试验研究阶段，离工业生产还有一定差距。

C 碱溶酸析法

目前主要采用碱溶液酸析法即碱抽提剂法生产腐植酸，方法十分简单而被广泛利用。徐东耀等人用硫酸溶液和氢氧化钠溶液从褐煤中提取了腐植酸。

抽提部分的试验原理如下：

$$R—(COOH)_4 + 4NaOH \longrightarrow R—(COONa)_4 + 4H_2O$$
$$R—(COOH)_4 + 2Na_2CO_3 \longrightarrow R—(COONa)_4 + 2CO_2 + 2H_2O$$

酸化部分的试验原理如下：

$$R—(COONa)_4 + 2H_2SO_4 \longrightarrow R—(COOH)_4 + 2Na_2SO_4$$

由于某些原料中游离的腐植酸含量不是很高，直接抽提腐植酸的提取率很不理想，为了提高腐植酸的提取率，通常对原料先做预处理再进行碱液酸析。常用的预处理方法有空气氧化预处理、硝酸氧化预处理、超声波预处理三种。

采用碱溶液酸析法提取的腐植酸有机质含量高，样品分子中芳香环和脂肪链上的羧基以及羟基中存在可离解的氢离子，便得腐植质有酸度和交换容量，进而可以与其他有机物或无机物发生反应。

9.1.2.2 产率计算

腐植酸在强酸性溶液中可用重铬酸钾将其中的碳氧化成二氧化碳。根据重铬酸钾的消耗量和腐植酸的含碳比，可计算出腐植酸的产率。主要反应过程如下：

$$R—(COO)_4Ca_2 + Na_4P_2O_7 \longrightarrow R—(COONa)_4 + Ca_2P_2O_7$$

$$[R—(COO)_4]_3Fe_4(或Al_4) + 3Na_4P_2O_7 \longrightarrow 3R—(COONa)_4 + Fe_4(或Al_4)(P_2O_7)_3$$

$$2K_2Cr_2O_7 + 8H_2SO_4 + 3C \longrightarrow 2K_2SO_4 + 2Cr_2(SO_4)_3 + 3CO_2\uparrow + 8H_2O$$

$$K_2Cr_2O_7 + 7H_2SO_4 + 6FeSO_4 \longrightarrow K_2SO_4 + Cr_2(SO_4)_3 + 3Fe_2(SO_4)_3 + 7H_2O$$

该方法的优点是腐植酸提取量较大；不足之处是重铬酸钾有毒，操作时有危险，而且步骤繁琐、复杂。

9.1.3 腐植酸的命名

根据腐植酸的来源、行业不同，对腐植酸的命名也有差别，土壤学中腐植酸包括三类物质：胡敏素、胡敏酸、富里酸（黄腐酸）；煤化工学对腐植酸三类物质命名为：黑腐酸、棕腐酸、黄腐酸。两者分类方法是相互对应的。

（1）黑腐酸（胡敏素）。腐植酸中既不溶于碱又不溶于酸的部分称为黑腐酸。

（2）棕腐酸（胡敏酸）。腐植酸中溶于碱而不溶于酸的部分称为棕腐酸。

（3）黄腐酸（富里酸）。腐植酸中既溶于碱又溶于酸的部分称为黄腐酸。

9.2 腐植酸在改良土壤中的应用

腐植酸具有改良土壤的作用。提取的腐植酸与土壤有机质中腐植酸具有相似的结构和性质，对土壤的改良作用明显，同时是具有胶体性的有机物质，故能改善土壤的团粒结构，使土壤疏松、吸水量大，既能透气、增温，又能蓄水，改良土壤的作用明显。

腐植酸富含的羧基和酚、羰等活性官能团，其对金属离子、有机污染物的强吸附作用，对缓解土壤重金属和有机污染意义重大。腐植酸类肥料施入土壤后，还可以通过刺激土壤中微生物和酶的活性，提高土壤的自净能力，从而间接促进有机物的降解，也可以通过促进植物生长以及植物体本身生理代谢机能的改变，增强植物对有机污染物的降解和净化能力。

9.2.1 腐植酸在改良土壤中的应用

9.2.1.1 腐植酸修复重金属污染土壤

矿产资源的破坏、农用物资过度使用、化工企业排放等会造成土壤重金属污染。此外，随着工业的迅速发展，电镀、采矿、冶金、化工等过程中会产生大量含镍、铜、钴等重金属的废水进入江河湖泊，会对水体产生污染。如果使用这些污水灌溉农田，会造成农田中重金属含量的严重超标。有关统计数字显示，截至 20 世纪末，我国受污染的耕地面积达 2000 多万公顷，约占耕地总面积的五分之一。

根据环保部和国土资源 2014 年 4 月联合发布的《全国土壤污染状况调查公报》，全国土壤中的点位超标率最高的是耕地，达到 19.4%。其中，南方土壤污染重于北方，西南、中南地区土壤重金属超标范围较大，镉、汞、砷、铜、铅、铬、锌、镍 8 种无机污染物点位超标率分别为 7.0%、1.6%、2.7%、2.1%、1.5%、1.1%、0.9%、4.8%。土壤重金属污染一方面会导致土壤退化，农作物品质降低，从而进一步降低农作物产量，甚至导致绝产；另一方面，土壤中的重金属通过植物的富集和食物链的作用进入人体，危害人体健康。

利用腐植酸肥料、农药、地膜、保水剂等农资产品改良土壤理化性质，能够增强土壤对金属毒性的耐受力，并且增加其对重金属的吸收，使土壤环境逐步改善；利用腐植酸的弱酸性、表面活性和络（螯）合性，可减少土壤中可溶性重金属含量，降低其流动性；腐植酸还因其天然、环保、无污染等特性，可降低或避免其他化学试剂的引入，有效避免二次污染等。

A 腐植酸对重金属离子的吸附和稳定化作用

土壤中游离态的腐植酸很少，大部分腐植酸通过范德华力、氢键、静电吸附等作用形成土壤有机-无机复合体，这种腐植酸有机-无机复合体能够很好地与金属离子发生络合反应。腐植酸中的羧基、羟基、羰基和氨基等均能与重金属发生络合、螯合反应，使土壤中水溶态和交换态的重金属含量降低；腐植酸还能与一些重金属形成难溶性的盐类，抑制重金属的迁移，使重金属在土壤中的稳定性增强。土壤对可溶态的重金属离子吸附量很小，即使有吸附，其稳定性也很差。腐植酸能够改变土壤中重金属的存在形态，在土壤中加入腐植酸可以降低可溶态重金属含量，增加碳酸盐结合态、氧化物结合态的含量，使有机结合态的 Cu^{2+}、Cd^{2+}、Zn^{2+}、Pb^{2+} 含量降低，从而降低这些重金属在土壤中的活性、毒性以及生物可利用性。

腐植酸是一种带有负电荷、呈弱酸性的胶体，但腐植酸边棱是带正电荷的，土壤中黏土晶体表面带有负电荷，所以土壤能够吸附腐植酸胶体。由于大部分金属离子带有正电荷，腐植酸与土壤胶体结合，能够增强对土壤中重金属的吸附。腐植酸具有很大的比表面积，约为 $2000m^2/g$，比黏土和金属氧化物的比表面积都大。腐植酸与金属离子可以发生疏水作用、离子相互作用、电子供体-受体等相互作用，一般碱金属离子和碱土金属离子与表面带负电荷的有机质形成离子键。

B 腐植酸对重金属离子的氧化还原作用

腐植酸能将土壤中重金属离子还原，形成稳定的螯合物。参与反应的腐植酸基本单元主要是醌类物质，还原过程为：氧化态的腐植酸结合来自电子供体的电子，转化为还原态的羟醌，而后通过电子转移使金属离子还原，腐植酸又重新转化为氧化态，这样重复循环，形成对金属离子持续的还原转化，减少土壤中重金属离子的迁移。作为还原剂，腐植酸能够使土壤中的 Cd^{2+}、Hg^{2+} 形成稳定的硫化物沉淀，使毒性较高的 Cr^{6+} 还原为毒性较小的 Cr^{3+}，降低铬的毒性。腐植酸能够为土壤中的生物提供基质和能源，间接影响土壤中重金属离子活动能力。

土壤溶液 pH 值的变化也会影响腐植酸对土壤中重金属的净化和修复。当土壤溶液的 pH 值为 4~7 时，腐植酸通过吸附作用能够较好地去除土壤中的二价镍离子。土壤溶液 pH 值对土壤中铬离子去除也有很大影响。随着 pH 值的升高，腐植酸对六价铬的去除能力降低。当 pH 值为 3 时，腐植酸对六价铬的去除效果最好，且随着腐植酸量的增加，六价铬的去除率上升。

9.2.1.2 腐植酸对有毒有机物污染土壤的修复作用

进入土壤中的有机污染物有天然有机污染物和人工合成有机污染物两种。前者主要是在自然条件下发生化学反应或生物代谢过程中产生的，后者主要是由于人类的生产和生活活动产生的。随着工业的迅速发展，产生大量的有机工业废水，这些废水直接或间接地对水体周围的土壤造成污染。生活中洗涤剂的使用以及农业生产活动中有机农药、地膜等使用，使有机污染物残留在土壤中，造成土壤有机物污染。有机污染物会对生态环境产生有害影响，不仅影响农作物的生长和发育，降低作物品质和产量；同时，有机物能够通过植物进行富集，并通过食物链的作用进入人体，严重威胁人类健康。

A　腐植酸对土壤中有机污染物的吸附沉淀作用

腐植酸主要是通过物理吸附、分配、氢键、共价键等途径与有机污染物结合，降低有毒有机污染物在土壤中的生物有效性。腐植酸具有表面活性剂增溶作用，使有机物从土壤中洗脱出来，然后把淋洗液抽到地表做进一步处理，降低有机物在土壤中的含量。腐植酸与土壤胶粒形成的有机-无机复合胶体，进一步增强了对有机物的吸附。腐植酸对离子的吸附性能，能够使有机物的阳离子紧紧吸附在腐植酸分子周围，减少了土壤中有机污染物的迁移。

腐植酸相对分子质量的大小直接影响对有机污染物的吸附效果。随着腐植酸相对分子质量的增大，对疏水性有机物的吸附增强；在腐植酸结构中，脂肪结构的增加，促进腐植酸对疏水性物质的吸附，芳香结构的增加，减弱腐植酸对疏水性物质的吸附，其极性强弱可能是控制疏水性有机物吸附的一个重要参数。Murphy 等人研究表明，二价阳离子（Ca^{2+} 等）可通过促进腐植酸的疏水位点的暴露增强对疏水有机污染物（如某些农药）的吸附。Permminova 等人研究发现，土壤腐植酸、泥炭腐植酸和水体腐植酸都对芘、荧蒽、蒽等有结合和解毒作用，其解毒常数 K_{ocd} 随着腐植酸的含量和芳香度的增加而提高。与此同时，腐植酸类物质能够很好地固定、沉淀有机污染物，这种作用在水体中更为显著，能够很好地减轻有机污染物造成的水体污染。

B　腐植酸对土壤中有机污染物氧化还原作用

腐植酸含有多种功能基团，其中一些功能基团具有可逆性的氧化还原和离子交换功能，可以降低土壤中有机物的含量，其机理主要有以下两种方式：

（1）腐植酸能够将电子从还原态的化合物转移到芳香族化合物等有毒有机污染物上，将这些有机污染物降解，这个过程中腐植酸仅起到电子转递体的作用。李兰生等人研究表明，腐植酸类物质对六六六降解有促进作用，其原因是腐植酸类物质促进了水中激发态氧和·OH 的生成，氧化了有机物，降解产物主要是醇类和酚。

（2）腐植酸接受有毒有机污染物提供的电子，将这些有机污染物氧化，这个过程中腐植酸作为电子受体，该方式能够支持菌体的生长，形成一种新型的细菌厌氧呼吸方式——腐植酸类物质呼吸。有关研究表明，发挥腐植酸类物质呼吸作用的成分主要是腐植酸中醌类成分，在氧化降解有机物过程中起到最终电子受体的作用。Cer-vantes 等同位素示踪试验结果证明，在还原态腐植酸类物质存在情况下，^{13}C 标记甲苯可以被厌氧氧化，产物为 $^{13}CO_2$。

C　腐植酸治理土壤酸化

自 20 世纪 80 年代以来，我国土壤酸化现象日趋严重，几乎所有类型的土壤的 pH 值都下降了 0.13~0.80，且酸化还有扩大的趋势。据不完全统计，我国现有酸化土壤面积约

200000km², 约占全国耕地总面积的21%, 其中土壤酸化最严重的广东、广西、四川等地pH<4.5的耕地土壤比例分别为13%, 7%和4%。除了南方地区, 北方地区也有大量关于土壤酸化的报道, 如渤海湾非石灰性母质土壤 (pH为5.3, 最低为4.31)、黑龙江省山地草甸土 (pH为4.60~4.68) 和水稻土 (pH为4.98~5.18) 等。

土壤酸度的变化主要是指土壤中 H^+ 含量的变化, 土壤酸化过程实质上就是土壤中 H^+ 含量增加的过程。在我国南方地区的强酸性土壤总酸度中, 交换性 H^+ 一般只占1%~3%, 其余均为交换性的 Al^{3+}, 而 Al^{3+} 水解会电离生成 H^+, 这是导致土壤酸化的主要原因。

绿色中迅公司开发的新型腐植酸土壤调理剂中的硅、钙、钾原料均为强碱性, 产品pH为11~12, 能够强有力地促进土壤中 Al^{3+} 的水解, 并中和反应产生的 H^+, 从而有效治理土壤酸害。产品中的腐植酸作为弱有机酸, 易与土壤中的各种阳离子结合生成腐植酸盐, 形成腐植酸与腐植酸盐相互转化的缓冲系统, 可以调节和稳定土壤pH值, 减少土壤酸碱度的急剧变化。

D 腐植酸治理盐碱化土壤

腐植酸修复盐碱地土壤盐碱化是一个世界性难题, 全球土地盐碱化呈现越来越严重的趋势。据统计, 全球的盐碱地总面积约10亿公顷, 且正以每年100万~150万公顷的速度增长。盐碱地改良利用技术的发展对我国粮食安全、资源可持续利用和改善生态环境都具有重要现实意义。中国科学院南京土壤研究所报道, 我国盐碱地主要分布在包括西北、东北、华北和滨海地区在内的17个省份和地区, 总面积超过3300万公顷, 包括盐土、碱土两类, 其中具有农业利用潜力的盐碱荒地和盐碱障碍耕地近1300万公顷。如果土壤的含盐量过高, 会导致有害离子浓度过大; 如果土壤碱性过强, 土壤结构性差, 便会抑制作物的生长发育。积极改良盐碱地资源, 对为维持土地资源的可持续利用, 保障国家粮食安全和增加后备耕地资源, 使盐碱地得到高效利用具有重要意义。

a 改良盐碱地的常用措施

(1) 水利改良。建立完善的排灌系统, 做到灌、排分开, 加强用水管理, 严格控制地下水水位, 通过灌水冲洗、引洪放淤等, 不断淋洗和排除土壤中的盐分。

(2) 农业技术改良。通过深耕、平整土地、加填客土、盖草、翻淤、盖沙、增施有机肥等改善土壤成分和结构, 增强土壤渗透性能, 加速盐分淋洗。

(3) 生物改良。种植和翻压绿肥牧草、秸秆还田、施用菌肥、种植耐盐植物、植树造林等, 提高土壤肥力, 改良土壤结构, 并改善农田小气候, 减少地表水分蒸发, 抑制返盐。

(4) 化学改良。对碱土、碱化土、苏打盐土施加石膏、黑矾等改良剂, 降低或消除土壤碱分, 改良土壤理化性质。各种措施既要注意综合使用, 更要因地制宜, 才能取得预期效果。

b 腐植酸改良盐碱地

腐植酸是一种带有负电的胶体, 在改良盐碱土壤的过程中, 因含有较多的活性基团、盐基交换容量大, 与土壤结合后, 能够增加阳离子的吸附量, 吸附更多的土壤中的可溶性盐, 同时阻留较大数量的有害阳离子, 起到隔盐、吸盐作用, 抑制盐分上升, 从而降低土壤盐浓度和盐碱土酸碱度。在干旱的白沙河红黏土地中使用腐植酸, 可以使土壤容重明显下降, 使土壤孔隙度和持水量相应增加, 有助于提高土壤的保水、保肥能力, 从而改善作物的生态环境。腐植酸这种带有负电的胶体，与土壤结合后，能够增加阳离子的吸附量，起到隔盐、吸盐作用，抑制盐分上升，降低表土盐分含量。另外，腐植酸是一种弱酸，能够与土壤中的各种阳离子结合，生成腐植酸盐，形成腐植酸-腐植酸盐相互转化的缓冲系统，对土壤的酸碱度起到很好的调节作用。腐植酸还可与土壤中的碱性物质发生中和反应，降低土壤的碱度。腐植酸的盐基交换量为 200~300cmol/kg，是土壤中黏土矿物的 10~20 倍，使得土壤溶液中的有害离子能够与腐植酸发生交换反应，降低土壤盐基含量。因此，腐植酸对盐碱地改良具有很好的作用。

E　腐植酸修复沙化地

目前，全球很多地方都面临着逐渐沙漠化的困境。地球上约有三分之一的面积是沙漠，全世界约有五分之一的土地正在面临着沙漠化的威胁，全球的沙漠化正在以每年 6 万多平方公里的速度延伸。我国又是世界上土地沙化危害最严重的国家之一，沙漠化面积已达 $168.9 \times 10^4 km^2$，占国土面积的 17.6%，主要分布在内陆盆地、高原，东西长 4500km、南北宽 600km 的沙漠带，并以每年 $2460km^2$ 的速度扩展，全国已有 4 亿人口受到沙漠化的直接影响。据有关专家介绍，沙害造成的经济损失每年达 1000 多亿元。虽然我国沙化地治理工作取得了一定进展，但沙化环境仍是影响生态环境的重要因素。

结果表明，利用腐植酸保水剂、腐植酸络合尿素、腐植酸沙漠覆盖膜等产品治理沙化土壤效果显著，而且节约成本、固沙植物成活率高。

9.2.2　腐植酸在农业和生产中的应用

近年来研究证明，腐植酸对植物生长有明显的刺激作用，施用腐植酸能提高植物的抗旱能力、抗低温能力、抗盐碱能力、抗病能力。以富含腐植酸的泥炭、褐煤、风化煤为主要原料，经过氨化、硝化、盐化等化学处理，或添加氮、磷、钾、微量元素及其他调制剂制成的一类化肥，称为腐植类肥料。它具有改良土壤理化性状、提高化肥利用率、刺激作物生长发育、增强农作物抗逆性能、改善农产品品质等多种功能。由于腐植酸及腐植酸类肥料是一类资源丰富、价格低廉、加工工艺简便的肥料，该类肥料以其在刺激植物生长、提高植物抗性、改善土壤性质等方面独特的功效引起了人们极大的关注，各种类型的腐植酸类肥料在农业生产中发挥出了良好的作用。

腐植酸是土壤生命的承载者，为微生物提供碳源、氮源，并伴其终身，对微生物的数量、种类、多样性具有促进作用；微生物是土壤生命的体现者，担当着分解者的角色，对腐植酸的形成与分解功不可灭。腐植酸的形成离不开土壤微生物，土壤微生物的生存和繁衍离不开腐植酸，两者相互依存，共同促进土壤的形成发育、肥力演变、物质循环及能量转化。可见，"土壤-腐植酸-微生物"三者密不可分，属于生命共同体。土壤是有生命的，这个生命就是土壤微生物。土壤是微生物的大本营，是微生物生长和繁殖的天然培养基。腐植酸贯穿于土壤生命之中，是土壤的"生命核"。没有腐植酸，土壤将失去活性。据此，理清"土壤-腐植酸-微生物"之间的关系，对保护国土资源、促进土壤可持续生产具有重要的现实意义。

9.2.2.1　土壤腐植酸形成的微生物学机理

关于腐植酸形成的微生物学机理主要有 7 种假说。（1）瓦克斯曼学说。植物向腐植质形成过程中，通过微生物分解产生微生物体和木质素，两者再与碱类结合形成腐植土。

170

（2）威廉斯学说。腐植酸是土壤微生物的分泌物。（3）微生物合成假说。微生物利用植物作碳源和能源，在细胞内合成高分子腐植质物质，在细胞外降解为腐植酸和黄腐酸。（4）细胞自溶假说。腐植质是植物和微生物死亡之后细胞自溶产物。（5）煤化学说。影响植物残体在沼泽的积累和形成泥炭的条件主要有两个，使植物残体与空气隔绝和维持微生物良好活动。（6）科诺诺娃学说。腐植质的形成包括分解-缩合两个阶段，均有土壤微生物的参与。（7）厌氧发酵学说。腐植酸形成包括水解-产酸-合成三个阶段，不同程度提到微生物的作用。不管哪个假说，都充分肯定了微生物在腐植酸形成过程中的重要作用。

9.2.2.2 土壤微生物繁衍的腐植酸功效

腐植酸的形成离不开土壤微生物，土壤微生物的繁衍同样离不开腐植酸：（1）土壤微生物营养主要包括碳、氢、氧、氮以及一些矿质元素。腐植酸可以为土壤微生物提供碳源、氮源，供其生存和繁衍。（2）土壤微生物生存需要适宜的温度、湿度、pH 值等。腐植酸可以直接或间接改善土壤温度、水分及透气状况，调节土壤 pH 值，促进土壤微生物的生长和繁殖。（3）凡土层深厚、土质疏松、物理性能较好、有效养分较丰富的土壤中微生物总数也较高。腐植酸是土壤肥力的核心，腐植酸兴，则土肥兴；土肥兴，则微生物兴。

土壤生态系统功能主要包括土壤中物质转化和能量流通的能力及水平、土壤生物活性、土壤中营养物质和水分的平衡状况及其对环境的影响等。腐植酸是土壤有机质中最活跃的部分，对维护土壤生态系统平衡和稳定起着至关重要的作用：（1）参与和促进土壤和土壤肥力的形成；（2）促进和制约着土壤金属离子、微量元素的迁移、固定及淋溶；（3）是土壤结构稳定剂；（4）影响着土壤的盐基交换容量；（5）影响着土壤的持水性；（6）是植物养料的仓库。据此，腐植酸是维持土壤功能稳定的重要物质。另外，腐植酸类肥料可以促进土壤团粒结构的形成，降低土壤容重，提高阳离子代换量，调节土壤酸碱度，从而有助于提高土壤的保水、保肥、保温和通气能力。而且，由于腐植酸是高分子有机物，施入土壤后可以为土壤微生物提供充足的碳源和能源，促进微生物代谢及繁殖，从而增加土壤微生物的保有量，增强土壤微生物活性，改善土壤微环境，这对改良和培肥土壤尤为重要。

A 提高肥料利用率

我国在农业生产中使用腐植酸类物质有较长的历史，在泥炭、褐煤、风化煤资源产地，农民早就用它们来垫地改良土壤，或者与农家肥混合堆沤施于农田。20 世纪 60 年代开始，我国就有一些农业院校和科研机构研制和施用腐植酸类肥料取得了良好的效果。19世纪 70 年代以后，国家为了广开肥源，推广应用腐植酸类肥料，组织各地农业科研机构和农业院校开展了大面积试验研究和示范推广工作。近年来，腐植酸及腐植酸类肥料在农业生产上的应用取得了长足的进展，腐植酸类肥料正成为 21 世纪生态农业用肥的发展方向。

a 改良低产土壤

我国耕地面积中，有 2/3 是中低产土壤，有研究试验表明，在全国各地大量施用腐植酸类肥料，都能对耕层土壤或根际土壤起到一定的改良作用。如我国南方有大面积红壤分布，这种土壤特点是酸、瘠、板、干，有机质和养分缺乏，土壤结构不良。在云南、江西等地试验表明，施用腐植酸类肥料，可以改善土壤的物理性状，使酸性降低，有机质含量、速效养分含量增加，农作物产量相应提高。对于盐碱地，如果长期大量施用腐植酸类肥料，可以促进土壤团聚体的形成，调节土壤水、肥、气、热状况。可以通过隔盐、吸盐作用，抑制盐分上升，降低表土盐分含量，改变盐碱土的酸碱度，使作物保苗率大幅度提高。

b 增效和缓释化肥

目前我国氮肥利用率为 20%~50%；磷肥利用率为 10%~20%；钾肥利用率为 50%~70%。如何提高化肥利用率，已经成为全世界非常重视的研究课题。以泥炭、褐煤、风化煤为原料，添加氮、磷、钾及微量元素制成的腐植酸类肥料，可以不同程度地提高化肥利用率，这个结果已被国内外大量研究报告所证实。其中，在农业应用中较稳定、质量较好的腐肥主要有硝基腐植酸铵、腐植酸铵、高氮腐肥、腐植酸复合肥等。如以尿素和碳铵为代表的氮素肥，挥发性强，一般利用率较低，而和腐植酸混合制成腐植酸类肥料后，可提高其吸收利用率 20%~40%。在泥炭、褐煤、风化煤中添加碳铵制成的腐铵，可使碳铵在 6 天中氮素挥发率从 13.1% 降为 2.04%。在农田试验中碳铵肥效维持 20 多天，腐铵可达 60 多天。在尿素中添加硝基腐植酸，可以生成腐植酸尿素络合物，使尿素分解减缓，肥效延长，损失降低，使尿素的增产效果相对提高 30%，肥效增加 15% 以上。氮肥利用率测定结果，添加腐植酸后利用率从 30.1% 提高到 34.1%，吸氮量增加 10%。

B 刺激作物生产并改善作物品质

腐植类肥料含有高效生物活性物质，对作物生长发育及体内生理代谢有刺激作用，这种特性是一般肥料所不具备的。有文献曾把腐植酸类肥料称为呼吸肥料、根系肥料等。大量研究试验表明，采用腐植酸类肥料按一定浓度浸种、浸根、喷洒、浇灌、做底肥等方式，对各种作物都有明显的刺激效果。利用腐植酸类肥料促进种子发芽，出苗率提高 10%~30%；利用它蘸根、浸根，已成为扦插或移栽中提高成活率的一项农业技术措施；施用腐植酸类肥料，作物普遍生长旺盛、产量提高、品质良好，施用腐植酸类肥料还可有效提高作物的抗旱、抗寒性能，有效防治地下病虫害和植物病害及病菌。

腐植酸类肥料中腐植酸与微量元素形成溶解性好易被作物吸收的络合物或螯合物，能增加微量元素从根部向叶部或其他部位的运转，从而有利于根系和叶面吸收微量元素。腐植酸中的羧基、酚羟基等官能团，具有较强的离子交换和吸附能力，能减少铵态氮的损失，提高氮肥的利用率；降解的硝基腐植酸能增加磷在土壤中移动的距离，抑制土壤对水溶性磷的固定，使速效磷转化为缓效磷，促进根系对磷的吸收；腐植酸官能团还能吸收存储钾离子，使钾肥缓慢分解，增加钾的释放量，提高速效钾的含量。腐植酸分子中的多种活性功能基团，可增强作物体内过氧化氢酶、多酚氧化酶的活性，刺激生理代谢，促进生长发育。因此，腐植酸类肥料能有效提高养分的利用率、刺激作物生长、增加作物产量、提高作物品质。

C 增强作物抗逆性能

腐植酸类物质具有胶体性质，通过絮凝作用腐植酸类肥料能减少植物叶片气孔张开强度，减少叶面蒸腾，从而降低植株耗水量，使植株体内水分状况得到改善，保证作物在干旱条件下正常生长发育，增强抗旱性。腐植酸类肥料还对真菌有抑制作用，可增强作物抗病性，防止腐烂病、根腐病等，减轻病虫害。有研究表明，喷施腐植酸类叶面肥后，辣椒青枯病发病率、花生锈病发病率、烂果率等显著降低，对防治黄瓜霜霉病、马铃薯晚疫病等均有一定效果。

9.3　腐植酸在污染处理中的应用

经济的快速发展造成地球生态的破坏并带来了对环境的污染，已经危及到生物和人类自身的健康和安全。而经过多年的实践检验，腐植酸在环保领域中的应用经受了时间的考验。在含重金属废水或其他污染物废水吸附剂等方面的应用具有很大的前景，目前国外仍在积极开发，我国也有不少项目通过工业或半工业试验。当前我们完全有可能抓住环境治理的机遇，发挥腐植酸的原料和价格优势，争取在某些方面有所突破，进入产业化应用阶段。

9.3.1　腐植酸在土壤污染治理中的应用

9.3.1.1　修复重金属污染土壤

腐植酸作为土壤有机质的主要成分，是天然的土壤改良剂，在土壤重金属污染治理中起到至关重要的作用。腐植酸对重金属污染土壤的缓冲和净化机制主要有：（1）将重金属离子还原，形成螯合物，从而钝化重金属离子。（2）通过离子交换及络合反应，形成土壤有机-无机复合体，将土壤中重金属离子吸附固定，防止其进入生物循环。通常认为，范德华力、氢键、静电吸附、阳离子键桥等是土壤有机-无机复合体键合的主要机理。（3）稳定土壤结构，为土壤微生物活动提供基质和能源，从而间接地影响土壤重金属离子的活动能力。

研究表明，由于腐植酸组成不同，对金属离子络合能力有很大差异。胡敏酸与金属离子形成的络合物是难溶的，从而可降低土壤中金属离子的生物有效性。富里酸和金属离子形成易溶络合物，将金属离子淋洗出土壤的根层，从而降低金属离子对食物链的危害。pH 值也影响腐植酸作为洗脱剂修复重金属污染土壤的效果，在 pH 值为 $4\sim7$ 时，腐植酸通过吸附作用可较好地去除土壤中的 Ni^{2+}。腐植酸可作为表面活性剂去除污染土壤中的 Cd 效果显著，使用 1mmol/L 乙酸作为萃洗液，不同浓度的腐植酸作为洗脱剂去除 Cd。在酸性条件下，腐植酸可与 Cd 形成弱配合物，这种配合能力随 pH 值的降低而降低，Cd 的去除率最高可达 90%。研究显示，风化煤腐植酸可以提高土壤中有机结合态汞的含量，从而有效降低土壤中汞的挥发量，且其效果要优于泥炭和褐煤。有实验表明，向铊污染土壤中加入腐植酸可促进土壤铊酸可交换态向 Fe/Mn 氧化物结合态和有机质结合态转化，降低重金属的可迁移性和生物可利用性。

9.3.1.2　修复有机污染土壤

多环芳烃（polycyclic aromatic hydrocarbons，PAHs）是一组有毒污染物，其中许多烃类化合物有致癌性和致突变性。PAHs 的高疏水性是因为它具有低的生物可利用度，在土壤活化期间加入腐植质可以提高它的生物利用度。通过在生物反应器中添加腐植质来监测其对土壤活化作用的影响，实验证明，腐植质的存在加速了 PAHs 的降解，提高了微生物聚生体的矿化速率，这些结果也显示了腐植质在杂芬油污染的生物活化效率中可以提高微生物聚生体的性能。具有表面看起来像胶束结构的腐植酸还可以通过提高 PAHs 的溶解性来加速 PAHs 的降解，因此加速了 PAHs 对微生物的生物可利用性。实验证明在许多被 PAHs 污染的土壤区域，生物修复是特定的修复技术。然而由于 PAHs 低的溶解性抑制了微生物的吸收，因此利用生物修复是有限的。添加人工合成的表面活性剂来提高 PAHs 的溶解性会对微生物有毒并且会更加抑制生物修复，但是天然的腐植酸就可以加速 PAHs 的生物降解。

多氯联苯（polychlorinated biphenyls，PCBs）在土壤中的含量一般比在上部空气中的含量高出 10 倍以上。若仅按挥发损失计，曾测得土壤中 PCBs 的半衰期可达 10~20 年。PCBs 的高疏水性大大地降低了其在污染比较久的土壤中的生物可利用度，因此限制了它们的生物降解能力。在用表面活性剂处理的土地处理方法中，PCBs 在重污染土壤中的生物降解能力可以被显著地提高，而腐植质就是天然的表面活性剂，腐植质的存在可以增加 PCBs 的溶解性，还可以增加特效菌在腐植质不同比率的条件下对 PCBs 不同的接近程度。腐植酸在用漆酶去除 PCBs 方面的作用研究显示，在腐植酸存在的条件下，羟基的 PCBs 可以被漆酶快速降解，但速率常数随着腐植酸浓度的增加而下降，在腐植酸浓度为 150mg/L 时反应完全。

9.3.2 腐植酸在污水治理中的应用

9.3.2.1 工业循环水处理

工业循环水处理系统中，有各种换热器、泵、管道等金属设备，由于水中的悬浮物、胶体、溶解盐类及溶解气体等杂质中氧化性物质会对其发生物理、化学作用，也即是发生了金属腐蚀。腐蚀不仅造成了经济损失，同时也对安全构成威胁，所以进行工业循环水处理是节约资金和工业安全运行的重要内容。为控制其设备腐蚀，常用的方法有表面涂装、电化学保护和缓蚀剂的应用等方法。与其他防腐技术相比，使用缓蚀剂有不改变腐蚀环境就可获得良好的防腐效果、不增加设备投资等优点，因此，添加缓蚀剂是工业循环水处理系统中首选的腐蚀控制的有效途径。研究表明，由风化煤、褐煤等天然资源中分离出来的腐植酸钠富含羧基、羟基等有机基团，具有离子交换、吸附、络合等性质及良好的分散性，且能有效地分散金属氧化物，在金属表面形成化学性质稳定的保护膜，表现出良好的缓蚀性能，且使用成本低、无污染。

9.3.2.2 处理含重金属废水

腐植酸对重金属离子的吸附率高且稳定。pH 值为 7 的水中无机污染物以重金属最为突出。重金属难以被水中微生物所降解，易转化为毒性更大的烷基化合物，而通过食物链在人体内蓄积，严重危害人体健康。腐植酸是一种复杂的天然大分子有机质，其分子内含有羰基、羧基、醇羟基和酚羟基等多种活性官能团，能够与许多金属离子发生相互作用，形成稳定的螯合物。马明广等人研究了不溶性腐植酸对水溶液中的 Pb、Cd、Cu 等重金属离子的吸附特征。吸附等温线分别以 Linear、Frendlich 和 Langmuir 方程进行拟合，结果显示吸附的最佳模型为 Frendlich 方程，同时考察了温度、酸度及吸附时间对吸附的影响。结果表明，随着温度的升高和 pH 值的增大，不溶性腐植酸对 Pb^{2+}、Cd^{2+}、Cu^{2+} 的吸附量增加。随着 pH 值的增加，在近中性条件下不溶性腐植酸对重金属离子的吸附率高且稳定。当 pH=7 时，在实验浓度范围内 Pb^{2+}、Cd^{2+}、Cu^{2+} 在不溶性腐植酸中的吸附率分别为 98.73%、97.86%、99.25%。吸附进行 12h 以后，吸附作用基本达到平衡。不溶性腐植酸对重金属离子具有强烈的吸附作用且吸附率稳定，可以广泛用于去除污水中的重金属离子。随着纳米科技的发展而诞生的纳米腐植酸鉴于其纳米效应及其分子结构特点，可与废水中重金属离子发生离子交换、络合反应及表面吸附作用，故在废水处理中的应用也较多。程亮等人采用静态吸附法系统研究了纳米腐植酸对重金属铬的吸附，得到其吸附率达到 97.5%，连续循环使用 4 次后，对铬离子的吸附量无明显改变，表明吸附剂具有重复使用性。丁文川等人以污泥生物炭作吸附剂处理水中 Cr(Ⅵ)，研究了共存腐植酸对生物炭吸附性能影响，结果表明，腐植酸能显著促进生物炭对 Cr(Ⅵ) 的吸附，大幅提高吸附量以及缩短吸附平衡时间，生物炭吸附过程符合准二级动力学模型，并推断腐植酸共存促进生物炭吸附的机制是：腐植酸提高了 Cr(Ⅵ) 在生物炭表面聚集浓度，有利于生物炭对 Cr(Ⅵ) 的直接吸附和还原，而腐植酸本身具有的吸附能力增加了对溶液中 Cr(Ⅵ) 和 Cr(Ⅲ) 的去除。魏云霞等人以壳聚糖和不溶性腐植酸为原料，采用滴加成球法制备了一种新型重金属离子吸附剂——壳聚糖交联不溶性腐植酸，研究了吸附剂对水溶液中 Pb(Ⅱ) 的吸附特征，发现随着温度的升高和 pH 值的增大，吸附剂对 Pb(Ⅱ) 的吸附量增加，而且吸附更符合准二级动力学模型。

9.3.2.3　处理印染废水

印染废水是重要的工业废水之一，选择一种合理、有效的治理方法，对生态环境的保护具有重要的意义。马宏瑞等人采用腐植酸改性阳离子吸附剂（XF-I）配合聚丙烯酰胺（APAM）对高浓度染料废水的混凝效果进行了研究，并通过 zeta 电位、PAM 相对分子质量对混凝机制进行了分析。结果表明：XF-I 主要通过电中和吸附大幅度降低了溶解性 COD，PAM 主要通过架桥和网捕作用达到高效混凝效果。当废水初始 pH 值为 11、XF-I 和 APAM 的投加量分别为 10g/L 和 50mg/L 时，废水中溶解性 COD 去除率达到 52.4%、脱色率达到 94.7%。腐植酸改性吸附剂的应用为处理高浓度有机废水提供一条新的途径。

9.3.3　腐植酸在废气净化及其他污染治理方面的应用

9.3.3.1　干法治理废气

1983 年，我国吉林石油化工研究所的张久华等开始了利用泥炭（含腐植酸 20%左右）吸附 NO_x 尾气的实验探索。实验条件是常温、常压，吸附塔直径为 80mm 的固定床，空速为 $0.7m^3/h$，接触时间在 5s 左右，进气 NO_x 浓度在 $3674mg/m^3$ 左右。实验结果显示，未经处理的泥炭吸附 NO_x 的效率较低（平均 40%左右），吸附容量也较低（一般只能维持 6~7h），NO_2 较 NO 更容易被泥炭吸附。添加氨水后对净化效果的改善不明显，但是添加碳酸氢铵、尿素及磷矿粉对 NO_x 尾气净化效果有所改善，脱除效率由单用泥炭的 30%~40%分别提高到 60%~70%、50%~60%、>40%。但该方法仅适用于各大硝酸厂排出的含 NO_x 较高（≥$7348mg/m^3$）的尾气，而且脱除效率低，吸附剂利用率也低。

2006 年中科院过程所的赵容芳等人开展了利用腐植酸制备高比表面积钙系脱硫剂的研究，该研究将腐植酸作为添加剂来调控碳酸钙微晶形貌及比表面积。结果显示，随着腐植酸用量的增加，所得碳酸钙比表面积可由 $28m^2/g$ 提高到 $50m^2/g$ 以上。孔径随着腐植酸用量的增加而增大，脱硫率由普通碳酸钙的 38.4%提高到 70%以上。

后来胡国新等人开展了腐植酸钠复合脱硫剂（HA-Na/α-Al_2O_3）的制备及其脱硫性能研究。提出了一种新的脱硫剂（HA-Na/α-Al_2O_3）的制备方法，用 FTIR、SEM、XRD、

EDS 等方法对脱硫剂进行了分析表征，并在自制的固定床上对其脱硫性能进行了试验研究。研究表明：氧化铝纤维负载腐植酸钠后，改善了氧化铝载体表面的孔结构，在氧化铝纤维表面形成了腐植酸钠膜，该膜提高了载体氧化铝纤维的脱硫能力，在脱硫过程中起到重要作用。HA-Na/α-Al$_2$O$_3$ 浸渍氨水后，由于腐植酸对氨水的强吸附作用，可以减少氨损，提高氨的利用率，能在较长时间保持高的 SO$_2$ 脱除率（≥98%）。脱硫后的产物是以硫酸铵、腐植酸铵、腐植酸钠为主的复合肥，脱硫产物经水洗后，氧化铝纤维获得再生，可循环使用。

9.3.3.2　湿法治理废气

20 世纪 80 年代，美国的 Green 等人利用腐植酸混合烟灰来吸收烟气中的 SO$_2$。先将烟灰溶解在腐植酸溶液中，生成的腐植酸盐溶液显碱性，所以能有效地吸收 SO$_2$。其最终反应式是将 SO$_2$ 变成酸式盐的中和反应。腐植酸催化该反应，使含在飞灰中的碱转化为腐植酸盐，这种盐又迅速与 SO$_2$ 反应。试验结果显示，腐植酸与飞灰吸收 SO$_2$ 的效率在 98% 以上。

后来浙江大学孙文寿利用腐植酸钠作为添加剂来强化石灰石湿法脱硫的效果。结果表明，添加腐植酸钠后溶液 pH 值增高，而且腐植酸钠是一种强碱弱酸盐，含有大量的羧酸根，水解后可以结合大量吸收 SO$_2$ 而形成的 H$^+$，生成羧酸，促进了 SO$_2$ 的吸收；另一方面，生成的大量羧酸又可以电离出 H$^+$，促进了石灰石溶解。由此可以看出，腐植酸钠在强化石灰石脱硫的过程中可以发生一系列的水解、电离反应，可以促进 SO$_2$ 的吸收和 CaCO$_3$ 的溶解，从而提高脱硫率和石灰石利用率。

胡国新等人开展了利用腐植酸钠溶液吸收烟气中 SO$_2$ 和 NO$_x$ 并副产复合肥的研究，分析了腐植酸钠溶液吸收 SO$_2$ 和 NO$_x$ 的机理，在鼓泡反应器上深入研究了腐植酸钠溶液吸收 SO$_2$ 和 NO$_x$ 机理的动力学研究，并对脱硫脱硝后的副产品作了处理分析，其副产品经处理后作为肥料使用。试验结果显示，SO$_2$ 的吸收率在 98% 以上，NO$_2$ 的吸收率在 95% 以上。

9.3.3.3　废气中的重金属

腐植酸还可以治理烟气中的痕量重金属。因为腐植酸对金属离子的吸附能力较强，对重金属离子的饱和吸附量可高达 180～420mg/g，通过螯合反应可以钝化来自烟气中的 Cu^{2+}、Zn^{2+}、Pb^{2+}、Cd^{2+}、Ni^{2+}、Hg^{2+} 等痕量重金属，起到防止大量重金属离子进入植物体系的作用。

9.3.3.4　作除臭剂

环境中的臭味一般是氨、胺类、吡啶、H$_2$S 等碱性物质，腐植酸和硝基腐植酸的 —COOH 和 —OH$_{ph}$ 等酸性基团对这些物质有很好的中和作用。日本在腐植酸类除臭剂研制方面成效卓越。他们所用的原料大多是硝基腐植酸，也有用氯化腐植酸的。一般是硝基腐植酸与铁或氢氧化铁、硝基腐植酸+黄土+褐铁矿粉、硝基腐植酸+锰铁矿，分别加热混合制成除臭剂。这种产品吸收 NH$_3$ 和 H$_2$S 的效果很好，用于粪便、牲畜圈和冰箱除臭。日本把腐植酸作为饲料添加剂兼除臭剂用于养猪，在猪饲料中添加 0.3%～1% 的腐植酸，不仅促进猪体重的增加，而且排出的粪便 COD 减少 33%，浮游物减少 39%，氨态 N 和蛋白质 N 减少 68%，相应的在空气中的臭味也明显减弱。还有人将腐植酸与果汁酶、乳酸菌混合，在 40℃ 下发酵 72h，制成专门吸收鱼肉类腐败气体的吸附剂。彭亚会等人用腐植酸作牛舍除臭剂，使饲养环境得到明显改善，如 H_2S 浓度降低 50%，苍蝇密度减少 62.5%；若使用腐植酸与复合微生物菌剂原露复合做除臭剂，则分别减少 65.12% 和 65.63%，显然起到净化增效的作用。

思 考 题

9-1　试说明腐植酸的来源。

9-2　试说明酸抽提剂法的工艺流程。

9-3　试说明碱溶酸析法的试验原理。

9-4　腐植酸在改良土壤中有哪些应用?

9-5　腐植酸含有多种功能基团，其中一些功能基团具有可逆性的氧化还原和离子交换功能，可以降低土壤中有机物的含量，试简述其机理。

9-6　试简述腐植酸在修复重金属污染土壤中的机理。

9-7　试简述腐植酸在修复有毒有机物污染土壤中的机理。

9-8　试简述什么是土壤酸度的变化及导致土壤酸化的主要原因。

9-9　试简述腐植酸在修复盐碱地中的机理。

9-10　什么是腐植类肥料腐植酸对维护土壤生态系统平衡和稳定起着哪些作用。

9-11　试简述腐植酸在水处理中的应用有哪些?

9-12　试简要概括腐植酸在治理废气上的方法。

参 考 文 献

[1] 周霞萍.腐植酸应用中的化学基础 [M].北京：化学工业出版社，2007.

[2] 成绍鑫.腐植酸类物质概论 [M].北京：化学工业出版社，2007.

[3] 李云峰，王兴理.腐殖质-金属离子的络合稳定性及土壤胡敏素的研究 [M].贵阳：贵州科技出版社，1999：1~37.

[4] 朱育华，李仲谨，郝明德，等.腐殖酸的研究进展 [J].安徽农业科学，2008，36 (11)：4638~4639.

[5] 丰娟.腐殖酸及腐殖酸类肥料的应用的进展 [J].宜春学院学报，2009，31 (6)：103~104.

[6] 李同家，张士伟.酸法腐植酸的研制及应用试验 [J].腐植酸，2007 (5)：48.

[7] 柳丽芬，阳卫军，韩威，等.腐植酸微生物溶解研究 [J].煤炭转化，1997，20 (1)：26~28.

[8] 徐东耀，徐小方，王岩，等.提取褐煤中腐殖酸的新方法 [J].煤炭加工与综合利用，2007 (2)：29~32.

[9] 茹铁军，王家盛.腐植酸与腐植酸肥料的发展 [J].磷肥与复肥，2007，22 (4)：51~53.

[10] 余贵芬，蒋新，孙磊.有机物质对土壤镉有效性的影响研究综述 [J].生态学报，2002，22 (5)：770~776.

[11] 蒋煜峰，袁建梅，卢子扬，等.腐殖酸对污灌土壤中 Cu、Cd、Pb、Zn 形态影响的研究 [J].西北师范大学学报 (自然科学版)，2005，41 (6)：42~46.

[12] 林先贵，王一明.腐植酸类物质是土壤健康的重要保障 [J].腐植酸，2010 (2)：1~10.

[13] 卢静，朱琨，侯彬，赵艳锋.腐植酸与土壤中重金属离子的作用机理研究概况 [J].腐植酸，2006 (5)：1~5.

[14] 张翼峰，黄丽萍.腐植酸在环境污染治理中的应用与研究现状 [J].腐植酸，2007 (5)：16~20.

[15] 许志诚，罗微，洪义国，等．腐殖质在环境污染物生物降解中的作用研究进展 [J]．微生物学通报，2006，33（6）：122~127.

[16] 李兰生，刘晋湘，蒋万枫，等．腐殖质对水体中六六六降解的促进作用 [J]．渔业科学进展，2005，26（6）：45~49.

[17] 陈绍荣，余根德，白云飞，等．土壤酸化及酸性土壤调理剂应用概述 [J]．化肥工业，2013，40（2）：66~68.

[18] 王忠和，李早东，王义华．烟台市苹果园土壤状况调查报告 [J]．落叶果树，2011，43（4）：13~15.

[19] 张传英．日照市东港区苹果园酸化土壤调节技术研究 [J]．中国园艺文摘，2010，26（4）：42~43.

[20] 许新桥，刘俊祥．腐植酸的作用机制及其在林业上的应用 [J]．世界林业研究，2013，26（1）：48~52.

[21] 中国科学院长沙农业现代化研究所．黄腐酸在油菜上的防寒试验 [J]．腐植酸，1991（2）：14~17.

[22] 梅慧生，杨玉明，张淑运，等．腐殖酸钠对植物生长的刺激作用 [J]．植物生理学报，1980（2）：133~139.

[23] 邢树基，刘国维．腐殖酸类肥料改良瘠薄土壤效果显著 [J]．腐植酸，1989（3）：53~55.

[24] 李维琴，赵来顺，陈振峰，等．黄腐酸对防治黄瓜霜霉病增效作用的研究 [J]．腐植酸，1991（3）：27~32.

[25] 金平，刘山莉．腐殖酸复配克露防治黄瓜霜霉病的生理机制初探 [J]．黑龙江大学自然科学学报，1998（1）：124~127.

[26] 王克明，张翠珍，林象琴．田菁对滨海盐土物理化学性状改善的作用 [J]．中国土壤与肥料，1990（6）：35~38.

[27] 邢树基，刘国维．腐殖酸类肥料改良瘠薄土壤效果显著 [J]．腐植酸，1989（3）：53~55.

[28] 李丽，武丽萍，成绍鑫．腐殖酸对磷肥增效作用的研究概况 [J]．腐植酸，1998（4）：1~6.

[29] 刘玉艳，于凤鸣，韩淑丽．影响木槿硬枝扦插若干生理指标的研究 [J]．农业科技，2002，27（5）：4~7.

[30] 杨晓盆，王跃进．植物生长调节剂对叶子花扦插生根效应的研究 [J]．山西农业大学学报（自然科学版），1999（3）：238~240.

[31] 李进，曾卫军，彭子模．促进园林树木扦插繁殖生根的方法与技术 [J]．新疆师范大学学报（自然科学版），2002，21（1）：44~50.

[32] Murphy E M, Zachara J M. The role of sorbed humic substances on the distribution of organic and inorganic contaminants in groundwater [J]. Geoderma, 1995（67）：103~124.

[33] Perminiva I V, Grechishcheva N Y, Kovalevskii D, et al. Quantification and prediction of the detoxifying properties of humic substances related to their chemical binding to polycyclic aromatic hydrocarbons [J]. Environmental Science & Technology, 2001, 35（19）：3841~3848.

10 炭材料在环境污染治理中的应用

10.1 概　述

当前，水体（地表水、地下水）、大气、土壤的污染日趋严重，将炭材料应用于水体、大气、土壤污染的治理与修复的研究越来越多。本节主要介绍炭材料的分类、特性以及炭材料的制备和改性。

10.1.1 炭材料的分类与特性

炭材料主要分为传统炭材料和新型炭材料两种，传统炭材料主要有活性炭、活性炭纤维；新型炭材料有碳纳米管、石墨烯、生物炭和复合炭材料。

10.1.1.1 传统炭材料

A 活性炭

活性炭具有以石墨微晶为基础的无定型结构，其中微晶是二维有序的六角形晶格，另一维则是不规则的连接，一个石墨微晶单位很小，厚度为 0.9~1.2nm（3~4 倍石墨层厚）、宽度为 2~2.3nm。这种结构注定活性炭具有发达微孔结构和超强的吸附性能。活性炭具有像石墨晶粒却无规则排列的微晶。在活化过程中微晶间产生了形状不同、大小不一的孔隙，这些孔隙，特别是微孔提供了巨大的比表面积。微孔的孔容积一般为 0.25~0.9mL/g，孔隙数量约为 1020 个，全部微孔比表面积为 500~1500m²/g，通常以 BET 法计算，有的则高达 3500~5000m²/g。活性炭几乎 95% 以上的表面积都在微孔中，因此微孔是决定活性炭吸附性能高低的重要因素。中孔的孔隙容积一般为 0.02~1.0mL/g，表面积最高可达几百平方米，一般约为活性炭总表面积的约 5%。中孔能吸附蒸汽，并为吸附物提供进入微孔的通道，还能直接吸附较大分子。大孔孔隙容积一般为 0.2~0.5mL/g，表面积 0.5~2m²/g，其作用一是使吸附质分子快速深入活性炭内部较小孔隙中去；二是作为催化载体时，催化剂少量沉淀在微孔内，大都沉淀在大孔和中孔中。

活性炭吸附特性不仅和它的孔结构有关，而且和它的化学组成也有密切关系。活性炭所含主要元素是碳，含量为 90%~95%。氧和氢大部分是以化学键的形式与碳原子相结合形成有机官能团，氧含量 4%~5%，氢含量 1%~2%。活性炭表面的化学性质主要由表面的化学官能团的种类与数量、表面杂原子和化合物确定。活性炭表面官能团一般分为含氧官能团和含氮官能团。含氧官能团主要有酚羟基、羧基、羰基、内酯基、嘧啶等；含氮官能团可能存在形式有酰胺、酰亚胺、乳胺基、类吡咯基等。含氧官能团又分为酸性和碱性含氧官能团，酸性基团有羧基、酚羟基、醌型羰基、正内酯基及环式过氧基等，其中羧基、酚羟基及内酯基为主要酸性氧化物，碱性表面的获得一般归因于表面酸性化合物的缺失或碱性含氧、氮官能团的增加。

活性炭可以根据生产原料和形状大小分类。活性炭按形状大小可分为：（1）粉状活性炭，外观尺寸小于0.18mm的颗粒（约80目）占多数的活性炭；（2）颗粒活性炭，外观尺寸大于0.18mm的颗粒（约80目）占多数的活性炭；（3）圆柱形活性炭，以圆柱形颗粒的横截面直径表示；（4）球形活性炭，以球形颗粒的直径表示；（5）其他异形活性炭。按生产原料活性炭可分为：（1）木质活性炭，以木屑、木炭、稻壳、稻草等为原料制成的活性炭；（2）果壳（果核）活性炭，以椰壳、核桃壳、杏核等为原料制成的活性炭；（3）煤质活性炭，以褐煤、泥煤、烟煤、无烟煤等为原料制成的活性炭；（4）石油类活性炭，如以沥青等为原料制成的沥青基球状活性炭。

B 活性炭纤维

活性炭纤维（activated carbon fiber，ACF）是20世纪60年代发展起来的一种性能优于粉末活性炭和颗粒活性炭的新型吸附材料，其超过50%的碳原子位于内、外表面，构筑成独特的吸附结构，被称为表面性固体。一般的活性炭纤维的比表面积可达到1000~1600m²/g，且以微孔为主。活性炭纤维的孔隙结构与通常的活性炭有许多明显的区别。活性炭表面粗糙、凹凸不平，而活性炭纤维则比较光滑。活性炭含有较多的无机杂质，灰分较高。而活性炭纤维是以有机聚合物或沥青为原料生产的，灰分低，其主要元素是碳，碳原子在活性炭纤维中以类石墨微晶的乱层堆叠形式存在，三维空间有序性差。根据国际纯粹与应用化学联合会（IUPAC）的分类标准，吸附剂的细孔分为三类：孔径大于50nm的为大孔，2~50nm的为中孔，小于2nm的为微孔。碳纤维经活化后生成的ACF外形直径为5~30μm，与活性炭含有大孔、中孔和微孔不同，它的表面主要分布着大量的微孔，微孔的分布狭窄而均匀，孔径大多数分布在0.5~1.5nm之间。由于活性炭纤维没有大孔，只有少量的过渡孔，微孔体积占总孔体积的90%以上，从而造就了活性炭纤维较大的比表面积，多数为1000~2500m²/g。粒状活性炭和ACF的孔结构模型和孔径分布对比如图10-1所示。

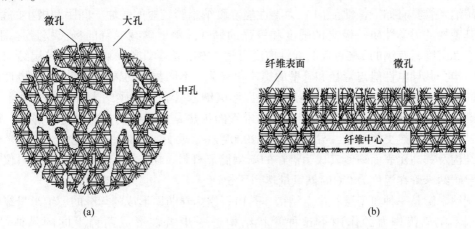

(a)   (b)

图10-1 粒状活性炭和ACF的孔结构模型和孔径分布对比
（a）颗粒活性炭；（b）ACF

大量的研究表明，ACF的孔结构有如下特征：活性炭纤维是一种典型的微孔炭（MRAC），被认为是"超微粒子、表面不规则的构造以及极狭小的空间组合"，直径为10~30μm。孔隙直接开口于纤维表面，超微粒子以各种方式结合在一起，形成丰富的纳米空间，空间的大小与超微粒子处于同一数量级，从而造就了比较大的比表面积。其含有许多不规则的结构，包括杂环结构或含有表面官能团的微结构，具有极大的表面能，使微孔相对于孔壁分子共同作用形成强大的分子场，提供了一个吸附态分子物理和化学变化的高压体系。进一步使得吸附质到达吸附点的扩散路径比活性炭短、驱动力大且孔径分布集中，这就是 ACF 比活性炭比表面积大、吸脱附速度快、吸附效率高的原因。对于 ACF，人们对比表面积和孔径大小比较重视，对孔容、微孔容积大小及孔径分布则重视不够。事实上，按照 Dubinin 的微孔填充理论，微孔容积是非常重要的参数，微孔容积越大，吸附性能越好。ACF 的许多应用都是基于其具有高表面积和孔径分布均匀的微孔结构。因此，准确测定 ACF 的微孔结构和比表面积显得十分重要。由于 ACF 的微孔孔径小于 2nm，接近分子数量级，不能采用传统方法如压汞法毛细管凝缩法测定。由于非极性气体如 N_2 分子在 ACF 上吸附时，气体分子受到微孔内相对两个壁面的作用，产生分子势重叠，这种分子表面之间的强作用力引起在低压时物理吸附量的显著增加，所以 BET 法测得的表面积偏大，且 BET 法不能获得微孔结构方面的信息。ACF 的直径一般为 $10\sim30\mu m$，也称为纤维状活性炭。ACF 主要由 C、H、O 三种元素组成。不同原料生产的 ACF 化学组成有差异。

10.1.1.2　新型炭材料

A　碳纳米管

日本电镜学家 Iijima 于 1991 年观察电弧蒸发的石墨产物的时候，发现了纳米级尺寸且呈中空结构的新型晶体碳，它是由 $2\sim50$ 层石墨层片组成，这就是近年来广泛研究的碳纳米管（carbon nanotubes，CNTs）。2010 年，以"碳纳米材料的发展战略"为主题的第 370 次香山科学会议的各位专家认为，碳纳米材料经过许多年的研究和积累处于大发展、大突破的前夜，呈现出令人向往的广泛应用前景，在人类社会发展过程中表现出不可替代的重要地位。

碳纳米管具有如下特性：（1）力学性能。碳纳米管较短的碳原子间距和极小的管径，导致其独特的力学性质—极高的强度和极强的韧性。单层碳纳米管的杨氏模量是钢的 5 倍，而其密度只有钢的 1/6。而其弹性应变可达 12%；电学性能，碳纳米的单层结构是石墨片结构，其导电性能与管径和管壁的螺旋角有关，不同类型的碳纳米管，其导电性能也不相同。单壁碳纳米管导电性能良好，银齿形碳纳米管和手型碳纳米管则部分为半导体性、部分为金属性。（2）热学性能。碳纳米管的传热是沿着管径方向进行传递的，同时与管径垂直方向热交换较低，导热率可达 2000W/m，良好。（3）储氢性能。碳纳米管的中空结构及其高比表面积使其成为潜在的新型储氧材料。Dillon 采用程序控温脱附仪，发现单壁碳纳米管在温度为 0℃ 时储氢量达到了 5%。

碳纳米管是一种典型层状中空结构，是由石墨烯卷曲而形成的无缝的、纳米量级的管状结构，在范德华力的作用下这种管状结构进一步组装形成两种不同的晶体结构：（1）具有相同直径的碳纳米管在一起集结成束，称为单壁碳纳米管（single-walled carbon nanotubes，SWCNTs）束。（2）具有不同直径的多个单壁碳纳米管以同一轴线套在一起从而形成一种多层的类似于同心圆的结构，其层间距约为 0.334nm，称为多壁碳纳米管（multi-walled carbon nanotubes，MWCNTs）。碳纳米管径向尺寸均很小，外径一般在几个到几十个纳米之间；内径更小，有些甚至只有 1nm 左右；碳纳米管长度一般为微米量级，相比较其长度和直径比较大，其长径比可达 $10^3 \sim 10^6$，所以碳纳米管是典型的一维纳米材料；碳纳米管的管壁是 1 个类石墨微晶的碳原子通过 sp^2 杂化与周围 3 个碳原子完全键合所形成六边形碳环结构，弯曲部位则由五边形或七边形碳环所构成。

　　B　石墨烯

　　石墨烯作为一种碳质的新材料，面密度为 $0.77mg/m^2$，由碳六元环按照二维（2D）蜂窝状点阵结构紧密组成，其碳原子的排布相同于石墨单原子层的排布。然而石墨烯不仅仅指单原子层的石墨材料。Partoens 小组研究发现，当石墨层的层数小于 10 层时，就会表现出较普通三维石墨不同的电子结构。通常将这种能带结构与三维石墨不同的材料（层数小于 10）称为二维石墨烯。

　　石墨烯可翘曲成零维的富勒烯（fullerene），卷成一维的碳纳米管（carbon nanotubes，CNTs）或者堆叠成三维的石墨（graphite），因此石墨烯被认为是构建其他石墨材料的基本单元。由于石墨烯的特殊结构，它的厚度可达 0.335nm，而比表面积却高达 $2600m^2/g$。同时，作为近年来发现的二维碳素晶体，石墨烯拥有优秀和突出的力学性能、热力学性能和电学性能，此外也被证明理想状态下有良好的储氢潜力，其纳米结构也十分独特。石墨烯具有较大的比表面积，理论上少量的加入量就可以对聚合物基体性能产生显著的影响。然而石墨烯表面又呈惰性状态，与其他介质的界面相容性较差，且石墨烯层与层之间有较强的范德华力，相互间容易产生聚集，所以石墨烯难于分散于水及常用的有机溶剂等介质中。石墨烯自被发现以来，在理论研究和实际应用方面已经充分展现出无穷魅力，吸引了国内外的众多学者对其进行研究。

　　C　生物炭

　　生物炭概念的提出，源于南美洲亚马逊流域黑色或者黑棕色的土壤，通常称为印第安黑土（terra preta）。研究者发现，与周围邻近的养分贫瘠、作物产量低的砖红壤（laterite）相比（图 10-2），这类黑土富含氮、磷、钾、钙等养分，同时有机质含量高，具有很好的水分保持能力，其种植作物产量高且稳定。利用现代的分析技术，发现这类黑土中含有丰富的木炭，近乎邻近其他土壤的 70 倍，土壤中还含有高芳香性的腐殖质，从而给研究者们提供了启示：通过现在热解工艺生产的木炭能否改善贫瘠土壤的肥力，带来更多的农业、环境、经济效益，这类木炭被研究者们称为生物炭。砖红壤和亚马逊黑土对比如图 10-2 所示。

　　生物炭一般是指生物质原材料在厌氧或缺氧的条件下，经一定的温度（<700℃）热解产生的碳含量高、具有较大比表面积的固体生物燃料，也称为生物质炭。常见的生物炭包括木炭、稻壳炭、秸秆炭和竹炭等。生物炭整个体系主要由具有石墨结构的碳或单质和芳香烃碳组成，由于生物炭碳原子之间存在很强的原子亲和力，所以生物炭不管是在低温还是在高温环境下都能够表现出很好的稳定性。在微观结构上，生物炭大多是由高度扭曲和紧密堆积的芳香环结构层组成，当然这与热解温度也存在着一定的关系。不仅如此，生物炭的元素组成不仅与生物质原料有关，与热解碳化温度也有着密切关系，众所周知，一般生物炭碳含量在 60% 左右，其他元素主要是 N、O、H 等，当热解碳化温度升高时，碳含量和灰分会增加，而 O、H 的含量则会下降。生物炭具有高度芳香化和羧酸酯化的内在结构，熔沸点很高，但可溶性却很低。

(a)   (b)

图 10-2　砖红壤（a）和亚马逊黑土（b）对比

生物炭在化学结构和官能团组成上主要包含脂肪族和芳香族化合物以及羧基、酚羟基、苯环、羰基、脂族双键等主要官能团。生物炭在高温热解和碳化过程中，因大多保留了原有生物炭的孔隙结构，使得炭化后会形成很多微小孔洞，这将导致生物炭具有较高的比表面积和较大的孔隙度。此外，生物炭的大孔隙可以达到 $750\sim1360m^2/g$，而小孔隙则可以达到 $51\sim138m^2/g$。生物炭质地轻，密度非常小，为 $1.6g/cm^3$ 左右。正是因为这些基本性质才使得生物炭具有较好的抗氧化性、较高的吸附能力、疏水性和环境稳定性。

生物炭从组成上可以归为碳质部分和灰分部分，因此可据此划分为三类：低碳，高灰分生物炭；中等碳、中等灰分生物炭和高碳、低灰分生物炭，如图 10-3 所示。在未来的几年里，我们还需要对不同用途的生物炭特性加强研究，通过更多的室外试验和实际应用来确定具有特殊性质的关键生物炭。

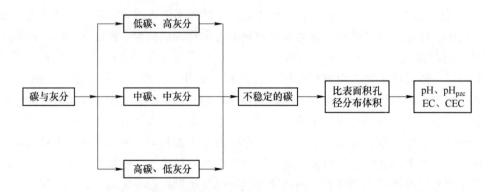

图 10-3　生物炭分类

综上可知，生物炭是一种具有微观结构、理化性质特殊的富碳材料，是未来环境领域和农业领域的潜在应用者。但是，由于生物炭制备过程粗犷、原料来源差异性较大、表面基团种类有限，导致其应用仍处于试验阶段，在实际应用中较少。

D　复合炭材料

a　粉末活性炭与超滤组合

现代水处理中，超滤膜（UF）和反渗透膜（RO）已成为深度处理的主要工艺，但当原水中有机物、无机物、微生物和胶体物质含量过高时，会造成膜表面和膜孔的累积，将造成膜表面的堵塞，影响膜的运行寿命。利用活性炭作为 UF 的前处理可去除污水中大部分有机物，降低 COD，从而缓解 UF 膜和 RO 膜阻塞和膜的污染问题，可延长膜的使用时间。

b　石墨烯与 SiO_2 的复合

SiO_2 价廉、无毒害、化学稳定，具有生物相容性和多功能性，对石墨烯表面进行纳米材料修饰，可克服石墨烯和纳米材料本身易聚集的问题。同时，复合材料相比单独的纳米 SiO_2 提供了更大的比表面积。

c　生物炭-磁性复合材料

利用生物炭自身具有的吸附性能，将其与其他材料复合制成新的材料，可以赋予生物炭新的性能。将吸附剂磁化是一种新兴的水治理技术，吸附后可以通过外加磁场将吸附材料回收，克服了非磁性吸附剂固液分离难的问题，从而为生物炭的应用提供了新的优势。

10.1.2　炭材料的制备与改性

10.1.2.1　传统炭材料的制备与改性

A　活性炭的制备与改性

a　活性炭的制备

将富炭的木质原料在惰性气体的保护下，在 300~800℃下进行炭化，再将炭化料与活化剂通过混合或浸渍均匀混合后，在惰性气体的保护下先在 300~500℃下进行预活化，然后再升温至 500~1000℃进行活化，最后冷却至室温，取出所得产物后，洗涤至中性后过滤、干燥，得到成品的活性炭，如图 10-4 所示。而像无烟煤、石油焦、石油沥青等炭质原料则无需炭化这一工艺过程，可以直接进行活化。

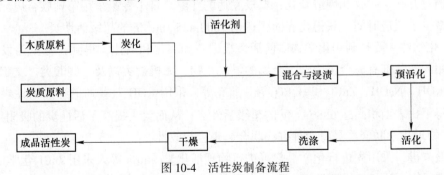

图 10-4　活性炭制备流程

活化方法主要有物理活化法、化学活化法、化学物理活化法和其他活化方法。

（1）物理活化法是将炭化材料在高温下用水蒸气、二氧化碳或空气等氧化性气体与炭材料发生反应，使炭材料中无序炭部分氧化刻蚀成孔，在材料内部形成发达的微孔结构。炭化温度一般在 600℃，活化温度一般在 800~900℃之间。

（2）化学活化法是通过选择合适的活化剂，把活化剂与原料混合后直接活化一步可制得活性炭。按活化剂不同分 $ZnCl_2$ 法、KOH 法、H_3PO_4 法。$ZnCl_2$ 活化法在我国是最主要的生产活性炭的化学方法，主要以木屑为原料采用回转炉或平板法制备。

（3）化学物理法。活化前对原料进行化学改性浸渍处理，可提高原料活性并在材料内部形成传输通道，有利于气体活化剂进入孔隙内刻蚀。化学物理法可通过控制浸渍比和浸渍时间制得孔径分布合理的活性炭材料，并且所制得的活性炭既有高的比表面积又含有大量中孔，在活性炭材料表面获得特殊官能团。

（4）其他活化方法。其他活化方法有催化活化法、界面活化法、铸型炭化法和聚合物炭化法。

1）催化活化法，金属及其化合物对碳的气化具有催化作用，所用的金属主要有碱金属氧化物及盐类、碱土金属氧化物及盐类、过渡金属氧化物及稀土元素。

2）界面活化法，不同富碳基体间存在较大内应力使界面成为活化反应中心。富碳基体间的内应力大于界面结合强度时界面出现裂纹，这些裂纹使活化分子易于通过进而形成中孔。界面法活化采用的添加剂主要是炭黑复合物、制孔剂、有机聚合物。

3）铸型炭化法是将有机聚合物引入无机模板中很小空间（纳米级）并使之炭化，去除模板后即可得到与无机物模板空间结构相似的多孔炭材料。铸型炭化的优点是可以通过改变模板的方法控制活性炭孔径的分布，但该方法制备工艺复杂，需用酸去除模板，使成本提高。

4）聚合物炭化法，由两种或两种以上聚合物以物理或化学方法混合而成的聚合物如果有相分离的结构，热处理时不稳定的聚合物将分解并在稳定的聚合物中留下孔洞。

b　活性炭的改性

活性炭的改性方法主要有表面物理结构特性改性、表面化学性质改性、电化学性质的改性。

（1）活性炭的表面物理结构特性包括活性炭的比表面积、微孔体积和结构、孔径分布，其决定了活性炭的物理吸附。表面结构的改性有物理法、化学法及两者的联合。

1）物理法主要是对原料进行炭化处理，然后用合适的氧化性气体对炭化物进行活化处理，通过开孔、扩孔和创造新孔，形成发达的孔隙。日本专家采用第Ⅷ族金属元素作催化剂，减少了反应时间，获得比表面积达到 $2000 \sim 2500 m^2/g$ 的超级活性炭。

2）化学法主要是利用化学物质使活性炭进一步炭化和活化，得到孔隙更为发达的样品。常用的活化剂有碱金属、碱土金属的氢氧化物、无机盐类以及一些酸类。文献报道较多的有 KOH、NaOH、$ZnCl_2$ 和 H_3PO_4 等。詹亮等人采用 KOH 对普通的煤焦活性炭进行改性，制得了比表面积高达 $6886m^2/g$ 的超级活性炭，从而大大提高了活性炭的吸附能力。

3）物理化学联合法是将两种方法联合起来进行改性。

一般来讲，采用先进行化学活化再进行物理活化。caturla 等人采用 $ZnCl_2$ 化学活化后，用 CO_2 进行物理活化核桃活性炭，进一步开孔和拓孔，用此法改性的活性炭比表面积最高可达 $3000m^2/g$。Mofina-sabio 等人用 H_3PO_4 和 CO_2 混合活化木质纤维素活性炭，即先用质量分数为 $68\% \sim 85\%$ 的 H_3PO_4 浸泡，然后炭化、活化，洗涤后用 CO_2 部分气化，结果获得了比表面积达 $3700m^2/g$、总孔容达 $2mL/g$ 的超级活性炭。

（2）活性炭的表面化学性质主要由表面的化学官能团、表面杂原子和氧化物决定，其决定了活性炭的化学吸附。活性炭的表面化学性质改性就是指通过改变活性炭表面的酸性和碱性基团的含量，从而改变活性炭的吸附性能，主要有高温处理技术、表面氧化改性、还原改性、负载金属或氧化物改性、添加活性剂等。

1）高温处理技术。唐乃红等人用乌虫籽壳制得的活性炭通过高温氧化和化学改性处理，表面基团发生了变化，高温氧化改性后的活性炭表面含氧官能团数量比未氧化处理的活性炭增加一倍左右，羧羟基比值高近4倍，活性炭表面极性增大，对某些有一定极性的溶质吸附容量增加。

2）表面氧化改性。表面氧化改性主要是利用强氧化剂在适当温度下对活性炭表面进行氧化处理，从而提高活性炭表面含氧酸性基团的含量，增强表面极性。目前，通过氧化改性提高活性炭表面酸性基团的改性剂主要有 HNO_3、H_2O_2、H_2SO_4、HCl、$HClO$、HF 和 O_3 等。Vinke 等人采用硝酸和次氯酸对活性炭进行改性处理。HNO_3 是最强的氧化剂，产生大量的酸性基团，$HClO$ 的氧化性比较温和，可调整活性炭的表面酸性至适宜值。被氧化过的活性炭，其表面几何形状变得更加均一。Gil 等人研究 HNO_3 和 H_2O_2 氧化改性对活性炭的影响，研究发现，对于 HNO_3 改性，在处理温度低于60℃时，主要是中孔受到影响，当处理温度达到90℃时，微孔增多而中孔缺失。对于 H_2O_2 改性处理，表面组织结构性质受温度因素的影响比 HNO_3 改性低。

3）还原改性是通过还原剂在适当的温度下对活性炭表面官能团进行还原改性，从而提高含氧碱性基团的含量，增强表面的非极性，使表面零电势点 pH_{pzc} 升高，这种活性炭非极性物质具有更强的吸附性能。常用的还原剂有 H_2、N_2、$NaOH$ 等。活性炭的碱性主要是由其无氧的路易斯碱表面产生的，可以通过在还原性气体 H_2 或 N_2 等惰性气体下高温处理得到碱性基团含量较多的活性炭。Manuel 等人将市售活性炭进行有选择性的改性，通过检测改性活性炭试样表面化学性质、结构特性以及对不同种类染料的吸附效果可以看出，活性炭表面化学性质在染料吸附过程中起到了关键作用。经 H_2 在700℃吹扫处理的活性炭对多种染料有着良好的吸附效果。

4）负载金属改性的原理大都是通过活性炭的还原性和吸附性，使金属离子在活性炭的表面上首先吸附，再利用活性炭的还原性，将金属离子还原成单质或低价态的离子，由于金属或金属离子对被吸附物较强的结合力，从而提高了活性炭对吸附质的吸附性能。目前常用负载的金属离子有铜离子、铁离子等。活性炭表面存在金属还可以降低再生温度和提高再生效率，而且活性炭材料作为催化剂载体可以燃烧完全，使金属的回收成本很低，同时也不会造成二次污染。

表面化学改性活性炭对于废水中无机重金属离子具有一定的选择吸附能力。实验表明，其对 Ag^+，Pd^{2+}，Cd^{2+} 等离子的吸附去除率达到85%以上，对其他金属离子如锑、锡、锡、汞、钴、铅、镍、铁等也具有良好的吸附能力。李湘洲等人在活性炭表面改性及其对 Cr^{3+} 吸附性能的研究中，分别用 HNO_3、H_2SO_4 及 HNO_3 加乙酸铜溶液对活性炭进行了表面化学改性处理，研究了改性活性炭对 Cr^{3+} 吸附性能的影响。实验结果表明：通过上述改性，活性炭表面官能团数量发生了显著改变，特别是羧基增加较多；改性后的活性炭对 Cr^{3+} 吸附性能有所提高。

在活性炭主体结构上的表面碳原子添加杂原子（N、F、Cl 等），形成各种表面化学基团，改变活性炭的吸附选择性主要有以下几种方法：液相浸渍法，将活性炭浸渍于一定浓度的含氮、含氟、含氯等化合物的溶液中，使孔道被溶液浸透，经过处理制成含氮、含氟、含氯的活性炭；气相反应法，使活性炭与含有 N、F、Cl 元素的气体接触，在一定温度下进行反应，制成含氮、含氟、含氯的活性炭。

B 活性炭纤维的制备与改性

a 活性炭纤维的制备

活性炭纤维是由原料纤维经预处理、碳化和活化三个阶段制备而成。

（1）预氧化。不同原料纤维预氧化的目的和方法不一样。聚丙烯腈纤维和沥青纤维预处理是为了使原料纤维不熔化，在碳化过程中不熔融变形，通常采取氧化预处理，使丙烯腈和沥青分子形成梯形聚合物，提高原料纤维的热稳定性。粘胶基纤维预处理的目的是提高原料纤维的热稳定性和控制活化反应特性，以达到改善活性炭纤维的结构、性能和提高产品的产率的目的。

（2）碳化。碳化是生产活性炭纤维的重要环节。通常采用热分解反应来排除原料纤维中可挥发的非碳元素。用热缩聚反应使富集的碳原子重新排列成石墨微晶结构，最终生成碳纤维。升温速率、碳化温度、碳化时间、碳化气氛和纤维力的控制等都影响碳化质量。为了制备性能良好的活性炭纤维，碳化纤维必须满足一定的要求，即高的含碳量、一定数量的孔、足够的强度。碳化工艺一般在 500~850℃，甚至更高的温度下进行。

（3）活化。活化反应是活性炭纤维生成发达的微孔结构和比表面积的重要工艺过程。活化条件和程度影响产品的结构和性能。影响活化的主要因素有活化剂种类、活化温度、活化时间、活化剂浓度。碳纤维是由无定型碳和类石墨微晶两部分组成，无定型碳和石墨微晶存在结构缺陷，具有较强的活化反应性。无定型碳易于反应，而类石墨微晶较为稳定。活化时，无定型碳迅速反应形成一个反应界面，然后类石墨微晶开始反应，在微晶中形成微孔。含无定型碳多的地方，容易形成较多和较大的微孔；含有无定型碳较少的地方，不形成微孔或形成较小的微孔。这些空隙也成了进一步活化时活化剂向纤维结构内部扩散的通道。这些空隙在进一步活化时继续反应，形成较大的孔。在碳纤维与活化剂反应的过程中，除了上述造孔、扩孔作用外，还存在开孔作用，即碳化纤维原本存在的封闭的空隙结构，由于活化反应而成为开启孔。随着活化温度的升高和活化时间的延长，活化气体不可避免地与石墨微晶部分进行反应，使纤维直径随活化程度的深入而不断减少，这在无形中减少了比表面积，对活性炭纤维的性能产生不利的影响。

b 活性炭纤维的改性

活性炭纤维的改性主要有三个方面，即形态改变、孔结构的控制和化学改性，其目的都是为了进一步提高活性炭纤维的吸附性能。

（1）形态改变。活性炭纤维的充填密度较低，为了提高其充填密度，通常用酚醛树脂等作黏结剂来成型，但要得到高密度就要用大量的黏结剂，黏结剂有可能使活性炭纤维中的微孔堵塞，而且，需要将活性炭纤维粉碎到 1mm 以下，这样不仅破坏了活性炭纤维的纤维组织结构而且使得成本增高。K. Miura 等人报道通过热成型法制得了填充密度可以控制在 $0.2~0.86g/cm^3$ 的活性炭纤维模块。经测定其微孔结构与未致密化的活性炭纤维完全一样，纤维的吸附性能毫无损失。

（2）孔结构的控制。活性炭纤维的孔径以呈单分散型分布的微孔为主，适用于对气相或液相低相对分子质量物质的吸附。调孔包括：增大孔容积和比表面积、提高微孔比例或增加中孔等。常用的调孔方法：选择适当的前驱体、热处理、控制炭化/活化条件和化学气相沉积等。对活性炭纤维孔径调整的目的就是将活性炭纤维的孔隙直径与吸附质分子尺寸调整到合适比例，以获得最佳吸附效果。

商红岩等人研究表明，采用 KOH 处理能大大提高活性炭纤维的比表面积和微孔率。符若文等人报道，用磷酸浸泡后制备活性炭纤维，能明显增加微孔数量，增大比表面积。陈水挟等人研究得出，适当的高温（<800℃）处理能有效地促进活性炭纤维微孔的形成，提高比表面积和吸附容量。

（3）化学改性。化学改性包括表面改性、添加或负载金属（单质、氧化物或盐）和氟化与硅化。

1）利用表面化学改性来改变活性炭纤维的表面酸碱性、引入或除去某些表面官能团，调整活性炭纤维的表面亲水性与疏水性，可以使活性炭纤维满足不同的功能需要。例如，高温或氢化处理可脱除表面含氧基团，减少亲水基，提高对含水气流或溶液的吸附；反之，用强氧化剂如硝酸、次氯酸钠、重铬酸钾、高锰酸钾、臭氧及空气等进行氧化处理后，引入含氧基团，获得酸性表面，具有亲水性，增加对极性物质的吸附等。目前研究的热点是通过刚氏等氧化剂对活性炭纤维表面进行氧化改性。活性炭纤维经 HCl、HF 处理后，由于去除了活性炭纤维表面作为灰分的亲水性金属氧化物，提高了活性炭纤维表面的疏水性；用 H_2 处理后，脱除活性炭纤维表面的含氧基团，其亲水性减小，疏水性增加，因而在水溶液中对有机物苯酚的吸附量显著增大。Soo-JinPark 等人利用氧等离子体改性了活性炭纤维，经过改性后比表面积和孔容有所减少，但是表面的含氧基团增加，尤其是羧基和酚羟基。使用改性后的活性炭纤维对 HCl 进行了去除研究，结果表明经氧等离子体改性，活性炭纤维对 HCl 的去除效果提高了 300%左右。J. M. ValenteNabais 等人采用微波对活性炭纤维进行了热处理。结果表明，微波处理影响了活性炭纤维的微孔孔容和微孔孔径减小，而且通过微波处理活性炭纤维的表面由毗喃酮基团的产生，使活性炭纤维的零电荷点达到 11。

2）添加或负载金属，这种化学改性通常是通过溶液浸渍或其他手段如电镀法、蒸镀法、混炼法、溅射等而获得的。杨全红等人研究表明，活性炭纤维经 $FeSO_4$ 改性，比表面积减小，表面上含氧官能团增加，微孔趋向圆形，对氨和苯蒸气的吸附能力大大增强。杜秀英等人研究表明，载锰活性炭纤维表面含氧官能团大幅度增加，对乙基硫酸的吸附性能大大提高。李国希等人采用电化学方法制备了负载 Pt 的活性炭纤维。电沉积 Pt 没有改变活性炭纤维的微孔结构，Pt 粒高度分散在活性炭纤维的外表面，而 NO 的吸附量显著增加，说明存在化学吸附。

3）氟化和硅化。李国希等人将活性炭纤维和氟气反应制备了氟化活性炭纤维（FACF）。活性炭纤维氟化后比表面积和微孔容积显著降低、微孔宽度基本不变。氟化活性炭纤维对水的吸附量极小，微孔表面具有完美的憎水性和高稳定性。

10.1.2.2　新型炭材料的制备与改性

A　碳纳米管的制备与改性

a　碳纳米管的制备

目前合成碳纳米管的方法如下：

（1）石墨电弧法。其原理是，采用石墨当电极，将电弧室充满惰性气体进行保护，将电极靠近，拉起电弧再拉开。在放电过程中，阳极温度高于阴极，阳极电极不断被消耗，同时在阴极上沉积出含碳纳米管、无定形炭及石墨碎片的产物。Lijima 于 1991 年使用石墨电弧法制备出碳纳米管。其优点是：工艺简单、快速，而且制备出的碳纳米管结晶度高，能反应碳纳米管的真实性能；缺点是：杂质太多，合成的碳纳米管中含有无定形炭及石墨碎片等非晶碳杂质。

（2）激光蒸发法。在 1200℃ 电阻炉中，采用双脉冲激光束蒸发含有 Fe/Ni（Co/Ni）的石墨制备出直径为 0.81~1.51nm 的单壁碳纳米管。优点是制备出的碳管纯度较高，基本不需要纯化；缺点是设备复杂、制备成本高。Hongjie Dai 于 1996 年使用激光蒸发法制备了单壁碳纳米管，采用铁粉、镍粉作为催化剂，反应初始阶段通入氩气升高温度，温度到达 1200℃ 时，通入 CO 气体约 1h，在电炉冷却至室温之前用氩气替换 CO，通过 CO 的歧化反应制备碳纳米管。

（3）化学气相沉积法。含碳气体（CH_4、C_2H_2、C_2H_4 等）流经过渡金属制成的催化剂表面时分解，沉积生成碳纳米管，最初采用的催化剂为 25% 铁/石墨颗粒。化学气相沉积法制备碳纳米管制备条件可控，容易实现批量生产，是目前使用最多的工艺之一。

b　碳纳米管的改性

碳纳米管为疏水性材料，其范德华引力较强、表面活性较高、长径比也较高，很容易发生团聚或缠绕现象，从而对碳纳米管的广泛应用非常不利，因此在将碳纳米管应用于水中污染物吸附去除前，往往需要修饰碳纳米管表面性质。为了保持其良好的结构性能，逐渐采用非共价键法改性，包覆或负载金属、氧化物、氮化物、硫化物、生物分子等以达到碳纳米管的表面改性，从而提高碳纳米管的相容性和功能性，同时能够赋予碳纳米管更多优异的性质。目前碳纳米管表面修饰的方法主要分为两种：共价键和非共价键功能化法。

B　石墨烯的制备与改性

a　石墨烯的制备

石墨烯的制备方法主要有机械剥离法、晶体外延生长法、气相沉积法、有机合成法和化学氧化还原法。

（1）机械剥离法。等离子刻蚀技术的应用在微机械、微光电子等加工领域已经很广泛，很早之前科研工作者就用这种刻蚀剥离的方法尝试制备石墨烯片层。2004 年石墨烯被更为简单的微机械剥离法成功制得，Geim 等人从热解高定向石墨（HOPG）上剥离出石墨烯，利用这一方法他们成功制备并观测到了准二维单层石墨烯的形貌。

（2）晶体外延生长法。在高真空环境（1.33×10^{-10} Pa）中，从碳化硅表层也可以生长出石墨烯。虽然这种连续的薄膜石墨烯材料的载流子迁移率较高，而且也遵循电子的狄拉克方程，却并没有从中观测到如同机械剥离法制备的二维石墨所表现出的霍尔量子效应，且这种方法所制的石墨烯往往容易受碳化硅基底影响表面的电学性质，又由于在高温加热过程中碳化硅晶体表面容易发生重构，使得石墨烯产生出现较为复杂结构的表面。因此在实现石墨烯的厚度均一和大尺寸面积的制备上比较困难，所以仍需进一步研究。

（3）气相沉积法。气相沉积法（CVD）提供了一种更为可行的制备石墨烯的途径，它的生产工艺完善，同时应用极为广泛，这种化学方法通常用于半导体材料薄膜的工业化大规模制备。Zhu 等通过对碳纳米管的合成参数进行改进，用电感耦合频射等离子体在没有催化条件的情况下进行气相化学沉积法，在多种衬底上都实现了石墨纳米级薄片的沉积。从扫描电镜照片中可以观察到这种石墨纳米级薄片的厚度平均仅有1nm，并且存在单层准二维石墨烯垂直于衬底，且可以从高清透射电镜中观察出石墨烯的厚度仅为0.335nm。

（4）有机合成法。通过有机合成法，可对苯环类化合物进行有机合成制备石墨烯薄膜。有机合成法的优点在于可制备出具备优越性能的、连续的石墨烯半导体薄膜材料，可使用目前的半导体加工技术对石墨烯进行修饰剪裁，在微电子领域有着巨大的应用潜力。有机合成法所制石墨烯尺寸偏小是此种方法的缺陷，如果克服了这个缺陷，将带来广阔的石墨烯的应用前景。

（5）化学氧化还原法。对石墨烯制备方法的早期研究中就包括了化学氧化还原方法，如今许多制备路线都是基于用氧化石墨作为中间产物媒介。这种方法可以概括为三个步骤：首先对石墨进行氧化，然后对氧化石墨进行处理得到氧化石墨烯，最后采用化学还原的方法获得石墨烯。化学氧化还原法是目前实验室自制石墨烯采用的方法，是一种较为简易、安全和有效的制备纯净石墨烯的方法。

b　石墨烯的改性

天然石墨不亲水也不亲油，因此石墨烯既不亲水也不亲油，石墨烯层与层之间有范德华力，如果不加以处理，石墨烯之间会聚集在一起。因此，石墨烯表面呈惰性状态，与其他介质界面相容性较差，因而要对石墨烯的亲水亲油性进行改善。通过石墨烯表面的活性基团可以对石墨烯引入很多具备特定功能的物质。对石墨烯的改性包括表面改性、化学掺杂和聚合物基的功能化等。

（1）表面改性。通过在边界引入官能团反应的方式进行化学改性是石墨烯化学改性的重要方式之一，在石墨烯边缘接入硝基或甲基基团可以使石墨烯在纳米结构上实现半金属性质。此外，采用长链烷基也可以实现石墨烯纳米层改性。

（2）化学掺杂。对石墨烯的化学掺杂会形成一系列新的石墨烯衍生物，这种化学掺杂往往是建立在石墨烯的共价键功能化基础上得以实现的。针对石墨烯的带隙、载流子极性和载流子浓度进行改性，使之具备可调变性，是石墨烯在微电子工业的潜在的应用方式之一。

（3）聚合物基的功能化。将具备优秀特性的无机材料与可加工成型的良好的高分子材料复合在一起一直是学者在科研工作中的一个方向和目标。石墨烯具有高比表面积的特性，因此很小百分比或者微小的加入量都能让石墨烯在高聚物基体中形成交叉网状的结构形态。同时，石墨烯具备的卓越电学性能和力学性能，也是许多科研工作人员将精力放在石墨烯的复合材料研究上的一个重要原因。

C　生物炭的制备与改性

a　生物炭的制备

生物炭制备技术目前包括回转窑、气化炉、慢速热解、快速热解、水热反应、螺旋热解、Flash碳化器等。其中快速热解、水热反应技术和螺旋热解比较常见。

相对于沼气和生物炭来讲，快速热解能够使生物质被快速加热，从而把生物油的蒸汽组分蒸出。尽管有一些反应器被设计用作快速热解装置，但是流动床由于自身具有较高的传热和传质速率而使其成为制备生物油的理想装置。一般来讲，将1~2mm粒径的生物质在 450~500℃ 条件下快速热解能够产生 65%~70% 的生物油、12%~15% 的生物炭和 15%~28% 的不可冷凝气体。而热解产物的含量分布会戏剧性地受到流动床气体流速、热解温度和原料粒径的影响。

水热反应技术是在水环境下对生物质进行热处理以获得碳水化合物、流体烃类和一些气态产物，其共同产物是生物炭。随着反应温度的增加，产生的更高的压力将会阻止湿润生物质内的水沸腾。因此，反应条件为受高热压缩水时的 200V 到超临界水的 374℃ 以上。尽管目前对水热技术制备生物炭没有系统的产率产量研究，但是依据化学平衡理论可知，随着反应温度的增加，生物炭的产量将会下降。

螺旋热解装置通过螺旋杆循序推进生物质原料来进行热解，这种热解装置很受关注，因为它可以进行相对小规模的热解操作。其中，有些是外部加热，有些则是使用如沙子这样的载热体来对生物质进行加热。近些年来，螺旋热解被应用在利用生物质生产生物油和生物炭上。Haloclean 热解装置是另一种螺旋反应装置。起初，这种装置是用于处理电子垃圾的，然而后来被逐渐用来热解生物质。Haloclean 热解装置使用铁球体作为热量携带者，最为典型的是 Advanced Biorefinery 股份公司研制的超强加热螺旋热解仪。

b   生物炭的改性

Gurgdatal 通过对甘蔗渣的表面进行三乙烯四胺修饰，来吸附水溶液中的 Cu(Ⅱ)、Cd(Ⅱ) 和 Pb (Ⅱ) 重金属，由于三乙烯四胺具有氨基活性官能团，能够对重金属发生整合作用，所以吸附效果非常好。类似地，Deng 等人利用聚乙烯亚胺对生物质进行化学修饰并用于 Cu(Ⅱ)、Pb(Ⅱ) 和 Ni(Ⅱ) 的生物吸附。在 2005 年，研究者 Deng 等人还利用聚丙烯酸修饰的生物质来对重金属 Cu(Ⅱ) 和 Cd(Ⅱ) 进行生物吸附。Uchimiya 等人对棉籽壳等通过氧化法对生物炭表面进行羧基改性，通过对比试验来研究改性后的生物炭对土壤中 Cu(Ⅱ)、Zn(Ⅱ) 和 Pb(Ⅱ) 重金属的固定效果。目前，对生物炭的改性和应用依然是一个热点，可以预见，改性生物炭在未来应对气候变化、环境污染治理和农业应用等方面将会表现出明显的优势和巨大的潜力。

10.2   炭材料在土壤改良和污染治理中的应用

10.2.1   土壤中的主要污染物

土壤环境中常见的污染物包括无机污染物、有机污染物等。以下是几种具有代表性的污染物。

（1）无机污染物：重金属、酸、碱、盐、氟、氰化物、污泥、矿渣等。

（2）有机污染物：典型的有农药、多环芳烃(PAHs)、石油烃(TPH)、持久性有机污染物(POPs)、表面活性剂、多氯联苯(PCBs)、二噁英等。

由于炭材料具有吸附量高、吸附速率快、吸附选择性好、再生能耗低的特点，近年来用炭材料来治理土壤污染和土壤改良的应用越来越广泛。本节将从传统炭材料(活性炭)和新型炭材料(碳纳米管、石墨烯、生物炭)两个方面阐述各自在土壤污染治理中的应用。

10.2.2　传统炭材料在土壤污染治理中的应用

活性炭对土壤污染治理的应用主要表现在重金属的去除。目前研究较多的是对铬的去除。

10.2.2.1　铬(Cr)的去除机理和影响因素

去除铬的机理如下：

(1) 活性炭的疏松多孔结构在一定程度上和土壤团粒结构相似，增强了土壤的保水保肥能力，能有效提高土壤有机质和腐植酸含量，使无机态铬更多地以有机结合态、铁锰氧化态以及硫化态稳定下来。

(2) 经过改性后的活性炭有更大的比表面积，对游离态铬有更好的吸附稳定效果，且表面大量含氧官能团更有利于对其他形态铬的稳定作用。

(3) 活性炭的加入能够稳定铬污染土壤中的铬离子，增加铬的迁移稳定性，同时活性炭的加入对土壤性质的改变，显著增加了土壤中存在的有机结合态铬，促进了其在植物内的积累。

活性炭在土壤污染治理土中的影响因素主要有：活性炭粒径的大小、活性炭表面基团的酸碱性、土壤的 pH 值、土壤的酶活性和微生物数量等有关。

10.2.2.2　铬的去除应用现状

陈冬冬利用硝酸氧化和还原改性方法对石油基活性炭进行改性，探究了改性前、后活性炭物理化学性质的变化及其对污染土壤中铬的吸附稳定性和铬形态迁移转化的影响。结果表明，活性炭疏松多孔的表面结构以及表面丰富的含氧官能团，能够对游离铬离子迅速产生吸附，使一部分铬稳定下来；同时，活性炭的疏松多孔结构在一定程度上和土壤团粒结构相似，增强了土壤的保水保肥能力，能有效提高土壤的有机质和腐植酸含量，使无机态铬更多地以有机结合态、铁锰氧化态以及硫化态稳定下来，降低了土壤环境中铬的迁移毒性，提高了其在土壤体系中的稳定性。同时比较硝酸和氨及未改性的三种活性炭作为添加剂对铬渣污染土壤中铬形态分布的影响，可以看出，经过改性后活性炭比表面积增大，对游离态铬有更好的吸附稳定效果，且表面含大量含、官能团更有利于对其他形态铬的稳定作用。

10.2.3　新型炭材料在土壤污染治理中的应用

10.2.3.1　碳纳米管

目前，国内外在应用于污染土壤修复的环境功能材料的研制及其应用技术还刚刚起步。因而仅从碳纳米管对土壤环境污染物(重金属离子)的吸附行为和相关机理以及碳纳米管在土壤环境中的迁移行为方面进行了综述，阐述了这些研究对于评估碳纳米管的环境应用潜力、环境和生态风险所具有的意义。

A　吸附机理

碳纳米管吸附土壤中金属离子的机理一般归结为静电引力、吸附沉积和化学键合作用三方面。一般而言，重金属离子和碳纳米管表面官能团的化学键合作用是主要的吸附机理。碳纳米管表面的羧基和酚羟基与土壤中的金属离子发生离子交换。随着吸附的进行，碳纳米管表面释放 H^+，导致土壤环境临近范围内的 pH 值降低。这又可能进一步使土壤里游离态金属离子的浓度变大，促进了吸附的进行并逐步达到平衡。

B　影响因子

（1）碳纳米管的性质。吸附剂的性质对于土壤中金属离子的吸附起着重要作用。如碳纳米管对 Cd^{2+}、Cu^{2+}、Ni^{2+}、Pb^{2+} 和 Zn^{2+} 等离子的吸附能力与碳纳米管表面酸性基团密切相关，而与比表面积、孔容和平均孔径没有直接的相关性。金属离子在碳纳米管上的吸附量随着表面的总酸性基团，如羧基、内酯基和羟基数量的增加而增加，说明碳纳米管对金属离子的吸附是化学吸附而非物理吸附占支配地位的界面过程。

（2）土壤的物理化学性质，如温度、pH 值、离子强度和表面活性剂等能够影响碳纳米管对金属离子的吸附能力。

C　碳纳米管在土壤中的迁移

碳纳米管在土壤中的迁移主要与土壤的性质密切相关。方靖通过饱和均匀土柱的柱淋溶实验发现，多壁碳纳米管在土壤中具有很好的移动性，其移动能力与土壤颗粒平均粒径（$P<0.05$）和土壤沙粒含量（$P<0.1$）呈显著正相关、与土壤黏粒含量（$P<0.05$）呈显著负相关关系。运用一级动力学对流-弥散模型预测多壁纳米碳管在各个土柱中的最远迁移距离为 $26.8 \sim 383.1$ cm，说明多壁纳米碳管有向深层土壤迁移的可能性。因此，碳纳米管在环境中的迁移能力取决于碳纳米管自身性质和所处环境介质的物理化学性质。综合考虑碳纳米管的特定理化性质和所处环境条件是准确评价环境中碳纳米管的迁移行为，以及与之密切相联系的环境生态风险的必要条件。碳纳米管对污染物的吸附也取决于碳纳米管自身性质、吸附质的性质和溶液的物理化学性质等因素。碳纳米管对污染物较强的吸附能力，以及碳纳米管自身在土壤环境中的稳定性，进一步增加了碳纳米管对有机污染物的吸附及其在环境介质中的移动性。探讨碳纳米材料的环境行为及其与典型污染物间的相互作用，可为评价碳纳米材料和被碳纳米材料吸附的污染物的环境风险提供理论基础，也是在碳纳米管作为修复材料进行深层修复之前所必须要解决的问题，这些相关的研究应该作为今后研究的重点。

10.2.3.2　石墨烯

由于石墨烯材料具有较大的比表面积、良好的化学稳定性，因此石墨烯在土壤中的应用主要体现在有机物的去除。

清华大学的张亚新博士以氧化石墨烯（GO）为前驱物，应用水热法成功合成了石墨烯-TiO_2 复合光催化剂。他将其应用于憎水性有机物（HOCs）的光催化降解研究中，发现其对 PCP-Na 降解率达到 $97.7\% \sim 99.0\%$，约为普通 P25 型 TiO_2 光催化剂的 18 倍，是已有研究中降解效率最高的光催化剂之一。石墨烯-TiO_2 降解能力增强的根本原因在于电子与空穴的分离效率大幅提高；五氯酚（PCP）光催化降解的主要机理为脱氯和羟基自由基的亲电加成作用。实际淋洗液复杂组分对光催化降解性能的影响研究显示，在淋洗液 pH 值范围内，影响光降解的主控因素是表面活性剂和五氯酚（PCP）的浓度。因此石墨烯与 TiO_2 光催化剂的复合，可实现光生电子空穴的高效分离，并为光催化高效降解憎水性有机污染物奠定基础。

10.2.3.3　生物炭

生物炭施到土壤，能增加土壤有机物质，提高土壤肥力，使作物增产，同时生物炭还可降低土壤重金属和农药的污染,在土壤污染治理中主要为重金属的降解。目前国内外学者重点研究利用生物炭修复包括 As、Pb、Cd、Zn、Cr 等重金属污染的土壤,但生物炭修复不同的重金属效果差异显著,如生物炭固化土壤中 Cd 和 Zn 效果好,但对 As 几乎没有效果。生物炭对重金属污染土壤修复的研究大部分处于在柱浸实验阶段,即用生物炭通过柱浸实验处理重金属污染场地的土壤,通过测定生物炭处理后土壤孔隙水中污染物含量的变化,评价生物炭对污染土壤的修复效果。

A 去除重金属

a 去除铅、镉、锌

Cao 等人认为所有由粪肥制造的生物炭随温度变化特点都相似,比表面积、碳含量和 pH 值随温度增高而增高。不同温度下烧制的生物炭对 Pb^{2+} 和 Cd^{2+} 的吸附量排序如下:300℃>400℃>500℃>250℃>150℃,这是由于生物炭的极性基团含量与热解过程的温度密切相关,在 300℃下烧制的生物炭极性基团含量最高,吸附重金属效果最好。

林爱军等人采用分级提取的方法研究了施加骨炭对污染土壤重金属的固定效果。结果表明,土壤施 10mg/kg 骨炭后水溶态、交换态、碳酸盐结合态和铁锰氧化物结合态 Pb 的浓度都显著下降,而有机结合态 Pb 的浓度显著上升,表明骨炭可以吸附固定土壤中的 Pb,改变 Pb 的化学形态,降低 Pb 的生物可利用性,Cd、Zn 和 Cu 都有类似的结果。

不同的材料来源的生物炭吸附效果也有很大差异。Liu 等人在 300℃用水热法烧制的以松木和稻糠为原料的生物炭对 Pb^{2+} 的吸附量分别为 4.25mg/g 和 2.40mg/g。Luke Beesley 等人用橡木、欧洲白蜡树、梧桐树、桦木和樱桃树在 400℃下制备生物炭,施入土壤后,土壤沥出液中 Cd 和 Zn 的浓度分别降低了 300 倍和 45 倍。周建斌等人研究结果表明,镉污染土壤经棉秆生物炭修复后,小白菜可食部镉质量分数降低 49.43%~68.29%。根部降低 64.14%~77.66%。Beesley 和 Marmiroli 将 400℃下制得的生物炭施入土壤后,发现土壤沥出液中 Cd 和 Zn 的浓度分别降低了 300 倍和 45 倍。

b 去除镍

王宁研究发现,生物炭修复土壤中生长的黑麦草植物中重金属 Cr、Ni、Cd 含量明显较低,As 污染土壤经生物炭处理后种植西红柿,其根与幼苗中的 As 的砷含量显著降低,西红柿中的 As 含量低于 $3\mu g/kg$,As 毒性及转移风险均达最小,说明生物炭可以减少农作物对重金属的吸收,提高农作物的品质。

c 去除砷

相比其他重金属,As 更稳定(残渣态大于 60%),但 As 依然可以被生物炭表面固定。用修剪果园的果树枝条制成的生物炭对 As 污染土壤进行修复并种植番茄。研究结果表明,生物炭显著提高了土壤孔隙水中 As 的浓度($500\sim2000\mu g/L$),相对未施生物炭的对照番茄根和茎中的 As 的浓度显著下降,果实中的 As 的浓度很低($3\mu g/kg$)。

d 去除铜

有关研究结果表明,Cu 的吸附等温线在不同的土壤类型中表现各不相同:在黏土、碱性土壤中,生物炭对 Cu 有显著的吸附能力;在侵蚀土壤和酸性肥沃土壤中,生物炭对 Cu 的吸附能力很弱。在酸性土壤中,酸性活性炭的加入可以通过离子交换的机制增加对 Cu 的吸附,减少 H、Ca 和 Al 的吸附。在碱性土壤中,因 Cu 与土壤以及生物炭表面的电负性发生静电作用、灰分的吸附、Cu 与生物炭材料上配位基团的 π 电子的配位作用及沉淀作用而使 Cu 滞留。

B   去除有机污染物

Lou 等人发现生物炭的应用降低了浸出液的五氯苯酚质量浓度（从 4.53mg 降低至 0.17mg）并明显增加了发芽率和根系长度，因此生物炭可作为一种潜在的有机污染物的原位吸附剂。Chen 和 Yuan 研究发现生物炭能够加强土壤对多环芳烃的吸附，且应用了低温（100℃）生产的生物炭土壤的吸附量与生物炭的应用量呈线性关系，其他温度的生物炭也是呈正相关关系。

总之，生物炭在改善土壤肥力并提高作物产量，以及降低农村的重金属和有机污染方面有巨大的潜力。它和与其性质相似的活性炭相比，成本较低，易被大众接受；与其他增产增肥措施相比，具有效果好、持续时间长的优点。因此，生物炭将在未来的土壤增产以及污染物的处理中发挥巨大的作用。但是很多室内及田间模拟实验表明，在短期内生物炭对土壤具有一定的改良作用，但生物炭对土壤的长期效应还需进一步的研究与开发。

10.3   炭材料在水污染治理中的应用

10.3.1   水体中的主要污染物

水污染中的污染物主要分为有机污染物和无机污染物。无机污染物包括无机无毒物和无机有毒物，有机污染物包括有机有毒物和有机无毒物。

无机无毒物主要是指排入水体中的酸碱以及一般的无机盐类。酸主要来源于矿山排水以及许多工业废水，如化肥、农药、酸法造纸等工业的废水，碱性废水主要来自碱法造纸、化学纤维制造、制碱、制革等工业的废水；无机有毒物有强烈的生物毒性，它们排入水体常会影响水中生物，并通过食物链影响人体健康。这类污染物有明显的积累性。根据污染物的性质，此类污染物分为重金属如铅、汞、铬、镉等与非金属的无机毒性物质如氰化物、砷、硒等。重金属汞的主要来源是生产汞的厂矿、有色金属冶炼以及使用汞的生产部门排出的工业废水；镉来源有工业含镉废水排放、大气沉镉的沉降以及雨水对地面的冲刷；铅主要来自矿山开采、金属冶炼、汽车废气、燃煤、油漆、涂料等。氰化物主要来自工业企业排放的含氰废水，如电镀废水、焦炉和高炉的煤气洗涤冷却水、化工厂的含氰废水以及选矿废水等；砷主要来自岩石风化、土壤侵蚀、火山作用以及人类活动。

有机无毒物主要指需氧有机物，该类有机物排入水体后主要产生生态效应和溶解氧效应；有机有毒物有农药、酚类化合物、多环芳烃、多氯联苯和表面活性剂，水中农药概括起来主要是有机氯和有机磷农药，此外还有氨基甲酸酯类农药，它们通过喷施农药、地表径流以及农药工厂的废水排入水体；水中酚类来源是冶金、煤气、炼焦、石油化工、塑料等工业排放的含酚废水，此外生活污水也是含酚废水的来源。多环芳烃是石油、煤、天然气以及木材，在不完全燃烧或高温处理下产生的；多氯联苯来源是各种工业的废物排放；表面活性剂主要是由含一定浓度的工业废水和生活污水排放导致。

10.3.2   传统炭材料在水污染治理中的应用

10.3.2.1   活性炭

水处理是环境保护的重点，发达国家（如美国、日本等）水处理方面的活性炭用量是其总用量的 40%以上。目前用活性炭进行水处理，主要集中在以下两方面：

（1）生活用水处理。自来水用活性炭处理可去掉多种有机质和各种臭味，也可除去由于氯气或漂白粉处理后生成的对人体有害的含氯碳氢化合物。张林军等人针对水厂水源受污染的情况，通过静态搅拌试验，对用粉末活性炭处理微污染源水时，粉末活性炭种类的选择、投加点以及投加量的确定等问题进行了研究。水厂生产应用结果表明，对突发性微污染源水采用投加粉末活性炭的方法投资相对较小、见效快，对水中的色度、有机污染物和酚类的吸附效果较好。

原芳等人以稻壳为原料制备了高比表面积的粉末活性炭，对其进行表征，所制备稻壳活性炭的碘吸附值和比表面积分别为 1010mg/g 和 1923m²/g，并将其自来水源水净化效果与商品炭进行了对比研究。研究表明，稻壳炭和商品炭对水中浊度的去除效果基本相同，对高锰酸盐指数的去除率分别为 61%和 50%；水样处理前后的 GC-MS 测试结果表明，稻壳炭和商品炭对自来水源水中有机物的去除率分别为 71%和 45%，说明所制备的稻壳活性炭比商品炭具有更加优良的吸附能力。

（2）废水处理。废水处理时，要根据废水的来源、所含有害物质的种类等决定活性炭处理方法。国内活性炭的废水处理多用作三级处理。活性炭处理工业废水，有的单独使用，有的与其他方法配合使用。李国斌等人研究了以比表面积为 1035m²/g 的粉煤灰活性炭为吸附剂、还原剂对含 Cr(Ⅵ) 的电镀废水进行了处理。溶液中 Cr(Ⅵ) 的质量浓度为 50mg/L、pH=3、吸附时间 1.5h 时，活性炭的吸附性能和 Cr(Ⅵ) 的去除率均达到最佳效果。实验结果表明：粉煤灰活性炭处理电镀废水，吸附性能稳定、处理效率高、操作费用低，有一定的社会效益和经济效益。粉煤灰活性炭完全可以用于处理电镀废水中的 Cr(Ⅵ)，去除效果接近于其他煤制活性炭，吸附后的废水可达到国家排放标准。

王晓云等人对活性炭与其他方法连用处理洗浴废水进行了研究：先经混凝剂处理、砂滤、臭氧氧化处理，大大降低浊度和 COD，处理后的洗浴废水的 COD 值往往大于 10mg/L，而且当原水的 COD 较高时曝气后的水的 COD 更大。为了能达到洗浴废水的回用标准，因此必须对臭氧曝气后的水进行进一步处理。活性炭作为一种优良的吸附剂，因此采用活性炭过滤作为最后的处理。如此，一方面降低水样的 COD 以达到回用标准；另一方面用于对原水的除臭。实验研究表明，经活性炭最终处理后，洗浴废水达到回用标准，具有很好的效果，尤其对需要将 COD 值降至小于 10mg/L 的回用水，不仅能使它们的 COD 值达到回用的标准，而且能除掉回用水的臭味。

10.3.2.2 活性炭纤维

活性炭纤维在水处理中的应用主要有以下两方面：

（1）有机废水处理。

1）酚类废水。活性炭纤维对酚类废水的处理效果较好。中山大学研制生产的 ACF 处理含酚废水技术 1985 年已获得国家专利其技术用于处理含酚工业废水，出水苯酚质量浓度小于 0.5mg/L。

2）芳烃类废水。刘勇弟等人以甲苯溶液为模拟废水，通过静态和动态实验，研究了 ACF 的处理效果。ACF 对甲苯的吸附容量大，在甲苯平衡浓度为 74~162.3mg/L 范围内，吸附容量可达 0.54~0.67g/g。动态饱和吸附容量达 0.557g/g，吸附速度快。吸附条件对吸附效果有一定影响，流速低，吸附效率提高。温度升高，吸附效率降低。介质 pH 值对甲苯吸附的影响不大。ACF 的再生容易，用 100℃蒸汽再生，效果明显。

3）卤代烃废水。安丽研究了四种 ACF（粘胶基、酚醛基、聚丙烯腈基和沥青基活性炭纤维）和 GAC 对卤代烃的吸附效果。在吸附低浓度卤代烃时，ACF 与 GAC 相比无论在吸附速率还是在吸附容量上都具有优势，这使得低浓度的污染物能被进一步除去，设备可以更小型化，节省投资。

4）印染废水。ACF 微孔多，几乎没有大、中孔，亲水性强，对大分子、疏水性染料的吸附较差。鉴于 ACF 吸附脱色效果好，但费用高，一般用于印染废水脱色的深度处理。ACF 对不同种类的染料具有选择性。脱色率大小的顺序是：碱性染料>直接染料>酸性染料和硫化染料。ACF 只能吸附水中的可溶性染料，不能吸附不溶性染料。尽管活性炭纤维对有机物、色度的去除率均很好，但由于其价格的限制和再生技术经济效益问题，不可能用于原始的印染废水处理，而是比较适合深度处理。

5）制药厂高浓度废水处理。肖月竹等人就某制药厂 COD 达 10000mg/L 的废水采用 ACF 三级吸附，净化效率达 86%以上，脱附时用 150~350℃空气及蒸汽混合脱附，ACF 性能不变，ACF 静态吸附容量大于 0.5g/g。徐中其等人研究了硝基苯模拟废水，实验表明 ACF 的处理硝基苯废水的吸附容量大，吸附速度快，处理效果好，出水能够达到国家一级排放标准。加热再生后吸附性能不会降低，ACF 静态吸附容量大于 0.2g/g。在高温条件下碳微晶结构的重新蚀刻可能会使 ACF 的比表面积增大。

6）炼油厂环烷酸综合废水处理。肖月竹等人研究了 ACF 处理炼油厂环烷酸废水。该废水 COD 达 5000mg/L、挥发酚 1600mg/L，采用一级 ACF 吸附，COD 去除率达 96.5%以上，挥发酚小于 0.5mg/L，色度 100%去除，脱附时采用 200~400℃热空气及过热蒸汽混合脱附，ACF 静态吸附容量达 0.65~0.72g/g。

7）造纸黑液废水的处理。赵少陵等人用 ACF 电极法对造纸黑液进行处理，pH 值稳定在 7 左右，电解一定时间后，色度去除率达 94%。黑液经酸析及聚铝絮凝预处理后进行 ACF 电极处理，可进一步提高 COD$_{cr}$ 及色度去除率，采用"酸化+电解质（45min）+Fenton 试剂（60min）的综合治理方案，上述去除率分别达 94.20%和 99.60%，出水近乎清澈透明。

（2）无机废水处理。ACF 对无机离子有较好的吸附能力，能够吸附废水中的银、铂、汞、铁等多种离子并能够将其还原。在大多数情况下，其氧化还原反应可大大促进对这些金属离子的吸附。

10.3.3 新型炭材料在水污染治理中的应用

10.3.3.1 碳纳米管

碳纳米管在水处理中的应用主要有以下两方面：

（1）无机污染物的吸附。离散状态的单壁碳纳米管的比表面积最高可达 2630m²/g，接近于活性炭。其较高的比表面积和大量的孔隙结构导致碳纳米管对无机污染物具有良好的吸附能力。

1）碳纳米管去除氟离子。Yan-Hui Li 研究了定向碳纳米管对水体中氟离子的吸附，在 pH 值为 6.86 的溶液中加入定向碳纳米管，结果表明，定向碳纳米管对氟离子的吸附容量达 4.2mg/g。采用硝酸氧化法处理多壁碳纳米管，将羟基和羧基等活性基团引入到碳纳米管表面，显著提高了碳纳米管对无机污染物的吸附能力，经氧化的碳纳米管对 Pb^{2-} 的吸附量由 1mg/g 提升至 15mg/g 以上。

2）碳纳米管去除铅。Li 等人采用硝酸氧化法对碳纳米管进行功能化后考察其吸附 Pb(Ⅱ) 的性能。试验表明，对比未功能化的碳纳米管，活性基团的引入将碳纳米管对 Pb(Ⅱ) 的吸附容量从 1mg/g 提高到了 15mg/g。Lu 等人比较了不同的功能化方法对碳纳米管吸附 Zn(Ⅱ) 的影响。

3）碳纳米管去除锌。研究者分别采用了 HNO$_3$/H$_2$SO$_4$(3∶1)、HNO$_3$、KMnO$_4$ 和 NaClO 对碳纳米管进行氧化处理。结果表明，经 NaClO 氧化的碳纳米管对 Zn(Ⅱ) 的吸附容量最高。

4）碳纳米管去除其他离子。

大量研究表明，碳纳米管同时对 Ni(Ⅱ)、Cr(Ⅵ)、As(Ⅴ)、Cu(Ⅱ)、Cd(Ⅱ) 具有一定的吸附容量。

碳纳米管对无机污染物的吸附除了受碳纳米管的结构形态及活性基团影响外，还受水体 pH 值影响。对于阴离子无机污染物，碳纳米管的吸附具有一最适 pH 值，实际 pH 低于最适值时，吸附能力随 pH 值的升高而增强，而实际 pH 高于最适时，吸附能力随 pH 值升高而减弱。对于阳离子无机污染物，碳纳米管的吸附能力随 pH 值的升高而升高。

（2）有机污染物的吸附。碳纳米管对有机污染物的吸附受到多方面因素影响，其中包括碳纳米管表面特性、有机物分子特性及水质条件等因素。表面有含有基团的碳纳米管亲水性较好，对有机物吸附能力不强，而经过疏水化处理的碳纳米管，对有机物的吸附能力大大增加。

2003 年 Peng 等人首次研究了多壁碳纳米管对水中有机污染物 1,2-二氯苯的研究。结果表明，碳纳米管对有机污染物 1,2-二氯苯吸附效果良好，且吸附平衡时间远远短于活性炭，碳纳米管对 1,2-二氯苯吸附在较宽的 pH 值范围(3~10) 内吸附在内吸收效能稳定。同时发现，在高 pH 值条件下，碳纳米管对非离子有机污染物吸附出现明显下降，他们认为，其机理是由于碳纳米管表面少量含氧官能团在高 pH 值条件下电离和水化，从而导致在碳纳米管表面形成水化层，引起吸附量下降。Lu 等人后续研究也证实了类似结论并发现碳纳米管对 CHCl$_3$ 的吸附能力超过活性炭。随后碳纳米管被逐渐研究用于吸附去除水中的苯酚和 α-萘酚等芳香族化合物，研究发现，碳纳米管对 α-萘酚的吸附能力较对苯酚的吸附能力强，并认为碳纳米管与 α-萘酚之间存在较强的共轭作用，而与苯酚之间的 π-π 共轭作用较弱。2007 年，Wang 和 Lu 等人进一步研究采用碳纳米管吸附去除水中富里酸等天然有机物。2008 年，Liao 分别采用 HNO$_3$ 和 NH$_3$ 处理多壁碳纳米管，再对氯进行吸附去除。结果表明，经氨气改性处理后的多壁碳纳米管对氯的吸附容量由 73.5mg/g 提升至 110.3mg/g，原因是经氨气处理后，碳纳米管表面亲水性基团减少，疏水性增强，对有机物的吸附能力增加。

综上，碳纳米管本身对无机污染物具有一定吸附效能，但吸附效果有限，采用化学氧化的方法对碳纳米管进行氧化处理，在碳纳米管表面引入含氧官能团，能显著提高碳纳米管对无机污染物的吸附能力，其作用机理是无机污染物与碳纳米管表面含氧官能团发生表面络合作用，完成吸附过程，吸附后的碳纳米管可采用酸液洗脱的方法进行再生。碳纳米管对有机污染物具有较好吸附性能，且碳纳米管对有机污染物吸附受碳纳米管表面性质、水质条件和污染物分子性质等因素影响，一般表面富含含氧官能团碳纳米管对有机污染物吸附效能下降，而表面疏水改性往往有利于碳纳米管对有机污染物的吸附去除。

10.3.3.2 石墨烯

石墨烯在水处理中的应用主要有以下两方面：

（1）有机物的吸附。大分子有机污染物易与石墨烯表面的基团发生相互作用，形成稳定的复合物，石墨烯对其吸附能力较强，因而许多学者研究了石墨烯吸附去除有机染料。Liu 等人探讨了不同 pH 值、接触时间、温度和浓度下，石墨烯对亚甲基蓝的吸附。研究发现，吸附等温线符合 Langmuir 模型，最大吸附容量达到 153.85mg/g。动力学研究表明，吸附符合伪二级吸附模型，热力学参数表明吸附为自发、吸热过程。Wu 等人研究了石墨烯对丙烯腈、甲苯磺酸、萘磺酸、甲基蓝的吸附。相比其他纳米材料，石墨烯的吸附能力较强，甲基蓝因具有大分子和苯环，石墨烯对其吸附速度更快，吸附容量更大。此外，经过 5 次吸附—脱附循环后，石墨烯对甲基蓝的吸附效果基本保持不变。值得注意的是，不同染料分子因其结构特性不一样，有机染料和石墨烯之间的电子传递速度和作用机理也不一样，表面带正电荷的有机物与石墨烯间的电子传递速度更快。

氧化石墨烯（GO）对有机物的去除研究目前多集中于有机染料。Yang 等人用 Hummers 法制备了 GO，探讨了 GO 对于亚甲基蓝（MB）的吸附结果表明，GO 对于 MB 具有较强的吸附能力，吸附容量达到 714mg/g，远高于碳纳米管（CNT）和石墨烯。该反应为放热过程，在低温和高 pH 值时的去除率较高，需要的平衡时间相比 CNT 短，这和石墨烯的高含氧量有关。他们认为，由于亚甲基蓝表面带正电，GO 表面带负电，吸附作用机理主要是静电作用，而 π-π 键仅起到很小的作用。Sun 等人对比了氧化石墨烯和用次硫酸钠还原的氧化石墨烯，去除染料吖啶橙，后者吸附容量达到 3.3g/g，而 GO 仅为 1.4g/g。还原后的氧化石墨烯将 GO 表面的羰基还原成了羟基，C—OH 和 C—H 键增多，而 GO 去除该种染料分子的作用力主要通过氢键作用，因此还原后的氧化石墨烯的吸附能力反而更强。不同染料因其特殊的结构，去除机理也不一致。

通过化学法、热剥离法、紫外光辐射法、微波法等方法将氧化石墨烯表面的部分基团还原便可得到还原氧化石墨烯（RGO）。由于膨胀氧化石墨烯（EGO）表面带有羟基、羧基、环氧基和酮基等含氧基团，表面带有负电荷，对于阳离子性的染料具有很好的吸附效果，但对于阴离子染料去除效果不佳，Ramesha 等人将 EGO 还原得到的还原氧化石墨烯（RGO），具有较大的比表面积，同时表面的负电荷相比 EGO 有所降低。研究发现，RGO 对于阴离子染料的去除率高达 95%，对于阳离子染料的去除率也可至 50%。

（2）无机物的吸附。Li 等人考察了石墨在不同 pH 值、温度、反应时间下对氟化物的吸附性能。采用液相直接剥离法制备石墨烯，即直接把天然石墨加在 98% 的浓硫酸和 30% 的 H_2O_2 的混合溶液中，借助加热制备一定浓度的单层或多层石墨烯溶液。然后将其分散在 N-甲基吡咯烷酮（NMP）中，并超声一定时间，得到所需的单层功能化石墨烯。结果表明，在 298K 下，氟化物的初始浓度为 25mg/L，石墨烯的吸附容量可达 17.65mg/g，功能化石墨烯对无机污染物的研究扩大了其在水处理中的应用范围。

相比在水中和极性溶剂中难分散的石墨烯，氧化石墨烯因为表面含有许多含氧基团，具有良好的亲水性，可通过功能基团的作用与其他聚合物稳固地结合形成复合物。Yang 等人用优化的 Hummers 法制备 GO，探讨其对 Cu^{2+} 的去除作用。吸附符合 Langmuir 模型，

GO 对 Cu^{2+}的吸附容量达到了 46.6mg/g，而碳纳米管与活性炭对于 Cu^{2+}的吸附容量仅分别为 28.5mg/g 和 4~5mg/g。同时，相比碳纳米管，GO 的制备成本较低廉，制备过程也更简便。

10.3.3.3 生物炭

生物炭在水处理中的主要应用包括有机物的去除和无机物的去除两方面。

（1）有机物的去除。有机物去除主要包括染料去除、酚类物质去除、农药去除和有机溶剂去除。

1）染料去除。染色剂的大规模使用使染料大量进入环境，其酸碱性、毒性、颜色都会对环境造成污染。Yang 等人测试了竹炭对酸性黑 172 的吸附能力。Xu 等人用油菜秸秆（CS）、花生秸秆（PS）、大豆秸秆（SS）和稻壳（RH）在 350℃缓慢加热 4h 制成生物炭，测定其吸附甲基紫的能力，发现吸附能力 CS>PS>SS>RH。

2）酚类物质去除。常见酚类污染物有硝基苯酚和含氯酚类，研究人员测试了不同炭化时间制成的稻壳以及玉米芯炭的性能，结果显示其吸附容量最大可达 589mg/g。何秋香等人用柚子皮烧制成生物炭苯酚，红外分析显示该种生物炭含有羟基、氨基、羰基、羧基等，这些官能团具有促进吸附剂吸附苯酚的能力。

3）农药及多环芳烃的去除。常见农药有有机磷、有机氯和氨基甲酸酯类等，陈波等人将橘皮从 150~700℃缓慢加热制成橘皮炭，用于吸附萘和萘酚，发现 700 和 200 制成的吸附萘酚效果较好。

4）有机溶剂的去除。Ahmad 将大豆秸秆、花生壳分别在 300℃和 700℃热解，用于处理水中三氯乙烯（TCE）。测试结果显示，700℃制成的炭比表面积分别是 420m^2/g 和 448m^2/g，而 300℃制成的只有 6m^2/g 和 3m^2/g，TCE 吸附量与碳含量正相关。

（2）无机物的去除。无机物的去除包括金属离子去除和阴离子去除。

1）金属离子去除。常用处理重金属污染用活性炭吸附，因其吸附容量小，难以再次利用，生物炭可以作为去除重金属的低成本吸附剂。侯婉桐用稻壳炭吸附六价铬，吸附量为 8.9mg/g，经过吸附拟合发现符合 Freundlich 方程，说明存在多分子层物理吸附。

2）阴离子去除。Mohan 用制作松节油剩余的松木和松树皮碳去除饮用水中的氟。Yao 等人将甜菜根掺杂部分活化剂消化后加热到 600℃，保持 2h。然后用该种生物炭去除磷酸盐，其吸附量可达 133mg/g。

炭材料在水污染治理中虽然已经得到广泛应用，但对新材料的开发和复合材料的应用还存在不足，仍需进一步开发研究，国内炭材料的制备和技术相对落后，原料多以木材、煤炭为主，利用率低，新材料开发方面力度较小。因此应该从改进炭材料的生产工艺、对其进行表面改性和开展可控孔结构等方面进行进一步的研究，以期降低成本、提高吸附的选择性；同时，也要加大力度研发新品种，优化耦合处理技术，拓宽应用领域，并从学科交叉等方面着手加快炭材料的相关研究。

10.3.3.4 复合炭材料

A 粉末活性炭与超滤组合应用

活性炭对相对分子质量在 500~3000 的有机物，去除率一般为 70%~86.7%，而对相对分子质量大于 3000 的有机物则达不到有效去除的效果，但 UF 对于大分子的有机物有良好的去除率。因此活性炭与 UF 组合去除有机物效果好。

　　B　石墨烯与 SiO_2 的复合

　　Hao 等人采用 2 步合成法制备 SiO_2/石墨烯复合物，首先制备 SiO_2/氧化石墨烯复合物，再用联氨水合物还原得到目标复合物。实验表明，SiO_2/石墨烯复合物对于 Pb(Ⅱ)离子的去除选择性高、效果好，吸附容量远高于纯的纳米 SiO_2，且复合物能迅速达到吸附平衡，具有显著优势。

　　C　活性炭/沸石复合材料

　　2003 年，Kim J H 等人利用静电容积测量法对比了水蒸气分别吸附在 Al_2O_3、13X 与活性炭/沸石复合材料，实验表明吸附曲线符合 n 型，吸附热力学拟合结果符合 Aranovich-Donohue 曲线。2008 年，Vinay Kumar Jha 等人利用粉煤灰制备的活性炭/沸石复合材料吸附废水中 Ni^{2+}、Cu^{2+}、Cd^{2+} 和 Pb^{2+} 重金属离子。实验结果显示吸附的顺序是 $Pb^{2+}>Cu^{2+}>Cd^{2+}>Ni^{2+}$，吸附动力学拟合分析后符合准二级动力学模型。2010 年 Jinghong Ma 等人利用在煤矸石中添加沥青与白炭黑制备了活性炭/沸石复合材料，考察了添加不同比例的沥青对材料的影响，分别通过 XRD 与氮吸附表征之后，分析材料的总比表面积、孔径大小等物理性能。同时期，孙鸿等人利用该复合材料初步探索在废水中的应用研究，实验结果表明，利用复合材料的同时具有中孔与微孔的双重孔结构，具有活性炭与沸石的亲水、亲油以及离子交换性等综合性质，一次性地去除了废水中的有机物、氨氮及重金属铬与汞等有毒有害成分，效果较明显。

　　D　生物炭-磁性复合材料

　　根据目前的研究，大多学者选择通过将制备好的生物炭水悬浮液与 Fe^{3+}/Fe^{2+} 溶液混合，利用 Fe^{3+}/Fe^{2+} 将生物炭磁化，制备过程较简便、易操作。对比磁化后的生物炭性状（比表面积、孔径、表面元素组成、磁化强度等）和对污染物的吸附能力即可说明生物炭-磁性复合材料的优势。另外，从应用的角度看，生物炭价格低廉、来源广泛，与其他的磁性吸附剂（如磁性纳米氧化铁、零价铁等）相比具有较大的应用空间。

10.4　炭材料在大气污染治理中的应用

10.4.1　大气中的主要污染物

　　人类活动（包括生产活动和生活活动）及自然界都不断地向大气中排放各种各样的物质，这些物质在大气中会存在一定时间。当大气中某种物质的含量超过了正常水平而对人类和生态环境产生不良影响时，就构成了大气污染物。

　　环境中大气污染物种类很多，若按照物理状态可分为气态污染物和颗粒物两大类；若按照形成过程则可以分为一次污染物和二次污染物。其中气态污染物主要有：含硫化合物（CS_2、H_2S、SO_2、SO_3、H_2SO_4、MSO_3、MSO_4）、含氮化合物（N_2O、NO、NO_2）、含碳化合物（CO、CO_2、CH_4、NMHC）、含卤素化合物（DDT、CFCs、PCBs）。由于炭材料具有吸附量高、吸附速率快、吸附选择性好、再生能耗低、制备材料成本低的优点，加上"十三五"规划中国家对大气污染治理的重视，越来越多的环保人员都将目标集中在炭材料去除大气污染物上，并从机理和实际应用上做了大量的研究工作。本节从传统炭材料和新型炭材料在大气污染治理中的应用进行讨论。

10.4.2　传统炭材料在大气污染治理中的应用

10.4.2.1　活性炭

近年来活性炭在大气污染治理中主要应用于烟气脱硫和烟气脱硝方面。

A　烟气脱硫

按照 Tamura 的经典理论，在 O_2、H_2O 存在时，SO_2 先在活性炭表面被吸附氧化生成 SO_3，SO_3 再与 H_2O 生成 H_2SO_4 沉积在活性炭孔隙中，然后蒸发回收 H_2SO_4，使活性位空出，吸附过程循环进行。活性炭脱硫机理如下：

$$C^* + SO_2 \longrightarrow C^* \sim SO_2 \tag{10-1}$$

$$2C^* + O_2 \longrightarrow 2C^* \sim O \tag{10-2}$$

$$C^* + H_2O \longrightarrow C^* \sim H_2O \tag{10-3}$$

$$C^* \sim SO_2 + C^* \sim O \longrightarrow C^* \sim SO_3 + C^* \tag{10-4}$$

$$C^* \sim SO_3 + C^* \sim H_2O \longrightarrow C^* \sim H_2SO_4 + C^* \tag{10-5}$$

$$C^* \sim H_2SO_4 \longrightarrow H_2SO_4 + C^* \tag{10-6}$$

总的反应：
$$2SO_2 + 2H_2O + O_2 \longrightarrow 2H_2SO_4 \tag{10-7}$$

式中，C^* 表示活性炭表面的反应活性位。式(10-4) 为反应控制步骤。

B. Grzyb 利用聚丙烯腈基与煤焦油沥青基活性炭吸附 SO_2。研究表明，活性炭表面富含 0.4~2nm 的微孔和含氮官能团；吸附量主要由含氮官能团的浓度决定，而孔容对其影响不大；聚丙烯腈基对 SO_2 的吸附好于沥青基。S. Sumathi 用棕榈壳活性炭吸附 SO_2。结果表明，当活化温度为 1100℃、N_2 和 CO_2 流速为 500mL/min、N_2 滞留时间为 58min、CO_2 滞留时间为 88min 时，活性炭比表面积为 973m^2/g、总孔容为 0.78cm^3/g、微孔占 70.5%，吸附性能最好。

综上所述，并结合相关研究，一般认为活性炭对 SO_2 的吸附主要与微孔有关。SO_2 分子直径为 0.41nm，活性炭微孔($d<2$nm) 越丰富，则比表面积越高，吸附活性位越多，SO_2 吸附量越大；表面官能团中的不饱和键可作为活性位，吸附 SO_2；即使 SO_2 浓度很低，微孔也能迅速吸附 SO_2 分子；温度升高，SO_2 分子动能增大，吸附减弱；适当快的气氛流速有利于 SO_2 进入活性炭孔隙内；对活性炭进行酸碱改性，可除去部分可溶性物质，提高比表面积，同时可改变表面官能团，增多活性位；而负载金属，则是利用金属与 SO_2 间较强的结合力来提高吸附性能。

B　烟气脱硝(NO_x)

烟气含有大量的 NO_x，其中 NO_x 中的 NO_2 易溶于水，而 NO 占 90% 左右，故主要考虑 NO 的去除。活性炭脱硝，是活性炭吸附 NO 后，在表面官能团或负载金属的催化作用下将 NO 还原为 N_2 或氧化为 NO_2。目前工业上广泛应用选择性催化还原(selective catalytic reduction, SCR) 技术用 NH_3 还原 NO，但这需预先引入 NH_3。

Yuye Xue 用 HNO_3(N)、H_2O_2(H)、H_2SO_4(S)、H_3PO_4(P) 和 O_2 处理的活性炭负载 CuO 还原 NO，结果表明，催化剂活性顺序为 AC-H>AC-N>AC-S>AC-P。H_2O_2 处理可提

高 CuO 的分散性，使 NO 的还原温度从 390℃ 降低到 270℃；而高浓度的酸性含氧官能团和适量的碱性位点可促进 NO 的还原。Yaqin Hou 考察了 SO_2 对负载 V_2O_5 的活性炭纤维（V_2O_5/ACF）在 120~200℃ 与 NH_3 催化还原 NO 的影响，结果表明，当 V_2O_5 的质量分数低于 5% 时，SO_2 能显著提高催化活性，NO 去除率达 90%。原因可能是催化剂表面形成了硫酸盐，增强了表面酸性和 NH_3 的吸附。W. J. Zhang 研究了活性炭对 NO 的氧化，发现 NO 的吸附主要与微孔有关，而与比表面积和表面化学性质关系不大。当微孔平均尺寸为 0.7nm 时，NO 去除能力最好，且微孔可充当吸附反应的纳米笼；NO 体积浓度小于 3mL/m^3 时，NO 转换率随 NO 浓度的增加而增大。

从上面应用的例子可以看出来，微孔对 NO 的去除有重要影响，适量的酸性含氧官能团和碱性位点对 NO 的还原有促进作用，而表面含氮官能团和充足的 O_2 有利于 NO 的氧化。活化处理及负载金属，改善了活性炭表面性质，提高了对 NO 的吸附能力。此外，由于与 NO 同为极性分子，H_2O 会与 NO 竞争活性位，减少其吸附。与烟气脱硫类似，活性炭脱硝技术也是近些年来才逐步发展完善起来的，许多工艺还不成熟。当前，工业上一般是单独处理 SO_2 和 NO_x，今后可把两者结合在一起，开发联合脱硫脱硝技术（combined desulfurization and denitrification，CDD）。

活性炭虽在防治大气污染等方面得到了大规模应用，但现阶段还存在一些问题：由废弃物制得的活性炭性能并不是很高，实际应用有困难；其脱硫、脱硝机理还存在争议，对其他污染气体的吸附研究也不多；许多研究还处在实验阶段，少有大规模的工业应用等。因此就其发展方向提出几点建议：（1）有效利用当地废弃物为原料，制定合理工艺生产活性炭，降低成本，节约资源；（2）针对特定应用领域，调整活性炭孔隙结构及表面官能团，以满足实际需要；（3）用活性炭负载金属时，可尽量选择普通金属，少用贵金属；（4）努力提高活性炭回收再生率，减少损耗；（5）深入研究活性炭吸附机理和官能团性能，系统考察各种因素对吸附的影响；（6）根据各地区能源结构，制定相应的节能减排措施，如在以煤炭能为主的区域推广活性炭烟气脱硫、脱硝技术，并开发新型联合脱硫脱硝技术等。

C 活性炭纤维

近年来国内外研究者对活性炭纤维在治理大气污染方面的应用做了大量的研究，如脱除 SO_2、NH_3、NO_x、有机废气等。由于我国对环境保护的进一步加强，活性炭纤维吸附烟气中的 SO_2 和 NO_x 的研究成为新的热点。

a SO_2 的去除

研究者研究了 ACFs 在氧气和水蒸气存在下二氧化硫的氧化脱硫过程，提出了：首先在活性位上经过一系列的物理化学反应和表面重整，二氧化硫转化为硫酸，接着经过水合的硫酸脱附或者被洗涤脱离出来。

晁敏明对活性炭纤维脱除空气中的 SO_2 进行了研究。结果表明，空气通过 ACFs 后，SO_2 的脱除效率在 46% 以上。将其应用于家用恒温换气装置中，可有效脱除进入室内空气中的 SO_2 等有害气体，改善室内空气品质，保持室内空气新鲜、温度适宜。李开喜研究了热处理对含 N 活性炭纤维脱除 SO_2 的能力的影响。结果表明，脱硫活性的提高主要是由于热处理增强了含 N 活性炭纤维对 SO_2 和 O_2 的吸附作用，加速了 SO_2 的氧化反应。朱敬对活性炭纤维吸附转化 SO_2 进行了研究。研究表明，粘胶基 ACFs 对 SO_2 的吸附以化学吸附转化为硫酸为主反应，粘胶基 ACFs 起吸附剂兼催化剂的作用。因此 ACFs 作为一种新型高效纤维吸附过滤材料，在治理大规模含硫废气领域具有广阔的应用前景。

b　NO_x 的去除

去除机理如下所述：ACFs 在吸附 NO_2 过程中有两种 NO_2 吸附位。位 1（Site 1）强烈地吸附 NO_2 分子，尤其是在初始阶段，在 O_2 浓度为 10% 时发生了明显的歧化作用，产生了 NO，表面只剩下 N_2O_3。位 2（Site 2）吸附 NO_2 较弱较慢，直到达到吸附饱和时才停止，最终导致 NO_2 吸附穿透。N_2O_3 加热时会分解产生 NO_2 和 NO，在表面剩下的 1 或者 2 个氧同时与碳反应形成 CO_2、CO。

由于活性炭纤维具有优良的吸附性能，越来越多的研究者致力于活性炭纤维治理大气污染物方面的研究。但是对于大气污染物来讲，其处理难度大，主要在于气体相对于水来说更加难于控制、变量更多。为了进一步提高活性炭纤维治理大气污染物的性能，降低单位处理成本，研究者正在从原材料制备技术（纤维的种类、来源、活化机制等）、表面反应的控制（气固反应机制的研究、催化剂载体催化吸收、挂载纳米炭纤维等）、活性炭纤维的再生（重复使用次数、吸脱附效率等）等方面进行研究，并力争在选择合适的工艺后进行系统集成，解决控制大气污染工业应用难题，这也是今后科研工作者研究的方向。

10.4.3　新型炭材料在大气污染治理中的应用

10.4.3.1　碳纳米管

碳纳米管作为重要代表性的一维纳米材料，具有多方面优异的性能，使其在环保领域已取得初步的探索和小范围的应用。目前由于碳纳米管相对于传统吸附材料的价格较高和应用技术不强等问题，导致其在大气中的应用主要体现在与其他技术结合来去除大气中有机污染物和无机污染物的处理。因此，本书仅讨论有机污染物去除的机理和无机物去除的应用。

A　有机污染物的去除

碳纳米管吸附大气中有机污染物主要有 5 种作用机理：疏水作用、π-π 有机键、氢键、共价键和静电作用等。

a　疏水作用

CNTs 表面很强的疏水性缘于其极性很弱，很难与大气中水分子形成氢键。对正己烷、苯、环己烷（疏水性较强）及乙醇和 2-丙醇（疏水性弱）的研究表明，CNTs 优先选择吸附疏水性强的有机化合物。因此，疏水性作用可以用来解释疏水性较强的有机化合物在 CNTs 表面吸附的行为机制。而对于带有一定亲水官能团的有机化合物，单独用疏水作用就很难完全解释其在 CNTs 上的吸附。有研究表明，CNTs 的吸附亲和力与几种极性芳香族化合物的疏水性之间的相关性很差，且用十六烷-水分配系数归一化后的几种有机物在 CNTs 上的吸附系数差别超过 1000 倍。这表明除了疏水作用之外，CNTs 吸附有机物化合物还存在其他作用。

b　π-π 有机键

由于 CNTs 具有典型的六边形结构，如同苯环一样其离域大 π 键是平均分布在六个碳原子上，且每个碳碳键的键长和键能是相等的。所以 CNTs 表面可以和 C＝C、C＝C、以及含苯环的有机化合物形成含苯环的键，可以用拉曼光谱、核磁共振和荧光技术准确观察测量。

c　氢键

CNTs 由于表面存在缺陷，使得表面往往含有一定极性官能团，如—OH、—COOH、—SO₃H、—NH₂、—SH 等，这些表面官能团上的氢原子可以作为电子受体与被吸附化合物分子中电负性较大的原子如氧、氮、硫、氟、氯等孤对电子作用，形成氢键。同样，结合在表面官能团中氢原子上的氧、氮、硫等原子的孤对电子也可与吸附质分子中氢原子作用形成氢键。目前，多数对氢键作用机理的研究都集中在普通氢键，即诱导偶极同极性分子的永久偶极间的作用力。但最近有关学者通过研究 CNTs 吸附离子型化合物时发现，表面含氧官能团与离子型有机化合物的羧基或羟基官能团之间可以形成一种负电荷协助氢键，该氢键与普通氢键最大区别在于：在普通氢键中，氢原子在两个电负性原子间不等分配；而在 CAHB 中，氢原子几乎是被两个负电性原子平均共享，且这种氢键的强度和稳定性远大于普通氢键。

d　共价键

当 CNTs 和被吸附的有机化合物都含有一定的官能团（如—OH、—COOH、—NH₂ 等）时，吸附过程就有可能以共价键的形式存在。这种共价键吸附机理的存在可以通过红外光谱、X 射线光电子能谱和核磁共振技术得以证实。相对于非共价键吸附（如疏水作用、π 线光电键和氢键）而言，有机化合物通过共价键吸附在 CNTs 表面的亲和力要远大于非共价键，而且这种通过共价键的吸附几乎是不可逆的。

e　静电作用

静电作用包括静电引力和静电斥力。当有机化合物带有与 CNTs 表面电性相反的电荷时，它们之间的静电作用表现为静电引力，吸附增加；否则表现为静电斥力，吸附降低。CNTs 的表面电荷与其所处的环境介质的 pH 值有很大关系，当环境介质的 pH 值大于其零点电荷（point of zero charge，PZC）时，表现为带负电；当环境介质的 pH 值小于其零点电荷时，则带正电。一般情况下，随着环境介质的 pH 值升高，CNTs 表面的电负性在增强。同样，有机化合物的带电性也与所处环境介质密切相关，当环境介质的 pH 值大于其酸度系数时，带负电荷；当环境介质的 pH 值小于其酸度系数时，则带正电荷；也有一些化合物（如诺氟沙星、新诺明等抗生素类药物）在一定 pH 值条件下，会带有两性电荷，即既带有正电荷，也带有负电荷。

B　氮氧化物的去除

碳纳米管对无机污染物的去除主要表现在催化还原去除大气中的氮氧化物。王文辉对碳纳米管（CNTs）负载 MnO₂ 催化剂的低温选择性催化还原 NO 性能及其结构进行了研究。试验结果表明：

（1）在 15W，40min 的改性条件下，碳纳米管表面的氧元素含量可以从最初的 1.90% 上升到 7.47%，比表面积从 125m²/g 上升到 156m²/g，而孔体积则从 0.309cm³/g 上升到 0.358cm³/g。

（2）在改性过程中，氧等离子体首先轰击碳纳米管表面上的缺陷位，使部分 SP² 碳转化为 SP³ 碳并在 10min 内快速在碳纳米管表面引入—OH，—COOH 官能团；之后—OH 在氧等离子体的进一步氧化作用下可以转化为—COOH 官能团，并进一步提高碳纳米管表面氧元素的含量；最后-COOH 官能团会由于过长的改性时间而进一步氧化下会分解生成

CO_2 和 H_2O。

（3）改性后的碳纳米管作为载体的催化剂具有较高的比表面积和孔体积，改性后的碳纳米管上的含氧官能团在一定程度上能促进活性组分在碳纳米管表面上的分散和加速催化还原反应。

10.4.3.2　石墨烯

由于石墨烯是一种新型材料，其在大气污染物的吸附与去除方面上的研究很少。目前其主要应用在大气处理中催化剂的负载方面和大气吸附净化处理方面。

张文娟研究了 Fe 原子与石墨烯的掺杂，Fe 原子的引入可以显著提高 H_2S 与石墨烯复合物之间的相互作用，最后将气体 H_2S 分离成 S 和 H_2。Liang 利用一步法合成石墨烯复合物（MGA），在合成的过程中，利用聚乙烯亚胺（PEI）作为还原剂，不仅有助于氢键与氧化石墨烯的连接，还原得到的石墨烯有大的比表面积，而且引进胺基团在吸附甲醛有毒气体方面有很好的前景。研究发现，引进胺基团的 MGA 在吸附有毒气体甲醛方面，MGA 上的胺基团会选择性地与甲醛进行结合，在 MGA 吸附甲醛的实验中，在反应进行 5min 时，甲醛气体被快速吸附，接近吸附饱和量，吸附能力达到 2.43mg/g，与其他胺化碳基材料相比，吸附量达到更大。Ganji 等人利用掺杂的方法在石墨烯片上引入铂，利用密度泛函理论计算得到铂掺杂的石墨烯片拥有更大的结合能、静电荷转移量，在吸附有毒气体 H_2S 时，能有效地利用复合物的结合能将 H_2S 分子稳定的绑定 Pt 原子在石墨烯片上，达到去除有毒气体的效果。

通过上面的例子可以看出，这些通过特定方法进行改性后的石墨烯是最有前途的去除有毒气体的吸附剂。因此，在今后的研究中，应该对单纯石墨烯进行一定的改性，添加其他材料，提高复合物的综合性，从而更好地对环境中的有毒气体进行去除，达到净化空气的要求。

10.4.3.3　生物炭

生物炭对一些气体包括 NH_3、CO、SO_2、H_2S 等也具有强大的吸附能力，还能对烟气中的一些气态 Hg 等有较强的吸附作用，用生物炭吸附有害气体具有操作简单、经济可行、效果良好等优点，因此可以将生物炭用于气体污染物治理领域，目前国内外在这方面的研究相对较少，还处于起步阶段。

A　烟气脱汞

Klasson 等人采用 4 种不同的原料（杏仁壳、棉籽壳、木质素、和鸡粪）在 4 个不同温度（350℃、500℃、650℃和800℃）下制备生物炭，制得的生物炭分别进行水洗和不水洗后进行烟气脱汞的试验研究。研究结果表明：在 650℃和800℃下制得的生物炭经过水洗后，能对烟气中汞起到最好的脱汞效果，汞的脱除率达到了 95% 以上。

B　H_2S 的去除

Shang 等人发现香樟树枝制成的生物炭可以有效去除恶臭气体中的硫化氢。Azargohar 和 Dalai 用白木制备的生物炭对 H_2S 恶臭气体的脱除进行了研究，发现这种生物炭对 H_2S 的脱除效果比普通的纯活性炭好。

思 考 题

10-1 什么是炭材料，炭材料分类的依据是什么？

10-2 炭材料制备与改性方法大致有哪些？主要优缺点是什么？

10-3 试述炭材料应用于土壤改良的基本原理。

10-4 影响碳纳米管在土壤改良应用的因素有哪些？它们是如何影响其效果的？

10-5 简要分析传统炭材料在水处理应用中存在的问题及主要解决途径。

10-6 简述新型炭材料在大气污染治理的优势及展望其未来的发展方向。

参 考 文 献

[1] 梁霞，王学江. 活性炭改性方法及其在水处理中的应用［J］. 水处理技术，2011(8)：1~6.

[2] 崔静，赵乃勤，李家俊. 活性炭制备及不同品种活性炭的研究进展［J］. 炭素技术，2005(1)：26~31.

[3] 周亮. 活性炭及改性碳纳米管催化臭氧降解亚甲基蓝［D］. 大连：大连理工大学，2013.

[4] 于飞. 改性碳纳米管的制备及其对苯系物和重金属吸附特性研究［D］. 上海：上海交通大学，2013.

[5] 傅敏. 活性炭纤维改性及对焦化废水中有机物吸附作用的研究［D］. 重庆：重庆大学，2004.

[6] 孙竹梅. 活性炭纤维改性及对 As(V) 的吸附研究［D］. 武汉：中南民族大学，2013.

[7] 吕翔. 石墨烯的制备及高分子改性［D］. 武汉：武汉理工大学，2011.

[8] 肖蓝，王祎龙，于水利，等. 石墨烯及其复合材料在水处理中的应用［J］. 化学进展，2013(Z1)：419~430.

[9] 吴穹. 生物炭用于水处理的研究进展综述［J］. 明胶科学与技术，2015(1)：11~16.

[10] 吕宏虹，宫艳艳，唐景春，等. 生物炭及其复合材料的制备与应用研究进展［J］. 农业环境科学学报，2015(8)：1429~1440.

[11] 郭瑞霞，李宝华. 活性炭在水处理应用中的研究进展［J］. 炭素技术，2006(1)：20~24.

[12] 谢正苗，俞天明，姜军涛. 膨润土修复矿区污染土壤的初探［J］. 科技通报，2009(1)：109~113.

[13] 陈东东. 改性活性炭对铬渣污染土壤的重金属形态分布影响研究［D］. 武汉：武汉科技大学，2014.

[14] 杨林，陈志明，刘元鹏，等. 石灰、活性炭对铬污染土壤的修复效果研究［J］. 土壤学报，2012(3)：518~525.

[15] 贾建丽，于妍，王晨. 环境土壤学［M］. 北京：化学工业出版社，2012.

[16] 徐楠楠，林大松，徐应明，等. 生物炭在土壤改良和重金属污染治理中的应用［J］. 农业环境与发展，2013(4)：29~34.

[17] 李霄云. 碳纳米管在环境修复应用中的理论基础研究［D］. 杨凌：西北农林科技大学，2015.

[18] 王文辉. 低温等离子体改性碳纳米管及其脱除 NO_x 的研究［D］. 广州：华南理工大学，2011.

[19] 宋晓岚，张颖，程蕾，等. 活性炭在防治大气污染方面的应用研究与展望［J］. 材料导报，2011，(7)：122~126.

[20] 刘勇权. 活性炭在大气污染防治中的应用分析［J］. 科技展望，2015(9)：59.

[21] Mandal BK. Arsenic in groudwater in seven districts of West Bengal，India-The biggest arsenic calamity in the world［J］. 1996，119(12)：917~924.

[22] Sumathi S，Bhatia S，Lee K T，et al. Optimization of micro－porous palm shell activated carbon

production for flue gas desulphurization：Experimental and statistical studies ［J］. Bioresour Techn，2009，100(4)：1614.

［23］ Xue Y，Lu G Z，Guo Y，et al. Effect of pretreatment method of activated carbon on the catalytic reduction of NO by carbon over CuO ［J］. Appl Catal B，2008，79(3)：262.

［24］ 童志权，莫建红. 催化氧化法去除烟气中 NO_x 的研究进展 ［J］. 化工环保，2007(3)：193~199.

［25］ 晁攸明，张铱鈖. 活性碳纤维脱除空气中二氧化硫的研究与应用 ［J］. 建筑热能通风空调，2005，(1)：92~95.

［26］ 莫德清，叶代启. 活性碳纤维表面改性及其在气体净化中的应用 ［J］. 环境科学与技术，2008，31(9)：77~81.

［27］ 徐东耀，许德平. 环境化学 ［M］. 徐州：中国矿业大学出版社，2013.

［28］ Liang NJ F，Cai Z，Li LD，et al. Scalable and facile preparation of graphene aerogel for air purification. ［J］ Rsc Advance，2014，4(10)：4843~4847.

［29］ Ganji M D，Sharifi N，Ardjmand M，et al. Pt-decorated graphene as superior media for H_2S adsorption：a first-principles study. ［J］ Applied Surface Science，2012，261(3)：697~704.

［30］ Zhang H P，Luo X G，Song H T，et al. DFT study of adsorption and dissociation behavior of H_2S on Fe-doped graphene ［J］. Applied Surface Science，2014，317：511~516.

［31］ 李蓉. 负载型 TiO_2 光催化降解典型气相有机污染物的研究 ［D］. 广州：华南理工大学，2011.

［32］ 陈光才，沈秀娥. 碳纳米管对污染物的吸附及其在土水环境中的迁移行为 ［J］. 环境化学，2010，29(2)：159~168.

［33］ 张亚新. 淋洗结合石墨烯 TiO_2 光催化修复五氯酚污染土壤研究 ［D］. 北京：清华大学，2013.

［34］ 邓述波，余刚. 环境吸附材料及应用原理 ［M］. 北京：科学出版社，2012.

［35］ 夏洪应. 优质活性炭制备及机理分析 ［D］. 昆明：昆明理工大学，2006.

［36］ 包金梅，凌琪，李瑞. 活性炭的吸附机理及其在水处理方面的应用 ［J］. 四川环境，2011，30(1)：97~100.

［37］ 杨晶. 活性炭纤维在水处理中的应用研究 ［D］. 山东大学，2008.

［38］ 刘国成. 生物炭对水体和土壤环境中重金属铅的固持 ［D］. 青岛：中国海洋大学，2014.

［39］ 郭玉强. 活性炭的制备、改性及其在锂硫电池中的应用 ［D］. 海口：海南大学，2014.

［40］ 卢敬科. 改性活性炭的制备及其吸附重金属性能的研究 ［D］. 杭州：浙江工业大学，2009.

［41］ 杨广西. 生物炭的化学改性及其对铜的吸附研究 ［D］. 合肥：中国科学技术大学，2014.

11 高分子保水材料在环境治理中的应用

高分子保水材料(super absorbent polymer, SAP)是一种通过改善植物根土界面环境、供给植物水分的化学节水制剂。因为它是通过改善土壤结构发挥效应，因此也属于一种土壤改良剂。高分子保水材料本身是一种超高吸水保水能力的高分子聚合物，它能迅速吸收比自身重数百倍甚至上千倍的纯水，且有反复吸水功能，吸水后可缓慢释放水分供作物利用。同时，高分子保水材料能增强土壤保水性，改良土壤结构，减少土壤水分养分流失，提高水肥利用率。

11.1　高分子保水材料研发与应用进展

高分子保水材料按其原料和合成途径可分为淀粉类化合物、纤维素类合成物和聚合物三种类型。20 世纪中期美国研制出淀粉型保水剂并在玉米、大豆涂层和造林应用取得良好效果后，世界各国竞相研制保水剂。日本发展最快，成为世界上最大的超强吸水性树脂生产国，其生产公司有 20 余家，年产达 10 万吨。英国研制出防止土壤侵蚀保证作物需水防蚀聚合物和保水聚合物。法国研制出能吸收制剂自身水 500~700 倍的"水合土"，用于改良沙特阿拉伯干旱地区的土壤结构。俄罗斯合成的保水剂用于节水农业，在伏尔加格勒每公顷使用 100kg，节水 50%，农作物增产 20%~70%。全球年产高分子保水材料已超过 200 万吨。

我国高分子保水材料研制和应用始于 20 世纪 80 年代中期，发展较快。当时全国有 40 余个单位研究开发，并陆续应用于农林生产领域，但未批量化。20 世纪 90 年代以来，一批新型保水剂厂家和产品陆续问世。进入 21 世纪以来，随着干旱和土壤退化加剧，以及化学节水的研究深入，高分子保水材料的研究与应用开发出现新的热潮。目前，高分子保水材料按照化学组成和功能特点可分为高分子聚丙烯酸盐类高分子保水材料，有机-无机复合类高分子保水材料，以及多功能类高分子保水材料三类。中国科学院兰州化物所研制的有机-无机复合高分子保水材料，已在胜利油田长安实业(集团) 公司建成 3000t/a 生产线；中国矿业大学(北京) 利用风化煤，也研制出腐植酸复合高分子保水材料。目前单一保水剂产品的生产技术基本成熟，可查申报的保水剂相关专利 150 多项。应用范围从林业生产推广至大田作物 60 多种作物，年推广面积超过 2 万公顷。国家对保水剂研发和应用非常重视，"十五""新型多功能保水剂系列产品研制与产业化开发"863 项目课题、"十一五""绿色环保多功能节水制剂"863 项目课题和"十二五""抗旱节水材料与制剂"863 项目课题相继设立课题开展保水剂的研制与应用技术研究[19]。

11.2　高分子保水材料合成技术途径

高分子保水剂的合成，主要是天然亲水性单体经交联剂和引发剂等助剂发生合成反应而成，其合成反应类型可分三种[3]：接枝共聚反应、羧甲基化反应和交联反应。接枝共聚反应主要是亲水单体与聚合物主链的活动中心发生聚合，聚合需要交联剂和引发剂使单体接枝聚合，如以丙烯酸(AA) 或丙烯酰胺(AM) 为单体，N，N′-亚甲基双丙烯酰胺为交联剂，以过硫酸钾和亚硫酸氢钠体系为引发剂，采用水溶液聚合法合成的丙烯酸-丙烯酰胺保水剂；羧甲基化反应主要是淀粉和纤维素等多糖类单体经羧甲基化后可直接植被保水剂，改善了保水剂对盐分的吸收；交联反应是目前最活跃的研发应用技术，主要是含有羧基、酰胺基和羟基等单体自身交联或加入交联剂聚合的反应，该方法可使不同类型原料的亲水单体聚合，可赋予保水剂更多的功能，如凝胶强度和耐盐性等。保水剂的合成方法一般有本体共聚法、溶液共聚法、反向悬浮聚合法和反向乳液聚合法，较先进的方法还有光辐射聚合法和保水剂的共混合复合。目前，SAP 按其原料和合成技术可分为有机单体聚合(如聚丙烯酸钠)、淀粉聚合(如淀粉接枝丙烯酸钠)、有机无机复合(如凹凸棒/聚丙烯酸钠)、有机单体与功能性成分复合(如腐植酸型保水剂) 等类型[4]。

11.3　高分子保水材料作用原理及其在水肥保持中的应用

11.3.1　高分子保水材料的作用原理

高分子保水材料作用原理的理论体系基本形成，黄占斌通过总结提出其作用原理包括四方面：保水剂自身吸水、保水和释水原理；保水剂促进土壤改良和保持原理；保水剂提高肥料农药等农化产品利用效率原理；保水剂调节植物生理节水效应原理[20]。

11.3.1.1　保水剂自身吸水、保水和释水原理

高分子保水剂具有吸水速度快、吸水倍数大的特点，主要是其分子含有大量的羧基、羟基以及酰胺基、磺酸基等强亲水性基团，对水分有强烈的结合能力，在纯水中的吸水倍数可达 400～600 倍；其次，SAP 的保水能力也很强，其保水方式有吸水和溶胀两种方式，以后者为主；此外，SAP 的释水性能也很好，可直接为作物提供较长时间供水。研究发现[5]，SAP 的最大吸水力在 13～14kg/m^2，而植物根系的吸水力可达 17～18kg/m^2，所以，一般情况下不会发生根系水分倒流，85% 以上所吸水分为植物可利用水。实验证明[6]，SAP 有吸水—释水—干燥—再吸水反复吸水功能，但反复的保水剂吸水倍率下降 10%～70% 或失去吸水功能。不同类型保水剂在保水特性方面，特别是对去离子水、自来水(电导率 0.8～1.0S/cm) 和不同离子溶液中的吸水倍数降低率、反复吸水性等方面有较大差异[7]，对其应用范围有重要影响(表 11-1)。

表 11-1　不同保水剂的吸水性能比较[7]　　　　　　　　　　　　(g/g)

保水剂类型	去离子水 /g·g^{-1}	6 次反复吸水降低%	自来水 /g·g^{-1}	自来水吸水降低/%	0.9%NaCl 吸水降低/%	0.01%Ca^{2+} 吸水降低/%	0.05%Fe^{3+} 吸水降低/%
聚丙烯酸钠	894.4	65	282.8	68.4	91.3	97.0	89.2
淀粉接枝丙烯酸钠	522.4	72	243.6	53.4	84.8	94.3	92.3
凹凸棒/聚丙烯酸钠	406.4	36	271.2	33.3	89.0	90.6	97.5
腐植酸/聚丙烯酸钾	362.8	25	201.6	44.4	80.0	89.1	51.8

有机单体聚合保水剂(聚丙烯酸盐) 在去离子水中的吸水倍数最高,在自然条件下有10多天的保水性能;淀粉聚合类保水剂成本较低、易分解,适宜作物成苗等短时期的土壤保水;有机无机复合保水剂(凹凸棒/聚丙烯酸钠)、有机单体与功能性成分复合保水剂(腐植酸型保水剂),反复吸水性和抗二价(Ca^{2+}) 和三价(Fe^{3+}) 离子特性明显,适合盐碱地和废弃地的土壤改良应用。

11.3.1.2 高分子保水剂促进土壤改良和水分保持效应原理

SAP 自身有多种官能团,能与周边土壤发生各种物理化学反应而促进土壤结构改变,将分散的土壤颗粒黏结成团粒,增加土壤的团聚体。研究表明[6],SAP 特别对 0.5~5 mm的土壤粒径团粒结构形成效应明显,但 SAP 以 0.005%~0.01%干土重添加后,可使土壤团聚体增加最明显。根据 SAP 在土壤溶液中吸水倍数降低 60%左右的结果反推[3],SAP直接作用土壤水分的效应为 40%,其余如效应为其提高土壤吸水能力、增加土壤含水量、SAP 改良土壤结构的效应,则占其效应力的 60%。正是该效应使 SAP 作用土壤容重下降、孔隙度增加,调节土壤中的水、气、热状况而有利作物生长。实验证明[6],土壤加入0.1%保水剂在 15%坡度模拟降雨条件下,土壤第一次降雨的水分入渗率达到 11mm/h,较无保水剂土壤对照处理高 43%,土壤径流量和土壤流失量分别较对照降低 1% 和 34%;第二次降雨时的水分入渗率、水分和土壤流失量分别较对照高 44%、5%和 9.4%。

11.3.1.3 高分子保水剂提高肥料、农药等农化产品利用效率原理

SAP 表面官能团与土壤之间还有吸附、离子交换效应。化学氮肥的铵离子等官能团被 SAP 上离子交换或络合,在植物根系量作用下缓慢释放,提高氮肥利用效率。另一方面,SAP 上的一些官能团受土壤中离子效应,也会降低其自身的吸水和保水能力,故应用 SAP 时应考虑此问题。实验表明[7],不同类型保水剂对氮素(硝态氮、铵态氮和尿素)保肥效果差异很大,尿素等非电解质肥料与 SAP 混用保肥效果都较好;聚丙烯酸钠保水剂对尿素保持较对照提高 16%~22%,但对铵态氮保肥效果很差,甚至加速流失;有机无机复合保水剂对尿素和铵态氮保氮效果较对照提高 5%~12%;腐植酸型保水剂对硝铵氮保肥提高 20%~30%,对尿素氮肥保持效果在 20%。田间试验[8]发现,SAP 与尿素氮肥配合使用,吸氮量和氮肥利用率分别提高 18.7%和 27.1%。陕西试验[9],开沟 10~15cm 单施 SAP 和单施尿素的马铃薯产量分别增加 42.7%和 33.3%,SAP 与氮肥混用使马铃薯增产 75%以上。

目前我国农田的当季氮肥利用率仅 30%~35%、磷肥 10%~20%、钾肥 35%~50%;每年农药用量 50~60 万吨,其中高毒农药占总量 70%。过量或不合理使用导致 70%~80%农药作用非靶标生物或直接逸失到环境。SAP 对化肥和农药利用效率的提高,是治理农田面源污染的重要技术途径。

11.3.1.4 保水剂调节植物生理节水效应原理

保水剂植物效应与保水剂的应用方法有关。保水剂处理种子是为种子提供相对湿润的小环境,促进植物种子发芽;土壤穴施或沟施应用保水剂,主要是改变根土水环境,造成部分根系干旱产生 ABA 信号而调控植物生理节水。实验证明,作物在其生长发育过程中具有适应土壤干湿交替环境的能力,即作物在受到一定程度的水分胁迫时,能够通过补偿效应来弥补量减少或减少损伤。当保水剂应用于土壤中时,随着土壤水分蒸散,作物根

系就会出现部分处于高水势和其他部分处于低水势状况，处于低水势的根系中根源 ABA 含量增加，ABA 经木质部导管传输到作物的地上部分，作物叶片根据 ABA 强度，调节气孔开度，减少蒸腾。同时，根系经过一定程度的水分胁迫锻炼复水后，水分传导速率高于未经胁迫锻炼对照的根系。这两方面作用使作物根系表现出补偿效应。

11.3.2　高分子保水材料在土壤水肥保持中的应用

高分子保水剂应用方法主要有拌种（种子涂层）、种子丸衣造粒、根部涂层（也称蘸根）、土壤直接施用法、用作育苗培养基质等方法，常用土壤直接施用法。种子包衣方法处理种子，可显著提高低土壤湿度条件下的出苗率[25]。棉花应用研究表明，用保水剂作包衣后，在土壤水分为 8% 时，其出苗率可达 60% 以上，而对照在土壤水分为 10% 以下出苗率极低。小麦、大麦、小黑麦、玉米、棉花、大豆、花生、马铃薯上应用复合包衣剂后，其增产幅均在 13.8% 以上。保水剂用作浸根剂，在根部表面形成涂层，用来提高植树造林和育苗移栽的成活率。苹果苗、红豆草、油松苗、杨树苗、山楂苗蘸根后其成活率分别提高 18.7%、20.0%、40.0%、65.0% 和 18.0%。此外，保水剂也被用作土壤结构改良剂或保墒剂，混合于土壤中作为苗麻，可以改善土壤的物理结构和水分条件，使作物抗旱能力提高。

11.3.2.1　水肥保持及其高效利用与农业生产的发展问题

水是农业发展的基础，我国农业年用水约 $4.0 \times 10^{11} \mathrm{m}^3$，占全国总用水的 71% 左右，其中约 90% 为农田灌溉[11]。农灌用水存在三大突出问题：一是水资源不足，制约农灌面积进一步扩大，干旱加剧，年受旱面积 2000 万 ~ 2700 万公顷。二是用水浪费严重，灌水利用率 40% 左右（发达国家 80% ~ 90%）。三是水资源遭受严重污染。

肥料是农业生产和生态环境治理的重要应用物质。同世界发展中国家一样，20 世纪 70 年代以来，化肥应用已成为我国农业增产的主要方式。化肥用量持续增加，2013 年我国生产纯氮肥、磷肥产量分别为 4710 万吨、1656 万吨，农业用氮肥、磷肥纯量分别为 2400 万吨和 829 万吨，已成为世界第一大化肥生产和消费国[12]。化肥平均用量 $400 \mathrm{kg/hm}^2$，为世界警戒上限 $225 \mathrm{kg/hm}^2$ 的 1.8 倍以上，更是欧美平均用量的 4 倍以上。我国农田当季氮肥的利用率仅 25% ~ 35%，比发达国家低 10% ~ 15%[13]。

化肥利用率低造成严重资源浪费，还引起地表水富营养化面源污染和地下水污染。以氮肥为例，氮肥施入土壤经微生物作用变成硝酸盐，除作物吸收部分外，大部分以 NO^{3-}-N 在土壤中累积造成土壤酸化或盐碱化而影响土壤质量，部分在土壤侵蚀中流失到河流湖泊造成水体富营养化，还有部分氮素反硝化形成 NO_2-N 淋渗造成地下水污染，或形成 N_2O 挥发造成温室效应和引起臭氧层破坏，形成 NO_x 排放产生酸雨对环境产生系列危害，甚至威胁人畜健康[14]。磷是植物重要的必需营养元素，我国 74% 耕地缺磷，磷肥当季利用率仅 10% ~ 20%。磷肥利用率低造成直接经济损失，也随地表径流加速水体富营养化[15]。据报道[16]，世界 30% ~ 50% 土地、我国近 50% 地下水受到农业面源污染。吉林市 1988 ~ 2004 年地下水硝酸盐含量检出率达 65.22%，是饮用水水质标准 11.5 倍[17]。因此，氮磷肥为主的化肥低利用率不仅造成经济损失，对环境造成危害，还会威胁人类健康。

11.3.2.2　高分子保水剂促进水肥保持及其高效利用的进展

土壤水肥保持增效技术包括物理、化学和生物，以及农业工程和地面覆盖、节水灌溉和配方施肥等农艺技术。其中，SAP 研究和应用取得一定进展[18,19]，主要表现在对水分保持增效和肥料缓释增效方面。

（1）在水分保持增效方面，主要包括土壤水分保持、土壤改良和植物生理节水效应三方面，这在 SAP 作用原理部分已基本介绍。补充说明的是，SAP 对水分保持和土壤改良的研究不断增多。研究发现[20]，在土壤结构差、保水性能低的南方用红壤施用 0.2% 的 SAP 也显著改善土壤水分保持，同时促进 1～0.5mm 土壤团粒结构形成，有效促进玉米生长。SAP 能促进土壤水分入渗[21]。SAP 对沙土保水性提高效果明显，并促进玉米生长[22]。但是，众多研究多停留在对特定 SAP 保水特性进行研究，对 SAP 对土壤改良效应过程中土壤微结构变化和外界因素影响，以及其保水、保肥及重金属固化等多重效应机理及其应用缺乏系统研究。

（2）在肥料保持增效方面。随着我国面源污染问题的加剧，21 世纪以来 SAP 对肥料保持增效研究加快，农业部 2015 年 2 月发布《到 2020 年化肥使用量零增长行动方案》，减小化肥用量和提高化肥利用效率是两大关键措施。所以，肥料保持增效和新型肥料研发已成为研究重点[23]。但目前 SAP 对氮肥品种效应有一些积累，对磷肥和复合肥效应研究较少。据报道[24,25]，SAP 在大幅提高土壤持水量的同时，能提高肥料利用效率。研究发现[26]，电解质类肥料如 NH_4Cl、$Zn(NO_3)_2$ 等会降低 SAP 溶胀度。百喜草栽培中添加 SAP，作物生长和产量都得到提高，土壤营养元素淋溶损失也减少明显[27]。SAP 在氮肥溶液中吸水倍数降低，且随氮肥浓度增大而降[28]。据报道[29]，土壤含水量为田间持水量 75% 和 100% 时，施用 0.05%～0.80% SAP 使尿素累积氨挥发量较对照减少 8.97%～47.65% 和 16.78%～72.40%。随着 SAP 用量增加，养分淋失量显著减少。试验表明[8]，尿素等非电解质肥料与 SAP 及其他材料混施，能很好地发挥各种材料的协同作用，实现土壤水氮的最佳耦合，较常规施肥提高水肥利用效率 110% 和 39% 以上，增产 47.4%。模拟降雨实验表明[30]，SAP 有削减径流和抑制产沙的作用，淋溶液中总氮和总磷流失量较对照减少 28.9% 和 26.6%。

目前，对氮、磷肥等肥料的保持增效的单项研究有一些积累，但对水肥保持效应过程机理研究不足，缺乏 SAP 对氮、磷肥复合下的水肥保持效应机理及其过程，特别是土壤重金属污染下 SAP 对氮、磷肥复合保持效应机理。

11.4 高分子保水材料在污染治理中的应用

11.4.1 土壤重金属污染及其危害

随着社会经济快速发展，不合理农业施肥、污水灌溉、污泥应用使土壤重金属污染已严重威胁我国生态环境安全。重金属污染导致土壤退化、作物产量和品质降低，还通过食物链危害人体健康。2014 年《全国土壤污染状况调查公报》表明，我国土壤重金属总超标率为 16.1%，其中耕地达 19.4%，Cd、Pb、Ni 点位超标率分别为 7.0%、1.5%、4.8%。在分布上，南方土壤污染重于北方，矿区周边和城郊污灌区是重金属污染的重点地区。24 个省(市) 工矿、城郊 320 污灌点中，重金属超标农产品量占总污染超标的 80% 以上，Cd、Hg、Pb、Cu 及其复合污染明显。据报道[31]，我国重金属污染导致年粮食减产量 1000 万吨以上，被污染粮食达 1200 万吨，经济损失 200 亿元。

11.4.2　高分子保水剂与土壤重金属污染治理

重金属污染土壤修复技术主要有工程措施、物理化学、化学改良和生物措施等，其中研究与应用较多的主要是生物修复技术和化学固化修复技术[32]。化学固化原理就是向土壤中加入固化剂或钝化剂，通过吸附、沉淀等作用改变重金属价态和土壤理化性质，降低重金属迁移能力和生物有效性[33]。目前，重金属固化修复材料主要有黏土矿物、磷酸盐、沸石等无机矿物吸附材料，以及有机肥及微生物等。

SAP 是近年发现对重金属有固化效应的新材料。报道证明[34]，交联合成的 SAP 可促进污水中微生物菌对 Cd 和 Zn 的稳定化去除。据报道[35]，SAP 不仅促进土壤保水改土，还明显降低土壤中 Cu、Zn、Pb 水溶性态含量。研究发现[36,37]，聚丙烯酸盐类 SAP 可改变土壤理化性质，提高土壤 pH 值，降低土壤 Cu、Cd 和 Ni、Zn 等的生物有效性。盆栽实验证明[38]，土壤添加 0.2% SAP 可降低高粱对土壤 Cd 的生物有效性并促进植物生长。在含有重金属 Cu、Pb、Al、As 等污染的废矿物堆场修复中添加 SAP 施用 75~170kg/hm²，可明显促进土壤水分保持和营养吸收，降低植物吸收重金属[39]。

研究表明[40]，SAP 在直接供给作物根系水分、改良土壤结构、促进养分保持同时，可降低重金属对植物污染效应。盆栽实验证明[41]，单个环境材料（腐植酸 HA、SAP、粉煤灰 FM 和沸石 FS）及复合材料 F1、F2、F3（分别 FM+SAP+HA+FS、FS+HA+SAP、FM+SAP+HA）对玉米、大豆生长及土壤重金属 Pb、Cd 吸收影响（表 11-2）。单个材料及复合材料处理较对照能明显减少作物对土壤重金属 Pb、Cd 的吸收量，并促进作物生长。SAP 及其复合材料 F3、F2 对土壤重金属 Pb、Cd 的固化效果明显。对比发现，SAP 及其复合材料使玉米对土壤 Pb 吸收降低 50% 以上，Cd 吸收量降低 80% 以上；SAP 及其复合材料使大豆对土壤重金属 Pb 吸收降低 69% 以上，使 Cd 吸收量降低 33% 以上。研究发现，SAP 及其复材料对土壤 Pb、Cd 固化效应与土壤 pH 值、EC 值、土壤有机质、速效氮磷养分及土壤脲酶、磷酸酶活性等变化紧密相关。

表 11-2　环境材料对大豆、玉米植株干重和吸收土壤重金属 Pb、Cd 影响[41]

处理方式	大豆			玉米		
	每株植株干重/g	Pb 含量/μg·kg⁻¹	Cd 含量/μg·kg⁻¹	每株植株干重/g	Pb 含量/μg·kg⁻¹	Cd 含量/μg·kg⁻¹
复合 F1（FM+SAP+HA+FS）	0.449 b	3.16 a	11.51 a	0.507 a	3.58 a	17.11 a
复合 F2（FS+HA+SAP）	0.329ab	4.09 a	14.62ab	0.560 a	3.89 a	14.44 a
复合 F3（FM+SAP+HA）	0.294 a	4.15 a	9.87 a	0.446 a	5.77 a	12.83 a
腐植酸（HA）	0.383 b	6.14 b	14.56ab	0.311 a	10.76 b	24.33 a
高分子保水剂（SAP）	0.261 a	4.10 a	9.16 a	1.128 c	3.47 a	11.27 a
粉煤灰（FM）	0.207 a	6.21 b	13.08ab	0.880 b	4.05 a	20.47ab
沸石（FS）	0.307 b	3.82 a	14.16ab	0.274 a	11.14 b	29.86 b
对照（CK）	0.278 b	13.31c	21.70 c	0.406 a	11.75 b	70.70 c

目前有关 SAP 对土壤重金属污染修复研究刚起步，有许多问题有待研究。如 SAP 对单个和多种重金属及其在土壤污染的效应范围；SAP 在土壤水分和氮磷肥不同组合条件

下，对重金属单个和复合污染下的固化效应；SAP 对植株生长和土壤质量效应的机理；SAP 在土壤水肥和重金属污染治理中的生态风险评价。

11.5　高分子保水材料发展趋势

高分子保水材料的发展已经引起世界各国高度关注，从而有了飞速发展。对于保水剂农用的发展，主要包括以下三方面：

（1）加强高分子保水材料的应用基础研究。高分子保水材料应用存在许多问题需要研究，包括高分子保水材料对土壤和植物作用的时间效应问题，长期施用保水剂对作物、土壤、环境的影响及其降解性、持效性问题。高分子保水材料与肥料等农业化学品的偶合，高分子保水材料在植物根-土界面的水分变化与植物效应的关系问题等。

（2）加强低成本、长效、多功能、复合、专用保水剂研制。一是加强低成本和抗离子性研究。针对丙烯酸等化工原料不断涨价和成本增加问题，开发抗离子交联的保水剂有机分子单体，研究抗水解、抗光老化、微生物降解缓慢的保水材料添加剂，改进保水剂合成生产工艺，生产长效新型保水剂。二是加强研究保水剂添加其他农林制剂，形成植树造林、防沙治沙、农田生产(经济植物、大田作物)、绿化护坡等不同用途专用，以及拌种、土壤施用、灌水施用等不同剂型的多功能保水剂系列化复合产品，形成专用性、多元素全营养性、生物防治无污染性、用途明确的环保新型多功能保水剂[26]。

（3）建立高分子保水材料及其系列产品的应用技术规范。高分子保水材料应用一般技术主要有拌种(种子涂层)、种子丸衣造粒、根部涂层(也称蘸根)、土壤直接施用法、用作育苗培养基质等方法。应用最多的是土壤直接施用法。但在实际应用中，缺乏对保水剂作用原理理论的全面、正确理解，应用技术缺乏规范，使得保水剂的作用没有得到充分发挥，甚至出现一些相反的结果。以往相关的一些研究已经有较多报道，但多数为试验报告，没有形成针对不同产品或应用范围的应用技术规范，这也是制约保水剂应用推广的重要方面。因此，必须加强保水剂应用原理的全面普及，并研究和制定针对不同保水剂产品和应用目的的应用技术规程，包括研究适合不同气候、地区、土壤的保水剂最佳施用量、施用方式和施肥方式保水剂应用技术；研究保水剂与其他旱作农业措施相结合为特征的综合保水技术。

思 考 题

11-1　什么是高分子保水材料？其主要特征是什么？

11-2　高分子保水剂的作用原理主要包括哪些方面？

11-3　结合实际，谈谈高分子保水剂在改良土壤和化肥增效方面的应用前景。

参 考 文 献

[1] Sojka R E, James A Entry, Jeffry J Fuhrman. The influence of high application rates of polyacrylamide on microbial metabolic potential in an agricultural soil [J]. Applied Soil Ecology, 2006(32)：243~252.

[2] De Varennes A, Torres M O. Soil remediation with insoluble polyacrylate Polymers：an review [J]. Revista de Cinei as Agrarias, 2000, 23(2)：13~22.

[3] 黄占斌. 农用保水剂应用原理与技术 [M]. 北京：中国农业科学技术出版社，2005.

[4] 王砚田，华孟. 高吸水性树脂对土壤物理形状影响 [J]. 北京农业大学学报，1990，16(2)：181~186.

[5] 黄占斌，张国桢，李秧秧，等. 保水剂特性测定及其在农业中的应用 [J]. 农业工程学报. 2002，18(1)：22~26.

[6] 黄震，黄占斌，李文颖，等. 不同保水剂对土壤水分和氮素保持的比较研究 [J]. 中国生态农业学报，2010，18(2)：245~249.

[7] 李嘉竹，黄占斌，陈威，等. 环境功能材料对半干旱地区土壤水肥利用效率的协同效应 [J]. 水土保持学报. 2012，26(1)：232~236.

[8] 俞满源，黄占斌，方锋，等. 保水剂、氮肥及其交互作用对马铃薯生长和产量的效应 [J]. 干旱地区农业研究，2003，21(3)：15~22.

[9] 李志军，张富仓，康绍忠. 控制性根系分区交替灌溉对冬小麦水分与养分利用的影响 [J]. 农业工程学报，2005，21(8)：17~21.

[10] 吴普特，冯浩. 中国用水结构发展态势与节水对策分析 [J]. 农业工程学报，2003，19(1)：1~5.

[11] 孟远夺，杨帆，姜义，等. 我国化肥市场供需情况调查与分析 [J]. 磷肥与复肥，2014，29(3)：7~10.

[12] 孙爱文，石元亮，张德生，等. 硝化/脲酶抑制剂在农业中的应用 [J]. 土壤通报，2004，35(3)：357~361.

[13] 蔡燕华. 氮肥施用中的污染问题及防治对策 [J]. 安徽农学通报，2007，13(18)：48~50.

[14] 程明芳，何萍，金继运. 我国主要作物磷肥利用率的研究进展 [J]. 作物杂志，2010(1)：12~14.

[15] 章立建，朱立志. 中国农业立体污染防治对策研究 [J]. 农业经济问题，2005(2)：4~7.

[16] 张北赢，陈天林，王兵. 长期施用化肥对土壤质量的影响. 中国农学通报 2010，26(11)：182~187.

[17] 梁秀娟，肖长来，盛洪勋，等. 吉林市地下水中/三氮迁移转化规律 [J]. 吉林大学学报(地球科学版) [J]，2007，37(2)：335~345.

[18] 黄占斌，孙在金. 环境材料在农业生产及其环境治理中的应用 [J]. 中国生态农业学报，2013，21(1)：88~95.

[19] 杨培岭，廖人宽，任树梅，等. 化学调控技术在旱地水肥利用中的应用进展 [J]. 农业机械学报，2013，44(6)：100~109.

[20] 高超，李晓霞，蔡崇法，等. 聚丙烯酸钾盐型保水剂在红壤上的施用效果 [J]. 华中农业大学学报，2005，24(8)：355~358..

[21] 白文波，李茂松，赵虹瑞，等. 保水剂对土壤积水入渗特征的影响 [J]. 中国农业科学，2010，43(24)：5055~5062. .

[22] 李杨，王百田. 高吸水性树脂对沙质土壤物理性质和玉米生长的影响 [J]. 农业机械学报，2012，43(1)：76~82.

[23] 何绪生，廖宗文，黄培钊，等. 保水缓/控释肥料的研究进展 [J]. 农业工程学报，2006，22(5)：184~190.

[24] Bowman D C, Evans R Y, Paul J L. Fertilizer salts reduce hydration of polyacrylamide gels and affect physical properties of gel-amended container media [J]. J. Amer. Soc. Hort. Sci., 1990, 115(3)：382~386.

[25] Liu M, Liang R, Zhan F, Liu Z, Niu A. Preparation of superabsorbent slow release nitrogen fertilizer by inverse suspension polymerization [J]. Polym. Int., 2007, 56(6)：729~737.

[26] 李长荣，邢玉芬，朱健康，等. 高吸水性树脂与肥料相互作用的研究 [J]. 北京农业大学学报，

1989, 15(2): 187~192.

[27] 丁和平, 王帅, 王楠, 等. 氮肥增效技术研究现状及发展趋势 [J]. 现代农业科学, 2009, 16 (2): 24~26.

[28] 俞满源, 黄占斌, 山仑. 保水剂氮肥及其交互作用对马铃薯生长和产量的效应 [J]. 干旱地区农业研究, 2003(3): 15~19.

[29] 杜建军, 苟春林, 崔英德, 等. 保水剂对氮肥氨挥发和氮磷钾养分淋溶损失的影响 [J]. 农业环境科学学报, 2007, 26(4): 1296~1301.

[30] 陈晓佳, 吕晓男, 麻万诸. 保水剂对肥料淋失和百喜草生长的影响 [J]. 浙江农业科学, 2004 (3): 130~131.

[31] 宫辛玲, 刘作新, 尹光华, 等. 土壤保水剂与氮肥的互作效应研究 [J]. 农业工程学报, 2008, 24 (1): 50~54.

[32] 安娟, 刘占仁, 王立志, 等. 沂蒙山区保水剂对径流态氮磷输出的影响 [J]. 水土保持学报, 2013, 27(5): 95~98.

[33] 郝玉芬, 杨璐, 胡振琪. 矿-粮复合区土地利用规划环境影响评价 [J]. 中国矿业, 2007, 16(9): 42~44.

[34] 杨苏才, 南忠仁, 曾静静. 土壤重金属污染现状与治理途径研究进展 [J]. 安徽农业科学, 2006, 34(3): 549~552.

[35] 曲贵伟. 聚丙烯酸盐对重金属污染修复作用的研究 [D]. 沈阳: 沈阳农业大学, 2011.

[36] 周泽庆, 招启柏, 朱卫星, 等. 重金属污染土壤改良剂原位修复研究进展 [J]. 安徽农业科学, 2009, 37(11): 5100~5102.

[37] Pires C, Marques A P, Gueerreiro A, et al. Removal of heavy metals using different polymer matrixes as support for bacterial immobilization [J]. Journal of Hazardous Materials, 2011, 19(1~3): 277.

[38] De Varennes A, Queda C. Application of an insoluble Polyacrylate Polymer to copper-contaminated soil enhances Plant growth and soil quality [J]. Soil Use and Management, 2005, 21(4): 410~414.

[39] De Varennes A, et al. Remediation of a sandy soil contaminated with Cadmium, Nickel and Zinc using an insoluble Polyacrylate Polymer [J]. Communication in Soil science and Plant Analysis, 2006, 37(11~12): 1639~1649.

[40] Guiwei Q, Varennes A. de, Martins L L, et al. Improvement in soil and sorghum health following the application of polyacrylate polymers to a Cd-contaminated soil [J]. Journal of Hazardous Materials, 2010, 173(1~3): 570.

[41] Erika S S, Maria M A, Varennes A. de, et al. Evaluation of chemical parameters and ecotoxicity of a soil developed on gossan following application of polyacrylates and growth of Spergularia purpurea [J]. Science of the Total Environment, 2013, 461~462(7): 360~370.

[42] Santos E S, Abreu M M, Macías F, et al. Improvement of chemical and biological properties of gossan mine wastes following application of amendments and growth of Cistus ladanifer L [J]. Journal of Geochemical Exploration, 2014(147): 173~181.

[43] 彭丽成, 黄占斌, 石宇, 等. 环境材料对 Pb、Cd 污染土壤玉米生长及土壤改良效果的影响 [J]. 中国生态农业学报, 2011, 19(6): 1386~1392.

[44] 黄震, 黄占斌, 孙朋成, 等. 环境材料对作物吸收重金属 Pb、Cd 及土壤特性研究 [J]. 环境科学学报, 2012, 32(10): 2490~2499.

12 降解塑料材料在环境治理中的应用

21 世纪是保护地球环境的时代，是资源、能源更趋紧张的年代，为治理那些量大、分散、脏乱、难以收集或即使强制收集进行回收利用，经济效益也很差或无效益的一次性塑料废弃物对生态环境造成的污染，降解塑料应运而生，并获得了较快的发展。

所谓的环境降解材料，一般指在适当和可表明期限的自然环境条件下，可被环境自然吸收、消化或分解，从而不产生固体废弃物的一类材料。其中，降解塑料能减少"白色污染"，有显著的经济效益和社会效益。为此，高效的降解塑料的研究开发已成为塑料工业界、包装工业界发展的重要发展战略，而且成为全球瞩目的研究开发热点。

12.1 降解塑料开发的重要性

降解塑料是指在塑料中加入某些能促进降解的添加剂制成的塑料和合成本身具有的降解性能的塑料、由生物塑料制成的塑料或采用可再生的原料制成的塑料。它在使用和保存期内能满足原来的性能要求，使用后在特定环境条件下，在较短时间内化学结构发生变化，从而引起性能损失的一类塑料。

塑料具有耐化学腐蚀、耐低温、质轻、绝缘性好、价格较低、容易加工成型综合性能优异等优点，已和钢铁、木材、水泥并列成为四大支柱性材料，在工业、农业及日常生活中得到广泛应用。有资料表明，城市固体废弃物中塑料的质量分数已达 10% 以上，体积分数则在 30% 左右，而其中大部分是一次性塑料包装及日用品塑料废弃物，它们对环境的污染、对生态平衡的破坏已引起了社会极大的关注[1]。在农业方面，农用薄膜的主要成分聚丙烯、聚氯乙烯以及聚乙烯，可在田间残留几十年，难降解的碎膜逐年积累于土壤耕层使土壤板结、通透性变差、根系生长受阻，最终导致后茬作物减产，有些作物减产幅度达到 20% 以上，并且情况正在进一步恶化。塑料废弃物不仅在陆地上让人困扰，海洋中的塑料污染同样触目惊心，塑料进入海洋后一部分沉入海底，另一部分会随洋流漂浮，污染海岸线并在海洋中大量积累。塑料废弃物会缠住海豚和鲸类等海洋生物并破坏其栖息地；海洋生物摄入后会导致疾病或死亡；导致外来物种入侵，威胁生物多样性。此外，由于塑料表面能吸附许多持久性有机污染物（POPs），如多氯联苯（PCBs）、多环芳香烃（PAHs）、滴滴涕（DDTs）以及其他有机氯农药，对海洋生物可能会产生毒害作用[2]。各种白色污染如图 12-1 所示。

塑料制品使命完成后，人为处置也存在非常大的环境问题。塑料废弃物通常的处理方式是填埋处理，但填埋场占地多，加之选址不当，导致近年来许多城市出现垃圾围城的现象，破坏城市周边生态环境并且限制了城市化的进一步发展。被填埋的塑料制品会使填埋地的土壤性质不稳定，污染填埋地附近地下水；当进行焚烧处理时，又因其发热量大，易损坏焚烧炉，并排出二噁英、飞灰等有害物质，直接排放进大气的燃烧产物促进了雾霾的

图 12-1　白色污染

产生；塑料制品难降解，混杂在堆肥原料中会污染土壤，降低堆肥产品品质。塑料废弃物的治理已经成为环境问题的热点之一，最有效的途径是开发降解塑料。生活废塑料垃圾处理方式及其危害见表 12-1。

表 12-1　生活废塑料垃圾处理方式及其危害

塑料处理方式	危　　害
卫生填埋	占地面积大，选址困难，存在地下水和重金属二次污染隐患
焚烧发电	投资大，产生二噁英、飞灰等危险废弃物难以处置
堆肥	对垃圾中的有机质要求较高，常遇季节性限制，会污染土壤

降解塑料与同类普通塑料有近似的应用性能，在完成使用功能后能在自然环境中较快地降解成为易被环境消纳的碎片最终回归自然；降解过程中和降解后的残留物对自然环境无害或无潜在危害；随着研究深入，降解塑料经济上与同类普通塑料接近或持平是可以实现的[3]。例如，全淀粉塑料是生物降解塑料中成本最低且加工设备简单、讲解性能优良的一种降解塑料，因而备受青睐。降解塑料与普通塑料用途基本相同，原料来源广泛廉价，适合进行大规模工业生产用于替代当前使用的普通塑料，对解决塑料生产过程及使用后产生的环境问题有积极意义。在倡导"绿色化学"的现在，回收塑料废弃物作为降解塑料生产原料，将废弃物变为资源利用，是循环经济应用于工业生产的具体体现，同时可以减轻目前环境中日益严重的白色污染问题。

12.2　降解塑料分类与特性

12.2.1　降解塑料的用途

降解塑料的用途主要有两个领域：一是原来使用普通塑料的领域。在这些领域，使用或消费后的塑料制品难以收集回收，对环境造成危害，如农用地膜和一次性塑料包装；二是以塑料代替其他材料的领域。在这些领域使用降解塑料可带来方便，如高尔夫球场用球钉、热带雨林造林用苗木固定材料。表 12-2 列出了一些降解塑料在生活中的具体应用。

表 12-2　降解塑料的使用领域

使用领域	使用领域
在自然界应用于难回收的领域	（1）农业用材：地膜、育苗钵、农药和肥料缓释材料、渔网具等； （2）土木建筑材料：山间、海中土木工程修理用型材、隔水片材、植生网等； （3）运输用的缓冲包装材料：发泡制品、片材、板材、网、绳等； （4）野外文体用具：高尔夫座、钓钩、海上运动和登山等一次性用品
有利于堆肥化的领域	（1）食品包装材料：食品和饮料包装薄膜、容器、生鲜食品用托盘、一次性快餐餐具等； （2）卫生用品：纸尿布、生理卫生用品等； （3）日用杂品：轻型购物袋、包装膜、收缩膜、磁卡、垃圾袋、化妆品容器等
医用材料	（1）一次性医疗用具； （2）医用材料：手术缝线、药品缓释胶囊、骨折夹板、绷带等

我国的降解塑料研究与应用始于 20 世纪 80 年代，90 年代进入研究热潮。初期主要集中在农地膜的研究开发。90 年代中期研究热点转向塑料餐具、包装袋、垃圾袋，开发出部分经济技术较好的产品[4]。当时由于铁路沿线废弃的各种塑料垃圾给生态景观造成了严重破坏，原铁道部于 1991 年开始了铁路沿线"白色污染"治理对策研究，并于 1995 年 5 月起全面禁止一次性发泡塑料餐具在铁路火车上的使用，用降解和易回收的材料代替。这也标志则我国降解塑料产业的研发方向逐渐转向淀粉添加型塑料。图 12-2 所示为部分降解塑料产品。

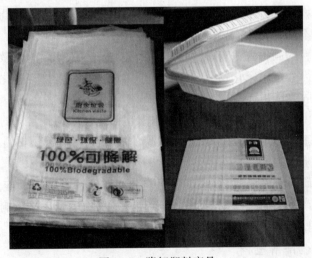

图 12-2　降解塑料产品

12.2.2　降解塑料的分类

降解塑料按照降解机理大致可分为光降解塑料、生物降解塑料、化学降解塑料和组合降解塑料。其中，具有完全降解特性的生物降解塑料和光-生物双重降解特性的光-生物双降解塑料是目前的主要研究开发方向和产业发展方向。

降解塑料的分类如图 12-3 所示。

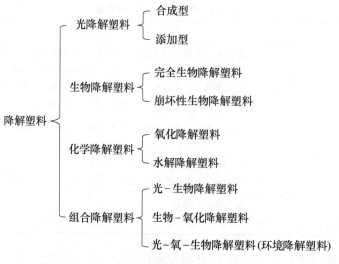

图 12-3　降解塑料的分类

12.2.2.1　光降解塑料

光降解塑料的高分子链能用光化学方法使之破坏，塑料就失去它的物理强度并脆化，再经自然界的剥蚀(风、雨等) 碎为细脆化，最后变为粉末，进入土壤，并在微生物作用下重新进入生物循环[5]。只能被光照射后才发生降解的塑料称为光降解塑料，光降解塑料主要由光敏剂、光降解聚合物、光降解调节剂组成。光敏剂可以促进或引发聚合物发生反应，光降解聚合物的大分子链上含有羰基或双键，光降解调节剂是调节光降解塑料的诱导期长短，以适应不同场合的需要。

一般光降解塑料的制备方法有两种：一种是把含有发色基团的光敏化物质或光分解剂混入聚合物材料中，如金属氧化物、盐、有机金属化合物、多核芳香化合物、羰基化合物等，由这些物质吸收光能后(主要是紫外线) 产生自由基，或者将激发态能量传递给聚合物材料使其产生自由基，然后促使高分子材料发生氧化反应达到劣化的目的。另一种方法是将适当的光敏感基团(如—C＝O) 通过共聚的方式引入聚合物材料的分子结构中，而赋予高分子材料光降解的特性[6]。

光降解塑料的研究开发已有 20 余年的历史，在农业、包装方面应用非常广泛，它的技术较为成熟，生产工艺简单、成本低；缺点是降解过程中受环境影响大，一旦埋入土中失去光照，降解过程停止。

12.2.2.2　生物降解塑料

生物降解塑料是具有满意的使用性能，且使用后能在一定条件下被自然界微生物或酶完全分解成二氧化碳、水及其他低分子化合物而成为自然界中碳素循环的组成成分的一类塑料材料。其特点是：贮存、运输方便，要保持干燥，需避光；应用范围广，不但可以用于农用地膜，还可以用于医药领域。

生物降解塑料可分为全生物降解塑料和生物破坏性塑料，下面对其做简要介绍。

生物破坏性塑料主要用天然高分子组合而制成的降解高分子材料。其组合方式主要有：（1）熔融和溶液共混；（2）将一种高分子材料分散到另一种高分子的水溶液中，形成悬浮体系，然后制成各种复合物；（3）将天然高分子材料分散或溶解在可进行聚合反应体系中，使体系中的单体聚合，得到含天然高分子的生物降解符合材料；（4）将天然高分子在一定条件下（如酸性或碱性等）进行适当的降解，并使降解后的分子链与其他单体聚合反应，从而制备出具有生物境界性能的共聚物。

生物破坏性塑料分类、制备方法及性质特点见表12-3。

表 12-3　生物破坏性塑料分类、制备方法及性质特点

种类	定义	制备方法	性质特点
淀粉基塑料	淀粉与聚合物进行共聚及共混制得的生物破坏性塑料	（1）共聚合成：淀粉与乙烯、苯乙烯、丙烯、丙烯腈、丙烯酸等不饱和单体共聚，可制得丙烯甲酯、丙烯丁酯、甲基丙烯酸甲酯等生物破坏性塑料　（2）共混合成：将淀粉处理后与聚丙烯、聚苯乙烯、聚乙烯醇等聚合物共混制造包装、农用盖膜等降解性塑料	（1）不具备完全降解性，其降解主要依靠巅峰组分的分解，并非真正意义上的降解塑料，且用过的塑料难以回收；　（2）耐水性差，一般通过改性的方式增加其耐水性
蛋白质	由各种 α-氨基酸有序排列而成的多肽共聚物	化学（如共聚）处理后与纤维素等进行共聚制备生物降解材料	主要降解机理为肽键的水解，故具有较高的生物降解性能，但其热性能和力学性能较差
纤维素	高度结晶的高相对分子质量的高聚物	纤维素的改性；纤维素与壳聚糖、蛋白质等共混物形成可降解型高聚物	（1）天然纤维素在自然界含量丰富；　（2）不易熔化，热塑性差，因此不能像塑料那样进行加工；　（3）其溶解性较差，不能溶解于除氢键破坏剂以外的所有溶剂

目前开发和研究的降解塑料中淀粉基塑料由于加工设备简单、价格低廉，及其可完全降解性和可再生性受到人们的青睐[7]。采用淀粉开发具有生物降解塑料的潜在优势在于：（1）淀粉在各种环境中都具备完全的生物降解能力，可制成堆肥回归大自然；同时，因降解而使体积减小，从而延长填埋场地寿命，使填埋地稳定；（2）塑料中的淀粉分子降解或灰化后，形成二氧化碳和水，不对土壤或空气产生毒害：采取适当的工艺使淀粉加热塑化后可达到用于制造塑料材料的力学性能；（3）焚烧时的发热量减少；（4）减少因随意丢弃造成的对野生动物的危害；（5）淀粉是可再生资源，开拓淀粉的利用有利于新型经济的发展。新一代降解淀粉塑料能有效地解决塑料废弃物对环境的污染，是今后塑料发展的方向，其国内外市场前景非常广阔。

全生物降解塑料是对高分子化学结构的分子水平而言，主要包括以下几种：（1）微生物合成材料。利用微生物发酵制得的生物降解塑料。这类产品具有较高的生物分解性，但价格昂贵，推广应用有一定困难。（2）人工合成材料。利用化学合成制造生物降解塑料，较微生物合成具有更大的灵活性，容易控制产品。研究开发工作是合成具有类似于天然高分子结构的物质或含有容易生物降解的官能团的聚合物，其设计思想有：选择易生物降解的化学结构，如带酯键或酰胺键的化合物制备生物降解塑料；使用非生物降解塑料

时，采用相对分子质量约600以下的低聚物，再插入高分子链中，这样既可以达到生物分解的要求，又能满足某些性能上的需要。聚合度的控制必须使所得聚合物的熔点在使用温度上，至少不妨碍使用。

12.2.2.3　光-生物双降解塑料

光降解塑料在分解过程中，需在紫外线照射下才能降解，光降解速度受地理环境、气候条件等因素制约很大，因此推广应用光降解塑料受到限制。掺混型生物降解塑料，一般是加入淀粉、纤维素、甲壳质等天然高分子物质，不仅会影响合成高聚物的物理力学性能，属崩坏型降解塑料，而且达不到完全生物降解的要求。

光-生物降解塑料是利用光降解机理和生物降解机理相结合的方法制得的一类塑料，是一种比较理想的降解塑料。这种方法不仅克服了无光或光照不足的不易降解、降解不彻底以及降解时间长等缺陷，同时还克服了生物降解塑料加工复杂、成本太高、不易推广的弊端，因而成为近年来国内外研究的重点和热门课题[8]。

光-生物降解塑料按选用制造材料不同分两大类：一类是在不能生物降解的合成高分子材料中，同时加入光敏添加剂、促进剂、生物高分子材料，制成崩坏型双降解塑料，另一类是在具有塑料性能、能用通用塑料加工设备加工的完全生物降解材料中添加光敏添加剂、促进剂等制备完全双降解塑料。

由于光与生物双降解塑料降解过程受环境影响小，广被人们重视，具有美好的发展前景，世界各国都投入大量人力和物力进行开发研究，并取得一定成功。目前资料介绍较多，已经开始进入实际应用的光-生物双降解塑料的制备，是在完全不降解的合成高分子材料（如 PE）中，添加淀粉、微细粉碎纤维素等微生物培养基、光敏添加剂、促进剂及其他功能性助剂的方法来制备的塑料制品。

12.2.3　降解塑料的特性

降解塑料的可降解性是其最主要的特性。

12.2.4　降解塑料的降解机理

高分子聚合物的降解主要是由高分子中化学键断裂所引起的反应过程。所谓降解指高分子聚合物材料在热、机械、光、辐射、生物及化学作用下，分子中化学键断裂，并由此引发的一系列材料老化、性能劣化的过程。该过程包括多种物理的和化学的协同作用。根据其降解机理大致可以将材料的环境降解分成光降解过程、生物降解过程和光-生物共降解过程等。

12.2.4.1　光降解过程

光降解是指高分子材料在光照照射下发生劣化分解反应，在一段时间内失去机械强度，其实质是在紫外线照射下的一种快速光老化反应过程。光降解塑料就是一种能在日光条件下快速光老化的塑料。其主要反应是塑料吸收太阳光中的紫外线，达到高分子链键断裂的过程。光降解反应主要分为两个步骤，即塑料吸收紫外线和诺里什（Norrish）反应。

A　光降解塑料吸收紫外线

光降解塑料的一大特点是只有被光照射才能降解，所以光照是降解的先决条件。从材料物理学的角度来看，原子是组成物质的最小结构，原子又由原子核和核外电子组成。光降解塑料并不是一种单一的物质组成，光敏剂吸收光照，对结构中的分子、原子、原子核和核外电子产生了影响，引起了这些微光结构的变化。类比于用波尔理论来解释氢原子的能级跃迁现象：组成物质的原子中，有不同数量的粒子(电子)分布在不同的能级上，在高能级生的粒子受到某种光子的激发，会从高能级跃迁到低能级上，这时将会辐射出与激光性质相同的光；反之，粒子(电子)从低能级跃迁到高能级，会吸收光来获得能量。由此可知，原子各个定态对应的能量是不连续的，它一次只能吸收一份一定频率的光子，这个光子的能量要等于原子激发态与基态的能级差，当光子能量达到一定程度，基态原子就会发生吸收能量，发生电离。

当光降解材料分子吸收光照以后，电子由离核较近的轨道跃迁到较远的轨道，是原子由基态或较低的激发态跃迁到较高的激发态，所以原子能量增加。

表 12-4 给出了常见化学键的断裂能及其相应的波长范围。可见，塑料氧化反应活化能为 $20.91 \sim 463 kJ/mol$，热分解活化能为 $125.4 \sim 334.4 kJ/mol$。来源于太阳的辐射紫外线，其波长范围为 $290 \sim 400 nm$，对塑料降解起主要作用，当塑料大分子在吸收紫外线光量子后会处于激发态，从而具有降解的可能性。

虽然紫外线只占太阳光辐射的 6% 左右，但相当于 $292.6 \sim 418 J/mol$ 的光能量。这 6% 左右的紫外线所具有的能量在进攻塑料高分子化学结构，致其断链、断键等光化学降解的作用上威力巨大，其能量足以切断大多数塑料中键合力弱的部分，只是传统塑料，如聚乙烯对日光辐射的吸收能力和吸收速度有限，所得到的反应性分子的数目比较少，在日光下不能发生急剧的光降解。可以在聚乙烯基材中添加光敏剂，由于光敏剂吸收光能后产生自由基，然后促使其发生氧化反应而降解。

表 12-4 常见化学键的断裂能

键	断裂能 /kJ·mol^{-1}	相应波长 /mm	键	断裂能 /kJ·mol^{-1}	相应波长 /mm
—C＝O	728.5	164.2	—C＝C—	837.4	142.9
—C—OH	460.5	259.8	—C—C—	519.2	230.4
—C—O—	364.3	328.4	—C—N	222.0	538.9
—O—O—	268.1	446.2	—C—H	410.3	291.6

B 诺里什反应

如果某种塑料中含有醛、酮等羰基以及双键，就能发生诺里什反应(Norrish reaction)，进而引起光降解。当羰基处于主链时，含羰基的塑料高分子链接经历 Norrish Ⅰ 型和 Norrish Ⅱ 型裂解，均能被两者切断。当羰基处于侧链时，含羰基的塑料高分子链也经历了 Norrish Ⅰ 型和 Norrish Ⅱ 型反应时，仅 Norrish Ⅱ 型反应引起其主链断裂。例如，聚酮的分子链中含有大量的羰基，能够发生和小分子酮类相似的光化学反应，从而生产一些小分子化合物。图 12-4 所示为诺里什反应的反应机理。

12.2.4.2 生物降解过程

生物降解通过微生物的反应作用将高分子塑料分解成水、二氧化碳及其他低分子化合

Norrish I 型裂解形成两种自由基和一氧化碳的过程：

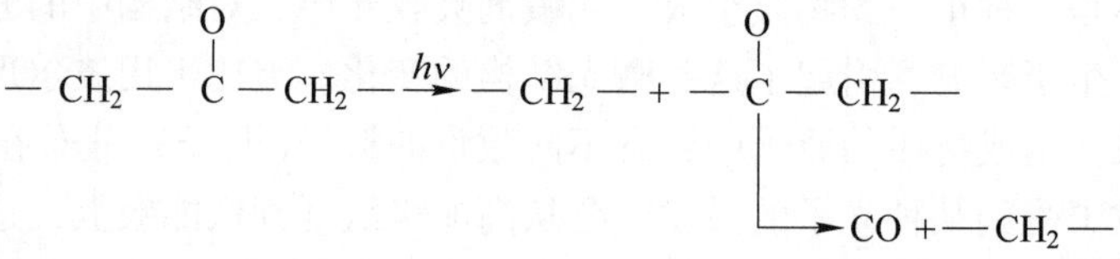

$$— CH_2 — \overset{\overset{\displaystyle O}{\|}}{C} — CH_2 — \xrightarrow{hv} — CH_2 — \quad + \quad \overset{\overset{\displaystyle O}{\|}}{C} — CH_2 —$$

$$\longrightarrow CO + — CH_2 —$$

Norrish II 型裂解：

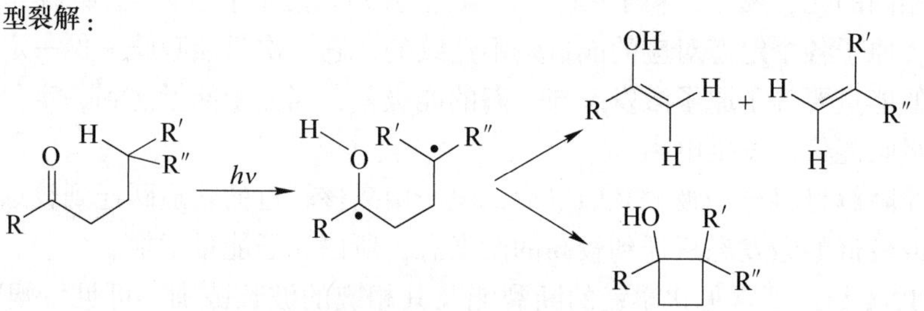

图 12-4　诺里什反应的反应机理

物，可被植物用于光合作用，不会对环境造成污染。生物降解塑料的降解过程一般可分为两步：第一步是填充在其中的淀粉被真菌、细菌等微生物侵袭，逐渐消失，在聚合物中形成多孔破坏结构，增大了聚合物的表面积。第二步是剩下的高分子聚合物在细菌和酶的作用下，进一步发生各种分解反应，使高相对分子质量聚合物分子链断裂，成为低相对分子质量碎片，达到被微生物代谢的程度。

根据破坏形式，生物降解可分为生物物理降解和生物化学降解两种。生物物理降解指当微生物攻击侵蚀高聚物材料后，由于生物细胞的增长使聚合物组分水解、电离或质子化而分裂成低聚物碎片，聚合物分子结构不变，这是聚合物生物物理作用而发生的降解过程。而由于微生物或酶的直接作用，使聚合物分解或氧化降解成小分子，直至最后分解成为二氧化碳和水，这种降解方式属于生物化学降解方式。

一种塑料能否具有生物降解性取决于塑料分子链的大小和结构、微生物的种类和各种环境因素（如温度、pH 值、湿度）及营养物的可作用性等。实际上，生物降解不只是微生物的作用，而是各种生物参加的综合过程。

12.2.4.3　光-生物共降解过程

光-生物共降解过程是塑料先通过自然日光作用发生光氧化降解，并在光降解达到衰变期后可继续被微生物降解，最终变成二氧化碳、水及一些低分子化合物，参与大自然的循环过程。由于光和微生物共同作用、参与降解过程，这类高分子材料的降解速度是可以控制的，也是一种完全降解型的高分子材料。

光-生物双降解塑料具有光、生物降解双重性，在光降解的同时也可以进行生物降解。它的整体材料中加有两种诱发剂，即在材料中掺混有生物降解剂淀粉，还掺有诱发光化学反应的可控光降解的光敏剂或被称为"定时器"的复配光敏剂以及自动氧化剂等助降解剂。其中，可控光降解的光敏剂在规定的诱导期之前不会使塑料降解，具有理想的可控光分解曲线，在诱导期内力学性能保持在 80% 以上，达到使用期后，力学性能迅速下降。而且它还可以通过调整其间的浓度比，使塑料定时分解成碎片，接着在自动氧化剂和微生物对淀粉的共同作用下，此种材料将很快被分解。例如，过氧化异丙苯（DCP）能够促使低相对分子质量组分所生成的极性基团分解而加速劣化，DCP 与土壤中有机金属盐作用，对生物降解塑料会产生强烈的光劣化作用[9]。

光-生物共降解过程不仅克服了无光或光照不足的不易光降解和降解不彻底的缺陷。还克服了生物降解塑料加工复杂、成本高、不宜推广的弊端，因而是近年来在应用领域中发展较快。

12.3 降解塑料在环境治理中的应用

12.3.1 降解塑料在防风固沙领域的应用——可降解沙障

机械沙障是防治风沙危害的主要措施之一，其主要作用是通过改变下垫面的性质，增加地表粗糙度来实现降低风速，减弱风蚀，并达到防风固沙的目的。在传统的沙漠治理过程中，往往采用麦草、黏土、竹片、木片以及尼龙网等材料制作的机械沙障。随着沙区工农业生产的扩大和发展，大量的资源特别是水资源被超量开采利用，长期建立的绿洲、沙漠协调共存的环境背景发生了变化，引发了大面积的防风固沙林衰亡，继而引起沙丘活化前移，风沙再起。就当前沙区地下水位和沙丘土壤含水率，已经难以承载足够大盖度（能实现防风固沙）的植被的生长。因而，要实现防风固沙的目标，就必须采取新的措施，其中机械沙障的研发就是一条重要途径。

聚乳酸（Poly Lactic Acid，PLA）纤维是一种新型的生物可降解材料，是采用玉米、小麦、甜菜等含淀粉原料，经发酵成乳酸后，再经缩聚和熔融纺丝制成，故又称玉米纤维[10]。PLA 纤维既有合成纤维的抗拉伸特性，又有天然纤维的原料再生性和自然条件下的可生物降解性，在降解前需经过高温高湿条件方可水解，因此其在使用过程中材料特性较为稳定[11]，适合作为机械沙障的材料。PLA 沙障的具体制作方式是在 PLA 纤维织物内填充以沙土，然后根据不同的研究内容及设计方案进行铺设。在铺设时，为了确保沙障规格尺寸及类型在施工中的准确性，必须首先按照设计要求在沙丘上布设工程线，沿线设置。平铺式格状沙障在设置时，为了避免风速过大或地形因素等引起的格状变形，沙障在铺设时采用编席的方式，相互叠压，编织成大小相同的格状，这样可以提高沙障的抗形变、抗吹散能力。PLA 沙障与传统沙障铺设效果如图 12-5 所示。

(a)   (b)

图 12-5 沙障铺设效果

（a）PLA 沙障；（b）传统沙障

PLA 沙障在防止风沙保持水土上有如下优点：（1）原料来源充足。PLA 纤维是由玉米等再生资源制成，解决了材料短缺的问题。（2）生物可降解、无污染。DLA 是生物可降解材料，降解后分解为二氧化碳、水和残基中 C—C 键的个数在 80 以下的小分子有机物，可以作为碳源被微生物吸收而代谢。因此，使用 PLA 沙障不仅不会造成污染，还有利于沙漠中生物的生长，对防风固沙起到了关键性作用。（3）可操作性强。PLA 沙障在装沙后可以根据需要随意摆放，利于与治理区实地情况及治理目的相结合，因地制宜，因需设用。（4）运输方便、成本低。PLA 沙障是将 PLA 纤维物填充以就地取材的沙土，因此运输过程中只有织物的运输，而织物材料在机械化生产后即可打包成箱，设置同等沙障面积的条件下所用材料体积小、质量轻，从根本上降低了运输费用。且在沙区内不需机械搬运，工人随身即可携带。（5）施工技术简单、速度快。PVC 管和剪刀即可，一人能够独立完成。但同时也存在一些不足之处：一方面是在目前水平下 PLA 纤维材料的成本很高，但这一问题随着技术的进一步完善及市场的不断扩大将在不久的将来得到解决；另一方面是 PLA 沙障在防沙治沙中应用尚未成熟，正处于起步阶段，还需要大量的实验研究[12]。

12.3.2　降解塑料在水土保持领域的应用——可降解地膜

地膜覆盖栽培技术自 1979 年在我国试验应用并推广以来，增产增收效益明显，地膜的生产量和使用量每年都在大幅度增长，地膜已成为我国继化肥、农药之后的第三大农用生产资料。地膜覆盖不仅具有增温、保墒、早熟、增产等作用，还能防止土壤流失，有效控制土壤盐碱度，减少氮的淋洗。地膜覆盖能够改善耕层土壤的水热状况，在中国北方干旱半干旱地区应用广泛。

地膜覆盖栽培的广泛应用在极大地促进我国农业生产发展的同时，其环保负面效应也越来越严重：残膜越来越多地积累在土壤之中，使耕层土壤透气性降低，阻碍作物根系发育和对水分、养分的吸收，从而影响作物的产量。还会引起其他一系列的危害，主要表现在：（1）影响农事操作，由于大量残膜存在，在进行耕地、整地、播种等农事操作时残膜经常会缠绕在农机具上或堵塞播种机，从而影响农事操作和播种的质量；（2）由于地膜残留在土壤中，或者丢弃在田间地头，经常会引起视觉污染，破坏环境景观；（3）农膜的残片经常会随着作物秸秆被牛、羊等家畜误食，导致牲畜中毒死亡；（4）由于回收不力，农民经常会在地里焚烧残膜，塑料燃烧会产生氯化氢、二噁英等多种有害的气体，造成大气污染[13]。

目前我国地膜残留量一般在 $60 \sim 90 kg/hm^2$，最高达 $165 kg/hm^2$。研究表明，土壤中残膜含量达 $58.5 kg/hm^2$ 时，使玉米减产 11%～23%、小麦减产 9%～16%、大豆减产 5.5%～9%、蔬菜减产 14.6%～59.2%。此外，大量残膜缠绕犁齿，严重妨碍农田机耕作业，机耕质量下降，耕层逐年板结。残膜随风乱飘，不仅污染环境，牛、羊等牲畜吞食后还会造成肠梗阻。曾给农业生产带来福音的"白色革命"正在转变为"白色污染"，由此，开发利用环保型可降解地膜成为应对"白色污染"的必然举措。近年来，新型可降解地膜（生物降解地膜和光降解地膜）和液态地膜等环保材料先后问世。可降解地膜概况见表 12-5。

表 12-5 可降解地膜概况

分类	降解机理	推广难点
生物降解地膜	在自然条件下，通过自然界中细菌、真菌、海藻等微生物作用分解成低分子化合物，并最终分解成水和二氧化碳等无机物的一类地膜	存在加工困难、力学性能和耐水性能差的问题
光降解地膜	在高分子聚合物中引入光增敏基团或加入光敏性物质，使其吸收太阳紫外光在其他助剂的协同作用后引起光氧化反应而使大分子链断裂变为低分子质量化合物、物理力学性能随之下降的一类地膜	降解受紫外线强度、地理环境、季节气候、农作物品种等因素的制约较大，降解速率很难准确控制
光-生双降解地膜	在通用高分子材料（如 PE）中添加光敏剂、自动氧化剂、抗氧剂和作为微生物培养基的生物降解助剂等制作而成的一类地膜	随着使用时间的延长，土壤中塑料颗粒逐渐增加，会影响作物根系的生长甚至减产，且非常难清除，不利于农业的可持续发展[14]

在研究过程中，众多实验结果表明可降解地膜覆盖在玉米生育前期具有保温、保水的显著效果[15]。生物全降解地膜在玉米生长前期保温、保水效果显著，而中后期增温作用不明显[16]。可降解地膜覆盖在玉米生育中期保水效果明显，而保温效果不明显；在生育前期和后期保温效果明显，而保水效果不明显[17]。

一种具有提高地力、促进作物早熟、增产增效的液态地膜在吉林省松原市炼油厂正式投产，是我国白色塑料地膜理想替代产品，适用于干旱地区农作物早期地膜覆盖，更适用于荒地、沙地治理、水土保持以及公路道路护坡、造林绿化保护草原植被、防风固沙、树木防冻等[18]。

未来农业的主要目的在于充分利用自然资源，合理使用生产资料，注意保护生态环境，保持作物生产可持续发展，发挥作物最大生产潜力，实现作物高产、优质、低耗、无公害，并获得最大的经济效益、社会效益、生态效益。可降解地膜覆盖在提高并保持土壤水分方面与普通地膜作用相当，可降解地膜既能发挥普通地膜的保温保湿性能，促进作物生长发育，加快生育进程，提高产量，又由于其降解性能可减轻在土壤中的残留污染，因此以可降解地膜替代普通地膜在生产中推广应用意义重大。近年来，国内很多单位开展了草纤维地膜、纸基地膜等环保地膜的研究。通过应用表明，以纸浆为原料的纸地膜，其降解效果良好；以植物纤维为原料的环保型麻地膜具有很好的保温、保湿和促进作物生长发育的作用，在田间可以完全降解，无污染，降解后还有改良培肥土壤的作用。据专家预测，绿色环保型产品将是未来市场的主导产品。因此，研究、开发和应用完全生物降解地膜是今后的发展趋势。

12.4 降解塑料的发展前景

降解塑料作为一种处理塑料废弃物的全新途径，经过多年的研究与探索，目前已取得较大进展。面对绿色化的国际要求，发展降解塑料，不仅必要同时也具有广阔的发展前景。

12.4.1　降解塑料市场概况

据有关资料报道，目前全世界降解塑料的生产规模已超过 20 万吨。由于降解技术的进展，消费量的增长，促进了生产规模的扩大、价格的下降。目前降解塑料的应用已扩大到：卫生用品(免洗尿布、剃须刀、牙刷、生理用品等)；日用杂货(购物袋、包装袋、手提袋、垃圾袋)；户外用品(钓鱼线、鱼饵用容器、高尔夫球钉)；农林业资材(地膜、保水材料、肥料和农药的缓释材料等) 及医用材料。

国内近年来由于各级部门的重视，投入了较大的力量进行研究开发，在光降解、生物降解、光与生物双降解技术上都取得了显著的进展，市场需求不断扩大。据不完全统计，至今已建成各类降解塑料、母料专业生产线 50 多条，生产能力约 5 万吨/a[19]。

12.4.2　降解塑料发展方向

降解塑料目前还属于发展之中，其综合性能还不如现在广泛使用的塑料性能好，因而还未得到大面积的推广使用。另外，完全生物降解型塑料价格还较昂贵，只在部分高附加值产品的行业，如医疗卫生、高档化妆品行业使用，这也是生物降解型塑料难以推广的主要原因。因此要推广使用降解塑料，必须提高性能，降低成本，主要的研究方向有：

(1) 利用纤维素、淀粉、甲壳素等天然高分子材料制取生物降解塑料，进一步开发改良天然高分子的功能与技术。

(2) 利用分子设计，精细合成技术合成生物降解塑料。通过对具有生物降解性的合成高分子生物降解机理的解析，制取生物降解塑料；同时对这类高分子与现有通用聚合物、天然高分子、微生物类聚合物等的嵌段共聚进行研究开发。

(3) 通过微生物的培养获得生物降解塑料。寻找能生产高分子塑料的微生物，发现新的高分子，并解析其合成机理，同时通过现有方法及基因工程的手段提高其生产性，研究高效的培养微生物的方法。

例如，通过淀粉或纤维素等可降解的高聚物对通用型聚合物(如聚乙烯和聚丙烯等)进行共混改性或接枝改性，可制备一种光-生物共降解塑料薄膜将这种塑料膜用于制造一次性包装材料和制品，使用后可以在生物和光的作用下完全降解；另外，将聚酯和聚酮共混，采用双氧水、过氧酸等氧化剂进行化学改性，可获得一种既具有生物降解功能，又具有光降解性能的高聚物塑料包装材料，可直接用于生产快餐饭盒、垃圾袋。它采用非淀粉型光敏剂和生物降解剂，强度和透明度均优于淀粉塑料，光降解性能优良，可在 50～100 天内脆化。其降解产物能被霉菌等微生物进一步降解，最终成为微生物的碳源，回归大自然。

近年来，降解塑料不断新品不断开发，表 12-6 列出国外已工业化生产的降解塑料概况，也代表了未来降解塑料产品生产的发展方向。

表 12-6　国外已工业化生产的降解塑料

国家	公司	主要成分	年生产能力/t
美国	Novon 国际	淀粉	45000
美国	UCC	聚己内酯(PLC)	5000

国家	公司	主要成分	年生产能力/t
美国	空气产品与化学品	聚乙烯醇（PVA）	84000
英国	Zeneca	聚 3-羟基丁酸/戊酸酯共聚物（PHBV）	3000
意大利	Novomont	聚乙烯醇/淀粉合金	22700
日本	昭和高分子	二羧酸二元醇	3000
日本	三井东压化学	聚乳酸（PLA）	500
德国	Biotic	淀粉	
美国	卡吉尔-陶氏	聚乳酸（PLA）	140000
美国	Cereplast	聚乳酸（PLA）、淀粉	18000
日本	三菱化学、昭和电工	聚丁烯琥珀酸酯（PBS）	6000
德国	巴斯夫	脂肪烃-芳烃共聚酯	8000

（1）聚乳酸是以速生资源玉米为主要原料，经发酵制得乳酸，再经化学聚合而制成的全新降解塑料，具有良好的生物相容性和生物降解性，用它制成的各种制品埋在土壤中6~12 个月即可完成自动降解，该产品的研发备受美国、德国、法国等国的重视。

卡吉尔-陶氏聚合物公司 2002 年在美国内布拉斯加州巴拉尔建成年产 14 万吨聚乳酸生物降解塑料装置。该装置以玉米等谷物为原料，通过发酵得到乳酸，再以乳酸为原料，聚合生产可生物降解塑料聚乳酸。

美国从事生物塑料生产的 Cereplast 公司为满足美国客户不断增长的需求，已进一步扩大了其在加州生产装置的生物塑料能力。该公司从聚乳酸（PLA）、淀粉和纳米组分添加剂生产 100% 的生物基塑料，扩建的装置将使其新生产线的生产能力提高到 1.8 万吨/a。新生产线的投运，使该公司成为美国第二大生物塑料树脂生产商。向 Cereplast 公司供应 PLA 的 Natureworks 公司（卡吉尔-陶氏）位居第一，其在 Nebraska 拥有年产 1.4 万吨的装置。

（2）聚丁二酸丁二醇酯（PBS）是生物降解塑料材料中的佼佼者，用途极为广泛，可用于包装、餐具、化妆品瓶及药品瓶、一次性医疗用品、农用薄膜、农药及化肥缓释材料、生物医用高分子材料等领域。PBS 综合性能优异，性价比合理，具有良好的应用推广前景，与 PCL、PHB、PHA 等降解塑料相比，PBS 价格极低廉，成本仅为前者的 1/3，甚至更低；与其他生物降解塑料相比，PBS 力学性能优异，接近 PP 和 ABS 塑料；耐热性能好，热变形温度接近 100℃，改性后使用温度可超过 100℃，可用于制备冷热饮包装和餐盒，克服了其他生物降解塑料耐热温度低的缺点；加工性能非常好，可在现有塑料加工通用设备上进行各类成型加工，是目前降解塑料加工性能最好的，同时可以共混大量碳酸钙、淀粉等填充物，得到价格低廉的制品；PBS 生产可通过对现有通用聚酯生产设备略作改造进行，目前国内聚酯设备产能严重过剩，改造生产 PBS 为过剩聚酯设备提供了新的机遇。另外，PBS 只有在堆肥、水体等接触特定微生物条件下才发生降解，在正常储存和使用过程中性能非常稳定。PBS 以脂肪族二元酸、二元醇为主要原料，既可以通过石油化工产品满足需求，也可通过纤维素、奶业副产物、葡萄糖、果糖、乳糖等自然界可再生农作物产物，经生物发酵途径生产，从而实现来自自然、回归自然的绿色循环生产。而且采用生物发酵工艺生产的原料，还可大幅降低原料成本，从而进一步降低 PBS 成本。

（3）生物法合成新型高分子材料生物聚酯已经成为一个新材料生产、开发和应用的方向，该领域的研究充分体现了多领域、跨行业的现代科技产业特点，生物聚酯将在人类的环境保护、医药保健等方面发挥重要作用。生物可降解塑料以可再生的原材料为原料，可望在许多应用中替代传统聚合物。但是因生产费用较高，和受到性能与可加工性的限制，发展还较慢。然而据称，美国 Metabolix 公司推出聚羟基烷基酸酯（PHA）生物聚合物家族有望与现有产品，尤其是 PE 在价格和性能上相竞争，并可望最终替代 50% 的传统塑料。PHA 家族的主要优点是可采用生物技术生产工艺，产品性能适用面宽，可从这类聚合物生产硬性塑料，可模塑薄膜，甚至制成弹性体。吹塑和纤维级产品也在开发之中。这类聚合物甚至在热水中也很稳定，但在水中、土壤中和两者兼具的环境中，甚至在厌氧条件下，也可生物降解。将其用于网织品或用作涂层处理的纸杯和纸板具有吸引力，在医疗上的应用如植入也有应用潜力[20]。

思 考 题

12-1　降解塑料的类型与机理有哪些？

12-2　举例具体说明降解塑料的应用范围。

12-3　降解塑料的发展方向是什么？

参 考 文 献

[1]　王禧. 国内外降解塑料的现状及发展方向 [J]. 江苏化工，2002(1)：7~11.

[2]　廖琴，曲建升，王金平，等. 世界海洋环境中的塑料污染现状分析及治理建议 [J]. 世界科技研究与发展，2015(2)：206~211.

[3]　唐赛珍，陶欣，李小明，等. 降解塑料研究开发的进展 [J]. 石油化工，2004(11)：1009~1015.

[4]　李星，刘东辉，黄云华. 我国可降解塑料的现状和发展趋势 [J]. 化工生产与技术，2004(1)：26~32.

[5]　Rabek J F，Ranby B. 单线态氧在聚合物光氧化降解和光稳定化过程中的作用(综述) [J]. 老化通讯，1977(Z1)：78~81.

[6]　张元琴，黄勇. 国内外降解塑料的研究进展 [J]. 化学世界，1999(1)：3~8.

[7]　马涛，刘长江，赵增煜. 淀粉基生物降解塑料研究进展 [J]. 食品工业科技，2000(6)：12.

[8]　俞文灿. 可降解塑料的应用、研究现状及其发展方向 [J]. 中山大学研究生学刊(自然科学、医学版)，2007(1)：22~32.

[9]　武军，李和平. 光/生物双降解塑料的降解机理与加工制备 [J]. 中国包装工业，2000(9)：44~45.

[10]　吕晶，张泉. 聚乳酸复合纤维的性能及应用 [J]. 产业用纺织品，2004，22(9)：1~5.

[11]　党晓宏，高永，虞毅，等. 新型生物可降解 PLA 沙障与传统草方格沙障防风效益 [J]. 北京林业大学学报，2015(3)：118~125.

[12]　周丹丹. 生物可降解聚乳酸(PLA)材料在防沙治沙中的应用研究 [D]. 呼和浩特：内蒙古农业大学，2009.

[13]　何文清，严昌荣，赵彩霞，等. 我国地膜应用污染现状及其防治途径研究 [J]. 农业环境科学学报，2009(3)：533~538.

[14]　赵燕，李淑芬，吴杏红，等. 我国可降解地膜的应用现状及发展趋势 [J]. 现代农业科技，2010

（23）：105~107.

[15] 王鑫，胥国斌，任志刚，等. 无公害可降解地膜对玉米生长及土壤环境的影响 [J]. 中国生态农业学报，2007(1)：78~81.

[16] 乔海军，黄高宝，冯福学，等. 生物全降解地膜的降解过程及其对玉米生长的影响 [J]. 甘肃农业大学学报，2008，43(5)：71~75.

[17] 王星，吕家珑，孙本华. 覆盖可降解地膜对玉米生长和土壤环境的影响 [J]. 农业环境科学学报，2003(4)：397~401.

[18] 鲍盛华. 液态地膜在吉林正式投产 [J]. 科技创业月刊，2000(7)：49.

[19] 顾振宗. 降解塑料的分类和发展前景 [J]. 金山油化纤，1998(3)：36~40.

[20] 钱伯章，朱建芳. 降解塑料的发展现状和市场 [J]. 橡塑资源利用，2007(5)：21~28.

13 矿物材料在环境治理中的应用

环境材料是指对资源和能源消耗最少，对生态环境影响最小，再生循环利用率最高或可分解使用的，具有优异使用性能和特别优异的环境协调性，以及直接具有净化、修复环境能力的材料[1]。矿物材料往往来源于自然界，具有储量丰富、价格低廉、环境友好等特征。环境矿物材料是环境材料的一个类别，一般是指由矿物（岩石）及其改性产物组成的与生态环境具有良好协调性或直接具有防治污染和修复环境功能的一类矿物材料[2]。天然矿物（岩石）往往可以直接用做环境矿物材料，但是其净化环境能力有限，因此为了提高或改善天然矿物（岩石）的性能，常采用无机或有机改性对其进行处理。国内外关于环境矿物材料改性的方法总体可分为物理法、化学法、复合方法，而这几种方法都与矿物材料的比表面积大、孔隙率高及组成结构和空间结构差异性有关。

13.1 环境矿物材料的分类和特点

13.1.1 环境矿物材料的分类

根据矿物材料的定义和加工改造特点，一般将矿物材料分为如下三大类型：天然矿物材料、深加工矿物材料、复合及合成矿物材料。而根据矿物材料的特点，环境矿物材料则可以分为如下四大类：

（1）天然环境矿物材料，指能够直接利用其物理、化学性质用于环境治理与修复的矿物功能材料，如膨润土、沸石、珍珠岩、硅藻土、蛭石等。

（2）改性环境矿物材料，指将矿物或岩石进行超细、超纯、改性等加工改造后用于环境治理或修复的矿物功能材料，如超细石英粉、云母粉、改性膨润土、沸石等。

（3）复合及合成环境矿物材料，指以一种或数种天然矿物或岩石为主要原料，与其他有机或无机材料按适当配比进行烧结、胶凝、黏结、胶连等复合或合成加工改造所获得的用于环境修复的功能材料，如岩棉、活性炭、陶粒等。

（4）工业固体废弃物，指选矿尾矿、煤矸石、石棉尾矿，火力发电厂排出的粉煤灰，冶炼的废钢渣，化学工业排出的电石渣、硫酸渣、赤泥等一类材料。

13.1.2 环境矿物材料的特点

环境矿物材料的两个最基本属性是：（1）材料本身是以天然矿物或岩石为主要原料；（2）材料具有环境协调性或具有环境修复和污染治理功能。所以，环境矿物材料应当是指矿物材料中具有环境属性、能够有效治理或修复环境中固、液、气等污染物的功能材料。总体上来讲，环境矿物材料具有以下特点：

（1）应用范围广。除了"三废"处理外，还适用于科技发展带来的新污染，如光污染、各种射线辐射、微波、电磁场、低频噪声等的治理。

（2）环境协调。环境矿物材料是自然界天然无机矿产，具有与天然环境的共生性和协调性，既能治理污染，又能修复环境、回归自然。

（3）可循环、无污染。绝大部分环境矿物材料在环保中的应用都能遵循再生利用，无二次污染或二次污染小。

（4）天然自净化功能。环境矿物材料具有天然自净化功能，在一般性环保技术不能解决的非点源区域性污染方面能发挥独到作用，这是物理、化学和生物治理方法不能比拟的。

（5）处理效果好，可以有效去除有机和无机污染物，且去除效果良好。

（6）具有生化稳定性，具有较高的化学活性和生物稳定性。

（7）储量丰富，工艺简单，治理污染成本低廉。

13.2　天然矿物对污染物的基本净化原理

天然环境矿物材料是指能够直接利用其物理、化学性质用于环境污染治理与修复的矿物（岩石）功能材料，它与生态环境具有良好的协调性，如膨润土、沸石、珍珠岩、硅藻土、蛭石等。环境矿物材料独特的晶体结构，对环境中的重金属离子具有吸附和固定的作用，其性能特征主要体现在表面吸附性、膨胀性、离子交换性、中和性和氧化还原性。天然矿物对污染物的基本净化性能主要体现在以下方面[3~5]。

（1）环境矿物材料的表面吸附作用。矿物表面吸附作用受矿物表面物理和化学特征的控制，比表面积大的表面和极性表面往往具有很强的吸附作用。天然矿物表面化学性质取决于其化学成分、原子结构和微观形貌。自然界中环境矿物表面通常与环境界面的大气、液体和其他物质之间接触，表面吸附作用是指矿物界面对其他物质的吸纳作用。一般矿物表面的化学成分很少能代表其整体性，矿物表面一旦暴露在空气中很容易发生氧化甚至碳化与氮化作用。矿物表面微形貌特征在很大程度上影响着其表面活性强度，有利于化学吸附的条件是由表面-吸附质成键作用的增强和表面内与被吸附分子中成键作用的减弱之间的平衡来决定。

（2）环境矿物材料的孔道过滤作用。矿物的孔道过滤作用表现为矿物过滤作用和孔道效应。多数矿物均具有孔道结构特征。某些矿物具有与过滤材料同样的特征，如机械强度高、化学性质稳定、比表面积大、有一定的粒度级配。目前广泛使用矿物材料去除水中色度、有机污染物、氨氮及较大原生动物及蠕虫等。矿物孔道效应包括孔道分子筛、离子筛效应与孔道内离子交换效应等。过去认识到的具有孔道结构并具有良好过滤性的矿物包括沸石、黏土、硅藻土、蛋白石等，新近发现磷灰石、电气石、软锰矿、硅胶等也具有良好的孔结构特性；另外，蛇纹石、埃洛石管状结构以及蛭石膨胀孔隙等也表现出优良的孔道性能，近年来也同样备受关注。

（3）环境矿物材料的结构调整作用。通常矿物表面的原子结构及电子特性有可能与其内部有很大差异，有些环境矿物的内部结构缺陷与位错直接影响矿物整体性质，往往能增加矿物表面活性。暴露的矿物表面要进行重构，即表面的不饱和状态会促使其结构进行某些自发的调整。当有被吸附的分子存在时，表面又会以不同的方式在结构上进行重新调整，不同的晶体表面重构程度也不同。为了更好地吻合吸着物结构，通常与吸着物最近的基底表面上的原子会发生空间位移。这种情况往往发生在吸着物与表面之间具有强的交互作用，也就是吸着物与表面具有强的化学活性并有强键形成。表面上原子有时涉及表面以下几层的原子，其结构中的位置不同于平衡状态下的位置，这些结构上的差异可以是微弱的也可以是显著的。简单破裂后暴露出的表面，表面原子结构可能发生松弛，尤其是低对称性结构，多数情况下这种松弛作用往往垂直于表面。

（4）环境矿物材料的离子交换作用。某些环境矿物也具有良好的离子交换作用，主要发生在矿物表面、孔道内与层间域，如碳酸盐和磷灰石等离子晶格矿物表面、沸石和锰钾矿等矿物孔道内及大多数黏土矿物层间域等。膨润土具有比表面积大、阳离子交换能力强等性能，可与水中的阳离子型污染物发生交换作用，从而可以有效阻止重金属离子、放射性元素在自然环境中的扩散与迁移。方解石和文石表面的 Ca^{2+} 可与水溶液中 Pb^{2+}、Mn^{2+}、Cd^{2+} 等阳离子发生交换作用，它们被固定在碳酸盐表面的形式分别是碳酸铅、碳酸锰和碳酸镉。磷灰石可在常温常压下用其表面晶格中的 Ca^{2+} 与溶液中阳离子 Pb^{2+}、Cd^{2+}、Hg^{2+}、Zn^{2+}、Mn^{2+} 广泛发生交换作用。天然沸石对一些阳离子有较高的离子交换选择性，水合离子半径小的离子容易进入沸石格架进行离子交换，交换能力就强。锰钾矿晶体结构中补偿负电荷的阳离子和结合力相当弱，容易与其他离子发生离子交换作用，因而同样具有阳离子交换性质。

（5）环境矿物材料的化学活性作用。矿物化学活性作用体现在矿物溶解和结晶效应、水合效应、氧化还原反应、配位体交换、沉淀和转化催化作用等。如黄铁矿微溶与还原作用、软锰矿氧化作用、硫化物沉淀转化作用等，其中酸碱反应与矿物表面吸附作用密切相关。这些化学活性作用过程都伴随着对多种污染物的净化作用。溶解作用包括溶质分子与离子的离散和溶剂分子与溶质分子间产生新的结合或络合，表现为物质结构"相似相溶"。水合作用往往伴随着矿物体积增大，如硬石膏发生水合作用形成石膏后体积可膨胀 30%，则含水矿物是岩石圈与水圈交互作用的产物。自然界由变价元素（S、Fe、Mn）组成的矿物在自然环境中极不稳定，变价组分受到氧化作用使化学成分发生变化造成其结构缺陷的发生，从而间接提高矿物反应活性。

（6）环境矿物材料的物理效应作用。矿物物理效应包括矿物光学、力学、热学、磁学、电学、半导体等性质，如方解石的热不稳定性的固硫效应、堇青石热稳定性可用来制作多孔陶瓷的除尘效应、天然硅石的热膨胀性可改善煤燃烧过程中氧化气氛以防止硫酸钙分解而提高固硫率的效应、利用部分金属矿物的磁性和半导体性除杂及有机物等。当前的污水非生物学处理技术基本上都属于分离过程，即将污染物分离或浓缩，或将污染物从一种物相转化到另一种物相，并没有使污染物得到破坏而实现无害化，通常不可避免地带来废料或二次污染。光催化降解法是一种高效的深度氧化过程，可以将水体中的卤代烃类、脂肪、羧酸、表面活性剂、染料、含氮有机物、有机磷杀虫剂等较快地完全氧化为 CO_2 和 H_2O 或 HCl 等无害物质，达到除毒、脱色、除臭的目的。

（7）环境矿物材料的纳米效应作用。纳米效应是因纳米矿物具有纳米材料的表面效应、小尺寸效应和量子效应，且与矿物的结晶粒度密切相关。自然界中颗粒特别细小的矿物产生于地壳表层氧化带和水化作用带。纳米多孔矿物材料主要用于催化领域和处理一些有害物质的吸附领域。利用纳米级水聚合二氧化硅对可溶性金属阳离子的强吸附研究表明，被吸附的金属能够长期稳定存在，而不易被解吸出来，正是由于纳米级水聚合二氧化硅的特殊化学性质能够使其对过渡金属产生成键吸附，这些奇妙的矿物纳米效应在净化污染物方面有着不可替代的独特作用。

（8）环境矿物材料的生物交互作用。在地球圈层之中矿物的发生、发展与变化过程中有生物作用的参与，生物的发育、生长与演化过程中有矿物作用的参与，使得自然界中原本两个截然的领域即无机界与有机界变得更加渗透与融合。目前环境矿物材料与生物交互作用主要体现在以下两方面：一是天然矿物特别是纳米级的矿物与人体细胞组织的相互作用表现为对人体健康的影响，以及矿物对动、植物和微生物的间接效应；二是天然生物，主要为细菌和微生物对环境中有害有毒物质的消纳功能，以及对蕴藏在矿物中的有益元素的溶解和沉淀，并与矿物的形成及变化密切相关。开展纳米级矿物晶芽与生物细胞层次上交互作用以净化环境污染的研究，揭示细胞代谢产物能浓集环境中稀淡的污染性有毒重金属、改变有毒重金属的存在形式与分布状态以及形成微细矿物胚体的过程和本质，不仅能为地球系统中生命过程示踪提供科学依据，而且能为地球生态环境质量改善提供技术支撑。

13.3　天然环境矿物材料研究进展

以天然矿物材料为原料治理环境污染，不仅具有工艺简单、成本低、原料来源广泛、净化效率高等优势，而且还可以做到以废治废、污染控制与废弃物资源化并行[6]。非金属矿物环境材料是环境保护和环境治理的重要研究领域，我国非金属矿具有品种多、资源丰富、分布广等特征，这为开发非金属矿物环境材料提供了良好的条件。目前，国内外研究较多的天然环境矿物材料包括膨润土、海泡石、沸石、硅藻土、凹凸棒石、磷灰石、麦饭石等[7,8]。

天然环境矿物材料因具有表面吸附、离子交换、孔道过滤等优异的净化功能，在污染治理与环境修复领域中具有独特的作用，并在污染治理的规模、成本、工艺、设备、操作、效果及无二次污染等方面具有明显的特点和较大的优势[9]。目前，环境矿物材料已在大气、水和土壤污染防治等方面展现出了广阔的应用前景（表13-1）。

表 13-1　非金属天然环境矿物材料应用[10]

应用范围	功能	非金属矿物及作用
大气污染	中和	石灰石、菱镁矿、水镁石等碱性产物用于中和可溶于水的气体，这些气体多为酸酐
	吸附	沸石、蒙脱石、海泡石、坡缕石、高岭石、白云石、硅藻土等矿物吸附 NO_x、SO_x、H_2S 有毒气体
水污染	过滤	石英、尖晶石、石榴石、海泡石、坡缕石、硅藻土及多孔 SiO_2、膨胀蛭石、麦饭石等用于化工和生活水过滤
	调节 pH 值	白云石、石灰石、方镁石、水镁石、蛇纹石、钾长石、石英等用于清除水中多余的 H^+ 或 OH^-
	净化	明矾石、三水铝石、高岭石、沸石等用于清除废水中的磷酸离子、铵盐和重金属离子等

应用范围	功能	非金属矿物及作用
土壤污染	吸附	膨润土、凹凸棒石黏土、海泡石、高岭土、沸石、蒙脱石等吸附土壤中重金属离子和有机污染物
	调节 pH 值	海泡石、碳酸钙、沸石、磷灰石、石灰石、白云石调节 pH 值,抑制土壤中重金属的迁移
放射性污染	过滤	石棉用作过滤、清除放射性气体和尘埃
	离子交换	沸石、海泡石、坡缕石、蒙脱石用于阳离子交换剂净化被放射性污染的水体
	吸附固化	沸石、海泡石、坡缕石、蒙脱石、硼砂、磷灰石可对放射性物质永久性吸附固化
噪声	隔音	沸石、蛭石、珍珠岩、浮石等轻质多孔非金属矿产可用于保温隔音的建筑材料

13.4 环境矿物材料的应用

13.4.1 环境矿物材料在废水处理中的应用

长期的废水污染在造成"三致"(癌、畸、突)的同时,也造成了严重的水退化现象,退化的水分子溶解力、渗透力、代谢力、乳化力、洗净力都会有不同程度的下降。另外,高氟、高砷、高磷、高硝酸根离子以及痕量重金属离子对地下水源的长期污染在我国干旱与半干旱地区分布广泛,更有扩大的趋势。我国区域广阔的地表水与地下水的治理,一般的环境污染治理技术难以支撑,各种化学的治理方法易造成二次污染,所以从环境矿物学角度出发,充分认识各种天然矿物材料对各种污染物的净化作用,是实现水体污染物治理的一种有效途径。研究表明,应用环境矿物材料的矿物表面吸附作用、矿物孔道的过滤作用、矿物层间离子交换作用等来治理废水具有良好的应用前景。

13.4.1.1 环境矿物材料处理无机废水

水体的无机污染主要是指重金属离子污染(Cr^{6+}、Cr^{3+}、Pb^{2+}、Cd^{2+}、Hg^{2+}、As^{3+}、As^{5+}、Zn^{2+}、Cu^{2+}、Fe^{2+}、Mn^{2+}、Ni^{2+}、Co^{2+})以及一些非金属离子污染(NH_4^+、NO_3^-、PO_4^{3-}、F^-、CN^-),它们给水体生物及人类带来了巨大的危害。目前,采用天然矿物材料,如电气石、膨润土、沸石、珍珠岩、硅藻土、蛭石、海泡石、磷灰石等在水污染治理方面进行了大量的研究,并取得了一些卓有成效的进展与成果。

滑石是一种单斜晶系的三八面体层状硅酸盐矿物,化学式为 $Mg_3[Si_4O_{10}](OH)_2$,其化学组成为 MgO 3.72%、SiO_2 63.52%、H_2O 4.76%。滑石具有很好的化学稳定性和疏水性,主要是因为它的单元层内电荷平衡、结合牢固且单元层间靠微弱的分子键连接,无其他阳离子,因此滑石是一种不带层电荷的层状硅酸盐。利用滑石的吸附作用处理重金属废水的理论依据有以下两点:一是液相吸附理论,同活性炭相似,滑石跟溶剂微弱的亲和力主要取决于滑石的天然疏水性。二是滑石表面的活性官能团。魏林等人[11]利用动态吸附实验方法成功地发现滑石对水溶液中的重金属离子 Cu^{2+}、Pb^{2+}、Cd^{2+} 具有良好的吸附效果，3 种重金属离子的等温线均符合 Langmuir 和 Freundlich 的吸附等温线，尤其与 Freundlich 吸附等温式的符合情况更好，当 3 种重金属离子初始浓度（100mg/L）相同时，通过实验并综合离子半径和离子水化的性能，滑石对重金属 Cu^{2+}、Pb^{2+}、Cd^{2+} 的吸附性能表现为 $Pb^{2+}>Cu^{2+}>Cd^{2+}$。

蒙脱石、海泡石等是一种具有较大比表面积的黏土矿物，因此可以通过吸附作用处理废水中的重金属离子。朱利中等人[12]通过对蒙脱石与酸化蒙脱石吸附重金属离子的性能实验及相关的比较分析，发现经酸化的蒙脱石对废水中重金属离子的去除效果更好；黄瑾晖等人[13]对海泡石吸附废水中 Cu^{2+} 的可能性及吸附效果进行了讨论，结果表明，当吸附用量为 1g/100mL、溶液中 Cu^{2+} 的浓度在 40mg/L 以下时，去除率可达 99%，溶液中残留的 Cu^{2+} 浓度低于 1mg/L，达到排放标准。

电气石具有热电性和压电性，存在永久性自发电极，能改变水体的氧化还原电位。电气石结构紧密，金属离子不易进入其晶体结构，因此电气石的吸附主要为表面吸附，吸附类型主要为离子、分子吸附，类似石英、刚玉等简单氧化物，通过表面络合起吸附作用。研究表明[14]，电气石对 Pb^{2+}、Cu^{2+}、Zn^{2+} 的吸附符合 Langmuir 和 Freundlich 的吸附等温式，对 Pb^{2+}、Cu^{2+}、Zn^{2+} 的饱和吸附量顺序是 Cu^{2+}、Pb^{2+}、Zn^{2+}；Zheng 等人[15]研究发现，电气石微粒表面存在电场，能够影响电子转移，使水分子解离，电气石表面有大量的不饱和键，在溶液中与水配位，使水解离成羟基化表面，在溶液中与重金属阳离子生成表面配位化合物发生吸附。

碳酸盐矿物是土壤、沉积岩和地表各类沉积物中重要的矿物之一，在防治重金属污染方面有重要的作用。其中，方解石在调节环境水体质量和控制重金属元素的迁移与转化中，扮演着极为重要的角色。王晖等人[16]发现碳酸盐矿物方解石和菱镁矿对含铬废水具有较好净化效果。特别是采用含 $MgCO_3$ 的菱镁矿，在较低用量下（2kg/m^3）即可有效处理浓度 100~900mg/L 含铬废水，去除率达 99.6% 以上；吴宏海等人[17]的研究表明，方解石表面对重金属离子的吸附特性为多种模式并存。Cu^{2+}、Zn^{2+}、Cd^{2+} 和 Ni^{2+} 在低浓度时表现为离子交换吸附，较高浓度时表现为交换和表面配位吸附并存，而高浓度时则表现为表面沉淀；Ag^+、Pb^{2+} 和 Cr^{3+} 在低浓度时表现为表面配位吸附，而较高浓度时则表现为表面沉淀。

沸石是沸石族矿物的总称，也是一类含水晶质架状铝硅酸盐的总称，其空间网架结构中的空腔与孔道决定了它具有较大的开放性和巨大的内表面积，孔中所含的结构可交换碱、碱土金属阳离子以及中性水分子（沸石水），脱水后结构不变，因此具有良好的离子交换、选择吸附和分子筛等功能。Qing Sun 等人[18,19]通过四氯化钛水解沉淀法，以天然沸石为载体，将纳米二氧化钛固载到其上，通过在紫外光下降解 Cr^{6+} 来研究复合材料的性能，降解过程符合准一级动力学，并且有良好的重复降解效果。

硅藻土是一种生物成因的硅质沉积岩，具有多孔性、低密度、大的比表面积及良好的吸附性，并且还具有相对不可缩性和化学稳定性等理化特性。硅藻土表面为大量的硅羟基所覆盖并有氢键存在，这些—OH 基团是使硅藻土具有表面活性、吸附性以及酸性的本质原因。Zhiming Sun 等人[20]以葡萄糖为前驱体，提纯硅藻土为载体，通过水热法将纳米碳粒子固定在硅藻土表面及孔道中（图 13-1），并进行了 Cr^{6+} 吸附研究，结果表明：吸附过程符合准二级动力学，负载碳后硅藻土吸附能力大大增强，是一种具有潜在应用价值的重金属吸附材料。

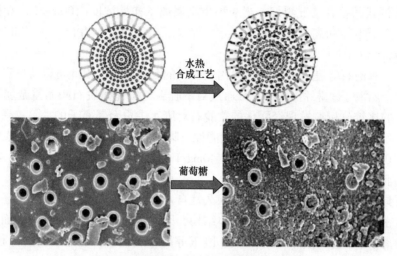

水热合成工艺

葡萄糖

图 13-1　硅藻土负载纳米碳合成示意图

石棉尾矿是石棉矿选矿加工过程中剥离下来的尾渣，是一种以蛇纹石（$Mg_6[Si_4O_{10}](OH)_8$）为主要成分的固体废弃物。目前石棉尾矿堆积量大，对环境造成污染。经过酸浸或经表面改性后，石棉纤维结构绝大部分被破坏，潜在的生物毒性可降低甚至消失，使其对环境无害化，并且增多表面的缺陷数量和空隙，形成具有较高比表面积的无定型二氧化硅，且内部含有大量微孔。檀竹红等人[21,22]将石棉尾矿酸浸渣经煅烧提纯处理，对废水中 Zn^{2+} 有较好的吸附性能。其中，pH 值是影响吸附的主要因素，随着 pH 值的升高，酸浸渣对水中 Zn^{2+} 吸附性能越强。这主要是由于随着 pH 值的增加，酸浸渣表面电负性逐渐增强，从而增强了与水中 Zn^{2+} 的吸引力。酸浸渣对废水中 Zn^{2+} 的等温吸附过程符合 Langmuir 模型，属于化学吸附，主要为表面配位吸附和离子交换吸附（图 13-2 和图 13-3）。

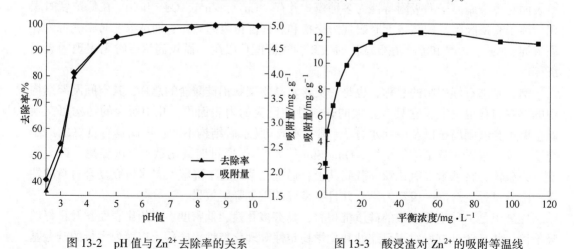

图 13-2　pH 值与 Zn^{2+} 去除率的关系　　　图 13-3　酸浸渣对 Zn^{2+} 的吸附等温线

13.4.1.2　环境矿物材料处理有机废水

矿物材料在有机废水中的应用主要指在印染废水（罗丹明 B、亚甲基蓝、刚果红、活性艳红、耐酸大红）、酚类（苯酚、氯苯酚、对二苯酚、氨基酚、硝基酚）、烃类（卤代烃、脂肪、羧酸、表面活性剂）、杀虫剂（敌百虫、敌敌畏、克百威、多菌灵）、油田废水、造纸废水等的应用[23~25]。

　　天然膨润土或改性后可作吸附剂处理各类有毒和难生物降解的有机物。有机改性膨润土去除水中有机物的能力比原土高几十至几百倍，而且可以有效地去除低浓度的有机污染物。近年来，国内外在这方面开展了大量研究，如利用季铵盐等阳离子表面活性剂与钠型蒙脱石作用，经过离子交换将这些体积较大的有机正离子引入层间，再通过离子交换作用和表面活性剂脂肪链的萃取作用吸附有害的有机污染物。F. A. Banat 等人[26]研究了天然膨润土对酚的吸附性能。结果表明，天然膨润土不能有效地吸附疏水性有机污染物，通过对天然膨润土进行改性可明显改善其对有机污染物的吸附性和离子交换性能。Sung 等人[27]研究证明：改性蒙脱石对水中的苯酚和 2-硝基苯酚、3-硝基苯酚和 4-硝基苯酚的亲和力顺序为：3-硝基苯酚≈4-硝基苯酚>2-硝基苯酚>苯酚。Shuilin Zheng 等人[28]通过不同的表面改性剂修饰钙蒙脱石，并对得到的有机黏土进行结构表征，对双酚 A 的平衡吸附试验证明该过程符合准二级动力学过程和 Langmuir 等温吸附过程，黏土矿表面的亲水性以及添加表面改性剂后产生的带正电表面有效提升了其对双酚 A 的吸附能力（图13-4）。Chunquan Li 等人[29]通过湿化学以及煅烧的方法制备了 g-C₃N₄/蒙脱石复合材料，

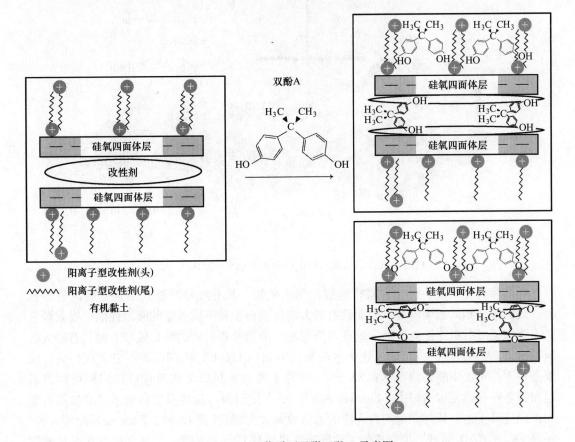

图 13-4　有机蒙脱石吸附双酚 A 示意图

并对复合材料的微观形貌、界面特性及光学性能等进行了研究，并且在可见光条件下降解水中的罗丹明 B 和盐酸四环素，结果表明，蒙脱石高效吸附性与 $g\text{-}C_3N_4$ 良好的光催化降解特性的协同作用以及静电作用，使得复合材料相对于单一 $g\text{-}C_3N_4$ 有更高的光催化降解能力（图 13-5）。此外，经过改性处理制得的有机膨润土是由有机覆盖剂以其价键、氢键、偶极及范德华力与膨润土结合而成的有机复合物，其中长碳链有机阳离子取代了蒙脱石层间的无机离子，使层间距扩大，既增强了吸附性能，又具有了疏水性，对水中的乳化油有很强的吸附性和破乳作用，极少量的有机膨润土就有较高的除油率。另外，用有机膨润土净化工业乳化油废水，处理条件宽、技术要求低、出水水质稳定，非常适于乳化油废水的深度处理。

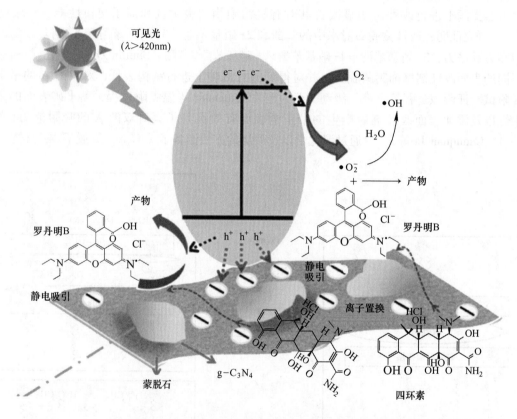

图 13-5　$g\text{-}C_3N_4/$蒙脱石吸附降解罗丹明 B、四环素示意图

凹凸棒石黏土是一种含水富镁硅酸盐黏土矿物，具有独特的链式结构，层内贯穿孔道，表面凹凸相间布满沟槽，因而具有较大的比表面积和不同寻常的吸附性能，吸附脱色能力强。通过有机改性处理后，其在印染废水、油脂等有机物的净化处理方面具有较大的应用潜力。彭书传等人[30]用溴化十六烷基三甲铵（CTMAB）将凹凸棒石黏土改性后，一定条件下，对水中酚去除率达到 88.5%。硅藻土通过有机或无机改性修饰同样可以将其运用到各种有机废水治理中。Zhiming Sun 等人[31]通过离心旋转蒸发将纳米尺度的零价铁固载到硅藻土上，其对除草剂西玛津的去除效率大大提升（图 13-6）。Zhiming Sun 等人[32]还将 $g\text{-}C_3N_4/TiO_2$ 通过原位合成的方法固载到提纯硅藻土上，研究了复合材料在可见光以及模拟太阳光下对罗丹明 B 以及亚甲基蓝的降解效果，结果表明，硅藻土的载体效应以

及 g-C_3N_4 和 TiO_2 的异质结效应使得复合材料的整体效果显著提升(图 13-7)。Bin Wang 等人[33,34]研究了 TiO_2/硅藻土复合材料的结构与性能优化，使该材料在可见光下对罗丹明 B 染料有良好的降解性能。

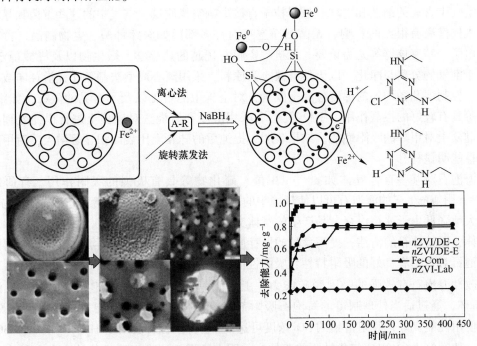

图 13-6　硅藻土负纳米零价铁合成降解示意图

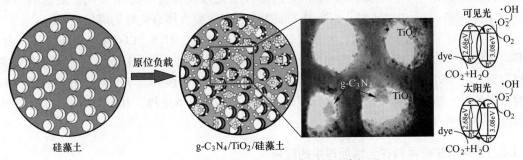

图 13-7　g-C_3N_4/TiO_2/硅藻土复合材料及降解原理

天然石墨是碳的自然元素矿物，经特殊的热处理可将其制成表面积极大、密度很低，能完全浮在水上的膨胀石墨。膨胀石墨材料内部孔隙非常发达、孔体积较大，是一种性能优异的吸附剂。研究表明，膨胀石墨对浮油具有良好的吸附性能，对原油的吸附量可达 70g/g，然后可通过压缩回收原油，重复操作也能使石墨重复使用。

13.4.2　环境矿物材料在大气处理中的应用

采用清洁、丰富的环境矿物材料进行大气污染处理，是一条行之有效的方法，近年来科研工作者在这方面也做了大量的研究。

蒙脱石、海泡石、坡缕石等，因为比表面积大，吸附性强，作为吸附过滤材料广泛应用于空气污染的净化。这些环境矿物材料经过简单处理，可用于臭气、毒气及有害气体如NO_x、SO_x、H_2S等的吸附过滤，现已成功运用在去除与腐烂变质物臭气有关的1，4-丁二胺和1，5-戊二胺以及包含排泄物臭气中的吲哚、丁烷一类气体。

空气中含有的细菌和尘埃等悬浮粒子直接影响空气质量，空气中的这些细菌和悬浮粒子对人体健康有很大的影响。无菌洁净空气对许多部门如医疗部门、生物制品、食品部门、电子、精密仪器等尤为重要。无机陶瓷膜有优越的热化学、微生物以及机械稳定性，可用于空气的分离与净化。以天然硅藻土为原料，采用离心成型法制备孔径沿径向成梯度分布、控制层孔径均匀的梯度硅藻土膜管，对空气中的可见以及不可见的微粒，如细菌、灰尘等具有较好的拦截作用。王佼等人[35]采用酸浸和焙烧法对硅藻土进行提纯处理并研究了硅藻土对甲醛的吸附性能。结果表明，提纯后的硅藻土比表面积显著增大，对甲醛的吸附性能明显提升。

海泡石对某些有害气体如氨气、甲醛、硫化物等具有极强的吸附作用。有研究表明[36]，用$40g/cm^3$的海泡石可以使环境中的氨气浓度由100 μg/g降至18 μg/g；海泡石可以极大地降低由于冰箱保存食品产生的气体交叉污染，引起物质腐烂，影响人体健康的有害气体，保持冰箱的清洁，提高食品的保存质量与期限；酸处理后再加入改性剂制得的改性海泡石对NH_3有良好的吸附特性，吸附性能甚至超过活性炭；在230℃下经HCl活化处理的改性海泡石有较强的吸附脱硫能力。王继徽等人[37]研究了海泡石吸附脱除低浓度SO_2气体，通过适当处理制得的海泡石吸附剂有较强的吸附脱硫能力，而且容易脱附，重复使用性能良好，脱附富集的SO_2浓度可达6%左右，有可能用于$H_2S_2O_3$或液体SO_2的生产。贺洋等人[38]以四氯化钛为前驱体，采用水解沉淀法在海泡石粉体上负载纳米二氧化钛，并以甲醛为降解对象，考察了复合材料的光催化性能，结果表明，复合材料在650℃煅烧后TiO_2为锐钛矿型，在紫外光照射下，对甲醛气体有良好的降解效果。

沸石具有强大的吸附功能，对极性分子如H_2O、NH_3、H_2S、CO_2等有很高的亲和力，即使在相对低浓度、湿度、较高温度下仍能有效吸附，因此是性能稳定、吸附效果良好的吸附剂。吴军等人[39]利用沸石吸附香烟主流烟气中的亚硝胺和氮氧化物，并取得了良好的吸附效果，结果表明沸石可以选择性的吸附亚硝胺和氮氧化物，其吸附的比例关系很大程度上受到沸石孔径的限制。

13.4.3　环境矿物材料在土壤处理中的应用

利用环境矿物材料，特别是具有较强吸附能力、离子交换性能、防渗性能的环境矿物材料对重金属污染土壤进行治理是一种行之有效的办法。环境矿物材料中的黏土、蒙脱土、蛭石、沸石等结构中存在水分子，以它们为主要原料制备的土壤改良材料具有保水、调温的功能。在雨季，它们可将水分固定在结构中，旱季来临时，将结构中的水分释放出来。膨润土、蛭石、沸石等具有良好的吸附功能，可将作物所需的营养成分吸附在表面及结构，使其缓慢释放，以达到保肥的目的。

凹凸棒石作为黏土矿物的一种，因其特殊的晶体结构而对重金属具有较强的吸附能力，可用作土壤重金属固化剂。黏土矿物具有较大的内、外表面和较强的吸附能力，可以与土壤中的重金属发生离子交换作用，固定土壤中的重金属，防止其在土壤中迁移，进入植物体内。由于凹凸棒石带有结构电荷和表面电荷，其中的Si^{4+}可以少量被Fe^{3+}、Al^{3+}替代，Mg^{2+}

可以少量被 Fe^{2+}、Fe^{3+}、Al^{3+} 替代，各种离子替代的综合结果使凹凸棒石常带有少量的负电荷，因而它可以吸附一部分金属阳离子，可以与土壤中的 Cu^{2+} 发生离子交换吸附和表面络合吸附作用，使得土壤中有效态铜离子浓度降低，降低了铜对植物的毒害，所以也降低了植株体内铜离子的含量，促进了植株的生长，因此可以利用凹凸棒石修复铜污染土壤。

膨润土同样可以直接用于治理重金属污染土壤，一方面是因为大的比表面积和强的吸附能力使得膨润土可以与土壤中的重金属离子发生交换作用，固定土壤中重金属，抑制重金属离子进入植物体内；另一方面膨润土的膨胀性、黏结性以及可塑性使得膨润土在吸水时会形成封闭障碍，因而可以防止污染物的扩散、渗入，达到有效治理。膨润土经己二胺二硫代氨基甲酸盐改性后，其表面活性基团可与可溶性 Cu 结合形成配合物，降低 Cu 的移动性；添加的改性矿物越多，固定的 Cu 也越多，污染土壤中 Cu 的修复效果与改性膨润土使用量呈正相关[40]。膨润土与化肥等化合物一起施用可改良盐碱地的土质。利用土壤与蓄水层物质中含有的黏土，在现场注入季铵盐阳离子表面活性剂，使其形成有机黏土矿物，用来截住和固定有机污染物，防止地下水进一步污染，并配合生物降解和其他手段，永久消除地下水污染。

沸石是碱或碱土金属的含水铝硅酸盐矿物，骨架结构空疏，有许多大小均一的孔道及空腔，具有选择吸附特性和离子交换性能。在农业生产中，利用沸石的吸附作用，作土壤的保肥剂、保水剂等用于农田改造。沸石加入到土壤后，可以增加土壤对铵离子、磷酸根离子和钾离子的保持能力，提高养分有效性。关连珠等人[41]发现沸石对 NH_4^+ 吸附进程符合朗缪尔方程，最大吸附量为 105.7~137.1cmol/kg，相当于一般土壤的 9 倍左右，所吸附的 NH_4^+ 有 60% 左右为可解状态，说明沸石对 NH_4^+ 既有较强的吸附能力，又有释放 NH_4^+ 为作物利用的功能，这可有效减少氮肥因挥发、渗漏而造成的损失，提高氮肥利用率。此外，硅藻土经热处理后细磨，可取代溴代甲烷防治面粉和食品加工厂的有害昆虫，原因在于硅藻土粉末颗粒带有非常锋利的边缘，与害虫接触时，可刺透害虫体表，甚至进入害虫体内，不仅能引起害虫呼吸、消化、生殖、运动等系统出现紊乱，而且能吸收 3~4 倍于自身质量的水分，使害虫体液锐减，在失去 10% 以上体液后死亡。此外，通过多种矿物复合的方式，可以有效提升材料的应用性能[42]（图 13-8）。

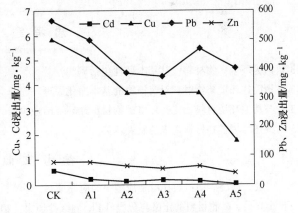

图 13-8 CK（对照）、A1（沸石）、A2（硅藻土）、A3（海泡石）、A4（膨润土）、A5（石灰石）对土壤中重金属的固化效果

13.5 环境矿物材料的发展前景

近年来，日益严重的环境污染与生态破坏已对我国国民经济和社会发展产生了重大的影响。环境矿物材料经过近几十年的发展，已在环境治理领域显示出优良的应用前景，并

成为国内外矿物材料领域的研究热点。目前，我国在环境矿物材料的制备、结构表征、治理机理等方面取得了显著的进展，未来该领域的发展前景总结如下：

（1）材料复合功能化。目前已经开发出的环境矿物材料在环境污染治理领域性能较单一，往往仅对单一污染物具有较好的效果，但是在实际环境治理过程中，往往是多种污染物同时并存，如无机与有机污染物并存、不同价态离子并存等，因此应在充分认识矿物本身结构和性质的基础上，进一步深入研究新的改性方法（如无机、有机与生物的复合改性），以赋予材料治理复合污染环境的功能。

（2）再生技术应用。已有的研究表明，环境矿物材料粒度越细，比表面积越大，污染物净化效果越好，但是给实际应用带来很多困难，如水处理易于流失、水流阻力大、土壤修复时污染物难以移除造成二次污染等。因此，今后应加强环境矿物材料的造粒研究，重点研究不改变材料性能的造粒技术以及污染物移除技术。另外，大多数吸附型的环境矿物材料在污染治理中最终会达到吸附饱和，因此再生技术尤为重要。

（3）加强基础理论研究。基于矿物的地球化学特性，借助于有机界生物净化环境的理论，开发新的环境矿物材料改性技术，通过更为先进的表征手段深入研究环境矿物材料的改性机理，同时研究环境矿物材料与污染物之间的作用机理，为新型环境矿物材料的结构设计、制备以及应用提供依据。

（4）学科交叉融合与促进。环境矿物材料的研究往往涉及矿物学、环境工程、环境科学、矿物加工、材料学、生物学、生态学等多种学科，未来发展离不开相关学科的科研人员相互促进与交流，并加强学术合作，以进一步促进我国环境矿物材料研究的快速发展。

思 考 题

13-1 何为环境矿物材料？其基本属性包括哪些？
13-2 请简述环境矿物材料对污染物的基本净化原理。
13-3 与其他环境材料相比，环境矿物材料在环境治理领域的优势有哪些？
13-4 概述环境矿物材料未来的发展趋势。

参 考 文 献

[1] 翟斌. 环境矿物材料在污染治理中的应用 [J]. 环境科学与管理，2005，30(2)：69~71.
[2] 廖立兵. 矿物材料的定义与分类 [J]. 硅酸盐通报，2010，29(5)：1067~1071.
[3] 商平. 环境矿物材料 [M]. 北京：化学工业出版社，2008.
[4] 鲁安怀. 环境矿物材料在土壤、水体、大气污染治理中的利用 [J]. 岩石矿物学杂志，1999，18(4)：292~300.
[5] 鲁安怀. 环境矿物材料基本性能——无机界矿物天然自净化功能 [J]. 岩石矿物学杂志，2001，20(4)：371~381.
[6] 李晶，尹小龙，张虹，等. 天然矿物材料处理重金属废水研究进展 [J]. 能源环境保护，2012，26(2)：5~8.
[7] Shi W Y, Shao H B, Li H, et al. Progress in the remediation of hazardous heavy metal-polluted soils by natural zeolite [J]. Journal of Hazardous Materials, 2009, 170(1)：1~6.

［8］薛传东，杨浩，刘星．天然矿物材料修复富营养化水体的实验研究［J］．岩石矿物学杂志，2003，22(4)：381~385.

［9］刘力章，马少健，乔红光．环境矿物材料在环境保护中的应用现状与前景［J］．有色冶矿，2004，20(增刊)：131~133.

［10］印万忠，韩跃新．环境工程用矿物材料的应用［J］．有色矿冶，2004，20(增刊)：176~178.

［11］魏林．滑石粉对重金属离子的吸附性研究［D］．西安：长安大学，2008.

［12］朱利中，刘春花．酸性膨润土处理含重金属废水初探展［J］．环境污染与防治，1993(1)：13~16.

［13］黄瑾晖，王继徽．海泡石在环境保护中的应用［J］．污染防治技术，1998(2)：122~124.

［14］蒋侃．电气石对废水中重金属离子 Cu^{2+}、Pb^{2+}、Zn^{2+} 的吸附特性研究［D］．沈阳：东北大学，2004.

［15］Zheng Y, Wang A. Removal of heavy metals using polyvinyl alcohol semi-IPN poly (acrylic acid) /tourmaline composite optimized with response surface methodology［J］. Chemical Engineering Journal, 2010, 162(1)：186~193.

［16］王晖．碳酸盐矿物净化含铬废水及其机理［J］．污染防治技术，2000(2)：71~73.

［17］吴宏海，吴大清，彭金莲．重金属离子与方解石表面反应的实验研究［J］．岩石矿物学杂志，1999，18(4)：301~308.

［18］Sun Q, Li H, Zheng S, et al. Characterizations of nano-TiO_2/diatomite composites and their photocatalytic reduction of aqueous Cr (Ⅵ)［J］. Applied Surface Science, 2014, 311(9)：369~376.

［19］Sun Q, Hu X, Zheng S, et al. Influence of calcination temperature on the structural, adsorption and photocatalytic properties of TiO_2 nanoparticles supported on natural zeolite［J］. Powder Technology, 2015, 274：88~97.

［20］Sun Z, Yao G, Xue Y, et al. In Situ Synthesis of Carbon @ Diatomite Nanocomposite Adsorbent and Its Enhanced Adsorption Capability［J］. Particulate Science & Technology, 2017, 35(4), 379~386.

［21］陈俊涛，郑水林，王彩丽，等．石棉尾矿酸浸渣对铜离子的吸附性能［J］．过程工程学报，2009，9(3)：486~491.

［22］檀竹红，郑水林，张娟．石棉尾矿酸浸渣对废水中 Zn^{2+} 的吸附性能研究［J］．非金属矿，2007，30(6)：44~46.

［23］王雅萍．硅酸盐矿物对废水中氨氮吸附性能的研究［D］．南京：南京农业大学，2008.

［24］Sun Z, Qu X, Wang G, et al. Removal characteristics of ammonium nitrogen from wastewater by modified Ca-bentonites［J］. Applied Clay Science, 2015, 107：46~51.

［25］赵元凤，吕景才．麦饭石吸铵氮能力的探讨［J］．辽宁师范大学学报(自然科学版)，1995(3)：224~227.

［26］Banat F A, Al-Bashir B, Al-Asheh S, et al. Adsorption of phenol by bentonite［J］. Environmental Pollution, 2000, 107(3)：391~398.

［27］Kwon S C, Song D I, Jeon Y W. Adsorption of phenol and nitrophenol isomers onto montmorillonite modified with hexadecyltrimethylammonium cation［J］. Separation Science & Technology, 1998, 33(13)：1981~1998.

［28］Zheng S, Sun Z, Park Y, et al. Removal of bisphenol A from wastewater by Ca-montmorillonite modified with selected surfactants［J］. Chemical Engineering Journal, 2013, 234：416~422.

［29］Li C, Sun Z, Huang W, et al. Facile synthesis of g-C_3N_4/montmorillonite composite with enhanced visible light photodegradation of rhodamine B and tetracycline［J］. Journal of the Taiwan Institute of Chemical Engineers, 2016, 66：363~371.

［30］彭书传，魏凤玉，周元祥，等．有机凹凸棒黏土吸附水中苯酚的试验 ［J］．城市环境与城市生态，1999(2)：14~16.

［31］Sun Z, Zheng S, Ayoko G A, et al. Degradation of simazine from aqueous solutions by diatomite-supported nanosized zero-valent iron composite materials ［J］. Journal of Hazardous Materials, 2013, 263：768~777.

［32］Sun Z, Li C, Yao G, et al. In situ generated g-C_3N_4/TiO_2 hybrid over diatomite supports for enhanced photodegradation of dye pollutants ［J］. Materials & Design, 2016, 94：403~409.

［33］Wang B, Zhang G, Sun Z, et al. Synthesis of natural porous minerals supported TiO_2 nanoparticles and their photocatalytic performance towards Rhodamine B degradation ［J］. Powder Technology, 2014, 262：1~8.

［34］Wang B, Zhang G, Leng X, et al. Characterization and improved solar light activity of vanadium doped TiO_2/diatomite hybrid catalysts ［J］. J Hazard Mater, 2015, 285：212.

［35］王佼，郑水林．酸浸和焙烧对硅藻土吸附甲醛性能的影响研究 ［J］．非金属矿，2011, 34(6)：72~74.

［36］张春霞，陈平，陈丽英．改性海泡石对 NH_3 吸附特性的研究 ［J］．河南化工，1994(6)：9~10.

［37］王继徽，关影莲．海泡石吸附脱除低浓度 SO_2 废气的研究 ［J］．湖南大学学报（自然科学版），1994(3)：112~116.

［38］贺洋，郑水林，沈红玲．纳米 TiO_2/海泡石复合粉体的制备及光催化性能研究 ［J］．非金属矿，2010, 33(1)：67~69.

［39］吴军．沸石对主流烟气中挥发性亚硝胺及 NO_x 的吸附去除 ［J］．化工时刊，2006, 20(7)：36~38.

［40］王长伟．黏土矿物对重金属污染土壤钝化修复效应研究 ［D］．天津：天津理工大学，2010.

［41］田雨，胡克伟，路明祥，等．天然沸石与几种改性沸石对 NH_4^+ 吸附解吸特性的研究 ［J］．中国农学通报，2006.

［42］曾卉，徐超，曾敏，等．几种固化剂组配修复重金属污染土壤效果研究 ［C］∥重金属污染防治技术及风险评价研讨会，2011.